精进PPT

PPT设计思维、技术与实践

凤凰高新教育 李状训◎编著

内容提要

随着软件版本的升级，新版PPT在易用性、人性化等方面有了很大的提升，普通人稍加摸索即可轻松上手。但市面上很多PPT相关书籍依然是就软件而讲软件，纯粹介绍如何使用PPT，如软件界面、操作方法、参数设置等。这种说明书式的书籍显然已经无法满足当下PPT学习者的需要。

本书打破常规，从各行各业的读者学习、制作PPT过程中真实的“痛点”出发，即以实际应用需求为标准，既不过多着墨于基础操作方法，也摒弃那些不实用的高端“炫技”，重点阐述如何用PPT做出好作品和如何用PPT解决工作、学习、生活中的实际问题。全书共14章，分思维、技术、实践3篇，由PPT想法、意识的探讨，到针对性方法、技巧、资源的梳理，再到各种不同类型PPT做法的直接提供，图文并茂。本书沉淀着笔者过去制作PPT过程中累积的诸多经验，希望能切切实实地帮助读者提升PPT技能，解决实际问题。

图书在版编目(CIP)数据

精进PPT：PPT设计思维、技术与实践 / 凤凰高新教育，李状训编著. — 北京：北京大学出版社，2017.9

ISBN 978-7-301-28574-9

Ⅰ. ①精… Ⅱ. ①凤…②李… Ⅲ. ①图形软件 Ⅳ. ①TP391.412

中国版本图书馆CIP数据核字(2017)第186509号

书　　名 精进PPT——PPT设计思维、技术与实践
JINGJIN PPT—— PPT SHEJI SIWEI、JISHU YU SHIJIAN

著作责任者 凤凰高新教育　李状训　编著

责任编辑 尹　毅

标准书号 ISBN 978-7-301-28574-9

出版发行 北京大学出版社

地　　址 北京市海淀区成府路205号　100871

网　　址 http://www.pup.cn　　新浪微博：@北京大学出版社

电子信箱 pup7@pup.cn

电　　话 邮购部62752015　发行部62750672　编辑部62580653

印 刷 者 北京大学印刷厂

经 销 者 新华书店

787毫米×1092毫米　16开本　23印张　497千字

2017年9月第1版　2017年9月第1次印刷

印　　数 1-4000册

定　　价 89.00元

从我过去教过的众多学生的情况来看，初学者对于 PPT 的理解往往存在两种鲜明的偏差：一部分学生认为 PPT 只是所谓“低端”“不专业”的办公软件，功能简单不值得学习；另一部分学生或许是因为接触过一些动画效果出色的 PPT 作品，认为学习 PPT 难度很大，不懂代码就做不出好作品。所以，我给学生们上的第一堂 PPT 课都是“正确认识 PPT”。

莫泊桑说过，生活不可能像你想象得那么好，但也不会像你想象得那么糟。我认为对于 PPT 的认识也是如此，它没有你想象得那么简单，也没有你想象得那么难。

一方面，作为一款办公软件，PPT 的功能其实比表面上看起来要强大很多，我们可以用它来辅助演讲、写方案报告，还可以用它制作视频、设计印刷品等。PPT 是个多面手，只要你敢想，很多事情它都可以做。因此，学好 PPT 对于学习、工作、生活都非常有益，当然要学好也并非你想得那么简单。

另一方面，PPT 终究只是一款办公软件，主要作为辅助演示、写方案报告的工具，做设计、做动画肯定比不上专业的软件，也没有必要去追捧它创作印刷品、动画视频的功能。因而，学习 PPT 目的在于学会用 PPT 把内容表现得更好，解决工作中的实际问题。很多情况下都不需要复杂的动画，更不需要写代码，所以学起来也没有那么困难。

基于这些理解，我在给学生上课或者分享书中的经验时，均主张从实际出发，针对当下学生、读者制作 PPT 过程中面对的实际问题和真实“痛点”准备课件、编排章节；主张重视创意、内容本身的表现，崇尚现代简洁风格，拒绝浮夸设计、过度的动画效果等。

本书凝结着我对不同行业、不同类型、不同风格 PPT 的认识与想法，也提供了实用性强的技巧及其操作方法和针对性强、即学即用的专题案例，可以说是对过去 4A 广告创意工作实践和教学经验的全面总结和整体梳理，希望对广大读者提升 PPT 实战能力能有所帮助。

最后，感谢胡子平老师的策划与写作指导，感谢我的家人对我创作工作的支持！

为什么领导喜欢同事的年终总结而不喜欢我的？

为什么我的方案总因不够专业而不受客户青睐？

作为非专业设计师的我，怎样用 PPT 做一份精美别致的个人简历？

不想在 PPT 上过多折腾的我，怎样快速做出学生们喜欢的课件？

出身文科、不懂代码的我，怎样用 PPT 完成公司形象视频宣传片的制作？

……

如果你会用 PPT，却苦于制作的作品不美观、不专业，可以读读这本书！

如果你想系统地学习 PPT，却不愿把时间浪费在基础操作上，可以读读这本书！

如果你想提升 PPT 技能，却不愿琢磨那些不实用的技巧，可以读读这本书！

如果你想用 PPT 解决实际的问题，得到务实、有效的方法，可以读读这本书！

心中有想法，手上有技法，应对有方法！

学好 PPT，没有你想象得那么简单，也没有你想象得那么难！

本书有哪些特点？

注重实际应用，解决实际问题

本书不是就软件而讲软件，也不是只停留在琐碎的操作过程上，而是从做好 PPT 需要解决的问题出发，逐项突破，提供思路、资源和切实有效的办法。

案例类型丰富，覆盖行业广泛

本书中很多案例都是笔者从过去 PPT 专职设计工作的作品中精选出来的，涉及行业领域广泛，几乎涵盖职场、单位、学校等各种场合下的典型 PPT。毫无保留的实战经验分享，即学即用。

讲解严谨细致，带动思路洞开

本书虽以图解为主，但对于重点知识点，仍不惜用大量文字进行深入、细致的剖析，使学习者不仅能知其然，还能知其所以然。在介绍某些设计或动画特效的制作方法时，本书不厌其烦地从各个角度提供参考案例，引导学习者打开思路。

提供大量工具网站、软件、插件

本书提供了大量工具网站、软件、插件及其使用方法。这些工具网站、软件、插件对于 PPT

素材收集、版式设计、动画制作、提高制作效率等有切实的帮助。

超值光盘

- 100 个商务办公 PPT 模板
- 如何学好、用好 PPT 视频教程
- 5 分钟学会番茄工作法（精华版）
- 10 招精通超级时间整理术视频教程
- “高效人士效率倍增手册”电子书
- PPT 完全自学视频教程

本书适合哪些人学习？

- 咨询、营销策划、广告等工作中经常需要制作幻灯片的公司职员；
- 即将毕业，缺乏实际经验与工作技能的学生；
- 刚入职场，渴望有所作为，得到领导、同事认可的新人；
- 不擅设计的学校教师，社会培训机构的培训师；
- 广大 PPT 爱好者，PPT 业余玩家。

本书作者

本书由凤凰高新教育策划，李状训老师执笔编写。李状训：策划师，培训师，PPT 教育专家。在知名 4A 广告公司从事品牌推广策划工作多年，在创意表现、视觉传达等方面有着深厚的积淀，后转入四川省知名高校，从事中文演讲技巧的教学教研、专业建设，有较丰富的行业经验和一线教学经验，他的课程成为学校选课热门，深受学生喜爱。

最后，感谢广大读者选择本书。由于计算机技术发展非常迅速，书中不足之处在所难免，欢迎广大读者及专家批评指正。

读者信箱：2751801073@qq.com

投稿信箱：pup7@pup.cn

读者 QQ 群：218192911

上篇 思维——学好 PPT 想法是关键

▶CHAPTER 01 真的决定要好好学习 PPT 吗

PPT 的功能是否满足你的需要？
怎样的 PPT 才是好 PPT ？
是什么原因让你下定决心花时间学一款办公软件？
怎样才能学好 PPT ？

让制作 PPT 成为自己的一项技能
你准备好了吗？

且慢！
把要求搞清楚，把内容理清楚
不是特别急的情况，做PPT都应该想清楚了再动手

这边做，那边喊改，边写文字边设计
效率不高还影响心情，痛苦！

中篇 技术——手段硬 效率高

▶CHAPTER 03 让文字看起来更有阅读欲

为什么有的人用 PPT 软件也能做出非常有设计感的文字？
为什么有的 PPT 通篇只是文字，美感却不亚于插图 PPT ？
同样是寥寥几行字，为什么别人的 PPT，就是比自己的好看？
尽管观点独特，你的文字为什么没有人愿意看？

本章会解决你的疑惑，让你的文字看起来更美

可视化幻灯片的三大利器
表格、图表、形状
你真的会用吗？

对于媒体和动画，新手易产生“秀”“炫技”的心理
因而，常常滥用，反而落得拙劣

恰如王国维的境界说
真正达到高明，对具体技法了然于胸，自不必去“秀”
高明的做法是专注于言事，将二者用到恰到好处
这才是经历了看山是山，看山不是山之后看山还是山的完美境界

▶CHAPTER 07 颜值高低关键在于用色排版

P179

美
对于观众，有时只是一种看起来舒服的感觉
说不清，道不明

然而，对于设计者
美源自字体，源自图片……源自方方面面对美的构建与思量
用色与排版，更是成就 PPT 之美的关键所在

▶CHAPTER 08 找一个舒服的姿势分享 PPT

如何找到演讲的最佳状态
成功地将 PPT 中的内容分享给观众？

如何解决 PPT 保存时遇到的各种问题
以恰当地格式发送、分享给他人？

PPT，为分享而生
你需要学会找一个舒服的姿势

下篇 实践——用正确的方法做事

▶CHAPTER 09 如何让工作总结更出众

一周、一月、一年，在机关单位、在职场、在学校，向领导、向上级单位、向客户……时时处处都可能需要总结

在做工作总结时，用 PPT 图文并茂地呈现
比拿着几张 A4 纸干巴巴地读，显得要专业得多

那么，怎样才能做出更优秀的总结 PPT
从一场总结汇报大会中脱颖而出呢？

▶CHAPTER 10 如何用 PPT 打造形象宣传片

制作宣传片，是城市、组织、企业或品牌展示其形象的一种常用手段
专业广告公司大多使用 3ds Max、PR、AE 等十分专业的软件来制作宣传片

而对于要求不那么高，宣传成本预算也不多的组织或企业来说
使用 PPT 软件来制作宣传片，或许是最佳的选择

▶CHAPTER 11 如何把教学课件做得更漂亮

会用 PPT 软件制作课件
已成为当下教师职业的一项必备技能

对于很多教师来说，真正感到困扰的
不是制作课件，而是把课件做漂亮，让学生更容易接受

做好一份课件，主要精力的确应该放在内容的编写上
但视觉设计也并非不管不顾
因为，设计拙劣的课件很可能会影响到内容的传递

▶CHAPTER 12 如何把方案做得更专业

P295

方案
可以是对某事的看法、想法
也可以是解决某个问题的建议

以方案探讨问题
给人严肃、正式的感觉

PPT 是做方案时最常用的软件之一
掌握一定的实操方法与技巧，把方案做得更专业
对于职场人士，特别是职场新手非常有帮助

▶CHAPTER 13 如何做一份 HR 喜欢的简历

用 PPT 做简历，有必要吗？
必要或不必要，主要看应聘什么公司，什么岗位
广告设计、影视动画等注重对设计能力考察的公司可能对 PPT 简历更感兴趣
允许在网上投递简历的公司，且支持添加稍大一些的附件时
也可提交一份内容相对更为丰富的 PPT 简历
一般情况下，简单一页 Word 就好，PPT 简历反而显得浮夸

到底 Word 还是 PPT 简历好？
HR 喜欢就好

▶CHAPTER 14 PPT 的若干另类玩法

PPT 不挑人，大多数人都可轻松上手操作
PPT 不挑机器，配置要求低，不卡电脑

PPT 如同光影魔术手，可以简单 P 图
PPT 又如同 CorelDRAW，可以排版设计

PPT 无法替代专业的设计、动画、视频软件
却实现了对这些领域近乎完美的补充

别小看了 PPT，它其实是个多面手

思维——学好 PPT 想法是关键

真的决定要好好学习 PPT 吗

PPT 的功能是否满足你的需要?

怎样的 PPT 才是好 PPT ?

是什么原因让你下定决心花时间学一款办公软件?

怎样才能学好 PPT ?

让制作 PPT 成为自己的一项技能

你准备好了吗?

1.1 PPT主要有哪些优势？

有这样一种偏见，认为PPT和Word、Excel都一样，不过是基础到不能再基础的办公软件，根本谈不上有什么技术含量，也不值得花时间去学。

且不说Word、Excel软件比我们想象的要强大很多，当我们发现现实中很多令人惊叹的视频、动画、平面设计作品都是用PPT来制作时，甚至听闻类似“黄太吉用一份PPT商业计划书融资2个亿”这样的故事时，你还会认为PPT没有技术含量？

在这个信息爆炸的时代，人们越来越倾向于用轻松的方式去获取知识，长篇大论的文档难以引起大众的兴趣，PPT的信息展示方式恰好适应了当前的大众阅读、认知习惯。

品牌发布会，方案沟通会，市场研究报告……在商务活动中，几乎处处可见PPT的身影。会用PPT软件早已是很多工作的基本要求，学好PPT对于提高你的职场竞争力是非常有帮助的。

1.1.1 更易读

为便于演示，PPT每页的内容往往都是经过删减后的重点，浓缩的精华。加上图片、图表甚至音乐、视频辅助，阅读起来更轻松，满足了信息时代人们对于阅读内容的要求，如图1-1所示。

◀图1-1 小米Max手机发布会PPT

1.1.2 更易用

和Photoshop相似，PPT中插入的文本、图片、图表等以图层的形式共存在页面上，选择、移动、编辑、删除等比Word要方便一些。在新版的PPT软件中，PPT界面越来越简洁、人性化，内容编辑的可操作空间也越来越强大，不需要花费太多时间，即可轻松上手。

1.1.3 超强表现力

在 PPT 中，可加入图片、音乐、视频让内容更丰富多彩，也可用设计得漂亮的版式来表现纯粹的文字，还可设置令人炫目的动画吸引观众的眼球……PPT 不是画册，不是视频，不是 FLASH 动画，却融合了这些媒介的表现力，应用在更广泛的行业领域，如图 1-2 和图 1-3 所示。

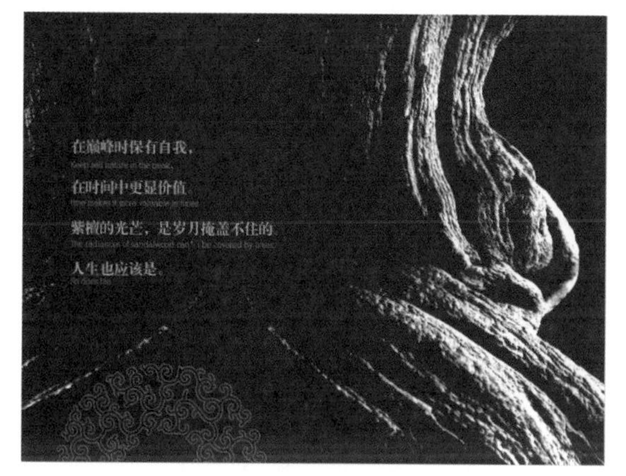

▲图 1-2　被奉为经典的成都紫檀项目形象 PPT

▲图 1-3　同样经典的《惊变》公益 PPT

1.1.4 更易于分享

在四个主要优势中，出众的分享能力或许是 PPT 最大的优势。

互联网时代是一个开放的时代，分享是这个时代的主旋律。雷军用 PPT 分享小米公司最新款的手机，罗振宇用 PPT 分享他的“罗辑思维”，马云用 PPT 分享他的阿里经验……新产品、新观点、专业成果等，每一天都有价值在产生，并且迫切地需要与尽可能多的人分享，如图 1-4 所示。

当你或者你的公司需要在这个时代快速分享成果时，PPT 就是最好的工具。正因如此，未来，在持续发展的中国，PPT 在商务办公中的重要作用还将进一步显现。

▶图 1-4　罗振宇《时间的朋友》2016 跨年演讲 PPT

1.2 PPT到底能帮我们做什么？

帮你说服客户，达成一次商务合作；帮你吸引学生，完成一堂生动易懂的课程；月初时，帮你做计划汇报；年终时，帮你做述职汇报；如果你在找工作，PPT 可以帮你赢得 HR 的青睐；如果你在开网店，PPT 可以帮你做广告；如果你即将结婚，PPT 可以帮你调节气氛……PPT 是软件界的多面手，从工作到生活，很多事情它都能帮你搞定。

1.2.1 接项目

将想法、思路、工作成果有序融合，再加上一点创意……用 PPT 精心准备一份方案，在客户招标会上来一场说服力十足的 SHOW，项目何愁拿不下来！如图 1-5 和图 1-6 所示。

▲图 1-5　PPT 展示 1

▲图 1-6　PPT 展示 2

1.2.2 做培训

习惯了粉笔、黑板授课的感觉，也不妨加入一点新鲜元素，别被学生打上“守旧派”的标签。恰当的时候配点图片、音乐、视频等素材……PPT 课件将会让你的课堂变得更生动，知识的讲授将变得更简单，如图 1-7 和图 1-8 所示。

▲图 1-7　PPT 展示 3

▲图 1-8　PPT 展示 4

1.2.3 做汇报

工作计划、总结还在用 Word 码字？你的想法大家都在听吗？你的业绩，领导听到了吗？试试 PPT 吧，它会让你的工作汇报不再枯燥、乏味，在月底、年中、年末的总结会上帮上你的大忙，如图 1-9 和图 1-10 所示。

▲图 1-9　PPT 展示 5

▲图 1-10　PPT 展示 6

1.2.4 找工作

找工作时，你的简历还是白纸黑字一张？太 LOW 了！如果会使用 PPT，也能换一种方式制做简历。比如做成一份带动画的电子简历，或者将个人能力、经验以及作品精心整理在 PPT 文稿中打印出来，都有可能会使你在一大群求职者中脱颖而出，让 HR 眼前一亮，为你的求职加分，如图 1-11 和图 1-12 所示。

▲图 1-11　PPT 展示 7

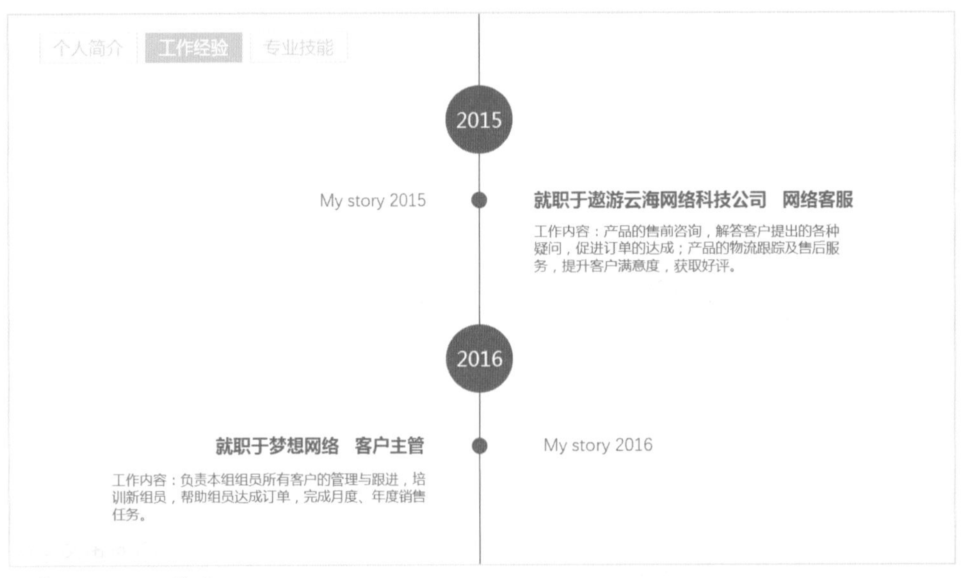

▲图 1-12　PPT 展示 8

1.2.5 做生意

创业当老板，需要设计名片；网店做推广，需要设计海报。不会 PS、不会 AI、不会 CorelDRAW，不想花钱请人做，怎么办？PPT 帮你搞定！在 PPT 中做平面设计，最终输出成 PDF 文件或导成图片，照样能打印制作。

图 1-13 和图 1-14 便是用 PPT 设计的名片、海报。

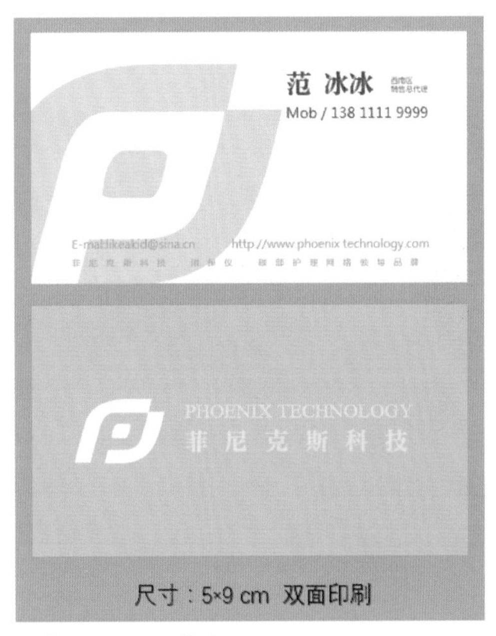

▲图 1-13　PPT 展示 9

▲图 1-14　PPT 展示 10

1.2.6 刷微信

喜欢刷微信的朋友，在朋友圈中一定经常看到一种特殊的九宫图，这些图片大多是通过一些特殊的手机 APP（如美图秀秀）制作完成的。但是，如果会用 PPT，无需下载 APP 也能做出这类图。图 1-15 即是使用 PPT 制作发布的九宫格图。

▲图 1-15　PPT 展示 11

1.2.7 秀恩爱

想在婚礼上插播一段爱情历程小影片，在大喜之日制造出更加喜庆、甜蜜的氛围？像这样貌似非常有技术含量的工作，如果你会制作 PPT，也能自己 DIY 一个不一样的婚礼！如图 1-16 和图 1-17 是某婚庆 PPT 中的两个页面。

▶图 1-16
PPT 展示 12

▶图 1-17
PPT 展示 13

1.3 什么样的 PPT 才是好 PPT？

自说自话、观点平庸、逻辑混乱、文字堆砌、排版随意、色彩花哨、莫名其妙的动画……新手制作的 PPT 或多或少存在这些问题。学习 PPT 之前，需要对 PPT 的优劣有一个清晰的概念。如果觉得以上问题都不是问题或根本看不出自己的 PPT 有问题，那才是最大的问题。

被大家喜爱和认可的 PPT，往往具有下面一些共性。

▲图 1-18　PPT 展示时受众的反应

1.3.1 把观众当作上帝

做一份 PPT，一定是带着目的性的。如果您的 PPT 是用来分享的，无论是屏幕播放也好、打印阅读也好，首先一定要考虑观众的阅读感受。PPT 中的观点、想法、建议是否针对观众需求提出？PPT 中的某些文字说辞是否会让观众反感？色彩搭配在观众观看时是否恰当协调、清楚？……从观众的角度提前考虑这些问题，才能做出让人优秀的 PPT，如图 1-18 所示。

1.3.2 总要有一些精彩之处

一些 PPT 页数不多，设计不见得十分出彩，但依然能赢得客户、观众认可，关键在于有好的内容。作为一份作品，用人们听得懂的语言说出对受众有价值的东西，才会具有打动人心的力量。

下面两页 PPT，图 1-19 小米 4C 新品沟通会 PPT，摆事实论价值，小米 4C1299 元的价格看起来非常打动人。而图 1-20 某品牌手机（仅供示意）宣传 PPT 只是喊无实际内容的口号，很难引起受众的共鸣。

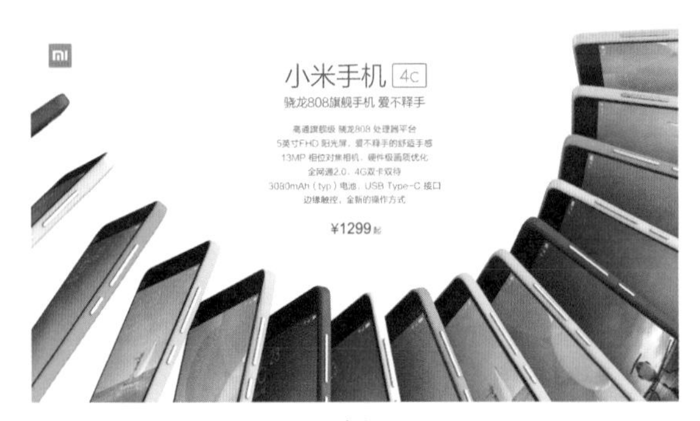

▲图 1-19　小米 4C 新品手机宣传 PPT

▲图 1-20　某手机宣传 PPT

大师点拨 > **我只是做 PPT，干吗要管内容？**

PPT 因所表达的内容而存在。内容，直接决定整个 PPT 水平的高下。即便是单纯帮他人做 PPT 的设计、制作工作，也只有在理解内容的前提下才能做出优秀、令人满意的 PPT。如果您不满足于一个纯粹的 PPT 设计、制作者，想要更进一步，拥有从构思到设计到独立制作一整份优秀的 PPT 的能力，则学习、理解行业内专业知识，提出独特见解、组织出色内容的能力更显重要，需要长期有意识地培养。

1.3.3 看得清楚，听得明白

一般而言，为了让演说受众更易听懂演说内容，优秀的 PPT 往往都会设计一个清楚的逻辑框架，比如封面页、结构页、观点页、总结页、导航条等，让内容看起来逻辑性更强。

下面节选的两份 PPT，与图 1-21 相比，图 1-22 封面页、过渡页、内页、结尾页都进行了不同的设计，内页上方还设置了各部分内容的导航条，显得层次更为清晰，阅读起来更轻松。

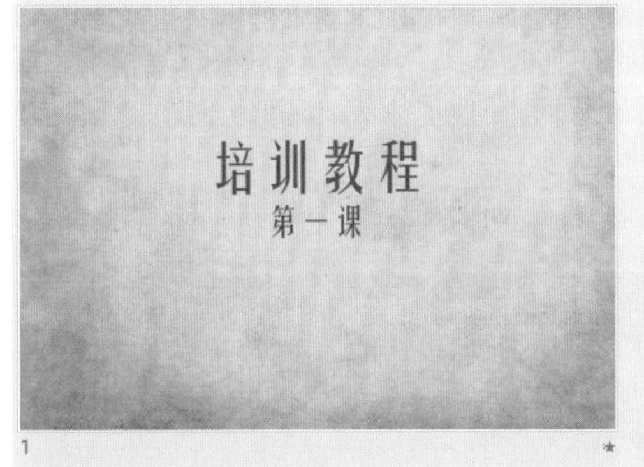

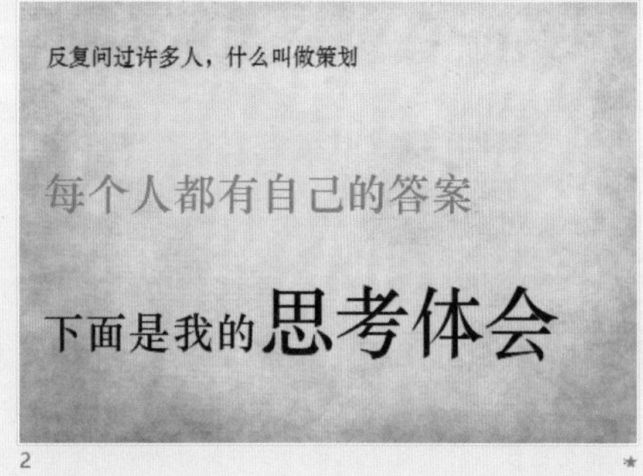

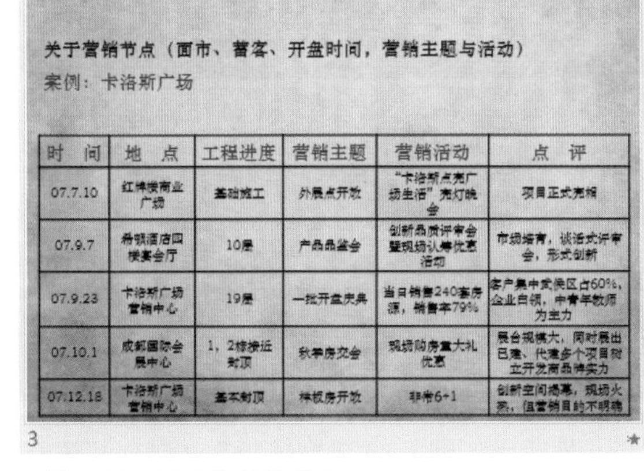

时　间	地　点	工程进度	营销主题	营销活动	点　评
07.7.10	红牌楼商业广场	基础施工	外展点开放	"卡洛斯点亮广场生活"亮灯晚会	项目正式亮相
07.9.7	希顿酒店四楼宴会厅	10层	产品品鉴会	创新品质评审会暨现场认筹优惠活动	市场培育，谈话式评审会，形式创新
07.9.23	卡洛斯广场营销中心	19层	一批开盘庆典	当日销售240套房源，销售率79%	客户集中武侯区占60%，企业白领，中青年教师为主力
07.10.1	成都国际会展中心	1、2栋接近封顶	秋季房交会	现场购房重大礼优惠	展台规模大，同时展出已建、代建多个项目树立开发商品牌实力
07.12.18	卡洛斯广场营销中心	基本封顶	样板房开放	非常6+1	创新空间揭幕，现场火爆，但营销目的不明确

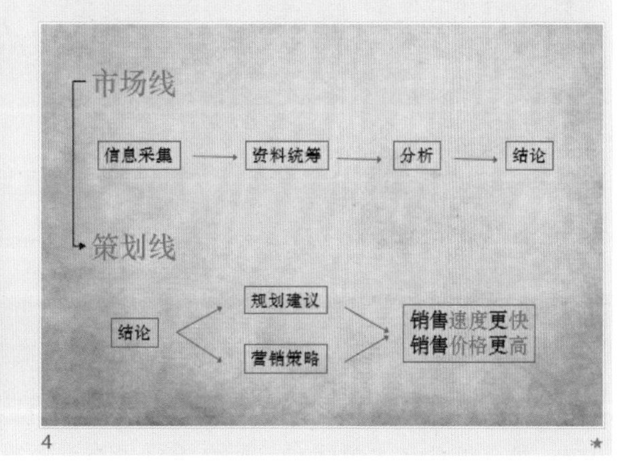

▲图 1-21　PPT 案例展示 1

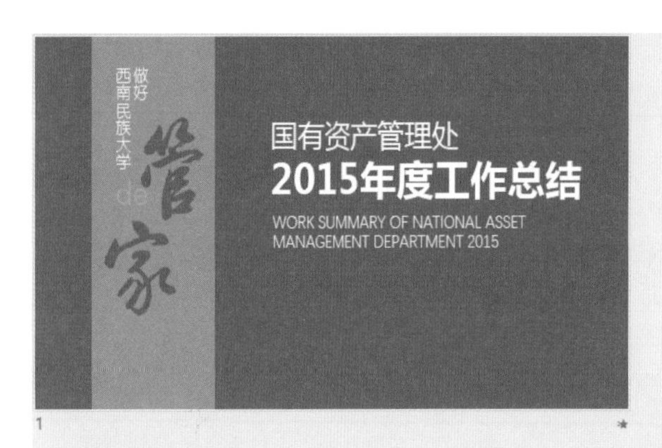

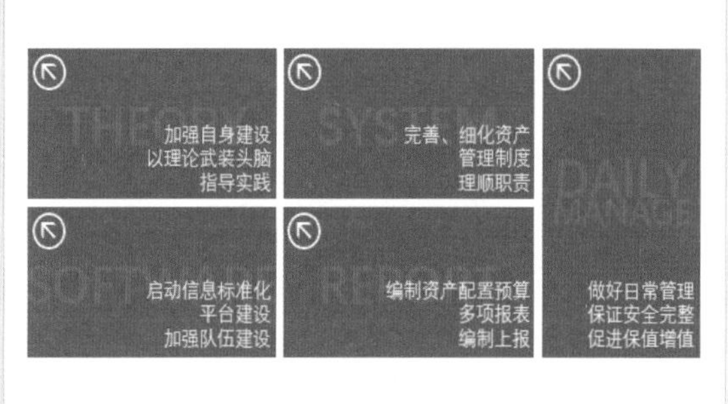

▲图 1-22　PPT 案例展示 2

大师点拨 ＞ 什么是导航条？

导航条是来自网页设计领域的一种说法，就是网页上方链接到各个不同部分内容的按钮，通常单击这些按钮网页就会跳转到相应部分内容的页面。在 PPT 中，为了让阅读者随时掌握 PPT 中的某页在整个 PPT 内容逻辑中的位置，有些设计者会在内容页设置类似功能的导航条。同时，在 PPT 中也可以通过设置链接动作实现单击导航条上按钮，即跳转到相应部分的功能。

1.3.4 简，极简

PPT 天然适合简洁、极简设计风格。除了用于打印阅读的文稿，优秀的 PPT 无一不是简洁的。每一个幻灯片页的文字内容都应该是经过提炼后的内容，而不是大量文字的堆砌，更多的补充信息应由讲述者在演讲时口头说明。当然，简洁不是简陋，否则就显得单调草率了。

下面两页 PPT，你更愿意看那一页？图 1-23 为纯文字内容，且文字非常多，放映后显得字号过小，即便有颜色上的区分，听众仍然很难把握重点；相比之下图 1-24 只有短短几个字，却要有力得多。

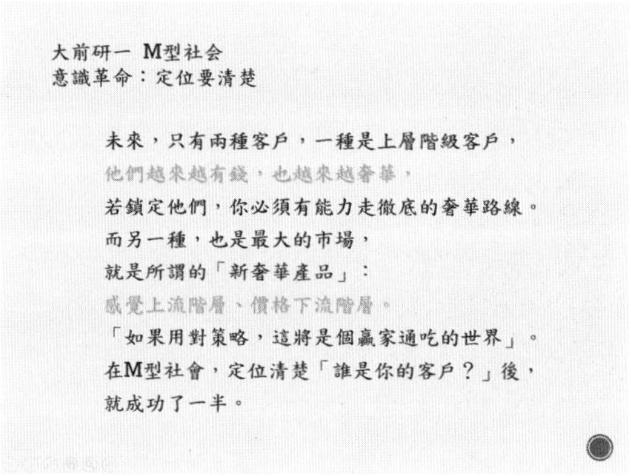

大前研一 M型社会
意識革命：定位要清楚
未來，只有兩種客戶，一種是上層階級客戶，
他們越來越有錢，也越來越奢華，
若鎖定他們，你必須有能力走徹底的奢華路線。
而另一種，也是最大的市場，
就是所謂的「新奢華產品」：
感覺上流階層、價格下流階層。
「如果用對策略，這將是個贏家通吃的世界」。
在M型社會，定位清楚「誰是你的客戶？」後，
就成功了一半。

▲图 1-23

学会做减法
LESS IS MORE

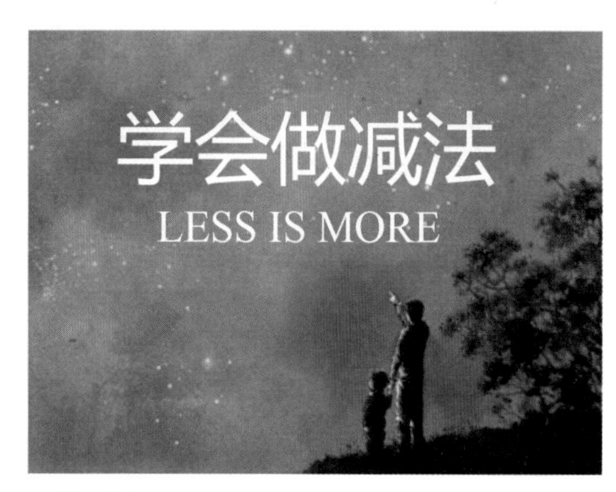

▲图 1-24

1.3.5 看着舒服

从文本字号的大小安排，到页面元素的排版，再到色彩搭配体系……优秀的 PPT 让人赏心悦目，看上去很有阅读的冲动。目前流行的 PPT 设计崇尚简约，应用简单的色块组合、一种或两三种色彩搭配，就能达到美观的效果。

下面节选的两份 PPT 中，你觉得哪份设计感更强？整体来看，图 1-26 明显要优于图 1-25。其实，只要对页面内容稍微进行规整，注意图片摆放位置、色彩搭配等，美感就会大不一样。

法国文化
时尚品牌营销培训班第2课
1
触及法国
1．国名：法兰西共和国
法兰西由法兰克部落名演变而来。“法兰克”在日耳曼语中意为“勇敢的、自由的”。
2．国旗：
为蓝白红三色旗，是法兰西共和国的标志，三色象征自由平等博爱。
2
8．货币：
100
100
200
200
3
CHANEL
4

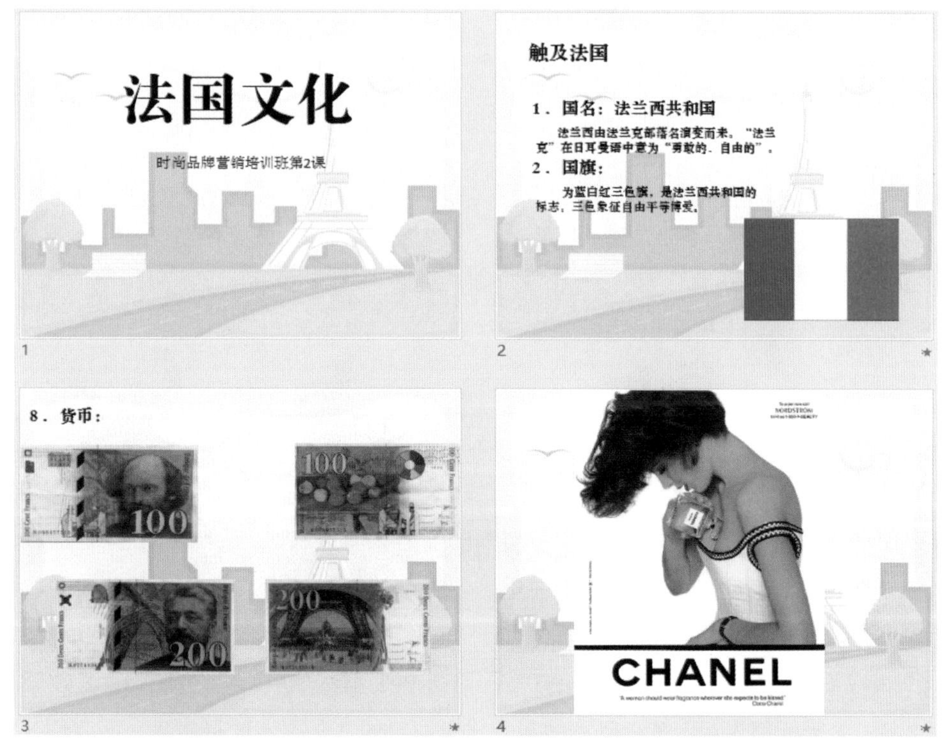

▲图 1-25 PPT 设计示例 1

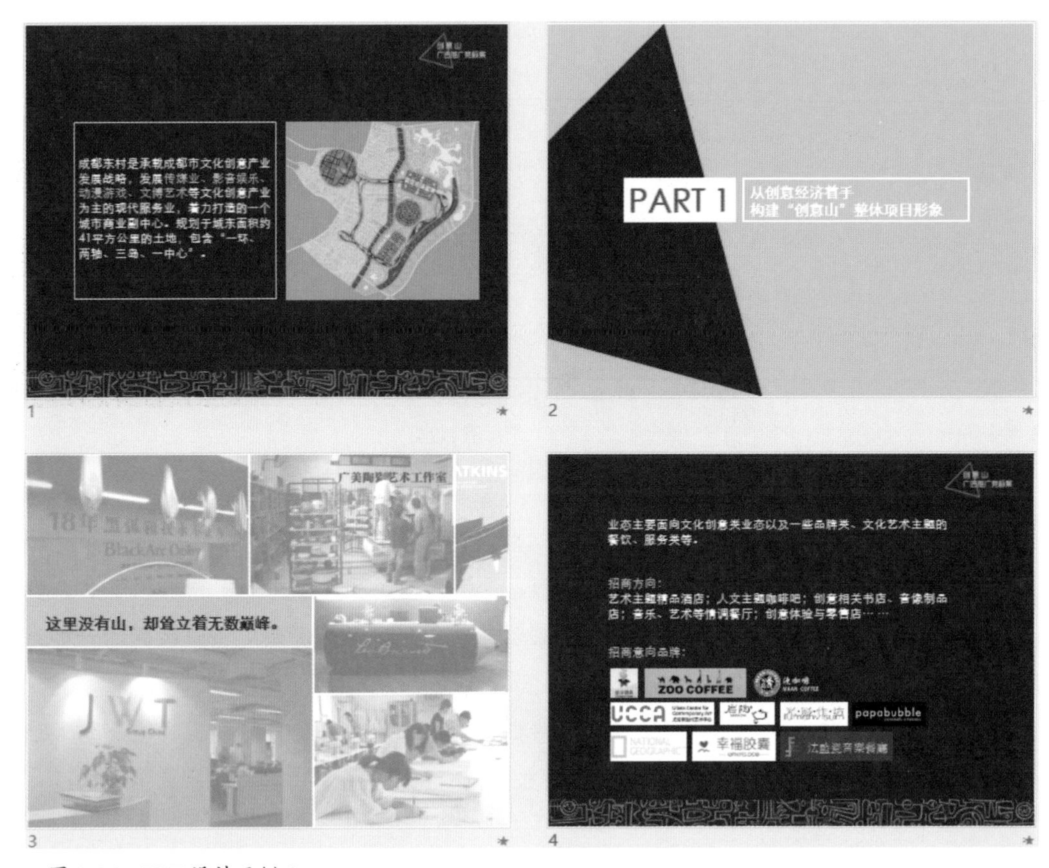

▲图 1-26　PPT 设计示例 2

技能拓展 〉 美化 PPT 需要注意的两个“统一”

（1）设计风格统一。整个 PPT 使用的版式、图形元素等需要有一定的规范，标题、内容、结尾页以及辅助图形的设计等，总体风格必须保持统一，不能一页 PPT 一种风格。

（2）色彩风格统一。整个 PPT 采用统一的色彩规范，选择的色彩不宜过多、过乱。总而言之，要想美观，设计必须有所规范。

1.3.6 不一定有炫目的动画

被复杂的动画效果所震惊，对 PPT 学习望而却步者大有人在。其实，PPT 并不是以设计动画效果见长的软件，大多数时候，使用 PPT 并不需要复杂的动画效果。简单一点的动画，让内容有序、自然地呈现就足够了。

图 1-27 为在网上流传的“韩国炫酷 PPT”，这份 PPT 虽然仅仅只有 3 页，动画效果却十分复杂，页面上每一个元素都应用了多个动画效果，其主要目的在于展示动画本身。而我们日常工作、学习中的 PPT 主要目的在于表达内容，用简单的几个常用动画效果辅助演说即可，如图 1-28 所示。

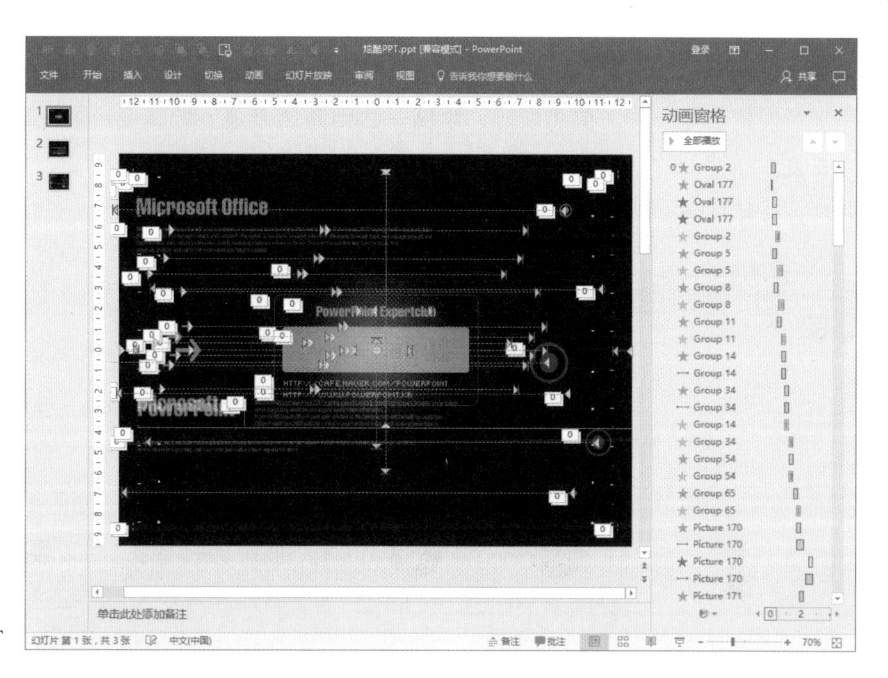

▶ 图 1-27
韩国炫酷 PPT

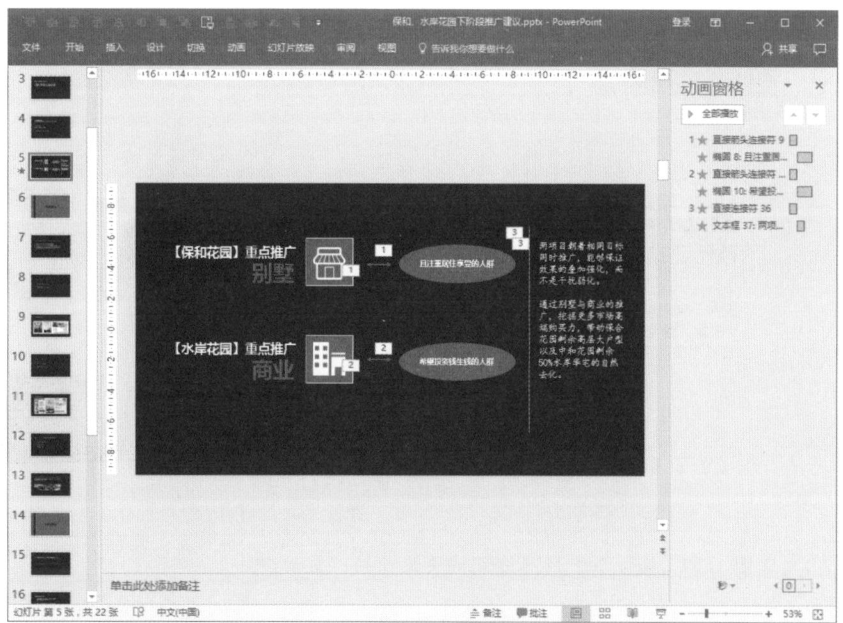

▶ 图 1-28
日常工作 PPT

1.4 PPT 高手是怎样炼成的？

不就是一个办公软件吗，为什么有的人可以玩得那么好？从 PPT 界的很多“大神”“达人”们总结的经历来看，概括起来，进阶成为 PPT 高手的方法主要有以下 6 个要点。

1.4.1 保持旺盛热情

和学习任何技能一样，要想学好、学精，达到超出普通人的高度，首先对所学内容应该有热情。只有真正热爱 PPT，对 PPT 有浓厚的兴趣，才会甘愿投入宝贵的时间。当然，这种热情也绝不能只是三分钟热度，遇难辄止。

▲图 1-29　小牛电动车官网 N1S 介绍网页

1.4.2 从模仿开始

新手不应对模仿有不齿的心理。从配色到排版，再到动画，当你不断模仿那些好的设计（不拘于 PPT）时，能力、技巧、眼界都将不断进阶，如图 1-29 和图 1-30 所示。而模仿的同时，可以慢慢体会背后的创作逻辑，思考别人为什么这样做，思考自己是否还能在此基础上有所改进等。

▲图 1-30　模仿小牛 N1S 介绍网页设计的一页幻灯片

大师点拨 >　如何增加 PPT 中操作撤销的次数？

在做 PPT 时如果发现操作有误，一般我们都会通过不断地按【Ctrl+Z】快捷键来撤销操作。但默认情况下，PPT 只能撤销之前 20 步的操作。如果你觉得 20 次太少，可依次单击“文件”选项卡，窗口左侧面板中的“选项”命令，然后在弹出的“PowerPoint”选项对话框，选择“高级”选项卡，在“编辑选项”下设置，最多可设置 150 次撤销。

1.4.3 养成积累的习惯

通过浏览设计类专业网站培养美感，从微博关注的 PPT“大神”那里发现新奇技能，从微信朋友圈中学习配图，从无聊时随手翻起的杂志中学习排版，从街头看到的广告牌中学习版式……点滴累积起来，不仅有助于培养自己的设计感，也能让你在 PPT 实战中胸有成竹，游刃有余。

图 1-31 的花瓣网（huaban.com），是一个收集生活方方面面灵感的国外网站。简单注册后，在搜索框输入关键词（例如：PPT），就能够搜索到很多参考案例、相关的有趣内容。这比在百度搜索中进行搜索更有针对性。类似的网站还有很多，如图 1-32 所示的堆糖网（www.duitang.com）。

▲图 1-31　花瓣网

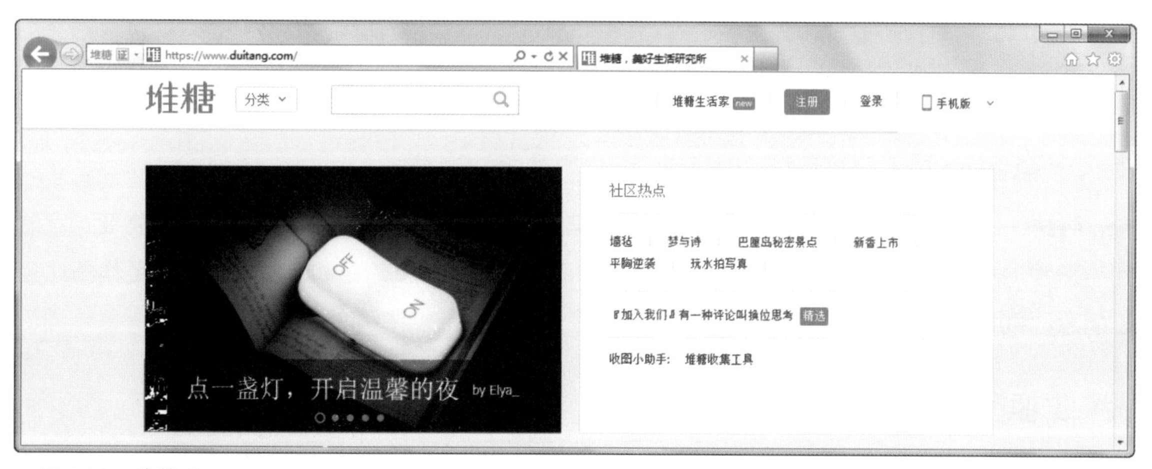

▲图 1-32　堆糖网

在微博、微信、知乎中都活跃着很多 PPT 界的“大神”，比如“嘉文钱”“般若黑洞”“Simon_阿文”“邵云蛟”。多关注一些“大神”博主、微信公众号、知乎专栏，从他们发布的内容中，你能够学到很多有趣、有效的PPT知识，迅速提高自己的PPT水平。

在一些专业PPT论坛、PPT模板网站上，能够找到很多志同道合的学习者，找到很多PPT难题的解决方案，汲取到优秀PPT设计方案、版式的经验，甚至找到很多精美而且免费的PPT模板。比如图1-33所示的锐普PPT论坛（www.rapidbbs.cn）。

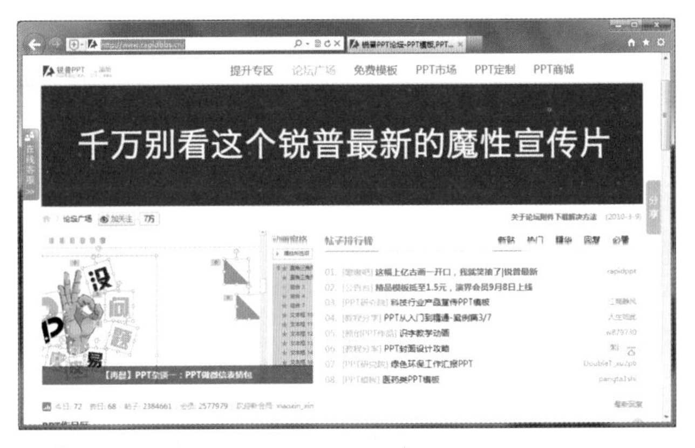

▲图 1-33

除了锐普PPT论坛，还有一些实用的论坛、模板网站，如扑奔网、我爱PPT、无忧PPT等。

用手机拍下你喜爱的一切，用QQ截图收藏网络中对你有用的一切，建立一个用于存储的云盘，分门别类，定时整理，反复回顾，将收集变成生活的一种习惯。

图1-34所示的为QQ收藏的界面。QQ收藏支持截图、图片、文字、语音等多种类型文件的收藏，打开QQ即可收藏、查看，还能在手机、电脑同步内容，非常方便。利用QQ收藏可以建立一个PPT灵感库。平时留心收藏，真正做PPT时就不会那么被动了。

▲图 1-34

1.4.4 需要一点小纠结

纠结，是一种不满足，不满足于差不多，不满足于雷同，不断地追求完美。学设计需要一定的纠结精神，学PPT也一样。微调一下，再微调一下……带着一点纠结和自己较劲，直至作品让自己满意；和解决不了的问题死磕，问他人、求百度，想方设法也要解决。

1.4.5 像玩游戏一样享受PPT

PPT像电脑游戏一样，也能带来操作的快感。在PPT中，很多操作都能通过键盘来完成。尝试着像记忆游戏快捷键一样，牢记全套的PPT快捷键，如表格1-1和表格1-2所示。接下来，每一次做PPT都会是一场酣畅淋漓的享受。

表格 1-1　编辑状态下 PowerPoint 2016 常用快捷键

快捷键	功能	快捷键	功能
Ctrl+L	文本框 / 表格内左对齐	Ctrl+Shift+<	缩小选中字号
Ctrl+E	文本框 / 表格内中对齐	Ctrl+Shift+>	放大选中字号
Ctrl+R	文本框 / 表格内右对齐	Ctrl+ 光标	向相应光标方向微移
Ctrl+G	将选中元素组合	Alt+à/ß	选定元素顺、逆时针旋转
Ctrl+Shift+G	将选中组合取消组合	Shift+ 光标	选定文本框或形状横 / 纵向变化
Ctrl+ 滚轮	放大 / 缩小编辑窗口	Ctrl+M	新建幻灯片页
Ctrl+Z/Y	撤销 / 恢复操作	Ctrl+N	新建新的演示文稿
Shift+F3	切换选中英文的大小写	Alt+F10	打开 / 关闭选择窗格
Shift+F9	打开 / 关闭网格线	Alt+F9	打开 / 关闭参考线
F5	从第一页开始放映	Shift+F5	从当前窗口所在页放映
Ctrl+D	复制一个选中的形状	F4	重复上一步操作
Ctrl+F1	打开 / 关闭功能区	F2	选中当前文本框中的所有内容
Ctrl+Shift+C	复制选中元素的属性	Ctrl+Shift+V	粘贴复制的属性至选中元素
Ctrl+C	复制	Ctrl+Alt+V	选择性粘贴

表格 1-2　放映状态下 PowerPoint 2016 常用快捷键

快捷键	功能	快捷键	功能
W	切换到纯白色屏幕	B	切换到纯黑色屏幕
S	停止自动播放（再按一次继续）	Esc	立即结束播放
Ctrl+H	隐藏鼠标指针	Ctrl+A	显示鼠标指针
Ctrl+P	鼠标变成画笔	Ctrl+E	鼠标变成橡皮擦
Ctrl+M	绘制的笔迹隐藏 / 显示	数字 +Enter	直接跳转到数字相应页

技能拓展 > 自定义更多快捷键

依次单击“文件”→“选项”→“快速访问工具栏”，可将自己常用的一些按钮添加在PPT窗口左上方。添加后，只需依次单击【Alt】键和数字键（注意是快速依次单击，而不是同时按下），即可快速使用相应的功能按钮。笔者的快速访问工具栏按钮如下，供读者朋友参考。

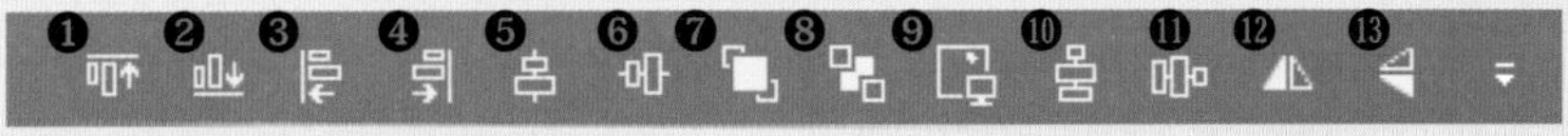

❶	❷	❸	❹	❺	❻	❼	❽	❾	❿	⓫	⓬	⓭
顶端对齐	底端对齐	左对齐	右对齐	横向居中	纵向居中	置于最顶	置于最底	插入图片	纵向分布	横向分布	水平翻转	垂直翻转

事实上，按【Alt】键之后，PPT界面选项卡许多功能按钮均会出现一些英文字符，有些是单个英文，有些是多个，此时按下相应的键盘按钮即可实现相应功能。例如依次按【Alt】【G】【F】，即可打开幻灯片背景设置对话框。

1.4.6 大量的实践

卖油翁的故事里，世人惊叹将油从铜钱眼里倒入瓶中犹如神技，然而这在老翁看来并没有什么特别之处，不过是日复一日倒油熟练了而已。生活中，其实很多技能的获得都没有什么神秘的法门，多练、多用即能成师。

PPT也一样，如果你的工作需要经常用PPT，尝试认真地去面对每一次做PPT的任务，尝试每一次都做全新的排版，尝试做一份更多页面的PPT……很快你就会强大起来。

1.5 为什么要用新版的PPT软件？

你还在用2003版的PowerPoint软件？你依然无法接受新版PowerPoint的界面？你依然固执地认为软件并不会妨碍你做出优秀的PPT？那么，你OUT了！一款好的软件，能够让你更随心所欲地释放灵感，能够让你又快又好地完成PPT制作。时至今日，PowerPoint软件已升级至2016版，除了更简洁易用的操作界面，很多新的功能也远非旧版可比。

合并形状▾
联合(U)
组合(C)
拆分(F)
相交(I)
剪除(S)

▲ 图1-35 合并形状

1.5.1 发挥想象，创造无限可能——合并形状

合并形状，包含联合、组合、拆分、相交、剪除五大工具（如图1-35所示），虽然2010版PPT就有了这些功能，但2010版中这些工具没有直接显示在功能区，需要打开“选项”对话框，在自定义功能区中调出，有人还将这些功能统称为“布

尔运算”。有了这些工具，就能利用软件自带的形状绘制图形。

1.5.2 对，就是那个色——取色器

在浏览网页时，看到一个很舒服的配色，如何用到自己的 PPT 中？领导指定的参照案例中，某个色彩不在标准色板中，如何确定它的色值？对于这些问题，过去我们需要借助安装其他拾色软件来解决。而在新版的 PowerPoint 软件中，直接使用取色器工具（如图 1-36 所示）即可。

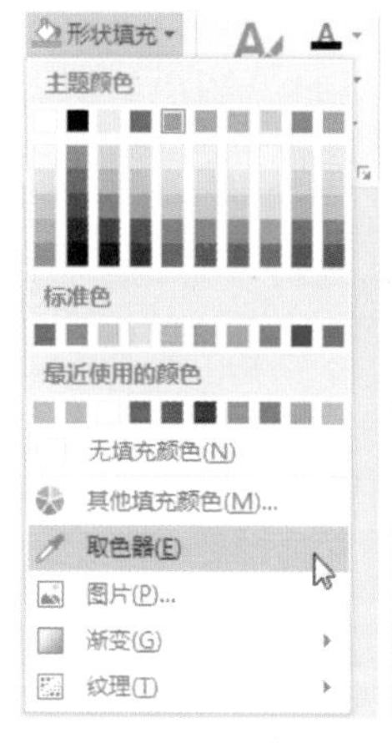

▲图 1-36 取色器

1.5.3 告诉大家，你是怎么做到的——屏幕录制

在 PowerPoint 2016 中，“插入”选项卡下，有一个屏幕录制工具（如图 1-37 所示），使用这个工具能够将你在电脑屏幕上的操作动作录制下来并插入当前幻灯片页面中。这个工具对于软件教学类 PPT 制作尤其实用，图 1-38 所示为 CorelDRAW 软件操作录制。

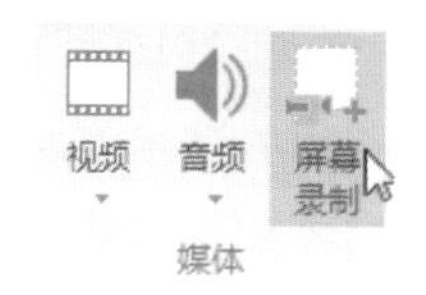

▲ 图 1-37 屏幕录制

1.5.4 终于可以愉快地玩路径动画了——路径结束位置

过去，在 PPT 中添加“动作路径”动画很难准确把握动画结束时所在的位置，导致添加这类动画容易出现衔接问题。而稍微复杂一些的动画，一般人就很难驾驭。

自 PowerPoint 2013 开始，为某元素添加动作路径，能够清楚地看到动画结束时，该元素所在的位置，如图 1-39 所示。且当你改变初始位置时，结束位置也会相应改变，这样降低了路径动画的操作难度，大家终于可以更高频次地使用路径动画了。

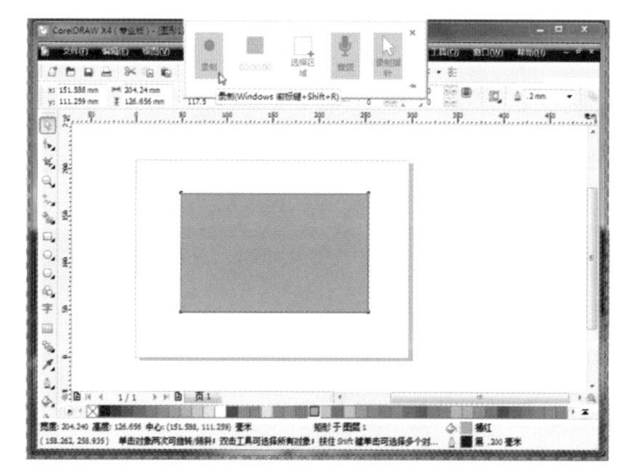

▲图 1-38 CorelDRAW 软件操作录制

▲图 1-39 路径结束位置

1.5.5 PPT 比你想的更强大——Office 加载项

Office 加载项是在 Office 软件中可以由用户自己选择添加、拓展功能的一些小工具。在 PowerPoint 中位于“插入”选项卡下，常常被人们忽略。我们可以在“应用商店”中挑选自己想要的插件，添加的插件会显示在“我的加载项”中，如图 1-40 所示。

使用 Office 加载项，我们能用 PowerPoint 做更多复杂的工作。

▲图 1-40　Office 加载项

1.5.6 妈妈再也不用担心忘词了—— 演示者视图

在 2016 版的 PowerPoint 软件中，增加了非常实用的演示者视图模式（如图 1-41 所示），并且越来越人性化。在该模式下，投影播放出来，观众看到的是幻灯片中的内容，而演讲者所看到的是含有备注内容、当前演示页面内容、下一页内容的独特界面。使用演示者视图，我们讲解 PPT 就更加游刃有余了。

除了上面列举的这些，2016 版 PPT 还有很多强大的功能。是时候更新了！

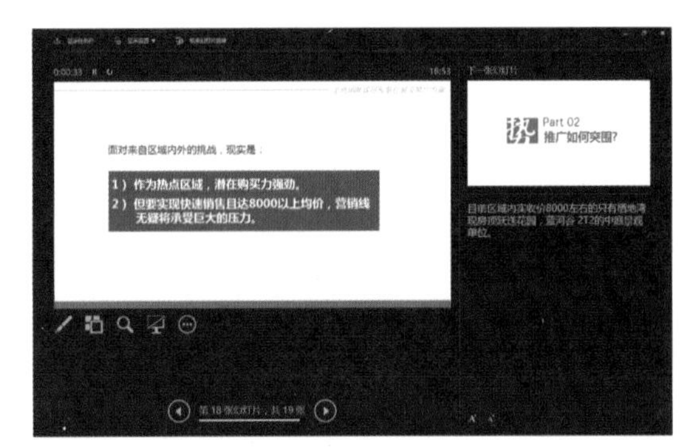

▲图 1-41　演示者视图模式

Chapter 02

完成 PPT 的最快方法是别太快

且慢！

把要求搞清楚，把内容理清楚

不是特别急的情况，做 PPT 都应该想清楚了再动手

这边做，那边喊改，边写文字边设计

效率不高还影响心情，痛苦！

2.1 等等！要求真的清楚了吗

好的 PPT 让自己满意，也能让别人满意。通过充分的沟通，摸清楚领导、客户、观众的需求，才能做出一份令大家都满意的 PPT。

2.1.1 PPT 之外，不可不知的情

一个 PPT 任务来了，不是闷着头直接做就好了，很多 PPT 本身之外的相关事情（可以称为“任务背景”），也是非常有必要先弄清楚的。

观众是谁？

做 PPT 前，你想过你的 PPT 是放给什么人看的吗？观众是谁都不确定，怎么可能做出符合要求的 PPT，如何去组织内容和确定设计风格？准确把握观众，可能要分析的一些问题如图 2-1 所示。

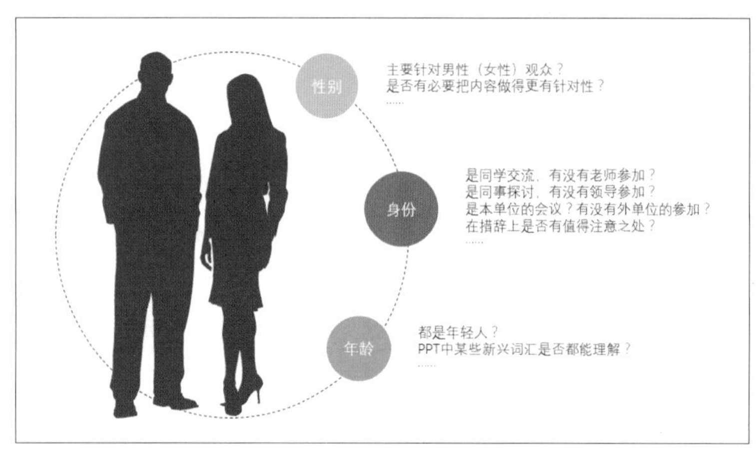

▲图 2-1　准确把握观众

在哪里放映？

正设计的一份 PPT，你是否提前了解过它的放映环境？在确定屏幕尺寸、时间限制等条件之前盲目开始设计，最后很可能要遭遇大返工。关于 PPT 播放的环境，你可能需要了解下面 5 个方面的情况：

硬件：包含播放的硬件和显示的硬件。

播放硬件：播放时是否允许连接自己的电脑播放？若不允许，那么用来播放 PPT 的那台电脑是否支持自己的 PPT 文件格式，能否将自己设计的艺术效果、动画都完整显示？

显示硬件：用投影仪还是显示屏播放？投影投放在白色投影布还是墙面上？这对于 PPT 的配色方案的选择有重要影响。平板电视、电脑等显示屏显示的颜色一般不会有太大偏差，而投影仪显示时某些色彩可能变得偏浅，甚至看不清楚，某些颜色投影在带颜色的墙面上时也可能发生变化。

技能拓展 > 根据投影环境选择幻灯片背景

白天在小会议室开会，投影投放在白色的墙面上时，建议用白色的背景。因为白色的背景投出来会非常亮，投放区域与墙面很容易区分出来，更有气氛一些。最好不用黑色或灰色的背景，这两种颜色投放出来只能看到墙面的颜色，文字几乎是打在墙面上，显得非常奇怪。

播放场地：播放时能够关闭光源还是只能在明亮的室内播放？现场是否支持声音的播放？这对 PPT 背景色彩的选择、多媒体的应用等有直接的影响。黑暗的环境下观看 PPT，什么样的背景颜色都能看得比较清楚；而明亮的环境下，如果用白色、浅色的背景则有可能导致你的 PPT 播放出来完全“走样”。黑暗的室内，用深色的背景，亮色的文字或图片会比较突出，这也是很多科技公司发布会播放的 PPT 都喜欢用黑色或深色背景的原因，如图 2-2 和图 2-3 所示。

▶图 2-2 苹果发布会常用的灰黑渐变背景

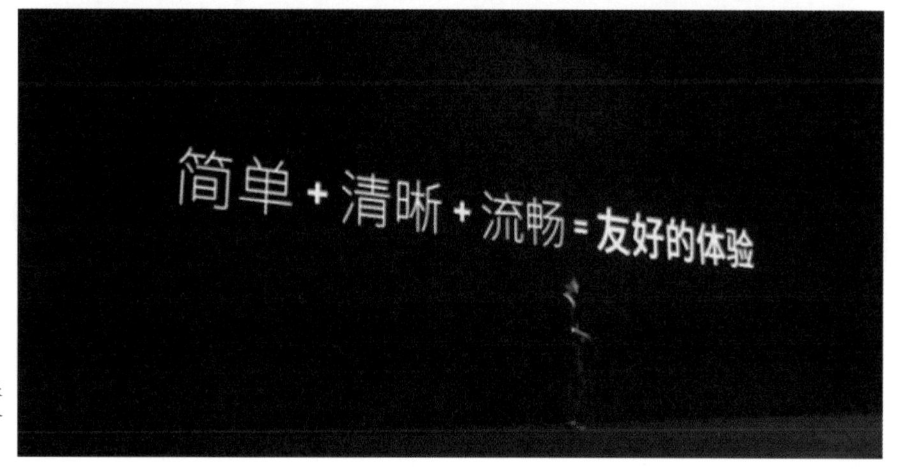

▶图 2-3 魅族 Pro 5 发布会的黑色背景

屏幕尺寸： 屏幕尺寸是4:3，还是16:9？还是一个非常特殊的比例？新建PPT之后第一件要考虑的事情不是封面怎么做，而是幻灯片页面大小设置为多少。如图2-4所示的特殊的幻灯片尺寸，可以在“幻灯片大小”对话框中，通过“自定义”进行设置，如图2-5所示。

◀图2-4　华为荣耀7发布会PPT

▲图2-5　幻灯片大小设置

大师点拨 ＞ 修改幻灯片尺寸时“最大化”和“确保合适”是什么意思？

当我们修改一份PPT文件的幻灯片页面尺寸时，会弹出提示对话框，询问选择“最大化”还是“确保合适”，这里的“最大化”是指幻灯片页面调整后，页面上的图片、文字等对象的大小不发生改变，仍然保持调整页面尺寸之前的设置；而“确保合适”则是指页面上的对象和幻灯片尺寸一起变化，幻灯片尺寸若是缩小，则这些对象也会相应缩小，幻灯片尺寸若是放大，这这些对象就相应放大。

演讲者： 你在制作的PPT最终是配合演讲手动播放，还是展台自动放映？若配合演讲，是自己讲述，还是由领导、同事讲述？这些关系到内容、备注等的准备。

时间限制： 是1分钟视频，还是10分钟讲稿；正式演示时，是否有时间限制……到底要做多少页幻灯片合适？只有确定时间要求，心里才有数。

2.1.2 内容的方向性判定

设计 PPT 前，须先规划、撰写好内容。而在准备 PPT 内容之前，则须对其方向有一个大概的认识，避免离题千里，出现方向性失误。该有的内容要有，该作为重点的内容要作为重点阐述，领导明确要求提及的要点应该有……关于内容的方向，可通过默问如下问题来把握。

▶图 2-6 这是一个概念性的方案，只是对资兴市的形象包装提出一些初步的想法提交给相关单位参考

方案：是概念性，还是务实性？

对于方案 PPT，做之前应确定到底是做一个初步的概念性的方案，还是做一个需要提出具体操作步骤的务实性、可执行方案。对问题的分析需要达到什么样的程度，是否需要涉及可供调配的资源情况……事实上，很多时候，可执行方案都是经过多次提案、沟通碰撞后的结果，而不只是单方面（一个单位或一个机构）单次思考便可以得到的成果，如图 2-6 和图 2-7 所示。

▶图 2-7 这是一个务实性的方案，方案内有详细执行步骤、人员分工、媒体计划，以及整个推广活动所需的总费用清单

汇报：重点在调研成果，还是执行策略？

调研活动后的汇报 PPT，有时也可能需要考虑内容的侧重点——是只涉及调研的成果、阐述现象，还是基于调研成果得出解决策略，如图 2-8 所示。

▲图 2-8 一份纯粹的调研成果汇报 PPT

课件：哪些内容一笔带过，哪些内容详加论述？

课件 PPT 是备课的工具。准备课件 PPT 的内容，应明确这一课内容中哪些是学生真正难以理解的知识，需要重点论述，哪些是所有学生都容易理解，可以一笔带过的，从而控制课件各部分内容的篇幅。如图 2-9 所示的 CorelDraw 教学课件，在整节课的 4 个部分中，软件界面不是教学的难点，篇幅相对就要少一些。

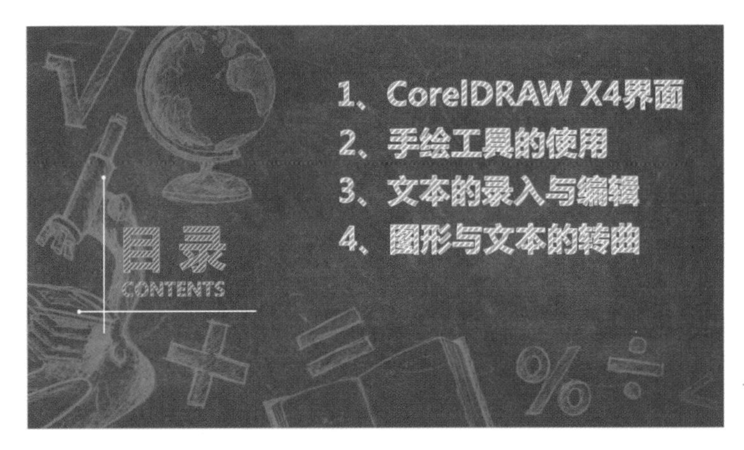

图 2-9　CorelDraw 教学课件

展示：价值点是什么，兴趣点是什么？

品牌或产品展示类 PPT 的内容，应充分了解本体的核心价值点，同时也需要充分了解观众的兴趣点、关注点，最好在满足兴趣的基础上输出价值，如图 2-10 所示。

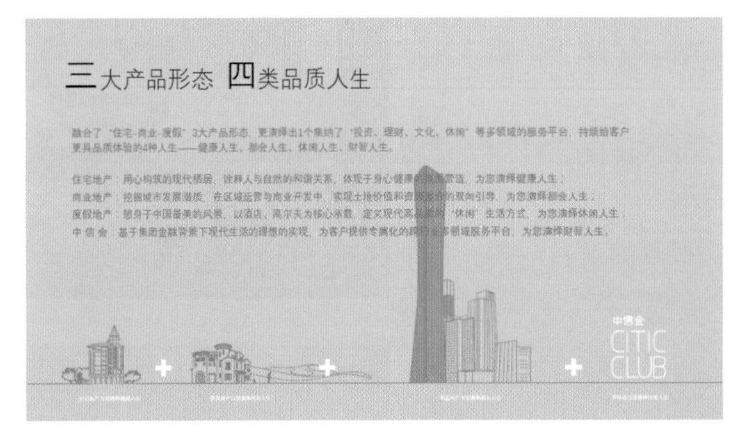

图 2-10　中信地产品牌价值宣传

2.1.3 设计调性的确定

调性即一份 PPT 整体呈现出来的风貌——是严肃的还是轻松的？是热烈的还是冷静的？是树立品牌的感觉还是促销产品的感觉？在看到最终作品前，领导、客户其实对于 PPT 的调性可能会有一些模糊的想法，设计 PPT 前应该摸清楚他们的这些想法。此外，设计调性的最终确定还应考虑清楚下面两个问题。

行业的视觉规范是什么？

不同行业有不同的色彩、字体等应用规范，形成专属的视觉识别系统。因而某些设计，人们一看到就能判定其大致属于何种行业。比如，党政机关的设计常常使用红色、白色、黄色的搭配，如图 2-11 所示，环保组织、医疗机构多用绿色，如图 2-12 所示，企业多用蓝色……在设计 PPT 前可能还需要去了解自己做的这份 PPT 是否要兼顾行业的视觉规范，运用符合这种视觉规范的色彩搭配。

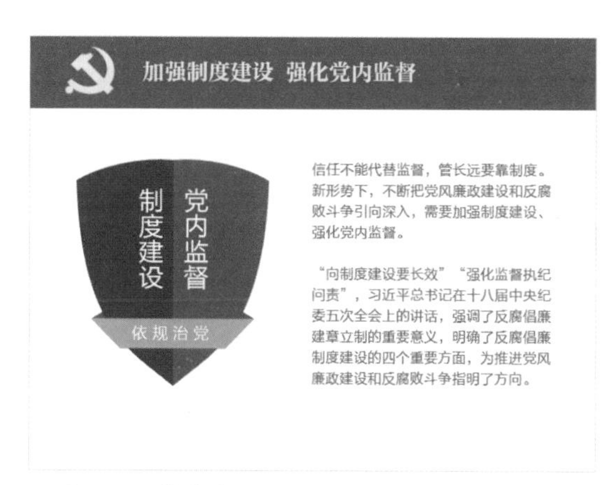

▲图 2-11 党建类 PPT

▲图 2-12 环保类 PPT

是否必须使用企业模板？

不少企业都设计有自己专属的 PPT 模板，甚至规定所有该企业出品的 PPT 作品都应该使用其企业模板设计。若必须使用企业模板，就不必再为 PPT 单独设计模板了，如图 2-13 所示。

▲图 2-13 国家电网公司 PPT 模板

2.2 创意内容的实用思维方法

PPT 设计的最终目的是辅助演讲、表达内容。有想法、有创意的内容才更能感染、打动观众。很多时候，我们做 PPT 不是为设计发愁，而是苦于没有好的点子、没有思路，做不出好的内容。

其实，无论什么样的工作、事情，都不是“闭门造车”就能有想法、出创意。问题来自生活，办法也来源于生活，来源于对事实的充分了解，来源于足够丰富的经验累积。因此，真正的好内容必须从实践中发现，在工作中用心去积累。

当然，一些好的思维方法也确实能够帮助我们梳理思路，提升我们思考的效率。下面介绍 4 种实用的思维方法。

2.2.1 头脑风暴

头脑风暴法，即团队成员聚在一起，围绕一个问题随意发挥，提出自己的想法。头脑风暴过程中，不强制每一位成员必须要提出想法，有则发言，没有则不发言，只要有思考的过程即可。想法提出后也不要马上去评价是否可行、合适，不对想法的质量进行人为设限。

▲图 2-14　头脑风暴时间

在相对自由的气氛中，尽可能挖掘更多数量的想法（无领导参与，往往效果更佳）。头脑风暴结束后，再由决策者从中选择最合适的想法。

个人的思考也可以用头脑风暴法。设置一段时间为头脑风暴时间，如图 2-14 所示，对着一张白纸随意地冥想（有时候对着电脑没办法思考，提起笔却能思如泉涌），并将每一个想法写在白纸上。同样，不去管每一个想法是否合理，尽可能多地写下所有能想到的想法，待风暴时间结束后再整理这些想法。

2.2.2 逆向思维

逆向思维法，即直接从目标入手，逆向倒推实现各种可能的过程，最终从中找到最合适的方法。

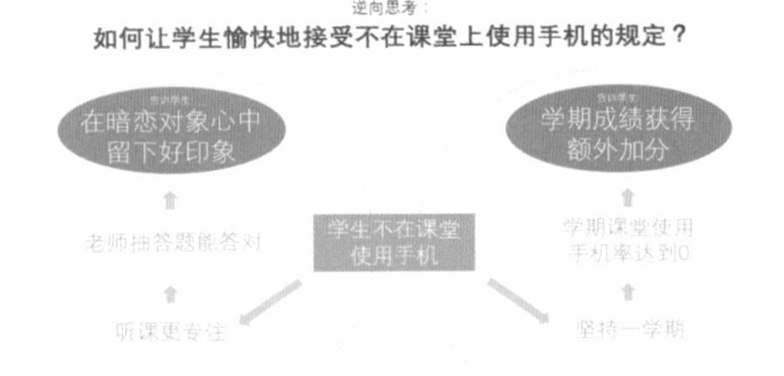

▲图 2-15　逆向思考示例

在图 2-15 中，首先确定最终目标为“让学生不在课堂使用手机”；然后，逆向想象“如果学生不在课堂使用手机”可能发生的情况（这里有两种可能）：听课可以更专注、有可能将不在课堂使用手机坚持一个学期；最终，得到“可以在暗恋对象心中留下好印象”和“可以在学期成绩中获得额外加分”两种让学生愉快接受不在课堂使用手机规定的较好理由，从中选择一个合适的即可。

2.2.3 金字塔原理

金字塔原理是麦肯锡国际管理咨询机构的女性咨询顾问巴巴拉·明托发明的一种提高写作和思维能力的思维模型。这种思维模型的基本结构为：结论先行，上统领下，归类分组，逻辑递进。先主要后次要，先总结后具体，先框架后细节，先结论后原因，先结果后过程，先论点后论据，最终将凌乱的思维有序组织起来，形成一个如同金字塔般的结构，所以又被称为“金字塔原理”。

在做 PPT 的内容时，用这一原理来梳理我们的思路、指导思考的过程，分析问题会更加深入，最终形成的 PPT 文案内容逻辑性也会更强。

例如，思考“如何提高微店的访问量”这个问题，如图 2-16 所示。首先，确定思考的目标是解决微店“高访问量”的问题。解决这一问题，可以从两方面着手：一是通过更广泛的宣传让更大基数的人群能够看到店铺的链接、店铺名片；二是通过有效的宣传提高看到店铺的链接、店铺名片的人点击访问的概率。那么，又如何去实现更广泛的宣传呢？往下，我们又可以思考，比如有在自己的朋友圈刷屏、参加微店平台的推广活动、投放各种网络媒体广告这些手段；同理，如何实现有效宣传，也可以向下思考，比如做足够刺激的促销活动，结合时事、创意、话题性强的文案，请懂设计的朋友帮忙设计吸引人的广告画面等手段。就这样，我们可以针对该问题进行相对严谨、深入的思考。而在用 PPT 对这一系列的思考进行表达时，则既可以从上至下，先总后分，也可以从下至上，先分后总，根据具体情况选择更容易理解或更有创意的表达方式。

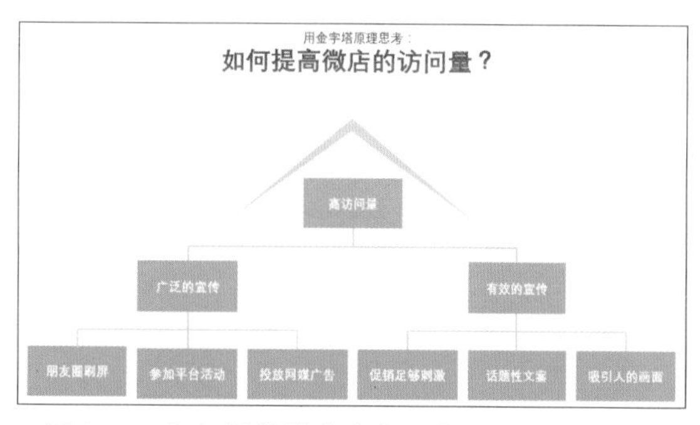

▲图 2-16　如何提高微店的访问量

2.2.4 思维导图

思维导图是通过图文并茂的方式表现各个思考中心的层级关系，建立记忆链接的一种思维工具。

自由发散联想是人类大脑的自然思考方式，每一种进入大脑的资料，不论是感觉、记忆或是想法——包括文字、数字、香气、食物、颜色、意象、节奏等，都可以成为一个思考中心，并向外发散出成千上万个节点，每一个节点代表与中心主题的一个连结，而每一个连结又可以成为另一个中心主题，再向外发散出成千上万个节点，呈现出放射性立体结构，而这些节点的连结可以视为人的记忆，也就是大脑数据库。

思维导图正是将这种自由发散联想具体化，让思维可视化的工具，能够帮助我们进行有效思考，激发创造性。

看书，我们可以用思维导图来做笔记，加深记忆，如图 2-17 所示；教学，可以用思维导图来备课；写文章，可以用思维导图快速勾勒大纲。在职场中，很多企业都会针对如何使用思维导图进行培训，提升员工的思维能力。

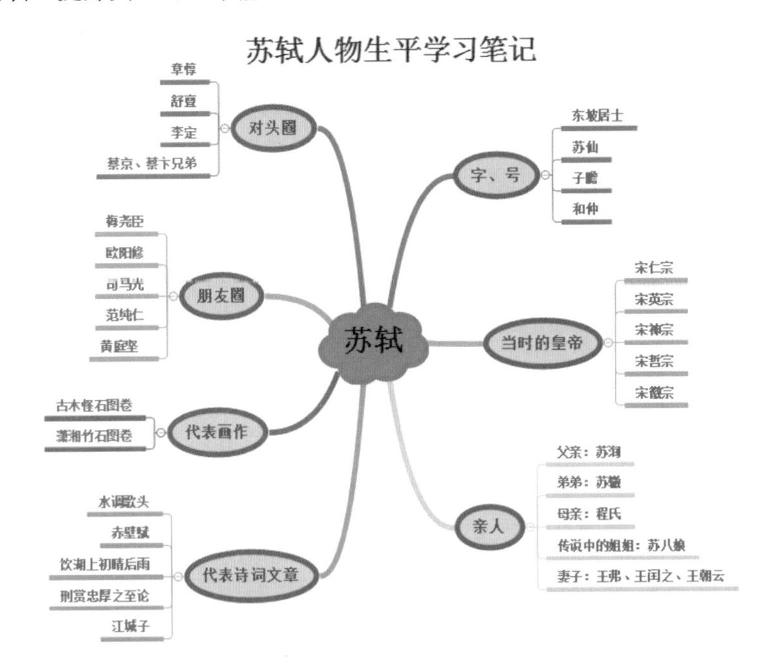

◀图 2-17　苏轼人物生平学习笔记

技能拓展 > **构思 PPT 文案时的两点心得**

1. 对于大多数的普通人而言，做策划方案不必过于强求惊人、奇特的创意，有时候把常规的事情做好，将每一个环节的细节落实到位或许就是一个好方案；2. 基于修改、查看的方便性，构思文案的阶段可以先在 TXT、Word 中编辑，形成草稿，不建议直接在 PPT 中编辑文字内容。

思维导图软件有很多，如 Xmind、MindManager、iMindMap 等，操作界面大同小异。使用软件做思维导图更方便，例如我们使用思维导图思考“如何做一个文艺风格的 PPT”，大致可以得到如图 2-18 所示的思维导图。

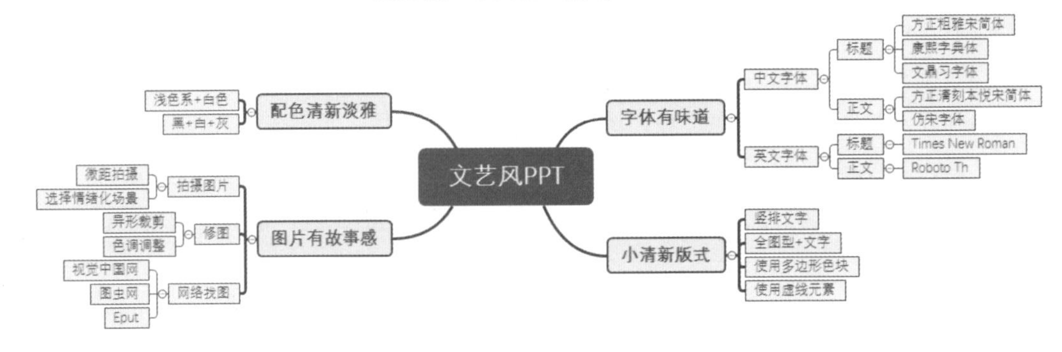

▲图 2-18　如何做一个文艺风格的 PPT

在撰写 PPT 文案内容时，能帮助我们更高效地思考、做出更多创意内容的思维方法还有很多。

大前研一，经济学、管理学大师，被《金融时报》誉为“日本仅有的一位极为成功的管理学宗师”，他的《思考的技术》是一部专门探讨思考方法与技巧的著作，其中提出了切换思考路径、逻辑打动人心、洞悉本质、非线性思考、让构想大量涌现等思考术，值得一读，如图 2-19 所示。

▲图 2-19 《思考的技术》

2.3 优秀演讲者常用的语言技巧

一般来说，好的演讲内容给人的感觉是真诚、有趣、有料的，而不是浮夸、乏味、呆板的。虽然不同场合、不同类型的 PPT，演讲的方式、方法不尽相同，但优秀演讲者在开场、组织语言、标题等演讲内容准备上的一些技巧仍然可以借鉴学习。

2.3.1 开场的 5 种方式

演讲开场说什么？如何开场才显得自然、不生硬？用华丽的开场实现完美的亮相，你的演讲就已成功一半。在演讲中，优秀的演讲者们通常使用的开场方式有以下五种。

1. 从任务、现状谈起

在商务提报中，站在客户或公司领导的角度，开门见山直接谈现状、阶段性的任务，舍弃各种浮夸的渲染、铺垫，能够给人以干练、实在的感觉。接下来还可以很自然地过渡到问题的分析、对策和建议上来，如图 2-20 所示。

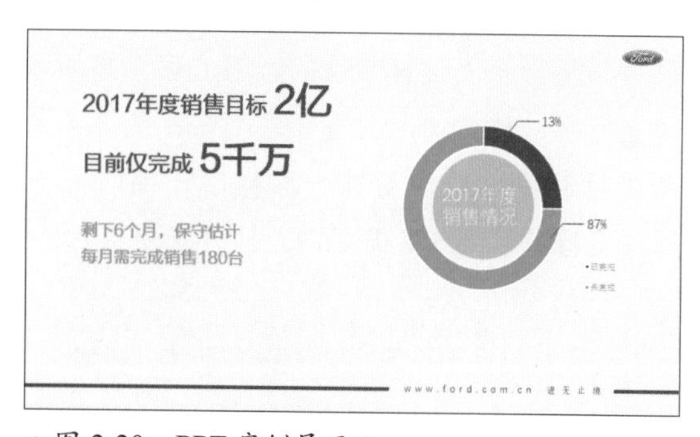

▲图 2-20 PPT 案例展示 1

2. 从题外话、引用内容谈起

为增强演讲的吸引力，让整个演讲看起来更丰富，有时可以宕开一笔，以一些看似不着边际，实际上又与核心论点存在某种关系的题外话或引用某个名人的名句等方式开场，先把气氛渲染起来，再逐步切入主要内容。这种开场方式柔和、自然，能够制造期待，调动观众积极性，有助于核心观点的表达与理解，如图 2-21 所示。

▲图 2-21 PPT 案例展示 2

3．从一个问题谈起

在演讲开始时，抛出一个问题，可以将观众的思维注意力瞬间带入你所设定的情境下。当然，问题一定要设置得当，需要有一定的趣味性，如图 2-22 所示。

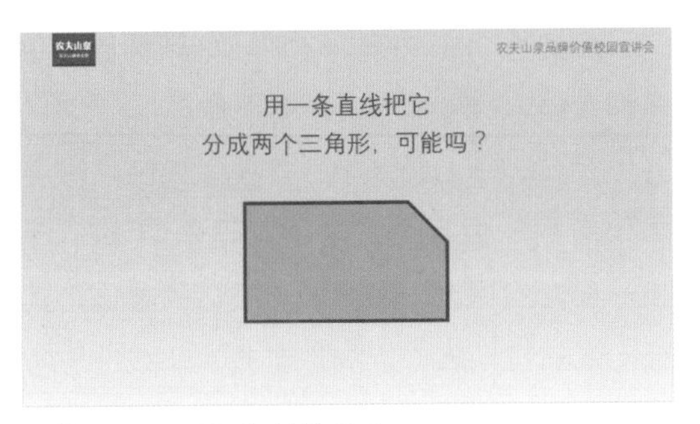

▲图 2-22　PPT 案例展示 3

4．从一个故事谈起

优秀的演讲者一般都擅长于讲故事。在讲正式的内容前，先娓娓地讲述一个故事也是优秀的演讲者们惯用的方式。讲的这个故事可以是演讲者自己经历的事，也可以是演讲者视角下别人的故事，越真实越能打动人心。当然，即便是大家知道的、书本上的故事，讲的时候带上自己的解读，也能打动人，如图 2-23 所示。

▲图 2-23　PPT 案例展示 4

5．从结论谈起

如果你整个演讲的核心观点足够独特、惊艳、新颖，直接在开头将结论抛出来，然后再讲解整个推导过程也未尝不可。在这种情况下，PPT 的标题也大可不必写成诸如“关于 ×× 的方案”“×× 项目策略提报”这样常规的标题，可直接用观点作为主标题，比如“七月营销，唯快不破”。原来的常规标题则作为副标题。这样，开场时可借题发挥，把标题解释作为开场白，让开场更自然。

▲图 2-24　哇哈哈电商平台拓展计划

2.3.2　3 种经典的内容组织方式

恰当的内容组织方式能够让 PPT 的内容更容易被理解与接受，且便于演讲者讲述。和写文章一样，把 PPT 各个部分内容组织、串联起来的方式不拘一格。下面介绍 3 种经典方式。

1．事由逻辑

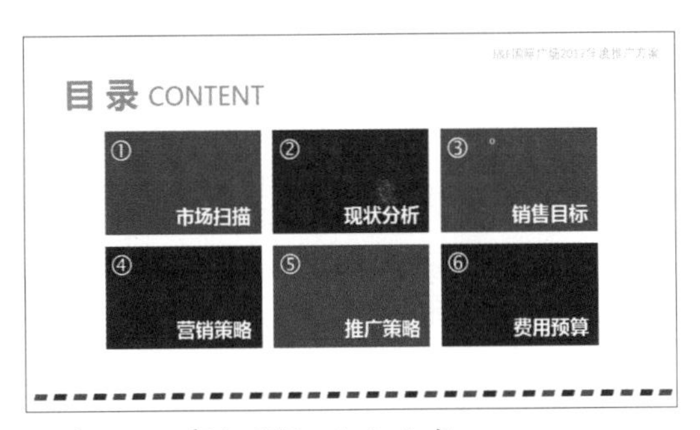

▲图 2-25　事由逻辑　组织方式

即以所讲述事情本身的逻辑为线索组织内容。比如市场营销策划方案，先阐述现象，销售现状、市场情况等，再分析问题，找出营销难点，继而针对问题提出营销对策，最后按照对策提出的一系列可执行动作进行活动安排，并做好经费预算，如图 2-24 和图 2-25 所示。

2. 象征类比

以一个象征性的故事开场，进而将整个 PPT 的内容都包装在这个故事之下。看似整个 PPT 都在围绕最开始的故事展开，最终又由最初故事的结局导出整个 PPT 的核心观点。相对而言，这种内容组织方式轻松、有趣、又不失说服力，即便是严谨的方案都可采用。比如下面选自卓创广告的《路劲·城市主场营销创意报告》，便是结合当时科比退役的网络热点，类比科比的主场精神，将整个方案与科比的成功之道紧密结合，非常有新意，如图 2-26、图 2-27 和图 2-28 所示。

▲图 2-26　卓创广告《路劲·城市主场营销创意报告》PPT

▲图 2-27　卓创广告《路劲·城市主场营销创意报告》PPT 第 12 页

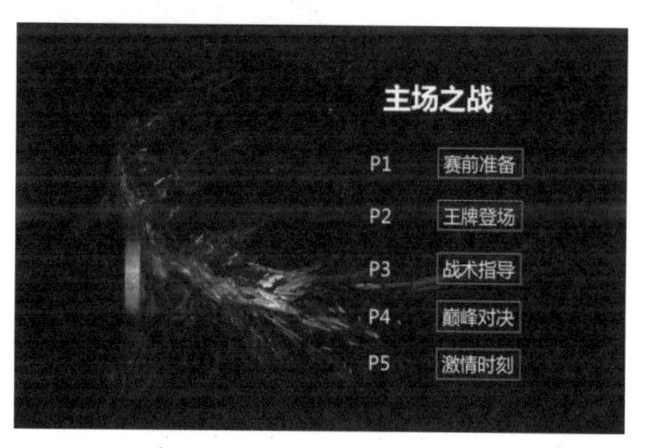

▲图 2-28　卓创广告《路劲·城市主场营销创意报告》PPT 第 15 页（目录页）

3. 形散而神聚

随心所欲地讲述一些看似零散的点，每一个点的论述看起来没有太大的联系，却都与主题相关。比如个人的年终工作总结采用这种方式，以关键词或某些勾起回忆的图片，又或者某个同事说过的某句话来贯穿回顾过去的一年，最终这些零散的点连接起来就构成了对过去一年的回顾。比起对工作内容的呆板叙述，这种总结方式简单又不失新意，如《2016 工作总结》PPT 中的两页，见图 2-29 和图 2-30。

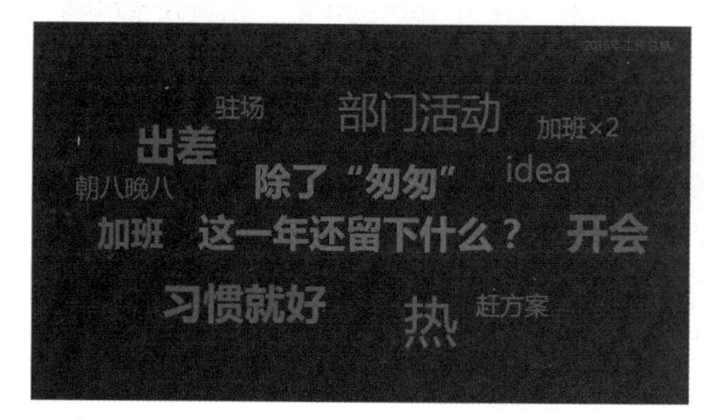

▲图 2-29　《2016 工作总结》PPT 页 1

▲图 2-30　《2016 工作总结》PPT 页 2

2.3.3 让标题更吸睛的 6 种手法

幻灯片的标题能够减轻观众的阅读压力，避免将文字相对较多的正文内容直接呈现在观众眼前，让观众轻松一眼便可知悉本页幻灯片大致要讲些什么，在心理上建立起听讲准备。一般情况下，每页幻灯片都应有一个标题。图 2-31 和图 2-32 是同一张幻灯片有标题时和没有标题时的对比，相信大多数人应该都会更喜欢图 2-32 所示的效果。

▲图 2-31　无标题的幻灯片

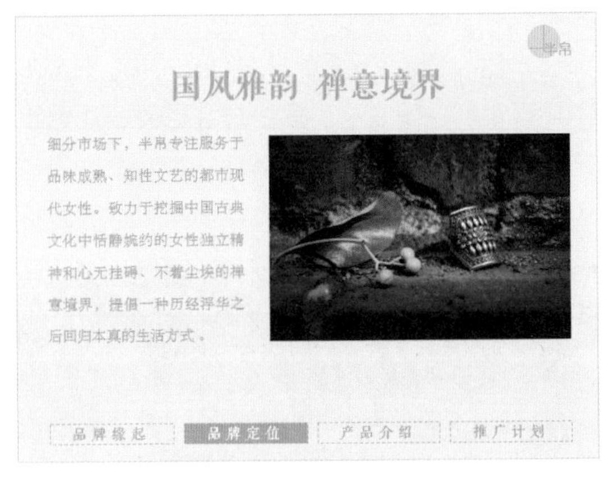

▲图 2-32　有标题的幻灯片

一份优秀的 PPT 中不乏精彩的标题。在撰写 PPT 的文案时，单纯对内容进行概括容易显得平淡。如果把每一页 PPT 都看成一则广告，标题就是广告词。为让这一页幻灯片看起来更有阅读冲击力，可以像写广告文案一样，根据实际情况适当用一些手法调整标题。

1．让它更短一点

简短的标题阅读起来轻松、有力度。通过概括、提炼，找到对原意最简单的表达方式，是让幻灯片标题更有视觉冲击力的直接而有效的方法。如图 2-33 所示的摘自小米 5 发布会的这页幻灯片，用“快得有点狠”作为标题，表达了下面所列小米 5 配置上的各个优势。快，指运行之快、网络之快等，狠字巧妙表达快的程度。

又如图 2-34 所示的一加手机的品牌广告，标题仅“不将就”三个字，表达了企业理念，产品定位，目标客群的精神主张等，整体看上去简洁、有力。

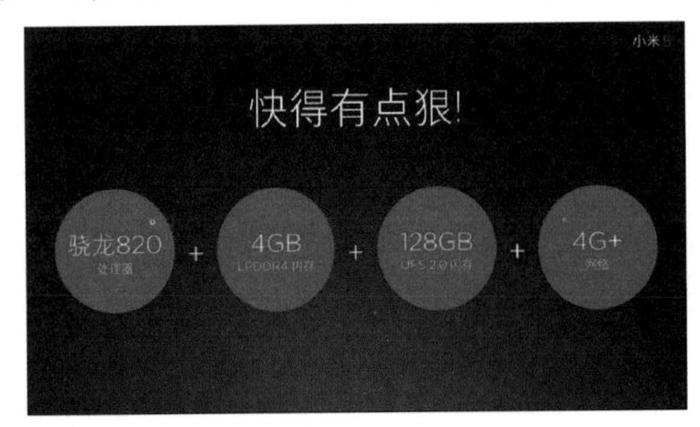

▲图 2-33　小米发布会幻灯片

▲图 2-34　一加手机品牌广告

2. 让它更有内涵一点

某些特殊情况下，可以通过化用成语、词语、俗语、流行语，或玩文字游戏的方式重新包装原本要表达的含义，让标题变得含义更丰富、耐人寻味。如图 2-35 所示的华为 MateBook 的广告，巧妙化用“本该如此”这一成语，表现其将平板、笔记本合二为一这一独特性，以及对用户需求的颠覆性等内涵。

▲ 图 2-35　华为 MateBook 广告

又如图 2-36 所示的一加手机 3 的广告标题“强劲，才带劲”，前后重复两个“劲”字，以字面上的文字游戏巧妙表达该手机的硬件性能与可操作性、可玩性等内涵。

▲ 图 2-36　一加手机广告

有时候字数较多的长标题通过输出价值主张、情感关怀，其打动人心的力度并不一定比短标题弱。如图 2-37 和图 2-38 所示。

▲ 图 2-37　长标题案例 1

▲ 图 2-38　长标题案例 2

3. 让它更专业一点

在标题中突出强调某些数值或使用专业词汇，展现强烈的专业感，也是产品推介类 PPT 提升标题吸引力的一种技巧。如图 2-39 和图 2-40 所示，标题中的“10 分钟”和“10000:1”，让人感觉专业、可靠。

▲ 图 2-39　科沃斯扫地机器人广告

▲图 2-40 极米投影电视广告

4．让它更亲和一点

在标题中使用“你”“您”等第二人称的字眼，使得标题犹如与观众直接对话，显得亲和而有代入感，引导观众的思路，即便是长文字标题也能引人注意。如图 2-41、图 2-42 所示。

▲图 2-41 PPT 示例 1

▲图 2-42 PPT 示例 2

5．让它更有趣一点

大多数观众都喜欢看有趣的东西，而厌恶老生常谈、照本宣科等。将原本平淡的标题朝着趣味性的方向调整，或许就能勾起观众的兴趣。比如，在标题中制造对比、设置矛盾点，不按常规套路说话，出乎常人意料，给人以新鲜、趣味感。如图 2-43、图 2-44 所示。

▲图 2-43 耐克 2016 奥运会期间品牌广告

▲图 2-44 车来了 APP 广告

6. 让它更神秘一点

揭秘的过程，通常能引起人们的浓厚兴趣。因此，在网络中很多广告链接都以揭秘式的文案来获取点击率。某些 PPT 标题也可以借鉴这种手法，将标题写成一句精彩的摘要，言而未尽，制造神秘感，从而吸引观众注意。如图 2-45 所示。

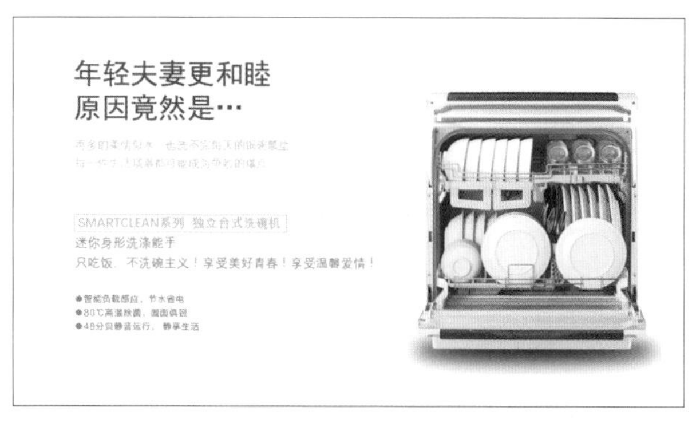

▲图 2-45　PPT 示例 1

如果把一页 PPT 看作一则广告，标题其实等同于主广告语。可以像写广告语一样，借鉴广告文案的创作方法，尝试切换思路写标题。关于广告文案创作技巧方面的经典教材很多，比如《一个广告人的自白》《文案发烧》等国外广告大师创作的教程、心得。国内的相关书籍推荐阅读《那些让文案绝望的文案》，由广告文案界大师小马宋编写，有趣、有料。阅读一些文案写作书籍对于 PPT 标题和正文内容的写作都非常有帮助。

2.3.4 通常需要注意的 3 个细节

实现一次完美的演讲，可能还需注意下面一些小细节。

1. 礼貌性的介绍不可少

在很多场合下，演讲者开始正式内容的演讲前，需要对自己或自己的团队、公司进行一个简单的自我介绍，显得更为礼貌、大方。正因如此，PPT 最开头的一页可以单独做成演讲者名称、公司的标志或公司名称等，如图 2-46 所示。

▲图 2-46　菲尼克斯品牌推广方案 PPT 第一页演示者视图

2. 不确定的内容不提

一般情况下，演讲内容中应避开自己尚未求证、不确定、会引起台下观众争议的内容，语速可放慢一些，妥善措辞，引导观众在自己设定的范围内讨论。此外，还应尽量避免演讲中不断纠正自己的小错误、打断自己，这样会让观众觉得你不自信、没水平，进而丧失继续听下去的兴趣。

3. 适当回顾梳理

演讲的末尾最好做一次回顾，帮助观众对内容进行梳理，以便他们更好地理解、记忆。内容非常多的PPT，还应设置小结，每讲完一个部分就做一个简单的小结，如图2-47所示。

◀图2-47
PPT案例展示

把每一次演讲都当成一次现场直播，以防遇到没有时间准备、彩排的情况时也能发挥良好。

2.4 化繁为简

PPT以简洁为美，一页PPT内容不宜太多。在准备PPT的文字内容时，如何化繁为简？主要应把握“删”“缩”“拆”3个原则。

2.4.1 删

与该页幻灯片主题无关的内容，删！过渡引申的多余内容，删！可说可不说的内容，删！“的”字能不要就不要，标点符号可用空格代替，略去观众都明白的主语……只要不造成阅读歧义、理解偏差，该删就删。例如，图2-48进行删减之后，标题字号可更大，正文内容更简洁，如图2-49所示。

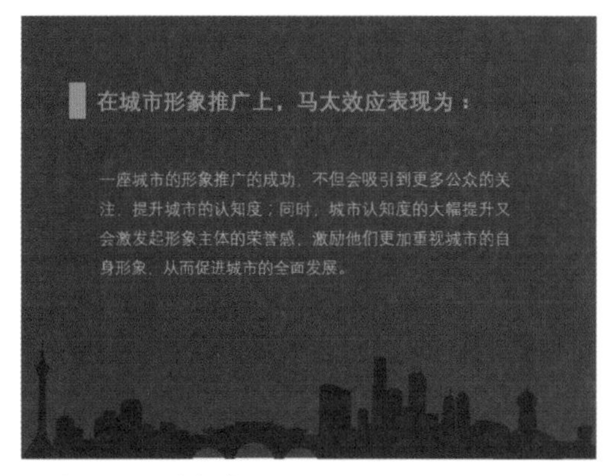

▲图 2-48　删减前

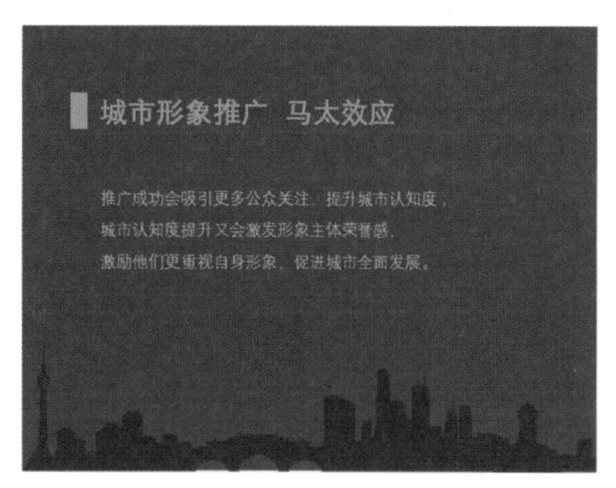

▲图 2-49　删减后

2.4.2 缩

根据文意精炼语言，尝试用最少的文字表达原意。某些能够转化为符号的内容，转化为符号呈现，如占比情况；某些能够转化为图形的内容，转化为图形呈现，如流程介绍文字……想方设法缩减页面上的文字。例如，将图 2-50 中数据转换为图形后，既使得这些数据重点突出，也改变了密密麻麻文字堆砌的感觉，效果如图 2-51 所示。

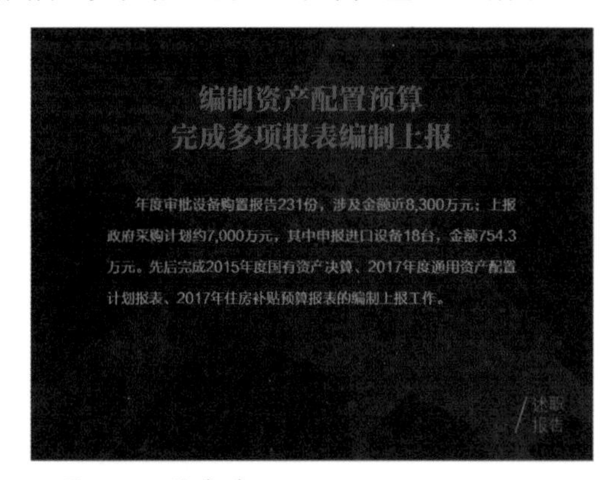

▲图 2-50　缩减前

▲图 2-51　缩减后

2.4.3 拆

没有办法删除的内容、不得不讲述的内容，你试过将其拆分在多个幻灯片页面中表达吗？幻灯片页面数量是无限制的，没有必要将所有的内容都堆砌在一个页面上。此外，还可以将一些并不那么重要的内容拆分到该页幻灯片的备注中，在演讲时使用演示者视图，并通过口头表达这部分内容。如图 2-52 这页幻灯片，其内容非常多，导致字号较小，不便于观看，且给观众

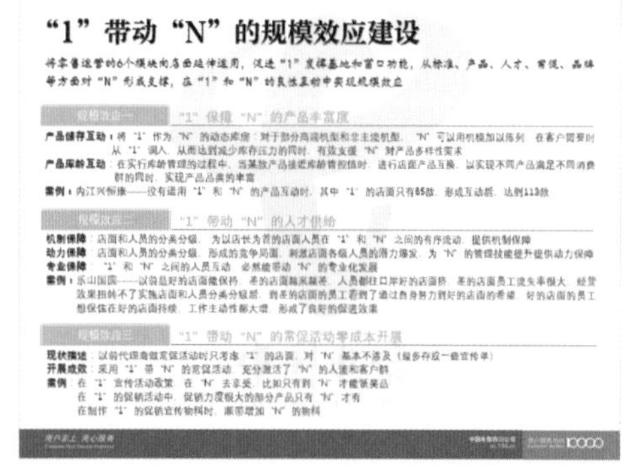

▲图 2-52　拆分前

一种严重的压抑感。将其拆分为 4 页，并将案例内容放在备注中，这样页面变得清爽、简洁，如图 2-53 至图 2-56 所示。

"1"带动"N"
规模效应建设

将零售运营的6个模块向店面延伸运用
促进"1"发挥基地和窗口功能
从标准、产品、人才、常促、品牌等方面对"N"形成支撑
在"1"和"N"的良性互动中实现规模效应

▲图 2-53　拆分后 1

规模效应1

"1"保障"N"的产品丰富度

产品储存互动：将"1"作为"N"的动态库房：对于部分高端机型和非主流机型，"N"可以用机模加以陈列，在客户需要时，从"1"调入，从而达到减少库存压力的同时，有效支援"N"对产品多样性需求。

产品库龄互动：在实行库龄管理的过程中，当某款产品接近库龄管控值时，进行店面产品互换，以实现不同产品满足不同消费群的同时，实现产品品类的丰富。

▲图 2-54　拆分后 2

规模效应2

1"带动"N"的人才供给

机制保障：店面和人员的分类分级，为以店长为首的店面人员在"1"和"N"之间的有序流动，提供机制保障

动力保障：店面和人员的分类分级，形成的竞争局面，刺激店面各级人员的潜力爆发，为"N"的管理技能提升提供动力保障

专业保障："1"和"N"之间的人员互动，必然能带动"N"的专业化发展

▲图 2-55　拆分后 3

规模效应3

"1"带动"N"的常促活动零成本开展

现状描述：以前代理商做常促活动时只考虑"1"的店面，对"N"基本不涉及（最多存放一些宣传单）

开展成效：采用"1"带"N"的常促活动，充分激活了"N"的人流和客户群

▲图 2-56　拆分后 4

让文字看起来更有阅读欲

为什么有的人用PPT软件也能做出非常有设计感的文字?

为什么有的PPT通篇只是文字，美感却不亚于插图PPT?

同样是寥寥几行字，为什么别人的PPT，就是比自己的好看?

尽管观点独特，你的文字为什么没有人愿意看?

本章会解决你的疑惑，让你的文字看起来更美

3.1 字体贵在精而不在多

选择不同的字体、应用不同的字体搭配方案能够让PPT呈现出丰富多样的风格。在互联网中可以找到海量的字体。下载安装后，打开PPT，在字体选择框中选择相应字体如图3-1所示，即可应用至当前选中的文字，非常便捷。然而，安装过多的字体常常造成软件载入慢，操作卡顿等问题。我们常用的字体并不多，选择和掌握一些优秀字体的用法对于PPT设计其实就已足够。

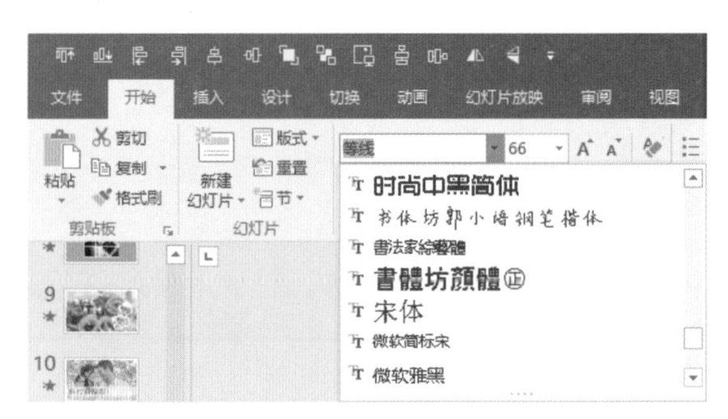

▲图3-1　字体选择位于“开始”选项卡下的“字体”工具组中

3.1.1 选字体的大原则

简洁、极简、扁平化（去掉多余的装饰，让信息本身作为核心凸显出来的设计理念）的风格符合当下大众的审美标准，在手机UI、网页设计、包装设计……在诸多行业设计领域这类风格都很受欢迎。在辅助演示本来就崇尚简洁的PPT设计中，这类风格更是成为一种时尚，如图3-2至图3-4所示。这样的风格也使得PPT设计在字体选择上趋于简洁。

▲图3-2　凡客诚品2014年衬衫发布会的PPT（来源于凡客网），整个PPT均采用纤细、简洁的字体

◀图3-3　华为荣耀品牌新品发布会PPT（来源于新浪微盘），采用粗壮、简洁的字体

◀图3-4　任玩堂战略发布会PPT（来源于锐普PPT），几乎只使用了一个字体，字号大小掌握非常出色

原则 1：选无衬线字体，不选衬线字体

传统中文印刷中字体可分为衬线字体和无衬线字体两种。这两个概念最早来源于西方国家。衬线字体（Serif）是在字的笔画开始、结束的地方有额外的装饰，而且笔画的粗细会有所不同的一类字体，比如宋体、Times new roman 如图 3-5 所示。无衬线字体是没有这些额外的装饰，而且笔画的粗细差不多的一类字体，比如微软雅黑、Arial。

宋体　微软雅黑

Times new Roman　Arial

▲图 3-5　衬线字体示例

传统的印刷设计中，一般认为衬线字体的衬线能够增加阅读时对字符的视觉参照，相对于无衬线字体具有更好的可读性，因此正文的字体多选择衬线字体。无衬线字体被认为更轻松、具有艺术感，而多用于标题、较短的文字段落、通俗读物中。

然而，在作为投影播放的 PPT 中，无衬线字体由于粗细较为一致、无过细的笔锋、整饬干净，显示效果往往比衬线字体好，尤其在远距离观看状态下，如图 3-6 所示。因此，在设计 PPT 时，无论是标题或正文都应尽量使用无衬线字体。

▲图 3-6　同样的色彩搭配、字号下衬线字体幻灯片（右）与无衬线字体幻灯片（左）的对比

原则 2：选拓展字体，不选预置字体

在安装系统或软件时，往往会提供一些预置的字体，如 Windows7 系统自带的微软雅黑字体、Office2016 自带的等线字体等。由于这些系统、软件使用广泛，这些字体也比较普遍，因此在做设计时，使用这些预置的字体往往会显得比较普通，难以让人有眼前一亮的新鲜感。此时我们可以通过网络下载一些独特、美观的字体，这里推荐几种。

方正兰亭黑体：简洁、清晰，比系统自带黑体的线条更典雅、柔美，是时下非常流行的一款字体，被很多手机系统、软件作为默认字体。应用在汇报、教学、娱乐等多种类型的 PPT 中均可。如图 3-7 所示。

方正粗雅宋简体：有笔锋，能够将汉字的美感展现出来。且较系统自带的“宋体”更粗壮、有力，作为标题投影显示效果也不差。适合应用在政府、事业单位、文化类型的 PPT 中。如图 3-8 所示。

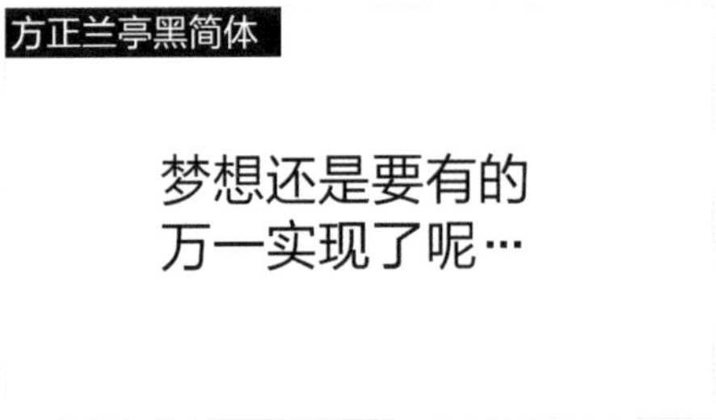

▲图 3-7　方正兰亭黑体

▲图 3-8　方正粗雅宋简体

张海山锐谐体：粗细均匀、简洁，有一种机械打磨出来的严整感，适合科技类、工业类的一些 PPT，如图 3-9 所示。

迷你简特细等线体：比等线 Light 字体更纤细，让文字呈现出一种纯粹的线条美感，适合目前流行的极简设计风格 PPT 使用，如图 3-10 所示。

▲图 3-9　张海山锐谐体

▲图 3-10　迷你简特细等线体

汉仪综艺体简：综艺类电视节目上常常看到的画面配字字体，粗壮、清晰，还有一种连笔的美感，作为商务汇报、教学等各种类型 PPT 的标题、副标题效果都非常好，如图 3-11 所示。

方正静蕾简体：是方正电子携手明星徐静蕾打造的一款特别的字体，清秀、简洁、大方的手写感觉，非常适合文艺、轻松、娱乐等非正式场合类型的 PPT，如图 3-12 所示。

▲图 3-11　汉仪综艺体简

▲图 3-12　方正静蕾简体

文鼎习字体：这款汉字书法类型的字体圆润、遒劲，清晰明了，非常能彰显汉字书法的感觉，它还能自动生成书写田字格，文化韵味顷刻跃然眼前。适合中国风类型的 PPT 使用，如图 3-13 所示。

禹卫书法行书简体：一款非常好用的行书字体，清秀美观，每一个字都有真实的笔触，且字号大小匀称，多字使用亦无凌乱感，如图 3-14 所示。

文鼎习字体

梦想还是要有的
万一实现了呢…

▲图 3-13 文鼎习字体

禹卫书法行书简体

梦想还是要有的
万一实现了呢…

▲图 3-14 禹卫书法行书简体

叶根友刀锋黑草：这是一款非常有特色的书法字体，适合少量文字使用，将各个字的字号大小错落调整，能够彰显笔力，非常有气势，如图 3-15 所示。

方正胖娃简体：这款字体清晰、醒目，且圆润可爱，配上缤纷的色彩后效果更好，尤其适合针对儿童设计的教学、娱乐型 PPT，如图 3-16 所示。

叶根友刀锋黑草

梦想还是要有的
万一实现了呢…

▲图 3-15 叶根友刀锋黑草

方正胖娃简体

梦想还是要有的
万一实现了呢…

▲图 3-16 方正胖娃简体

除了 Arial 和 Times new roman 之外，如果你还需要拓展一些经典耐看、好用的英文字体，推荐安装下面这些：

Impact：极为粗壮的一款英文字体，清晰、醒目，数字使用该字体亦具有同样的效果，适合做标题或大号的英文装饰文字，如图 3-17 所示。

Roboto Th：纤细如发的一款英文字体，能够展现出纯粹的线条美感，简洁、清晰。和迷你简特细等线体中文字体一样，适用于极简风格类 PPT，如图 3-18 所示。

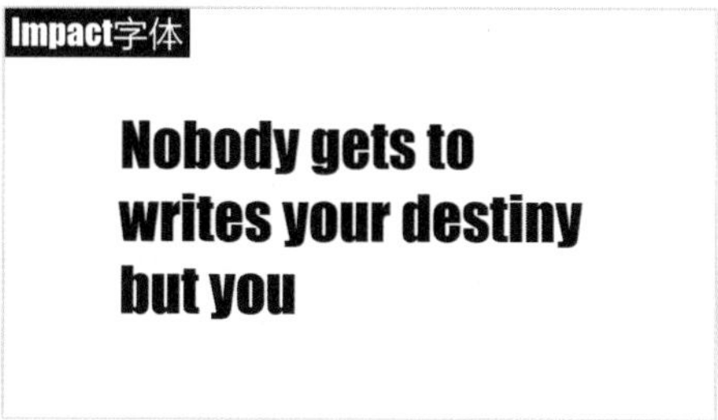

Impact字体

Nobody gets to
writes your destiny
but you

▲图 3-17 Impact 字体

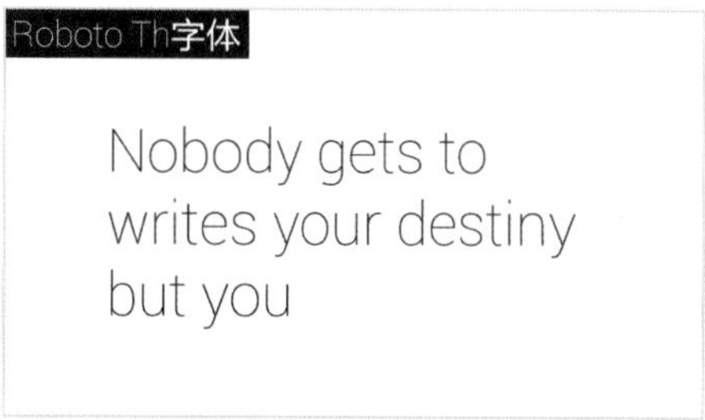

Roboto Th字体

Nobody gets to
writes your destiny
but you

▲图 3-18 Roboto Th 字体

CommercialScript BT：花体英文，有着传统英文书写的连笔感，天然具有美丽的视觉效果，长行、大段的英文使用更佳，可与中文相搭配，作为一种不需要清晰阅读的装饰字，如图 3-19 所示。

Time Normal：一种类似液晶屏幕显示的感觉，应用在数字上，能够做倒计时、时间流逝等一类的效果，如图 3-20 所示。

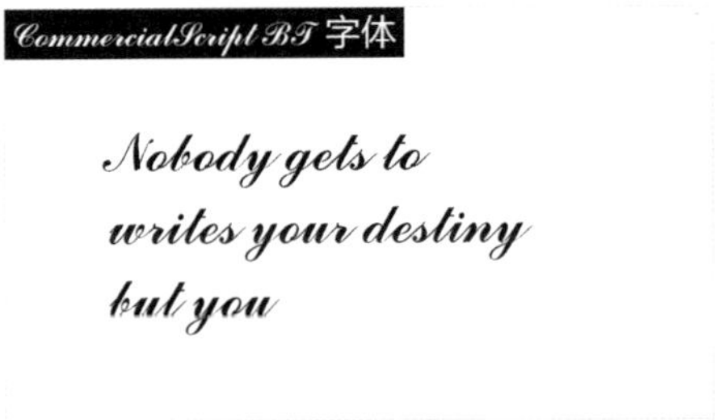

▲图 3-19　CommercialScript BT 字体

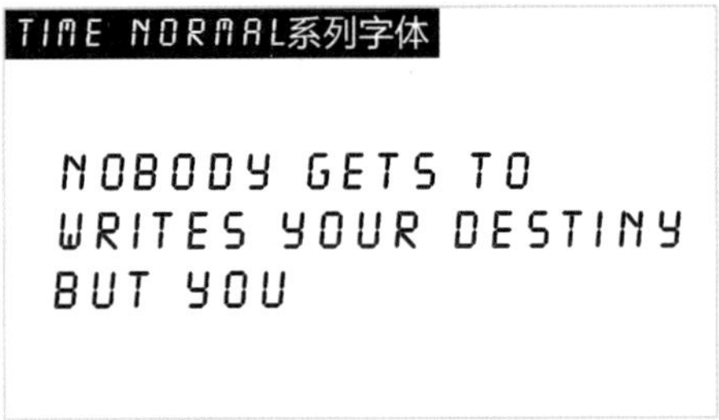

▲图 3-20　Time Normal 字体

技能拓展 > 快速换掉幻灯片中的某个字体

在 PPT 中想要快速更换某个指定的字体有两种方法：一是单击“开始”选项卡下的“替换”按钮，在下拉列表中选择“替换字体”命令，在“替换字体”对话框中设置；二是通过“设计”选项卡下的“变体”工具组中的“字体”选项，“自定义字体”命令设置。

ADAMAS：多边形镂空感觉的英文字体，给人一种独特的视觉效果，适合科技、时尚类型的 PPT。这款字体仅适用于大写英文字母，小写英文字母、中文、数字均不可使用，如图 3-21 所示。

LeviBrush：一款适用于英文的书法字体，其浓重的笔画、真实的笔触，展现出一种强烈的力度感，如图 3-22 所示。

▲图 3-21　ADAMAS 字体

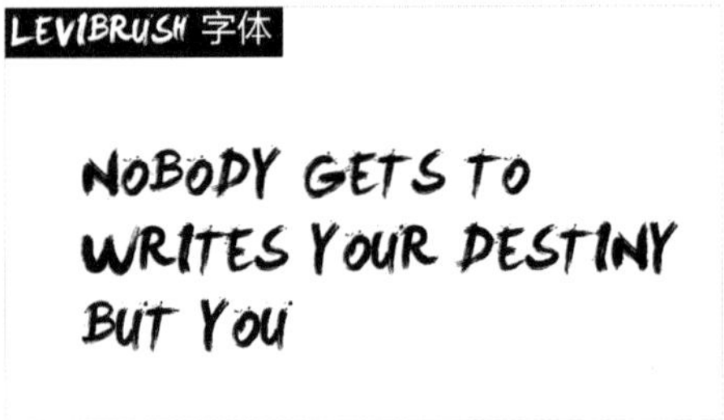

▲图 3-22　LeviBrush 字体

大师点拨 > 为什么我选择的字体有些文字无法显示出来？

某些中文字体往往只设计了常用的几千个汉字或特定的某些汉字，当你输入的文字在该字体的字体库中不存在时，它将显示为空白（有时是默认的宋体字）。比如，选择“ADAMAS”字体时，若不切换至大写英文字母输入，则输入的文字都将显示为空白。

3.1.2 6种经典字体搭配

为了让PPT更规范，美观，同一份PPT一般选择不超过3种字体（标题、正文使用不同的字体）搭配使用即可。下面是一些经典的字体搭配方案：

1. 微软雅黑（加粗）+ 微软雅黑（常规）

Windows系统自带的微软雅黑字体简洁、美观，作为一种无衬线字体，显示效果也非常不错。为了避免PPT文件拷贝到其他电脑播放时，出现因字体缺失导致的设计“走样”问题，标题采用微软雅黑加粗字体，正文采用微软雅黑常规字体的搭配方案也是不错的选择，如图3-23所示。

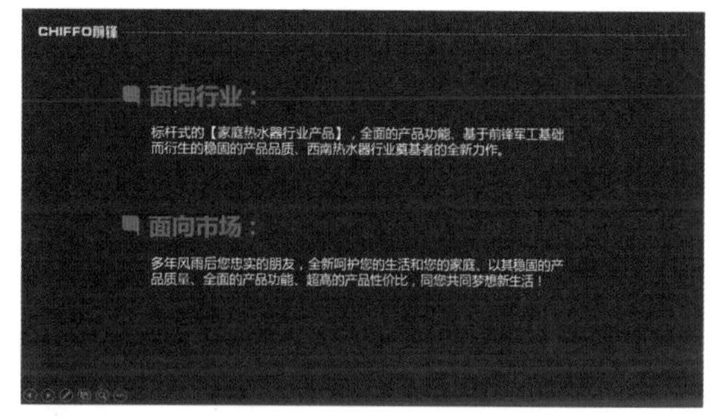

▲图3-23　微软雅黑（加粗）+微软雅黑（常规）

商务场合的PPT常用该方案，另外，在时间比较仓促，不想在字体上花费心思时，也推荐采用该方案。

使用该方案需要对字号大小的美感有较好的把控能力，设计时应在不同的显示比例下多查看、调试，直至合适为止。

2. 方正粗雅宋简体 + 方正兰亭黑简体

这种字体搭配方案清晰、严整、明确，非常适合政府、事业单位等较为严肃场合下的PPT，如图3-24所示。

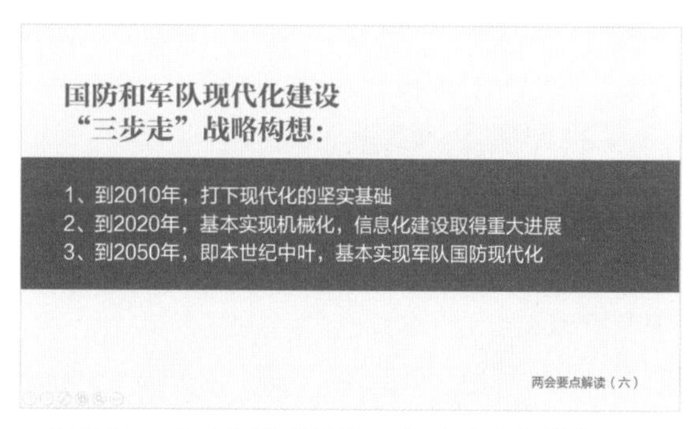

▲图3-24　方正粗雅宋简体+方正兰亭黑简体

3. 汉仪综艺体简 + 微软雅黑

图3-25这页PPT右侧部分标题采用汉仪综艺体简，正文采用微软雅黑字体，既不失严谨，又不过于古板，简洁而清晰。

这种字体搭配适合学术报告、论文、教学课件等类型的PPT使用。

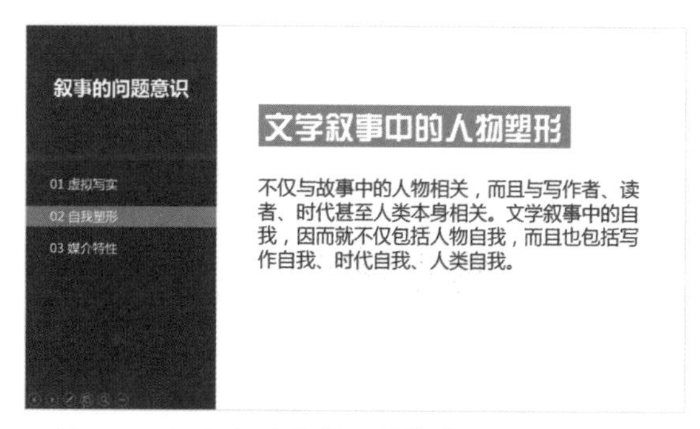

▲图3-25　汉仪综艺体简+微软雅黑

4. 方正兰亭黑体 +Arial

在设计中添加英文，能有效提升时尚感、国际范。在一些中文杂志、平面广告看到的英文很多并非为外国人阅读而设置，甚至那些英文只是借助在线翻译器翻译得并不准确。这种情况下英文只是作为一种提升设计感的装饰而已。

PPT的设计也一样。Arial是Windows系统自带的一款不错的英文字体，它与方正兰亭黑体搭

▲图 3-26　方正兰亭黑体 +Arial

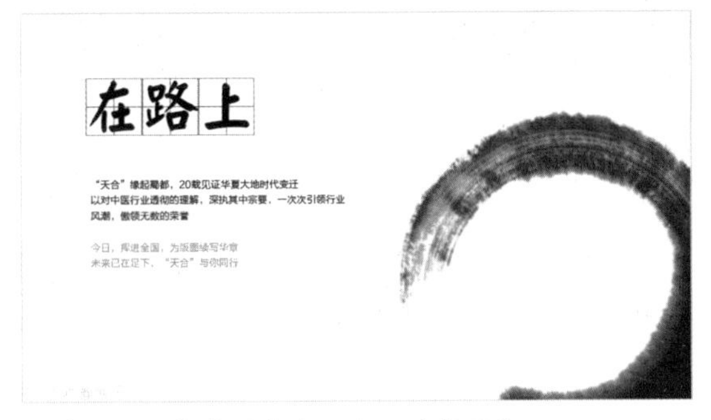

▲图 3-27　文鼎习字体 + 方正兰亭黑体

▲图 3-28　方正胖娃简体 + 迷你简特细等线体

配，能够让 PPT 形成现代商务风格，间接展现公司的实力，如图 3-26 所示。

将英文字符的亮度调低一些（或增加透明度），与中文字符形成一定区别，效果更好。

5. 文鼎习字体 + 方正兰亭黑体

该字体搭配方案适用于中国风类型的 PPT，主次分明，文化韵味强烈。图 3-27 所示的是中医企业讲述企业文化的一页 PPT。

6. 方正胖娃简体 + 迷你简特细等线体

该字体搭配方案轻松、有趣，适用于儿童教育、漫画、卡通等轻松场合下的 PPT，如图 3-28 是儿童节学校组织家庭亲子活动的一页 PPT。

那么，在 PPT 中如何快速统一整份 PPT 的字体方案呢？ PowerPoint2016 新建 PPT 默认字体方案为等线字体 + 等线 Light 字体。若要采用别的字体方案无需一页一页逐个对文本框文字进行设置，通过设计选项卡下的变体工具组即可快速设定整份 PPT 的字体方案设置。具体操作如下：

步骤 01 单击变体工具组“其他”按钮（▼），指向“字体”选型，进而单击最下方的“自定义字体…”命令，打开“新建主题字体”对话框，如图 3-29 所示。

步骤 02 在该对话框中选择设置相应的中英文标题、正文字体，单击“保存”按钮即可，如图 3-30 所示。

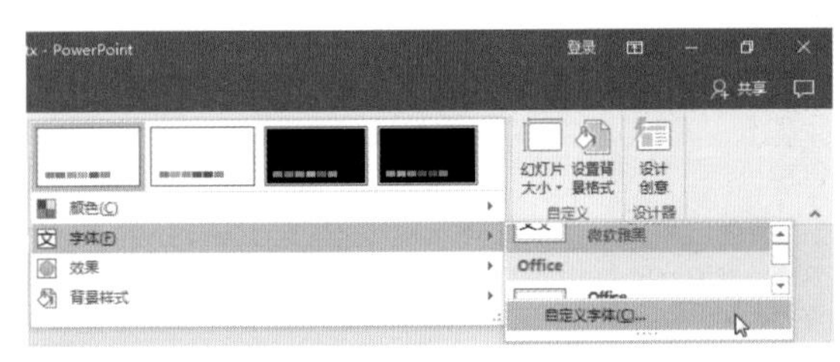

▲图 3-29　步骤 01

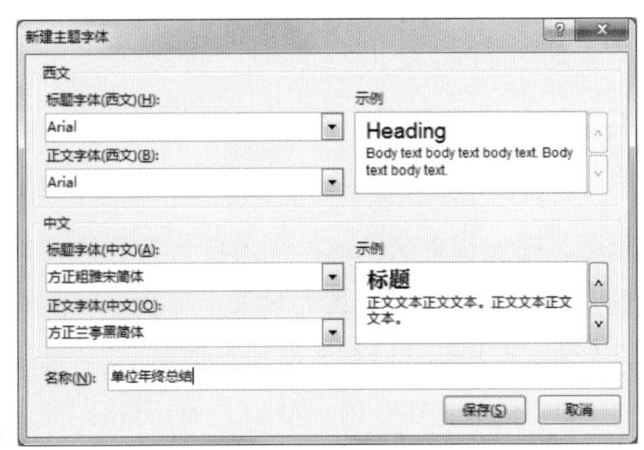

▶图 3-30　步骤 02

完成设置后，新建文本框输入文字或复制粘贴无格式的文字都将自动应用刚刚设置的正文字体方案。

3.1.3 字体丢失怎么办

你用你的字体搭配方案在你的电脑上设计的完美 PPT，拿到别人的电脑上投影播放，很有可能因为字体缺失变得面目全非。因为他人电脑上若没有安装你 PPT 中所采用的字体，则文字就会按他人电脑上的默认字体显示。如何解决这个问题？有下面五种方法。

1. 将字体嵌入 PPT 文件

将字体嵌入在 PPT 文件中，即让该份 PPT 文件自带字体，即便在缺失字体的电脑中播放也不受影响。PowerPoint 软件默认设置中，字体不会嵌入 PPT 文件，若需要嵌入需要手动设置。设置方法如下：

步骤01 单击“文件”选项卡，然后单击“选项”命令，打开选项 PowerPoint 选项对话框。

步骤02 在对话框中，切换到“保存”设置，勾选下方“将字体嵌入文件”复选框，选择“仅嵌入演示文稿中使用的字符”或“嵌入所有字符”，单击“确定”按钮即可，如图 3-31 所示。

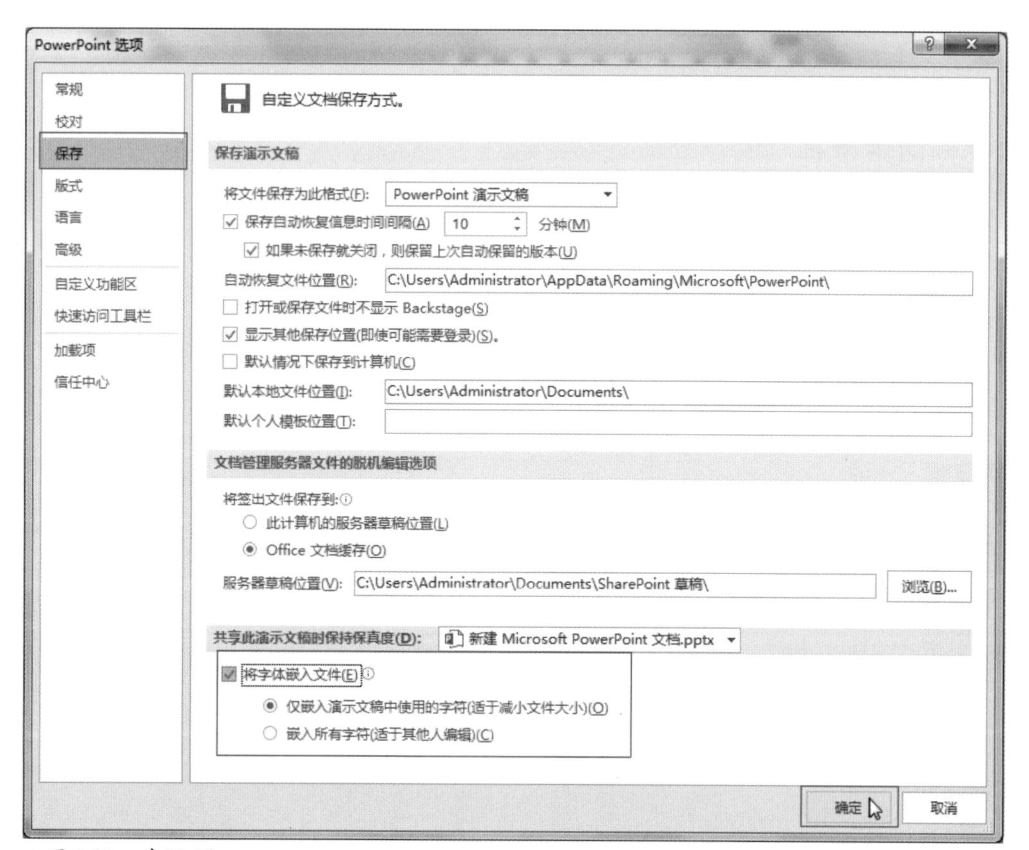

▲图 3-31 步骤 02

大师点拨 > 两种嵌入方式有什么区别？

“仅嵌入演示文稿中使用的字符”指只将该字体的字体库中被你的PPT使用的那部分文字嵌入PPT中，这种方式相对而言不会让PPT文件过大；而“嵌入所有字符”指将该字体的字体库中所有的文字都嵌入PPT中，这种方式下，在别的计算机上编辑修改PPT比较方便，但是会让PPT文件变得十分庞大，容易造成卡顿、死机。

不过，PPT中使用到的非True type字体（不支持字体嵌入的字体）不适用于该方法，保存时可能会弹出对话框提示“非True type字体无法嵌入”。此时，须用其他方法来确保PPT在其他计算机播放时不发生字体改变。

2. 将字体文件随文件拷贝

将你PPT中应用的所有字体随PPT文件一起拷贝到别人的电脑中，如果出现字体缺失问题，则将字体安装至该电脑中，然后重新打开PPT文件，问题就解决了。如果不怕在字体库中找字体、拷贝字体的麻烦，这是解决字体缺失问题最为简单、直接的办法，如图3-32所示。

▲图3-32　将字体文件随文件拷贝

3. 保存为PDF文件

若你的PPT文件内容已确定不需要修改，且观看时无需动画效果，还可直接将PPT文件保存为PDF文件，PDF文件打开观看时不受字体的影响。将PPT文件保存为PDF文件的具体方法如下：

步骤 单击“文件”选项卡，进而单击“导出”命令，单击右侧“创建PDF/XPS”按钮。接下来在弹出的“发布为PDF或XPS”对话框中选择保存位置并保存即可，如图3-33、图3-34所示。

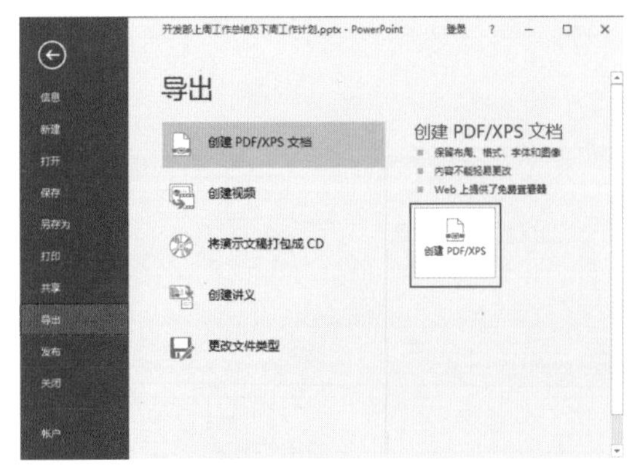

▲图3-33　创建PDF/XPS

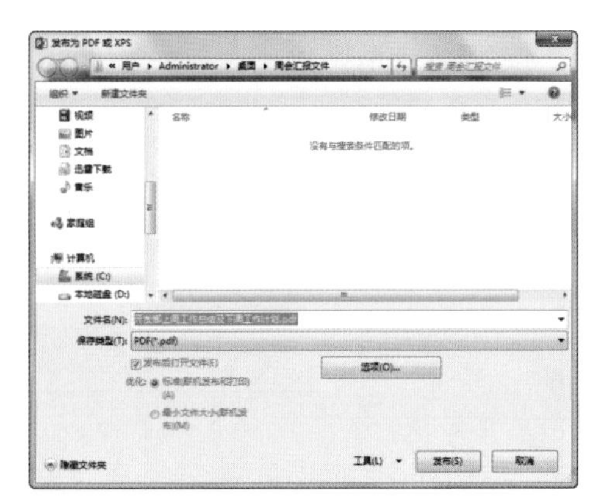

▲图3-34　发布为PDF或XPS

大师点拨 > 如何缩短 PPT 文件自动保存的时间间隔？

默认情况下，PPT 每隔 10 分钟自动保存一次，自动保存时，PPT 将无法操作。如果觉得 10 分钟一次过于频繁，可依次单击“文件”选项卡、窗口左侧面板的“选项”命令，在“PowerPoint 选项”对话框“保存”选项卡中，把“保存自动恢复信息时间间隔”的时间设置得稍微长一些，比如 30 分钟；如果你有手动按【Ctrl+S】组合键保存的良好习惯，不需要软件自动保存，也可把时间设置得更长（不超过 120 分钟），以避免做 PPT 时被软件自动保存干扰。

4. 转换成 PNG 图片

若你的 PPT 可能产生缺失字体的文字并不多，比如只是封面标题应用了“文鼎习字体”，其他内容全部采用微软雅黑字体。此时我们可以利用“选择性粘贴”的方法，解决可能出现的文鼎习字体缺失问题。具体方法如下：

步骤 01 选择应用“文鼎习字体”的文字，按下【Ctrl+C】进行复制。

步骤 02 按下【Ctrl+Alt+V】，打开“选择性粘贴”对话框。

步骤 03 在“选择性粘贴”对话框中选择“图片（PNG）”，单击“确定”按钮，即将该文字转换成为了无底色 PNG 图片，如图 3-35 所示。将原来的文字删除（或隐藏），调整 PNG 图片至原文字位置即可，如图 3-36 所示。

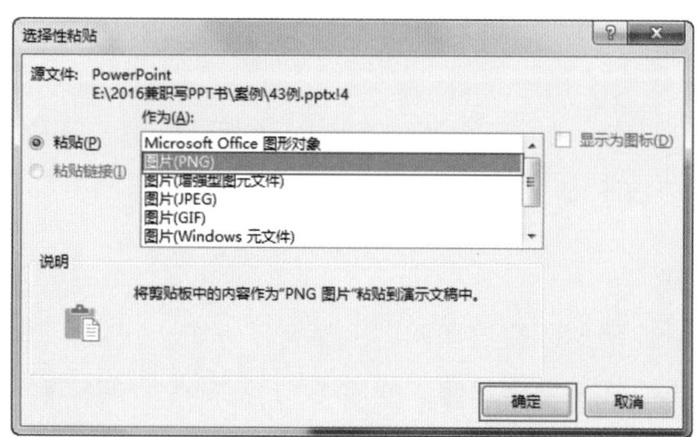

▲图 3-35 步骤 03

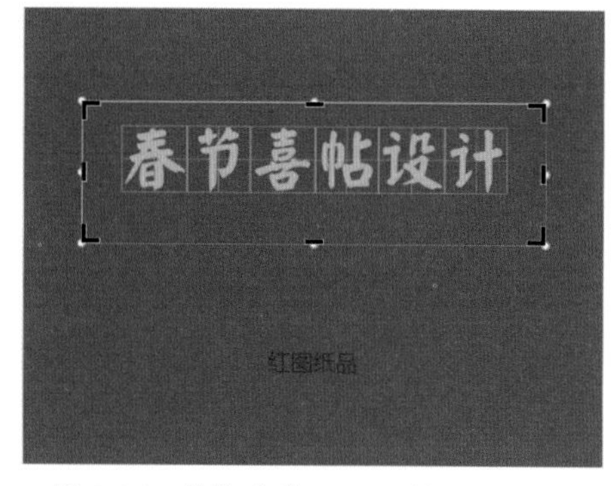

▲图 3-36 转换后的 PPT 示例

大师点拨 > 如何提高选择性粘贴 PNG 图片的精度？

为了让粘贴转换的 PNG 图片具有足够高的精度，我们可以在原来字体的基础上增大字号（不改变行数）后，再来复制，选择性粘贴转换。

5. 转换成形状

转换成 PNG 图片后，始终不如原来的矢量文字清晰，怎么办？在可能产生缺失字体的文字并不多的情况下，我们还可以利用“合并形状”工具，将文字转换成形状，这样既能保证不出现字体缺失问题，同时仍然具有矢量图形的清晰度。这种方式类似于 CorelDRAW 软件中的“转曲”操作。

步骤01 在当前 PPT 页中插入任意一个形状。

步骤02 先选中要转换的标题文字，再选中刚刚插入的形状。进而单击“格式”选项卡下的“合并形状”按钮，单击下拉的“剪除”命令，如图 3-37 所示。这样，就把标题文字转换成为了矢量形状。变成形状后的文字，虽然和 PNG 图片一样不能再改变文字内容，但却仍然可以改变填色、边框色哦！如图 3-30 所示。

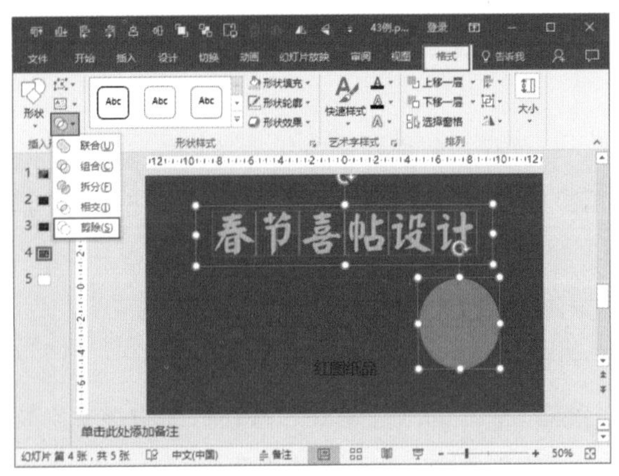

▲图 3-37　剪除

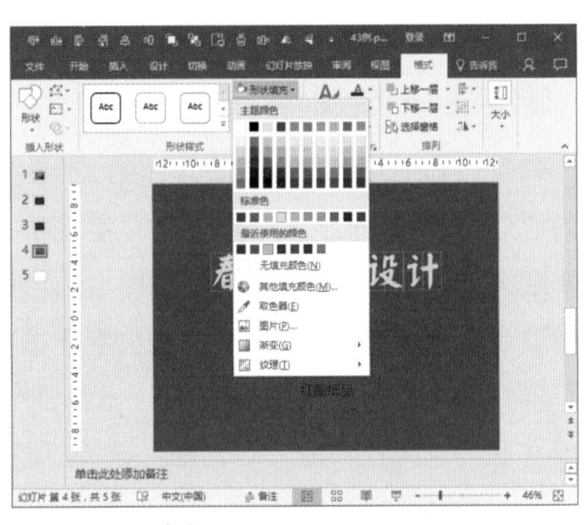

▲图 3-38　填色

3.1.4 好字体，哪里找

经常用系统、软件自带的字体，久了难免看腻。我们可以通过互联网获得更多不一样的好字体，来丰富 PPT 的表现力。在网上找字体，主要有下面 3 种方式。

1. 通过字体资源网站查找

百度“字体”，就会出现很多关于字体的专业网站。在这些网站上集合了方正、汉仪、华康等各种字库公司出品的中文、英文、艺术、手写等非常丰富的字体，如图 3-39 所示的求字体网。

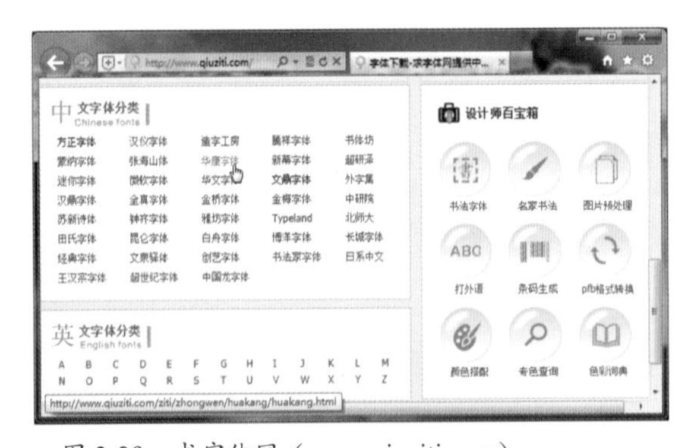

▲图 3-39　求字体网（www.qiuziti.com）

▲图 3-40　各式字体

在求字体网首页下方分门别类列出了许多中、英文字体库名，单击名称即可预览该字体库下不同字体的样式，若有喜欢的字体，直接单击“字体下载”按钮，即可将该字体下载到你的计算机。如果你要找特定的字体，直接在搜索框中输入字体名称，搜索下载即可，如图 3-40 所示。

在上班路上看到户外广告上一款非常好的字体，自己非常喜欢，却完全不知道字体名称，怎么在网上找？这个问题，找字体网也能帮你解决！具体方法如下：

步骤01 用手机将喜欢的字体拍下来（计算机、手机上看到的可截图），尽量将文字部分拍大；

步骤02 将图片导入计算机中，打开找字体网，在页面上方上传图片，如图 3-41 所示；

步骤03 网站将自动识别图上文字的一些零散文字零件，根据提示填写对应的部分（为了识别更准确，应尽量多填写），如图 3-42 所示；

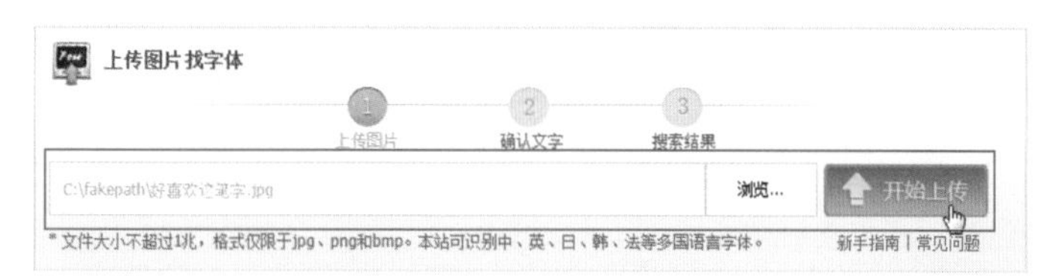

▲图 3-41 上传图片

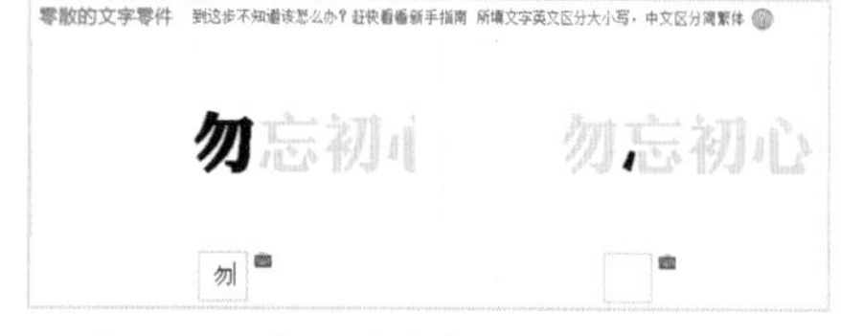

▲图 3-42 填写对应部分

步骤04 单击“开始搜索”，网站就会给出该字体的名称及下载方式，如图 3-43 所示。

是不是很方便？不过需要注意的是，一些由设计师专门设计的标题类文字，不存在于字体库中，也就无法识别，如图 3-44 所示。

▲图 3-43 开始搜索

▲图 3-44 摘自站酷网

2. 直接在字体公司网站找

在专业的字体设计公司网站，我们可以获得该公司最新的设计作品。比如造字工坊（www.makefont.com）就是国内一家不错的字体设计公司，在他们的网站上有很多有趣的字体，比如丁丁手绘体、妙妙体，如图 3-45 所示。他们的字体均可供个人（非商用）免费下载（下载前需关注

▲图 3-45 造字工坊网站字体示例

其微信公众号以获取下载码）。

从网络下载好字体文件后，如何安装？有两种方法：

1．双击字体文件，在弹出的界面中继续单击“安装”按钮，即可将字体安装至系统；

2．在系统盘（一般为 C 盘）的 Windows 文件夹里找到 Fonts 文件夹，打开并将要安装的字体文件复制粘贴在该文件夹内即完成了安装，一次性安装多个字体时这种方式就非常方便。

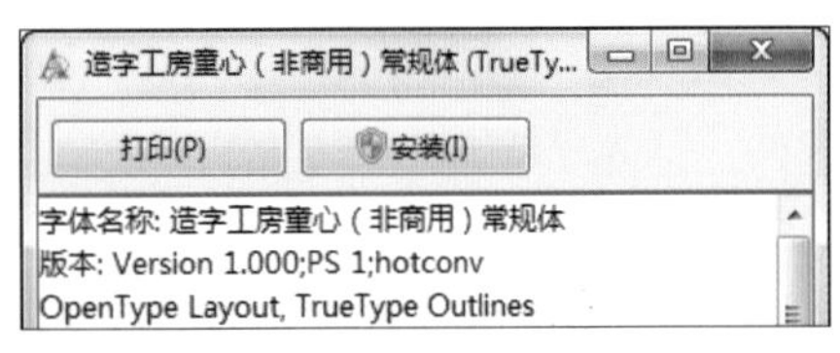

▲图 3-46　方法 1

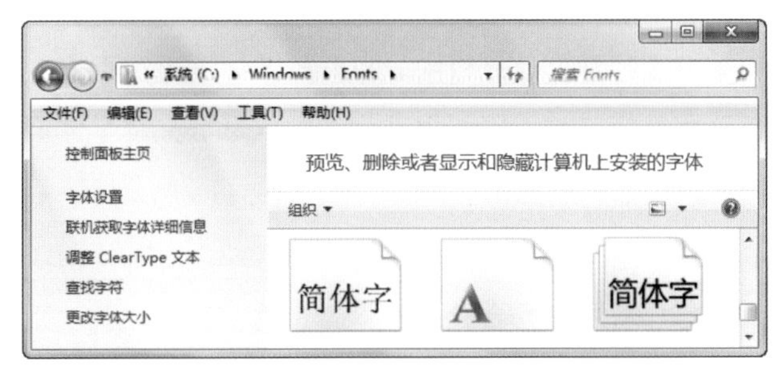

▲图 3-47　方法 2

3．用字体管家下载、管理字体

安装一款工具软件——字体管家（官网 www.xiaa.net），能够方便地管理电脑中的字体，也能一键将网络中的字体下载安装到电脑中。

◀图 3-48　字体管家

大师点拨 有些字体上标注“非商用”是什么意思？

和音乐、电影等一样，字体也是专业设计公司的劳动成果，通过互联网下载使用字体时需要注意版权问题。某些字体公司（如造字工房）提供的免费字体，会在字体说明书标注“非商用”，这类字体个人、企业内部使用不存在问题。但若商用、发布（如使用其字体进行商业广告设计服务活动，设计软件时内嵌使用其字体等）则属于侵权行为，可能遭到起诉，这一点需要注意。某些字体需要购买才能下载使用，但即便是购买之后仍然要注意其是否限制用于商业。

3.2 文字也要有“亮点”

在设计 PPT 时，出于吸引观众注意、增强气势等目的，某些标题或重点文字有时需要一些特别的字体效果，如艺术字、书法字、填充效果字等。这些字体往往无法直接通过字体获得，而需要进行针对性的专门设计。

3.2.1 恰到好处，才能“艺术”

PowerPoint2016 软件中自带多种艺术字效果，在电脑中安装的字体基础上，可以做出丰富的文字效果。预置的艺术字效果一共有 20 种，如图 3-49 所示。

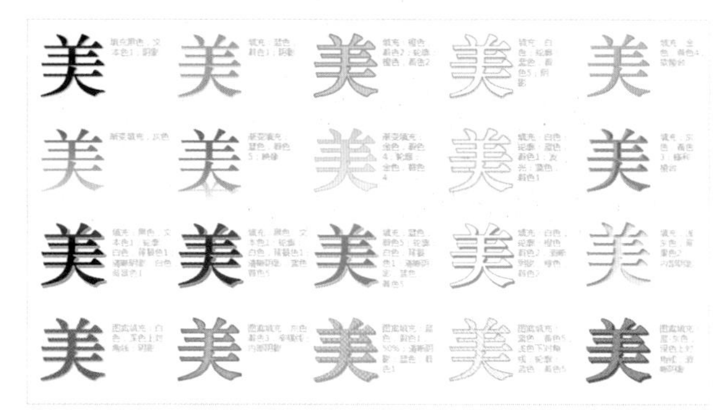

▲图 3-49　预置艺术字效果

选择了预制的艺术字效果后，还可通过“格式”选项卡下的“艺术字样式”工具组来调试自己喜欢的颜色、效果。单击该工具组的按钮，打开“设置形状格式”对话框，可进行更为精细的设置。发挥你的想象，恰当利用这些效果，能够为整个 PPT 增色不少。

阴影字：阴影效果分为外部阴影、内部应用及透视阴影，并有多种不同的阴影偏移方式。图 3-50 中“观”字应用的是右下偏移阴影，“岭”字应用的是左上偏移阴影。

映像字：映像效果有紧密映像、半映像、全映像等多种变体效果。使用映像能够产生倒影的感觉，在以水为背景的 PPT 中使用较多，如图 3-51 所示。

▲图 3-50　阴影字

▲图 3-51　映像字

发光字：使用发光效果时，应当注意发光颜色与整体场景的契合，不可选择与背景相比过于突兀的发光色。同时，发光大小和透明度也应该适度，不推荐直接应用软件预置的发光效果。图3-52中“夜未央”和“night”即应用发光效果。

三维字：三维格式包含顶部棱台、底部棱台、深度、曲面图、材质、光源参数，三维旋转则即可使用预制的平行、透视、倾斜旋转，也能手动精确调节*X*、*Y*、*Z*三轴角度。通过调节三维格式、三维旋转两个效果的各项参数，PPT也能够简单、快速做出神似专业设计软件般的立体字效果，如图3-53所示。

▲图3-52　发光字

▲图3-53　三维字

转换字：转换效果位于“格式”选项卡“文本效果”按钮下拉菜单中的最后一项，包含跟随路径效果和各种弯曲效果。使用转换效果能将原本规规矩矩的文字排得更为灵活，适用于教学、轻松娱乐等类型的PPT，如图3-54所示。

新手由于缺乏对整体风格的把握，应该注意谨慎使用艺术字。滥用艺术效果、多种艺术效果生硬叠加很容易破坏PPT的美感，让设计显得十分业余。

▲图3-54　转换字

技能拓展 > 设置半透明效果文字

使用半透明效果可以弱化次要文字，以突出主要文字。半透明文字效果的设置需要通过艺术字工具组中的“设置形状格式”对话框来完成。打开该对话框的方式除了前文所述之外，还可通过选中需要设置透明色的文字，进而右击，选择菜单中的“设置文字效果格式”命令来打开。

3.2.2 要大气，当然用毛笔字

豪放的毛笔书法字往往笔力遒劲，气魄宏大，极具张力。设计中使用毛笔书法字，能够有效增强 PPT（不局限于中国风）的气势和设计感，如图 3-55、图 3-56、图 3-57 所示。

◀图 3-55　摘自小米 4c 发布会 PPT

▲图 3-56　摘自乐视 X50_Air 发布会 PPT

▲图 3-57　ZUK Z2 PRO 发布会 PPT 首页

在 PPT 中怎么做这样的字？如果你会写毛笔字且有扫描仪，或者你会 PS 软件且会使用笔刷工具，当然不是问题。如果都不会，也没有扫描仪，怎么办呢？别急，还有下面 2 种方法。

方法 1：书法迷网站在线生成

在线生成毛笔书法字的网站很多，书法迷网（www.shufami.com）就是其中之一。利用书法迷网制作 PPT 毛笔书法字的具体方法如下。

步骤 01 在书法迷网上方输入要生成书法的文字，并选择设置字体、字号、颜色等参数，设置完成后，单击“书法生成”按钮，此时便可在下方的预览窗格中查看到书法效果，如图 3-58 所示。

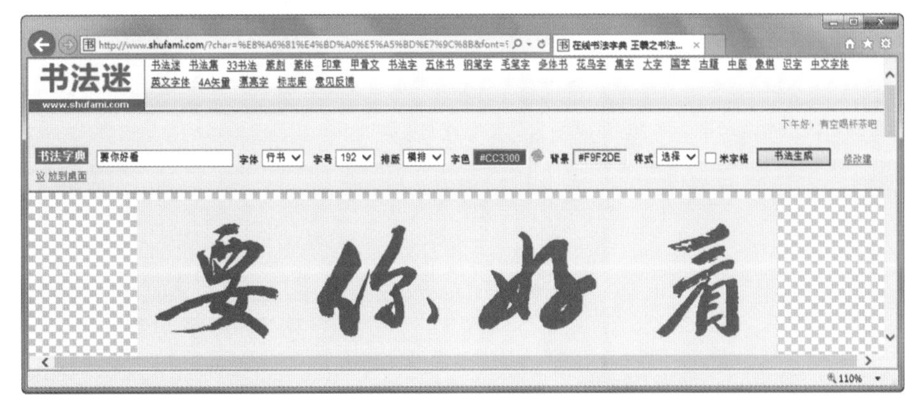

◀图 3-58　步骤 01

步骤02 将鼠标移至书法字预览窗格，调试选择该字的不同写法（不同书法家或同一书法家不同时刻书写的同一个字），直至整体满意，如图3-59。

步骤03 单击“保存整体图片”按钮，根据需要选择生成的图片类型，这里建议生成矢量SVG图片，如图3-60。

步骤04 这一步需要借助CorelDRAW软件或AI软件（若没有安装这些软件，则上一步直接生成透明PNG图片使用），将矢量文件转换成PowerPoint支持的WMF或EMF文件，这里以CorelDRAW软件为例。将刚刚保存的SVG文件，拖入CorelDRAW软件，然后选中导出成为EMF格式图片，如图3-61和图3-62所示。

步骤05 将导出的EMF文件复制粘贴至PPT中，并右击图片，在菜单中指向“组合”，单击“取消组合”命令。这样书法字图片就变成了Microsoft Office图形对象（即形状）了。

此时，我们可以将背景删除，在PPT中自由调节各个字的大小、颜色，甚至调整各个笔画，直至达到满意的效果。

▲图3-59　步骤02

▲图3-60　步骤03

▲图3-61　步骤04将文件导出

▶图3-62　步骤04将文件导出后保存

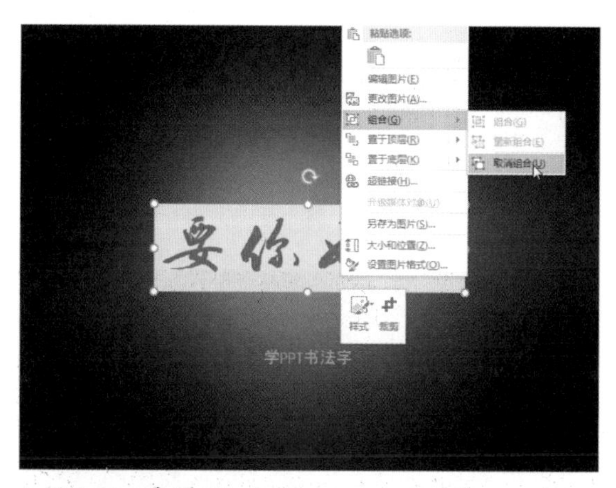
▲图 3-63 步骤 05

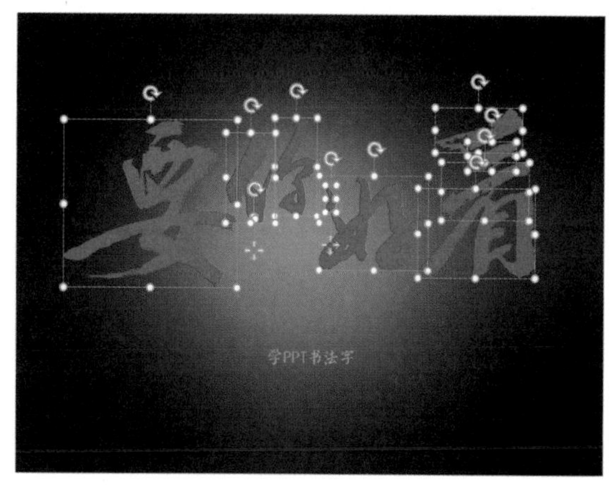
▲图 3-64 生成后的书法文字

方法 2：Ougishi 软件手写生成

Ougishi（在百度网站搜索“Ougishi”即可找到软件下载地址）是一款非常有趣的毛笔字生成器软件，使用它能够将鼠标手绘的任意文字模拟成书法字。如将“奇”字模拟成书法字。

步骤 01 在 A、B 任意书写窗口中拖动鼠标，写出“奇”字。

步骤 02 在窗口右侧拖动滑块，调整相应的书法效果，直至满意。

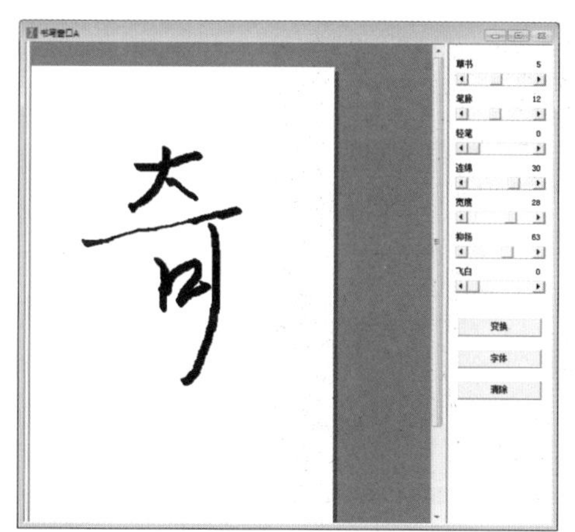
▲图 3-65 步骤 01

▲图 3-66 步骤 02

步骤 03 单击软件菜单栏中的“文件”命令，单击“输出”，选择输出为 svg 矢量文件。接着，像前面介绍的书法迷毛笔字的做法一样，转换为 emf 文件即可放进 PPT 中使用了。

▲图 3-67 步骤 03

3.2.3 发挥想象力，填充无限可能

填充效果字即在文字中填充材质或图片，

使原本的文字呈现出一种类似图片的独特设计感。这种效果很常见，如图 3-68 所示。

▲图 3-68　填充效果字示例 1

又如图 3-69 所示的幻灯片，该效果可按以下步骤实现。

▲图 3-69　填充效果字示例 2

步骤 01 将填充图片放置在需要填充的那部分文字下方（注：可整体填充，也可填充单个文字，根据需要的效果决定）并调整到合适位置，裁剪至与文字差不多大小（注：预先调整位置可更好掌握填充后的大致效果，否则图片填充后可能被拉伸或挤压变形），如图 3-70 所示。

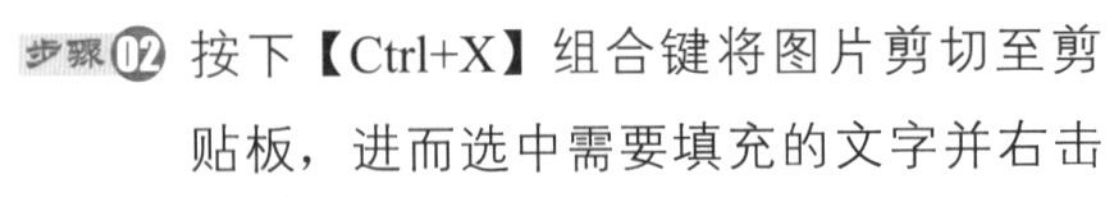

步骤 02 按下【Ctrl+X】组合键将图片剪切至剪贴板，进而选中需要填充的文字并右击鼠标，在弹出的菜单中选择“设置文字效果格式”命令，打开“设置形状格式”对话框。在该对话框中，单击“文本填充”，选择“图片或纹理填充”方式，“插入图片来自”选择“剪贴版”。此时，便可以看到，图片已经填充至文字内了，如图 3-71 所示。

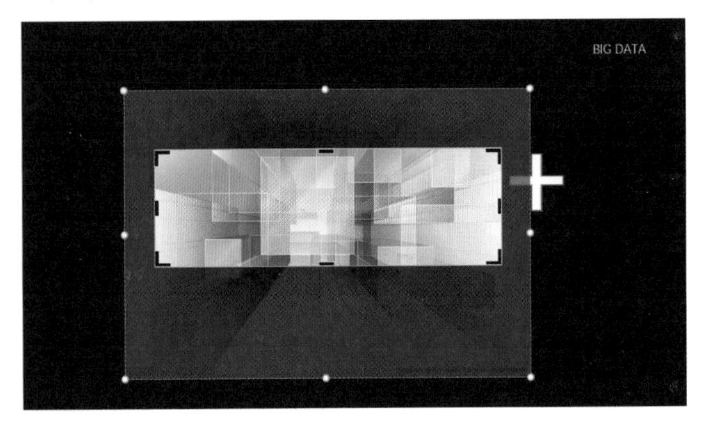

▲图 3-70　步骤 01

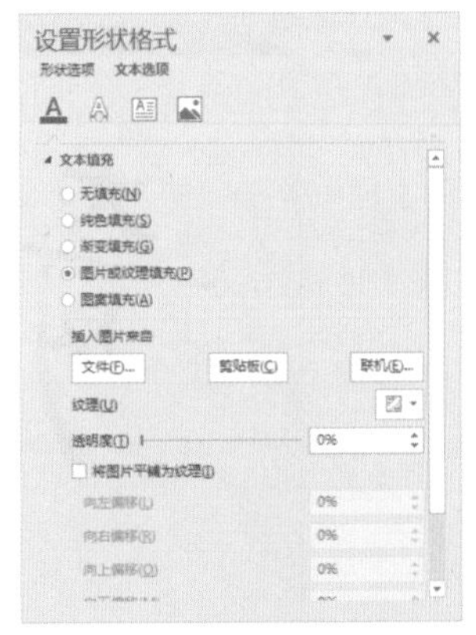

▲图 3-71　步骤 02

技能拓展 > 使用文字轮廓解决边界问题

使用文字填充效果后，有时会出现文字边界与背景（特别是图片背景）不能很好地融合或者文字显示不清晰的问题。此时我们可以再次“设置文字效果格式”，添加文本边框。文本边框色彩、粗细根据实际效果选择、不断调试，直至满意。

发挥创造力，善于利用合适的图片，在很多场合下，我们都能使用填充字提升 PPT 的设计感，如图 3-72 至图 3-78 所示。

▲图 3-72　草坪字（填充之后，增加了文本边框以及投影效果）

▲图 3-73　缤纷字（填充之后，对文本框轮廓色应用渐变填充，渐变色设置吸取自填充图片）

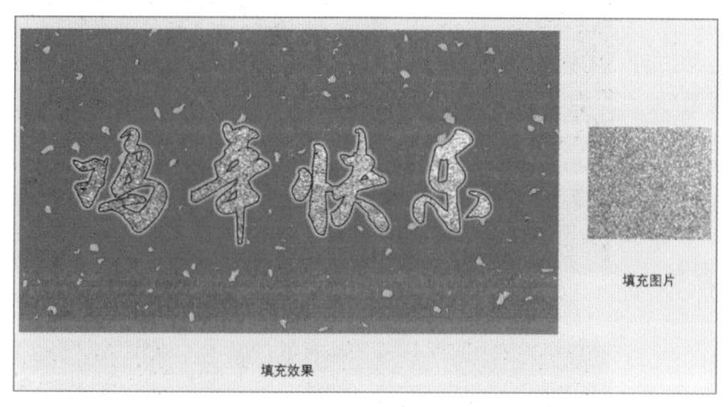

▲图 3-74　金属字（填充之后，应用黑色文本边框，发光效果）

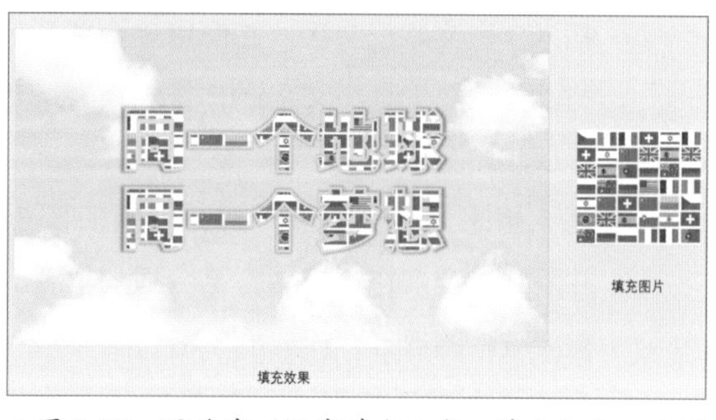

▲图 3-75　国旗字（逐字填充方式，填充之后，应用蓝色文本边框，阴影效果）

▲图 3-76　炫彩字

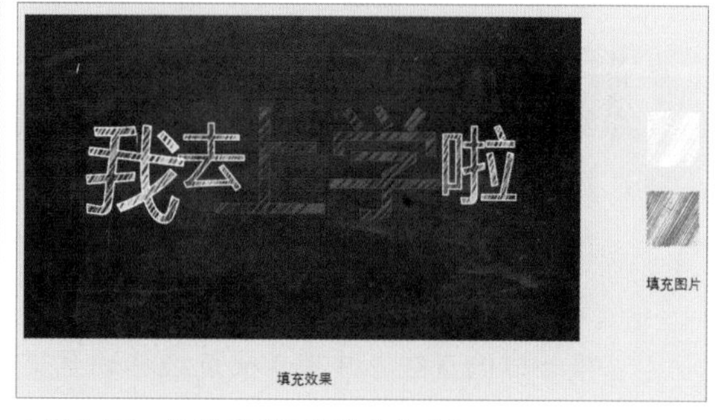

▲图 3-77　粉笔字（逐字填充方式）

▲图 3-78　花纹字（适合底纹类图片，填充后将图片平铺为纹理，添加粗线边框）

哪里可以找到优质的填充图片？这里推荐BANNER 设计欣赏网站（bannerdesign.cn），在该网站上集合了非常多优质的网站 banner 背景图片，用来做 PPT 文字填充字效果也非常不错！

3.2.4 修修剪剪，字体大不同

在前面解决字体丢失问题的方法时提到过将文字转换为形状的方法，使用该方法将文字转换为形状后，还可以继续使用“合并形状”工具对转化为形状的文字进行编辑，从而在PPT中修出各种特色文字。

图3-62“度”“展”“性”转换为形状后，各截去了一部分，然后添加了倾斜角度相同的渐变色线条。制作这种截角文字的具体操作方法如下：

▲图3-79 选自魅族MX4发布会PPT

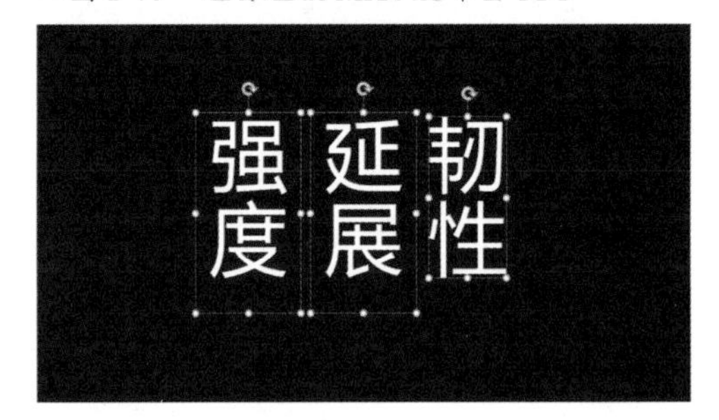

▲图3-80 步骤01

▲图3-81 步骤02

步骤01 插入3个文本框文字，并使用“合并形状”中的“剪除”工具将文字逐一将3组文字转换为形状，如图3-80所示。

步骤02 插入用来切割文字的矩形（倾斜角度30°）并复制3个，将矩形调整至合适的位置（遮盖需要减除的部分），如图3-81所示。

步骤03 先选择文字形状再选择遮盖在其上的相应矩形，切换至“格式”选项卡，单击“合并形状”按钮，单击“剪除”命令，截去文字形状被矩形遮盖的部分，如图3-82所示。同理，再重复两次该操作，即完成了3组文字的截角。

步骤04 插入一根直线，设置为渐变填充（位置0%和100%透明度均为100%，位置25%和75%透明度均为35%，位置50%透明度0%），倾斜角度30°，按两次【Ctrl+D】再生成两条一模一样的直线，并将3根直线移动至文字形状截角边缘，如图3-83所示。这样，和魅族MX4发布会PPT一样的截角文字就做好了。

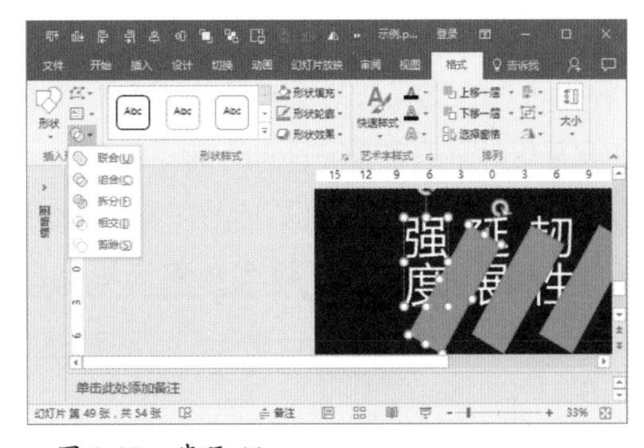
▲图3-82 步骤03

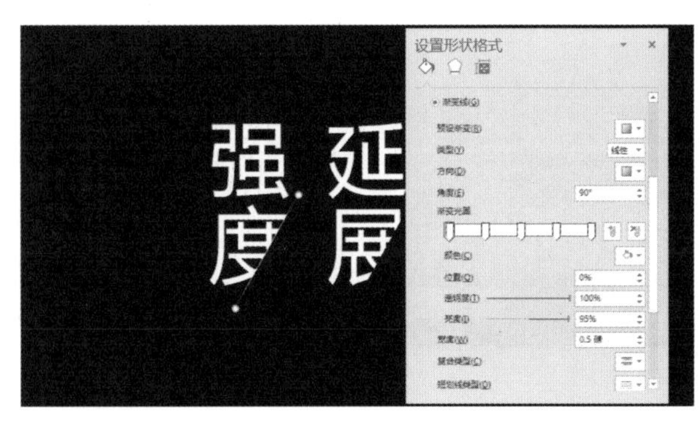

▲图3-83 步骤04

和填充效果字一样，发挥你的想象力，使用形状修字法还可以做出很多特色文字。

阴阳字：一种文字被截成两个部分的效果。制作时将文字转换为形状后，复制为相同的两份，再以同样的两个矩形遮盖其中一个的上半部分，另一个的下半部分，分别进行“剪除”“相交”操作，将文字形状裁剪成为上、下两部分。最后，将两部分填充不同的颜色即可，如图 3-84 所示。

除了矩形，还可以采用半圆形、波浪形、梯形等形状作为遮盖形状，让阴阳字的分隔方式变得更丰富多样。效果如图 3-85 至图 3-87 所示。

▲图 3-84

冰火两重天
阴阳字效果

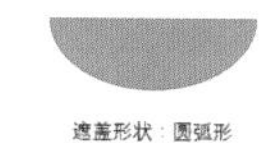

▲图 3-85 阴阳字示例 1

冰火两重天
阴阳字效果

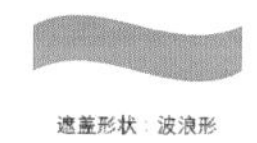

▲图 3-86 阴阳字示例 2

冰火两重天
阴阳字效果

▲图 3-87 （采用逐字剪除方式）阴阳字示例 3

赋形字：赋予文字某个形状后的效果。例如将赋予“吉祥如意”四个字圆形的造型，如图 3-88 所示。将文字转换为形状后，插入圆形，遮挡文字中央主要部分，进而选中文字再选中圆形进行“相交”操作，即制作完成。

▲图 3-88 赋形字

拉伸字：将文字转换为形状后，进入“编辑顶点”状态（具体方法详见后文相关章节），根据原字体、文字意境适当调整部分笔画的节点，进而使文字呈现出一种独特的效果。如图 3-89 所示，“一”“天”“冲”等字的笔画在原汉仪菱心体基础上进行了拉伸调整(调整后应用艺术字效果)。

▲图 3-89 拉伸字

划痕字：使用特定的形状对文字进行局部“剪除”，使原文字呈现如同遭受划痕般的效果。如图 3-90 所示的“金刚狼”三个字，蓝色的色块作为划痕与文字执行“剪除”操作，图 3-91 为最终效果。

▲图 3-90　划痕字“剪除”操作

▶图 3-91　划痕字效果图

3.3 段落美化四字诀

有时候做 PPT 可能无法避免某一页上出现大段文字的情况，为了让这样的页面阅读起来轻松，看起来美观，排版时应注意“齐”“分”“疏”“散”。

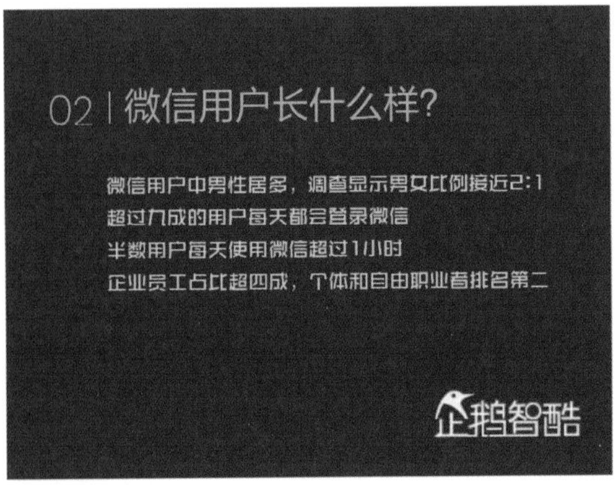

02 | 微信用户长什么样?

微信用户中男性居多，调查显示男女比例接近2:1
超过九成的用户每天都会登录微信
半数用户每天使用微信超过1小时
企业员工占比超四成，个体和自由职业者排名第二

企鹅智酷

▲图 3-92　左对齐　本页 PPT 内容来自搜狐网《企鹅智酷：2016 年最新〈微信影响力报告〉》

3.3.1 “齐”

“齐”指选择合适的对齐方式。在 PPT 中，段落主要有“左对齐”“右对齐”“居中对齐”3 种对齐方式。一般情况下，在同一页面下应当保持对齐方式的统一。具体到每一段落内部的对齐方式，还应根据整个页面图、文、形状等混排情况选择对齐方式，使段落既符合逻辑又美观，如图 3-92、图 3-93、图 3-94 所示。

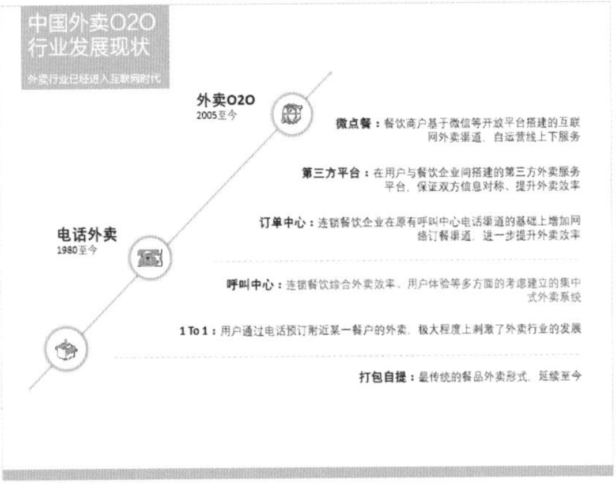

中国外卖O2O
行业发展现状

外卖O2O
2005至今

电话外卖
1980至今

▲图 3-93　右对齐　本页 PPT 内容来自中商情报网《艾瑞咨询：2015 年中国外卖 O2O 行业发展报告》

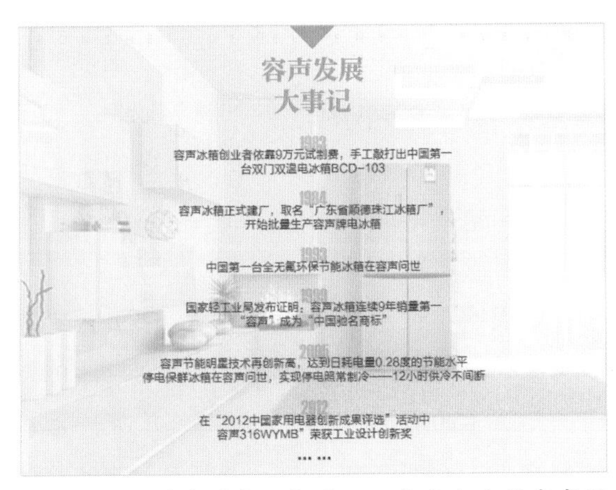

▲图 3-94　居中对齐　本页 PPT 内容来自容声官网《容声发展大事记》

技能拓展 > 竖排文字的对齐方式

在“段落”工具组中，通过“文字方向”工具可以设定文字“横排”“竖排”“按指定角度旋转排列”“堆积排列”。竖排文字时，左对齐即顶端对齐，右对齐即底端对齐，居中对齐即纵向居中对齐。设计中国风 PPT 时，常用竖排文字。

“两端对齐”的效果和左对齐类似，只是当各行字数不相等时，“两端对齐”会强制将段落各行（除最后一行外）右侧对齐，以使段落看起来更美观，如图 3-95 所示。

“分散对齐”则是包含最后一行在内，让段落的每一行的两端都对齐。这种对齐方式使用在表格上时，能够强制让一列数字多少不均的数据两端对齐，达到美观的效果，如图 3-96 所示。

左对齐
如果读书也能算是一个嗜好的话，我的唯一嗜好就是读书。人必须读书，才能继承和发扬前人的智慧。人类之所以能进步，靠的就是能读书又写书的本领。
两端对齐
如果读书也能算是一个嗜好的话，我的唯一嗜好就是读书。人必须读书，才能继承和发扬前人的智慧。人类之所以能进步，靠的就是能读书又写书的本领

▲图 3-95　左对齐紧凑，两端对齐疏朗，右边界可见两种方式的差别

左对齐
如果读书也能算是一个嗜好的话，我的唯一嗜好就是读书。人必须读书，才能继承和发扬前人的智慧。人类之所以能进步，靠的就是能读书又写书的本领。
分散对齐
如果读书也能算是一个嗜好的话，我的唯一嗜好就是读书。人必须读书，才能继承和发扬前人的智慧。人类之所以能进步，靠的就是能读书又写书的本领。

▲图 3-96　分散对齐最末行字距将自动调整，强制与段落两端对齐

3.3.2 “分”

“分”，指理清内容的逻辑，将内容分解开来表现，将各段落分开，同一含义下的内容聚拢，以便观众理解。在 PowerPoint 中，并列关系的内容可以用项目符号来自动分解，先后关系的内容可以用编号来自动分解。

通过“项目符号和编号”对话框，可以自由设置项目符号的样式（样式可以是系统字库的符号，也可以是硬盘或网络中的某张图片），可以自由设定编号的起始编号、编号颜色，如图 3-97 至图 3-99 所示。

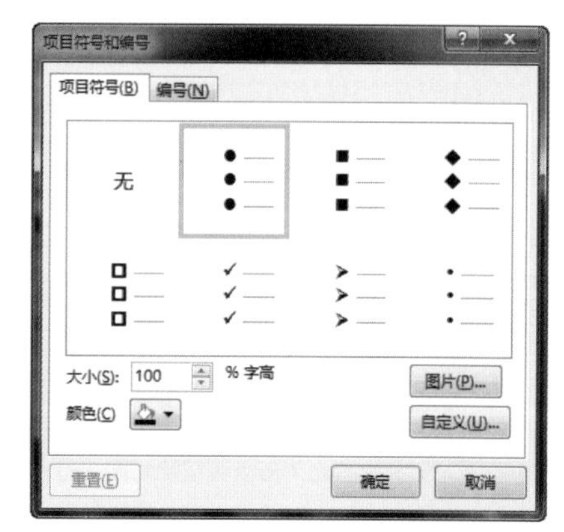

▲图 3-97　设置项目符号的样式

▲图 3-98 图中热水器每一点价值为并列关系

▲图 3-99 推广规划中的每一点步骤有先后关系

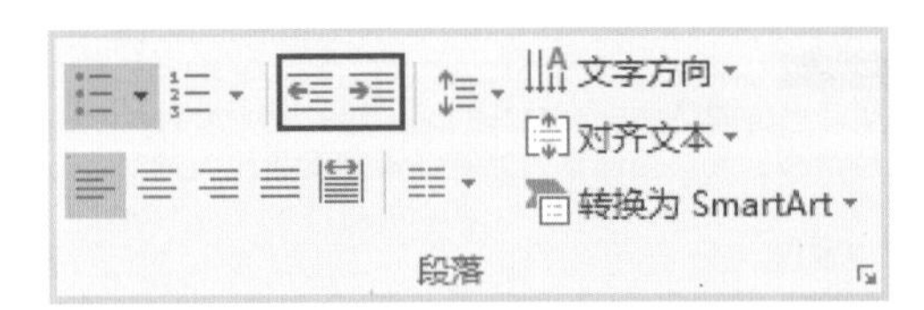

▲图 3-100

对于已设定项目符号和编号的段落文本，使用段落工具组上的降低 / 提高列表级别按钮能够轻松地调整层次关系，如图 3-100 所示。

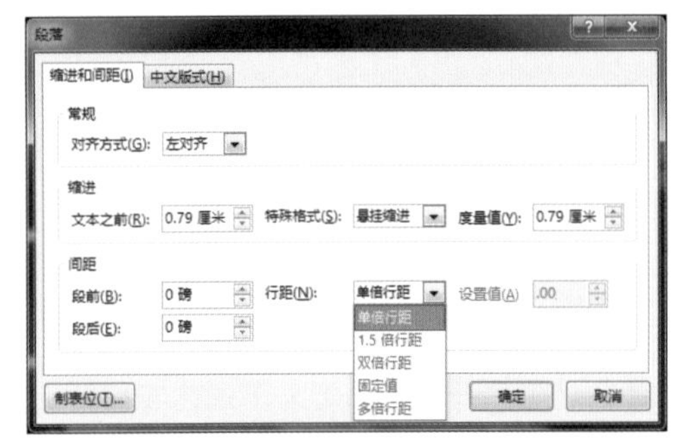

▲图 3-101 段落对话框

3.3.3 “疏”

“疏”指疏阔段落行距，制造合适的留白，避免文字密密麻麻堆积带来的压迫感。PowerPoint 中有单倍行距、1.5 倍行距、双倍行距、固定值、多倍行距五种行距设置方式，插入文本框段落默认将行距设置为单倍行距。

若需要改变行距，可通过段落工具组中的行和段落间距按钮或段落对话框进行设置，如图 3-100 和图 3-101 所示。

单倍行距，指行间距为所使用文字大小的 1 倍，如图 3-102 所示。

固定值行距（25 磅），即设置行间距为某个固定的值，如 25 磅。采用这种行距方式的段落，行距不会因为字号的改变而改变。因此，原本设置合适的行距若字号进行了调整，行距的磅值也需要重新设置，如图 3-103 所示。

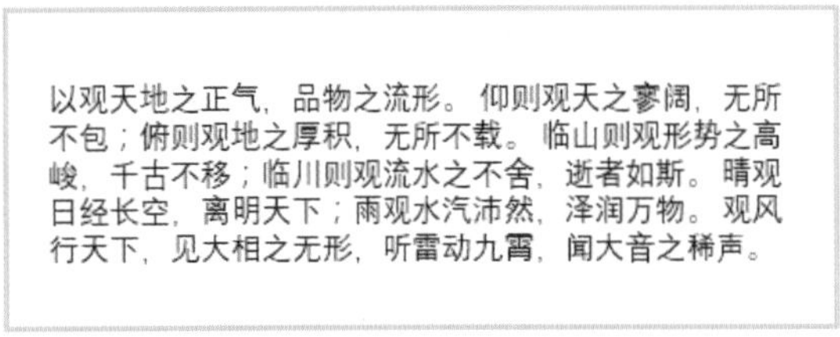

以观天地之正气，品物之流形。仰则观天之寥阔，无所不包；俯则观地之厚积，无所不载。临山则观形势之高峻，千古不移；临川则观流水之不舍，逝者如斯。晴观日经长空，离明天下；雨观水汽沛然，泽润万物。观风行天下，见大相之无形，听雷动九霄，闻大音之稀声。

▲图 3-102 单倍行距

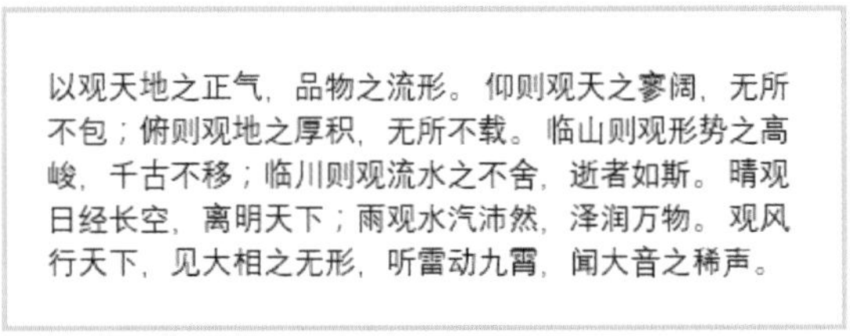

以观天地之正气，品物之流形。仰则观天之寥阔，无所不包；俯则观地之厚积，无所不载。临山则观形势之高峻，千古不移；临川则观流水之不舍，逝者如斯。晴观日经长空，离明天下；雨观水汽沛然，泽润万物。观风行天下，见大相之无形，听雷动九霄，闻大音之稀声。

▲图 3-103 固定值行距（25 磅）

1.5 倍行距，即行间距为所使用文字大小的 1.5 倍，如图 3-104 所示。

双倍行距，即行间距为所使用文字大小的 2 倍，如图 3-105 所示。

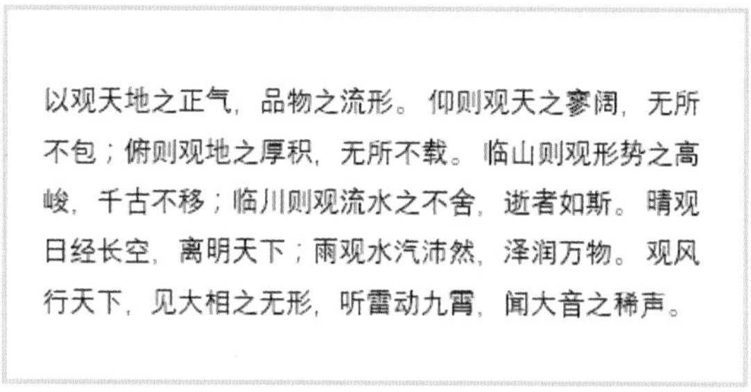

以观天地之正气，品物之流形。仰则观天之寥阔，无所不包；俯则观地之厚积，无所不载。临山则观形势之高峻，千古不移；临川则观流水之不舍，逝者如斯。晴观日经长空，离明天下；雨观水汽沛然，泽润万物。观风行天下，见大相之无形，听雷动九霄，闻大音之稀声。

▲图 3-104　1.5 倍行距

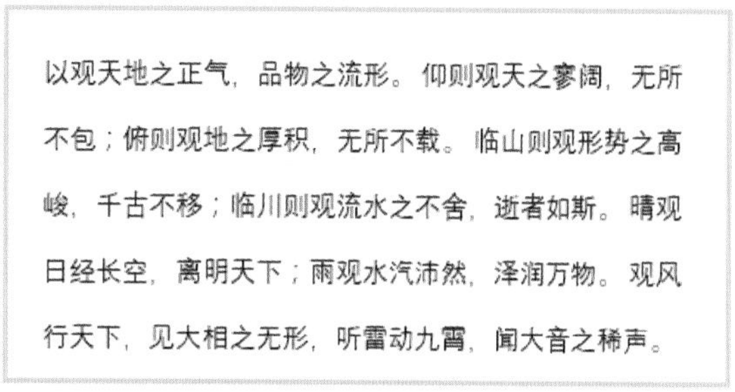

以观天地之正气，品物之流形。仰则观天之寥阔，无所不包；俯则观地之厚积，无所不载。临山则观形势之高峻，千古不移；临川则观流水之不舍，逝者如斯。晴观日经长空，离明天下；雨观水汽沛然，泽润万物。观风行天下，见大相之无形，听雷动九霄，闻大音之稀声。

▲图 3-105　双倍行距

多倍行距（3 倍），即自行设置行间距为所使用文字大小的倍数，例如这里的 3 倍。多倍行距支持 1.3、2.2 这样的非整数倍值。

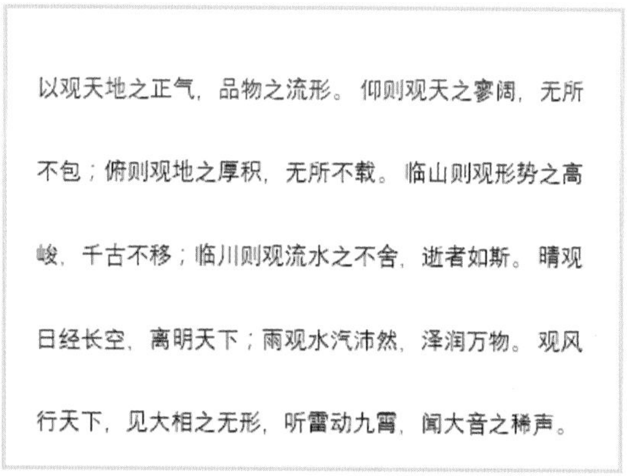

以观天地之正气，品物之流形。仰则观天之寥阔，无所不包；俯则观地之厚积，无所不载。临山则观形势之高峻，千古不移；临川则观流水之不舍，逝者如斯。晴观日经长空，离明天下；雨观水汽沛然，泽润万物。观风行天下，见大相之无形，听雷动九霄，闻大音之稀声。

▶图 3-106　多倍行距（3 倍）

大师点拨 >　什么样的行距更好？

不同的字体下，不同行距的视觉效果也不同。一般来说，单倍行距略显拥挤，给阅读带来困难。在文字较少的情况下，建议采用 1.2~1.5 倍行距，显得更加疏朗，阅读起来更轻松。

3.3.4 “散”

“散”指将原来的段落打散，在尊重内容逻辑的基础上，跳出 Word 的思维套路，以设计的思维对各个段落进行更为自由的排版。

如图 3-107 所示的正文内容即 Word 思维下的段落版式。将原来一个文本框内的三段文字打散成三个文本框后，我们可以对这页 PPT 进行如图 3-108 至图 3-110 这样的改造，视觉效果就完全不同了。

卡片式：每一段的小标题独立出来，如同卡片的标签，一眼扫过只寥寥数语，不会在一开始就带给观众过大的阅读负担，浇灭他们继续阅读的兴趣，如图 3-108 所示。

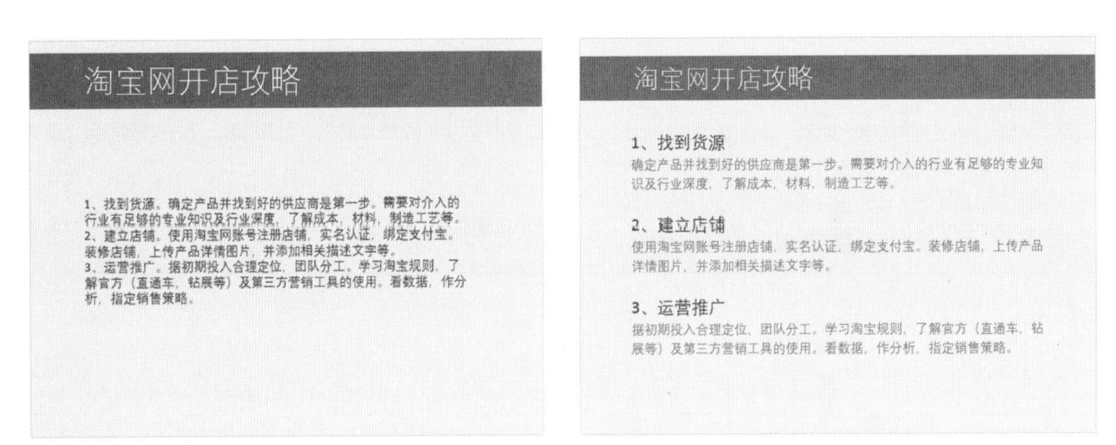

▲图 3-107　原文本框　　▲图 3-108　卡片式

交叉式：将各段内容交叉错位排布，打破从左到右的固化阅读方式，给观众一些新鲜感，也使每一点的内容都清晰、独立，如图 3-109 所示。

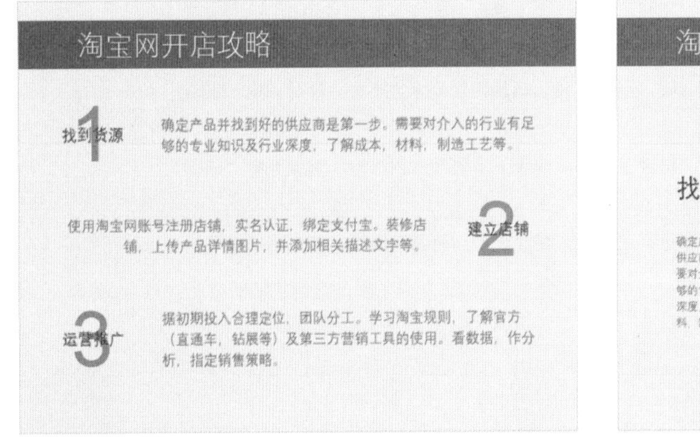

▲图 3-109　交叉式

淘宝网开店攻略

01 找到货源

确定产品并找到好的供应商是第一步。需要对介入的行业有足够的专业知识及行业深度，了解成本，材料，制造工艺等。

02 建立店铺

使用淘宝网账号注册店铺，实名认证，绑定支付宝，装修店铺，上传产品详情图片，并添加相关描述文字等。

03 运营推广

据初期投入合理定位，团队分工，学习淘宝规则，了解官方（直通车，钻展等）及第三方营销工具的使用，看数据，作分析，指定销售策略。

▲图 3-110　切块式

切块式：改变常规的横向排版方式，将每一段内容切割成块状，形成纵向阅读的视觉效果，并提升了每一个小标题的阅读优先级别，如图 3-110 所示。

技能拓展 >　字号不是越大越好

就像有的人说的“PPT 是用来瞟的，不是用来读的”，PPT 中的文字字号应尽量大一些。但是字号并不是越大越好，过大的字号会破坏整体的美感。多大字号合适应根据重点突出的原则来决定。重点内容的突出往往是通过对比、衬托来实现的，如图 3-110 中的小标题与细文。小标题字号并不比细文字号大多少，但通过字号略微的变化、色彩的明弱衬托，小标题在整个页面中看起来依然非常突出。

Chapter 04

用抓眼球的图片抓住观众的心

正如凯文·凯利所说：在信息丰富的世界里，唯一稀缺的就是人类的注意力

互联网构建起的信息时代，已然改变人们的阅读习惯

各种内容都在努力迎合这种阅读习惯的变化

以简单、快速、无须耗费大量注意力的方式呈现

PPT 也一样，相对于长篇大论的文字而言，在这种趋势下，图片显得更有优势

会找图、会修图、会用图……

只有先抓住观众的眼球

才能让其背后所传递的观点真正走进观众的心中

4.1 找图，也是一种能力

除了拍摄的图片、公司产品的效果图等，有时还需要从网络中获取一些图片资源。对于PPT设计而言，会找图片也是一种能力的体现。高手往往能既快速又准确地找到高质量的配图，如图4-1所示。

▲图4-1　铁锤砸碎老电视的有趣配图，选自乐视X50_air发布会PPT

4.1.1 PPT支持哪些格式的图片

JPG、PNG格式指图片的文件后缀名为.jpg、.png。新手或许还不知道，除了常用的JPG格式，PNG、GIF、EMF等其他很多格式的图片都可以在PowerPoint 2016中使用。不同格式的图片各有其特点，用法也不尽相同，找图时要注意图片的格式问题。

▲图4-2　PPT中的JPG图片

JPG/JPEG图

JPG/JPEG图片是基于联合图像专家组（Joint Photographic Expert Group）高效率压缩标准的一种24位图片。JPG/JPEG图片是最常见的一种图片格式，相机或手机拍摄的照片、网络下载的大多数图片都属于JPG、JPEG格式。其优点在于压缩率高，文件小，节省硬盘空间。插入到PPT中后不容易让文件变臃肿，不会给软件的运行造成太大负担。但由于进行了高效率压缩，超出其像素尺寸使用会变模糊，或者出现马赛克。且JPG/JPEG图片始终带有底色，如图4-2所示，在Photoshop等图片处理软件中去掉底色的图片若导出成JPG/JPEG格式，它将自动添加白色背景色。若要去除底色，还要在PPT中进行额外的操作。

选择一张图片并右击，在弹出的文件菜单中选择“属性”命令，打开 JPG 图片文件的属性对话框，切换至“详细信息”选项卡。在这里，我们可以看到图片的宽度、高度像素尺寸，如图 4-3 所示。若要一张 JPG 图片插入 PPT 后以全图型方式使用而不变模糊，图片尺寸应与 PPT 页面尺寸一致或大于页面尺寸。非全图型使用则图片的宽、高度设置应与图片本身像素尺寸一致或小于其像素尺寸。

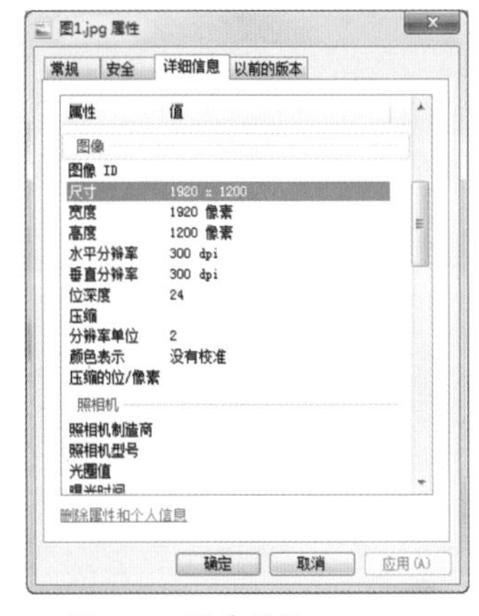

▲图 4-3　图片属性

在网上找到一张好图，可惜的是像素低，用在 PPT 中尺寸太小，怎么办？如果非要该图片不可，可通过一款叫作 PhotoZoom 的软件（搜索其名称即可找到下载站点），在不失真的情况下，将原图的像素强制放大，如图 4-4 所示。将图片导入软件后在左侧设置新的图片尺寸及调整方式，右侧预览窗格可以看到调整图片尺寸后的效果，多尝试不同的调整方式，直至调整后的图片能够满足你的需要。

▶图 4-4　PhotoZoom 界面。

大师点拨 为什么高精度的图片插入 PPT 后再导出就变小了？

为了加快软件的运行，减少卡顿现象，PPT 会对插入的大图片自动进行一定的压缩。

当我们在制作大尺寸场合下使用的 PPT（比如在影院巨幕厅播放的 PPT），且电脑处理器配置较好的情况下，为了保证 PPT 放映出来的图片和原图一样清晰，可以在“PowerPoint 选项”对话框中的“高级”选项下勾选“不压缩文件中的图像”这一项，这样 PPT 就不会压缩插入的图片（仅针对当前编辑的这份 PPT，其他的或以后新建的 PPT 不受影响）。

▲图 4-5　PPT 中的 BMP 图片

BMP 图

BMP 图片是 Windows 操作系统中的标准图像文件格式，可以分成两类：设备相关位图（DDB）和设备无关位图（DIB）。我们在 PPT 中选择性粘贴图片时，在对话框中便可以看到 DDB 和 DIB 两种格式，也即 BMP 格式。这种格式的图片与 PPT 软件的兼容性较好（同属 Windows 标准），但往往图片文件较大，容易给软件运行造成负担，导致操作或播放时卡顿，如图 4-5 中的餐厅效果图。

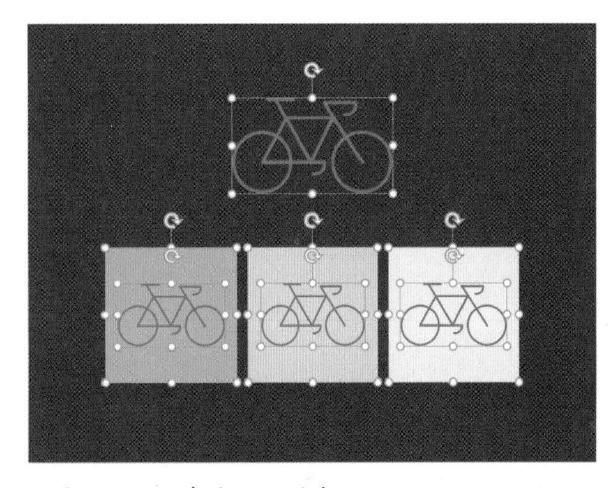

▲图 4-6　PPT 中的 PNG 图片

PNG 图

PNG 即可移植网络图形 (Portable Network Graphic Format)，是一种无损高压缩比的图像，优点在于在保证图片清晰、逼真的前提下，文件比 JPG、BMP 图小。更重要的是，它支持透明效果。当 PPT 中需要一些无背景的人物、物品、小图标等图片时，便可选择 PNG 格式。如图 4-6 这页 PPT 中的单车小图标，便是无背景色 PNG 图片。

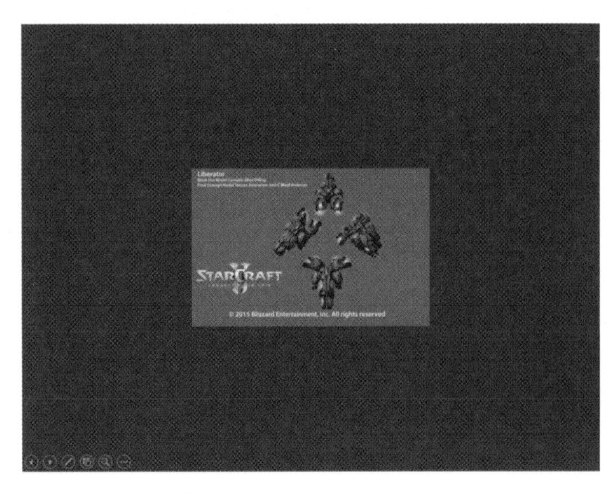

▲图 4-7　PPT 中的 GIF 图片

GIF 图

GIF 图片是一种无损压缩的图像互换格式（Graphics Interchange Format），它和 PNG 图一样能够支持透明效果。作为图片，其最大特点是既可以是静态的也可以是如同视频一样的有短暂动画效果的动态图片。将动态 GIF 图片插入 PPT 后，编辑状态下 GIF 图片将显示为其中的某一帧画面，只有在播放状态下，GIF 图片才会显示其动画效果，如图 4-7 所示。

技能拓展 > GIF 图片编辑、制作工具推荐

有时候应用 GIF 图片来提升 PPT 的动感也是不错的方法。GIF 图片的专业软件推荐 Ulead GIF Animator。使用这款软件能够编辑已有的 GIF 图片，也能自己制作 GIF 图片。例如，将两张有细微差别的图片作为两帧在软件中合成一张 GIF 图片，这种差别就会成为一种动画效果。或者将连续的视频截图导入软件合成 GIF 图片，连续的动画将让这些图片产生短视频的效果。

WMF/EMF 图片

WMF/EMF 图片即图元文件，是微软公司定义的一种 Windows 平台下的图形文件格式。EMF（Enhanced MetaFile，增强型 Windows 元文件）是原始 WMF（Wireless Multicast Forwarding，Windows 图元文件）格式的 32 位版本。

PPT 中的“剪贴画”即 WMF/EMF 图片，这类图片是矢量文件，随意拉大而不会出现锯齿、模糊，还能够像形状一样编辑节点、更换颜色。通过 Adobe Illustrator、CorelDRAW 这些专业设计软件设计的矢量文件便可导出成为 WMF/EMF 文件，插入 PPT 继续以矢量图的形式使用。同理，通过 PPT 软件编辑的形状图形也可以另存为 WMF/EMF 文件，导入 Adobe Illustrator 或 CorelDRAW 继续编辑。

如图 4-8 所示，PPT 中左侧为 EMF 格式的多地形背景，右图为 WMF 格式的公司 LOGO。

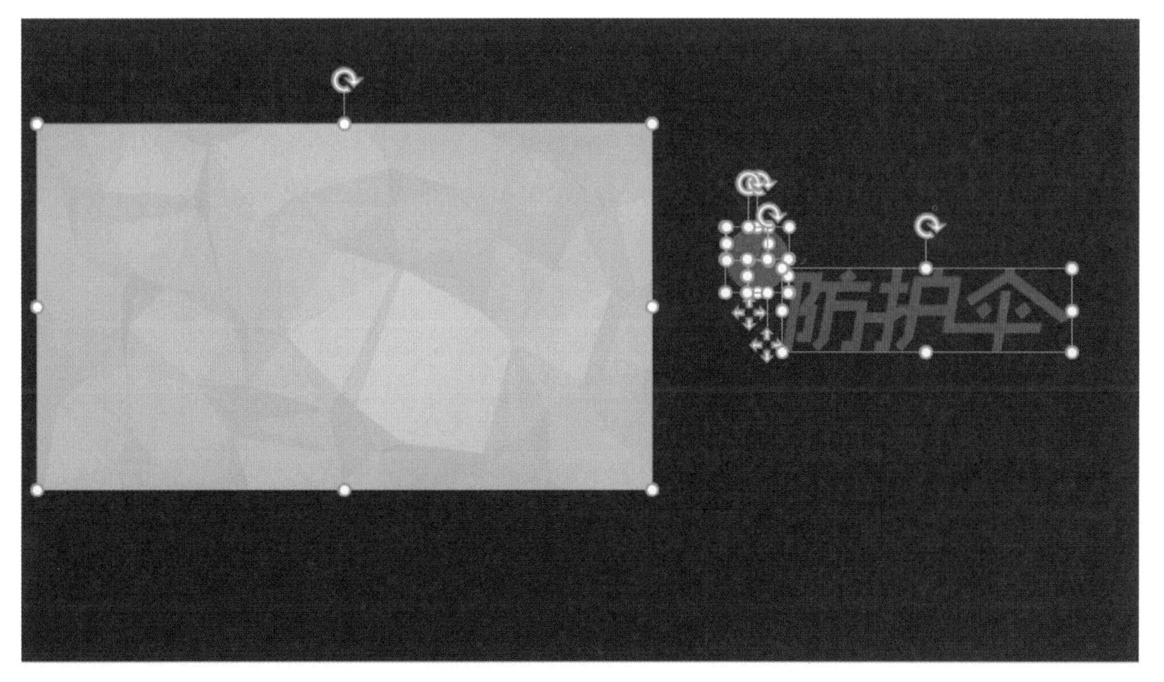

▲ 图 4-8　PPT 中的 WMF/EMF 图片

4.1.2 影响 PPT 质量的 5 种图片

下面 5 种图片尽量不要用，因为这些图片会拉低 PPT 的档次，甚至会带来不必要的麻烦。

1. 莫名其妙图

这是 PPT 初学者常犯的错误之一——基于自己的爱好添加一些与主题毫无关联或联系不大的配图，如图 4-9 所示的小人图片、图 4-10 所示的鲜花图片。可有可无的图片不如不用，自己都不理解的图片再美也不能随意使用。

▲图 4-9

▲图 4-10

2. 水印图

有时候从网上找的图片会带有水印（遮盖在图片上的文字或图形），水印会遮挡图片本身的内容，若直接将带水印的图片插入 PPT，不仅影响视觉效果，还带给人一种凌乱、盗图的坏印象，如图 4-11 和图 4-12 两页 PPT 所示。

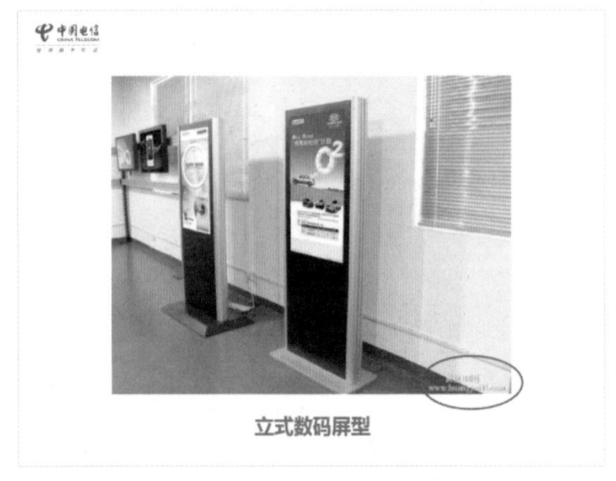

▲图 4-11　水印较小，不影响主体内容

▲图 4-12　水印面积较大，影响主体内容的查看

3．模糊图

像素过低、模糊不清的图，很可能无法达到你要的效果，还会带给观众一种劣质的印象。因此，除非有特定目的，PPT 应尽量使用清晰的图片。如图 4-13 和图 4-14 所示的两页 PPT，你觉得哪一页更让你有阅读的欲望呢？我想大多数人会选图 4-13 吧。

▲图 4-13　高像素图

▲图 4-14　低像素图

4．变形图

扭曲变形的图片乍一看似乎没什么问题，其实比例已经失真。放在 PPT 中会带给人一种不严谨、低劣的印象，如右图 4-15 停车场的图片，明显拉伸变形。

另外，在 PPT 中调节图片的大小时，非等比例缩放（只单方面改变图片的长度或只改变图片的宽度）也会导致原本正常的图片扭曲变形。

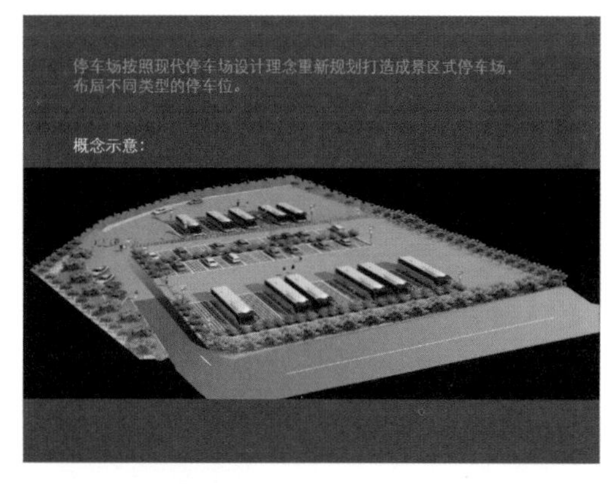

▲图 4-15　变形图

5．侵权图

互联网是一个共享开放的空间，在网上下载东西我们都习惯了拿来即用，很少去想是否会侵犯他人的著作权、肖像权等。内部分享、学习型的 PPT 倒也没什么问题，但是，商业类的 PPT，找图时则必须谨慎。有版权声明的图片、图片上的内容有可能侵犯肖像权的图片都不宜轻易使用。如图 4-16 所示的这页 PPT 配图，很有可能侵犯了图中人物的肖像权，付费购买使用或已征得相关权利人同意的图片除外。

▲图 4-16　图片来自全景网，仅作示意

4.1.3 在哪里可以找到高质量图片

网上找图，新手一般都会在百度上搜索，然而这样搜图其实很难找到独特、高质量的图片，而且效率很低。很多时候，我们可以感觉到，平时在网上貌似屡见不鲜的图片，真正要用时，找起来却非常困难。如何才能又快又好地找 PPT 配图？主要有下面四种方法。

1. 搜索引擎也有好图，看你怎么用

找图时，除了百度，其实还有很多搜索引擎都可以用起来，如微软的必应搜索、搜狗素材搜索等。从百度网站上没找到合适的图，不妨换一个搜索引擎试试。

必应图片搜索素材比百度图片表现更优秀，不仅可以筛选搜索结果中图片的尺寸、颜色、类型，还可以搜索版式、人物、日期、版权情况，如图 4-17 所示。

◀图 4-17 必应图片搜索关键词“热气球”的界面

搜狗素材搜索聚合了千图网、站酷网等多个专业素材网站的图片库搜索，一次搜索即可查遍多个素材网站图片库。它还可以筛选搜索结果的收费模式、图片格式，如图 4-18 所示。

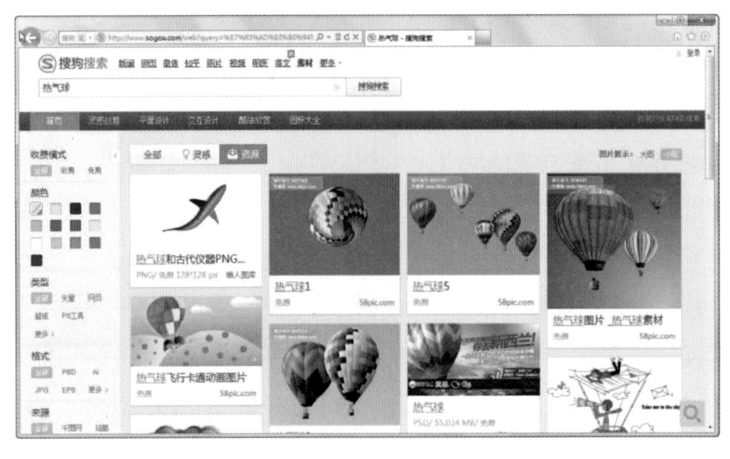

◀图 4-18 搜狗素材搜索关键词“热气球”的界面

使用搜索引擎时，善用关键词才能提升搜图的准确性。

对于抽象性的需求，可以多联想具象化的事物作为关键词搜索。比如找“开心”的图片，我们还可尝试使用“笑脸”“生日派对”“获胜”等关键词。

对于具象性的需求，可以联想抽象性的词汇作为关键词搜索。比如找“站在山顶俯瞰”的图片，我们可以尝试使用“攀登”“山高人为峰”“登峰”“成功”等关键词搜索。

总而言之，在一个或一类关键词找不到准确的图片时，可以尝试换个角度，联想更多词汇反复搜索，如图 4-19 和图 4-20 所示。

▶图 4-19　百度图片搜索关键词“开心”的结果

▶图 4-20　百度图片搜索关键词“笑脸”的结果

如果搜索中文关键词找不到合适的图片，尝试将中文关键词翻译成英文搜索，或许就能“柳暗花明又一村”。比如找展现“友谊”的图片，还可以换成“friendship”来进行搜索，如图 4-21 和图 4-22 所示。

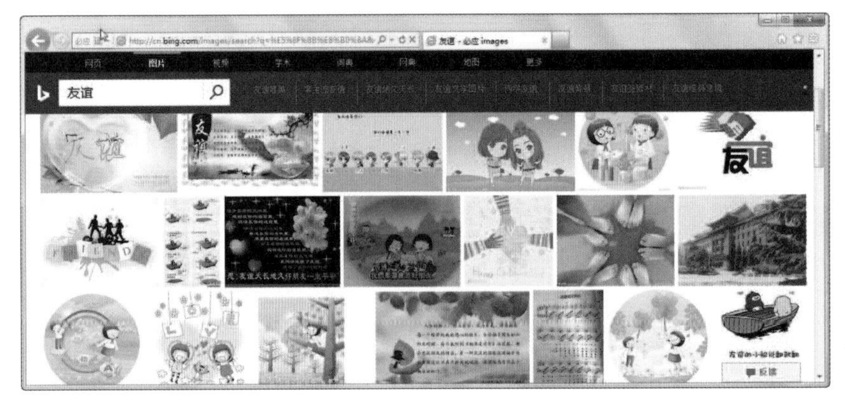

◀图 4-21　必应图片搜索关键词“友谊”的结果

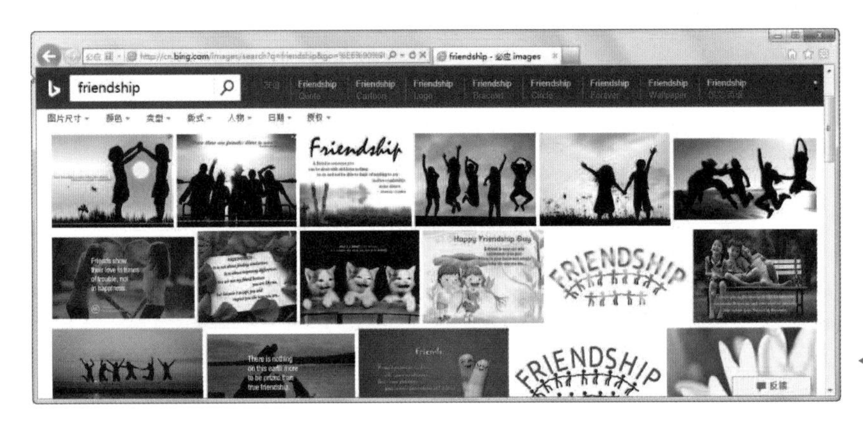

◀图 4-22　必应图片搜索关键词“friendship”的结果

此外，百度图片、360 图片搜索引擎都有以图搜图的功能。通过硬盘上已有的某张图片想找类似图片，或硬盘上有一张带水印的、小尺寸的图片想找无水印的、大尺寸的图片等，都可以使用以图搜图的方式。例如，用 360 图片搜索以图搜图功能的具体方法如下。

步骤 01 单击 360 图片搜索引擎右侧的 按钮，如图 4-23 所示，打开 360 识图窗口。

步骤 02 单击“上传图片”，导入硬盘中的图片，如图 4-24 所示。自动上传完成后，搜索引擎将很快显示搜索到的相似图片，如图 4-25 所示。此时，还可以筛选搜索结果中图片的尺寸。

▲图 4-23　360 识图窗口

▲图 4-24　上传图片

▲图 4-25　以图搜图的结果

2. 免费或付费的专业图库网站

在网上有以图片素材经营为主题的付费图片网站，也有分享互利的免费图片素材网站；有高清 JPG 图库网站，也有矢量图片或小图标等特殊类型图片的图库网站……很多时候，在专业的图库网站找图、搜图比起在百度等大型搜索引擎中直接搜索更为准确。在你的浏览器收藏夹中添加下面一些图库网站，基本能够满足日常做 PPT 的图片需求。

全景网（www.quanjing.com）：号称中国最大的图片分享网站，从图片分类便可以看出其图片素材涵盖的领域之广泛，如图 4-26 所示。

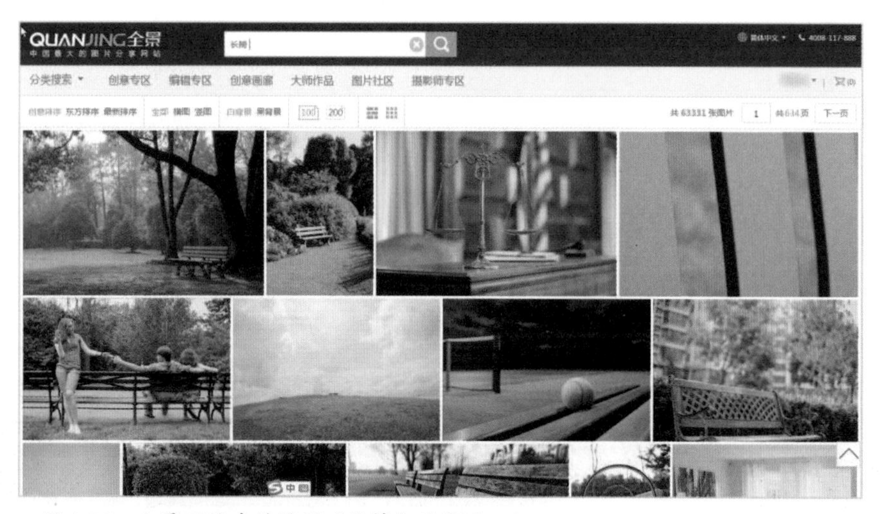

▲图 4-26　全景网搜索关键词“长椅”的界面

使用多个关键词组合的方式搜索，一般很快就能搜索到想要的图片。但作为付费的图片库网站，每一张图片都注明了不同尺寸、不同用途的价格，意味着下载使用需要支付相应的费用。不过注册后，可以下载精度不那么高的小样图，小样图放在非商用的 PPT 中勉强够用。

视觉中国（creative.vcg.com）：和全景网类似的正版图片网站，搜索同样的关键词，在这个网站上可以找到很多高质量的创意型图片，能够有效提升 PPT 的档次，如图 4-27 所示。同样，注册后，部分图片可以下载无水印的小样图。

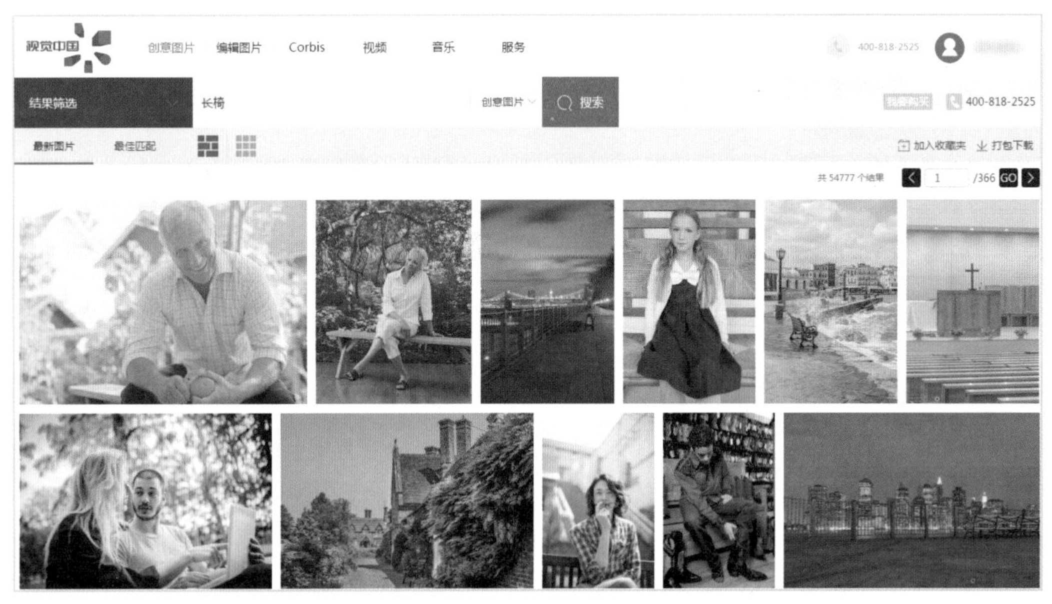

▲图 4-27　视觉中国网搜索关键词“长椅”的界面

pixabay（pixabay.com）：一个完全免费的正版图片分享网站，包含了高清图片、矢量图、插画等多种类型的图片资源，注册即可免费下载高清大图。其中的大多数图片即便是用于商业用途也免费，无须注明出处，网站如图 4-28 所示。

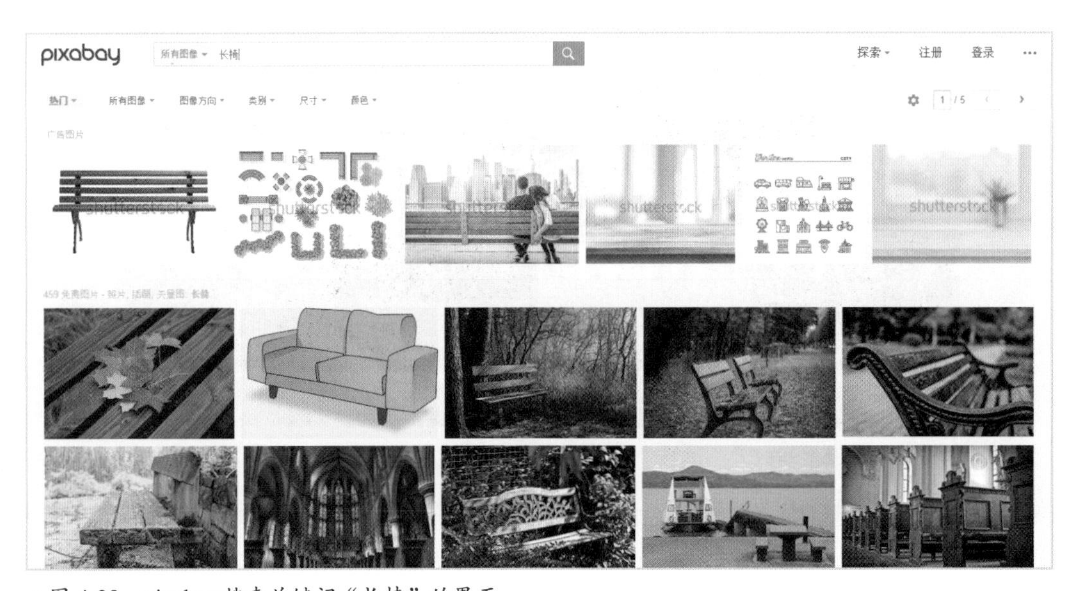

▲图 4-28　pixabay 搜索关键词“长椅”的界面

邑石网（www.yestone.com）：付费的版权图片网站，注册后也可下载小样图使用。当你需要矢量图画、成套的插画图片时，可以到这个网站找一找，如图 4-29 所示。

▲图 4-29　邑石网插画类下搜索关键词“长椅”的界面

IcoMoon App（icomoon.io）：无须注册即可使用免费小图标的素材网站。该网站有大量的成套小图标，可选择想要的图标并根据需要调节尺寸、设置颜色（仅支持单色），生成透明 PNG 或 SVG 矢量图片使用，这在制作扁平化风格的 PPT 时非常有帮助。尽管该网站为全英文网站，但并不影响使用。例如，在该网站下载一枚蓝色的游泳圈小图标的具体方法如下。

步骤 01 单击网站右上方的“IcoMoon App”按钮，如图 4-30 所示，跳转到小图标选择页面。

步骤 02 单击 IcoMoon-Free 选项，展开该项下的所有图标；找到游泳圈图标后，单击选中（被选中的图标背景由灰色变成白色），如图 4-31 所示。若要下载多个图标，则选中多个图标，再次单击选中的图标可以取消选择。

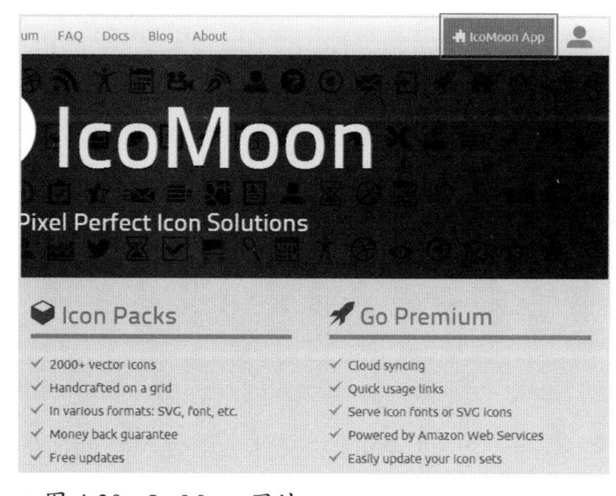

▲图 4-30　IcoMoon 网站

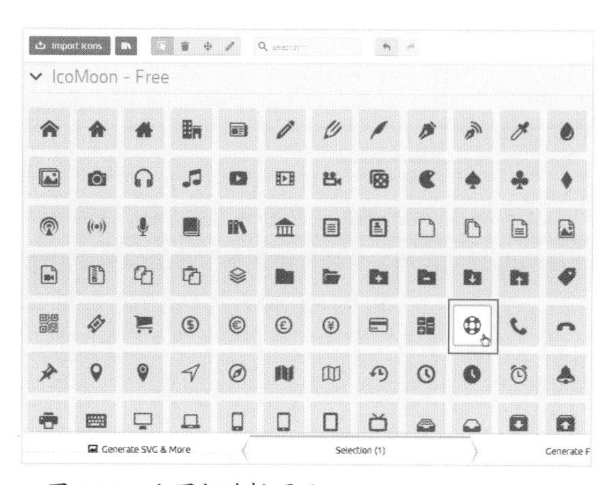

▲图 4-31　小图标选择页面

▲图 4-32　单击“Generate SVG&More”

步骤03 单击网页下方的“Generate SVG&More”（生成 SVG 图片和其他类型文件）链接，如图 4-32 所示，网页跳转至图标生成选项设置页面。

步骤04 单击上方“preferences”（偏好设置）按钮，打开偏好设置对话框，如图 4-33 所示。在对话框中勾选“override size”（图标面积），并在其后的数值框中输入尺寸大小，输入的数字为 2 的次方数，如 1024（2^{10}），数字越大，生成的 PNG 图片尺寸越大。在“color”（颜色）中输入 HTML 色值，设置生成的 PNG 图标的颜色，如输入 2F73F8（天蓝色）。全部设置完成后，单击对话框外任意区域，退出设置状态，再单击页面下方的“Download”（下载）按钮，将图片下载至计算机硬盘中。

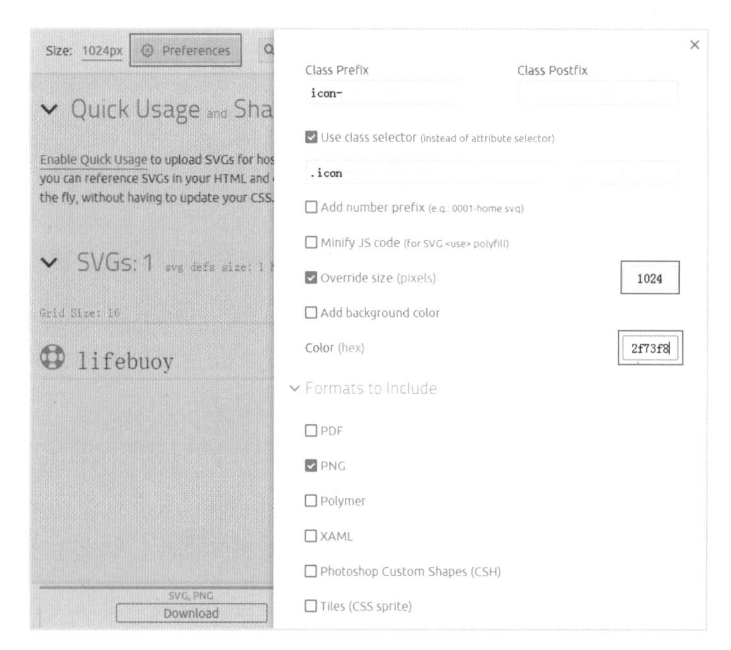

◀图 4-33　偏好设置

大师点拨 ＞　如何知道某个颜色的 HTML 色值？

获取某个颜色的 HTML 色值的方法推荐下面两种。

方法一：通过百度网站搜索 HTML 颜色代码表，在代码表中可以查看到各个色彩不同明度的 HTML 颜色代码。如果需要某张图片上的某个颜色，则将图片与代码表比对找出相应的颜色代码即可。

方案二：下载 HTML 拾色器工具软件，如 ColorSPY，将软件切换至 HTML 取色模式，在想要的某个颜色上点击，软件上就会显示该颜色的 HTML 色值。

下载到计算机的将是一个压缩文件，解压之后可以在一个名为 PNG 的文件夹中找到我们要的游泳圈图标。若之前选择的是多个图标文件，也都将存在这个 PNG 文件夹中。

此外，我们还可以在名为 SVG 的文件夹中找到图标所对应的矢量文件（后缀名为 . svg），如图 4-34 所示。将这个 SVG 文件导入 CorelDRAW 软件，再导出为 emf 或 wmf 图片，插入 PPT 中使用时便可以随意修改颜色、调整大小而且不会变模糊。

名称	修改日期	类型
demo-files	2016/10/24 20:54	文件夹
PNG	2016/10/24 20:54	文件夹
SVG	2016/10/24 20:54	文件夹
demo.html	2016/10/24 20:53	360 Chrome HT...
demo-external-svg.html	2016/10/24 20:53	360 Chrome HT...
Read Me.txt	2016/10/24 20:53	文本文档
selection.json	2016/10/24 20:53	JSON 文件
style.css	2016/10/24 20:53	层叠样式表文档
svgxuse.js	2016/10/24 20:53	JScript Script 文件
symbol-defs.svg	2016/10/24 20:53	SVG 文档

▲图 4-34　PNG 和 SVG 文件夹

在选择图标类型时，默认只有 IcoMoon-Free 一项，其实 IcoMoon App 的图标远不止这一类。单击“Add Icons From Library…”（从图标库添加更多图标）链接，如图 4-35 所示，转到 Library 页面。在这个页面上我们可以添加更多类型的图标。图标类下方显示为“Purchase”的，则需要购买才能添加使用，下方显示为“Add”的，则均可免费添加使用，如图 4-36 所示。

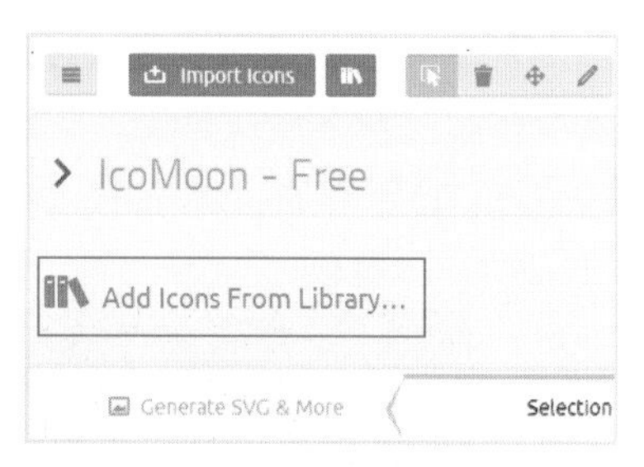

▲图 4-35　从图标库添加更多图标

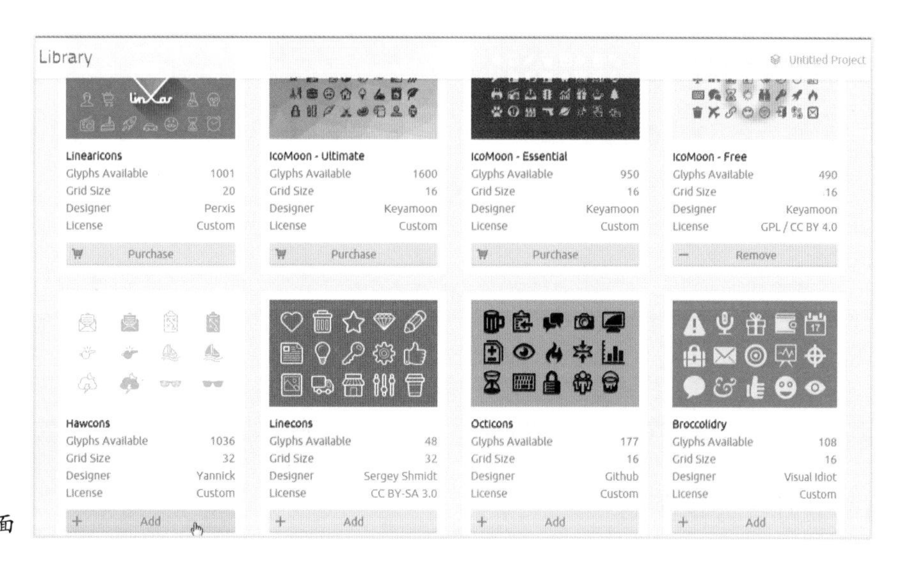

▶图 4-36
Library 页面

Easyicon（www.easyicon.net）：同样是免费的小图标素材网站，图标资源非常丰富（不局限于单色、扁平化风格）。可以进行关键字搜索，中文关键字将自动翻译成英文搜索，无须注册即可下载 PNG 图片。

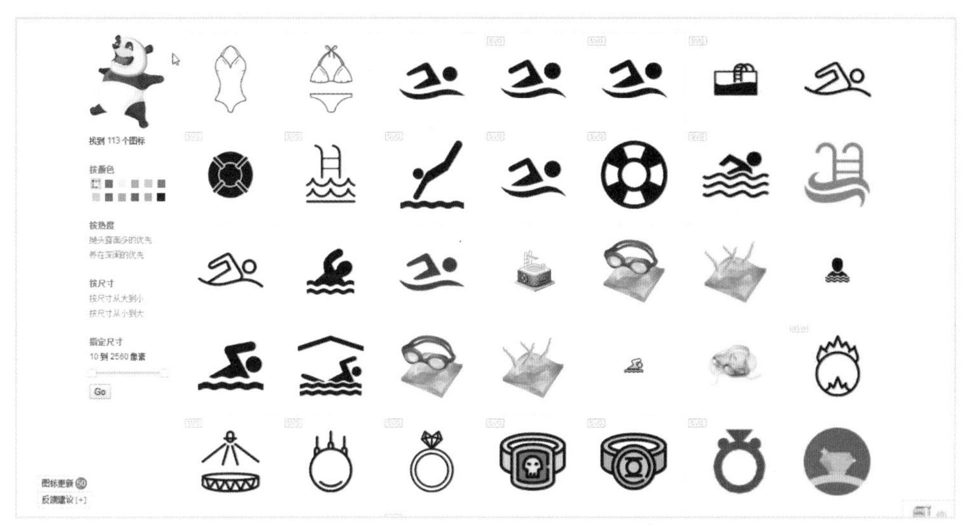

▲图 4-37　Easyicon 网站示例

阿里巴巴矢量图标库（www.iconfont.cn）：图标多、非常好用的一个图标素材网站，是做扁平化风格 PPT 的好帮手。支持搜索，也支持分类查看，包含海量的单色、多彩图标，使用新浪微博登录后即可自由设定图标颜色、图标大小，可免费下载 PNG 格式图标放在 PPT 中使用。

▲图 4-38　阿里巴巴矢量图标库

3. 摄影爱好者分享图站

在以摄影爱好、摄影交流为主题的网站上也能收获一些好图片。

图虫网（tuchong.com）：这里有海量的高清摄影图片，其精美程度令人惊叹，且可预览大图，可以用截图的方式使用在非商业用途的 PPT 上，如图 4-39 所示。

▲图 4-39　网虫网

Eput（eput.com）：同样高质量的摄影图片分享网站，如图 4-40 所示。

▲图 4-40　Eput 网站

4. 包罗万象的设计素材网站

设计素材类综合网站涵盖平面设计、网页设计、UI 设计、视频制作等多种设计门类的素材，也是做 PPT 时找图的好去处。

昵图网（www.nipic.com）：设计师几乎都要登录的素材网站，注册后只需要充值少量人民币，即可获得共享分。此外，也可以通过分享素材的方式去赚取共享分。有了共享分就可免费下载昵图网上海量的共享素材资源了，当然也包括高清图片。

不过，昵图网将素材分成共享图、原创交易图、商业用途三类，很多真正高质量的图片素材已不支持使用共享分下载，而需要单独付费购买。建议“非人民币玩家”在筛选资源时直接选择共享图，在接受共享分下载的共享图类下搜索，免得浪费时间，网站界面如图 4-41 所示。

◀图 4-41　昵图网搜索关键字“红色背景”的结果界面

懒人图库（www.lanrentuku.com）：和昵图网相似的设计素材网站，资源也许不如昵图网丰富，但是该网站上的素材全部不限版权，可免费下载使用，如图 4-42 所示。

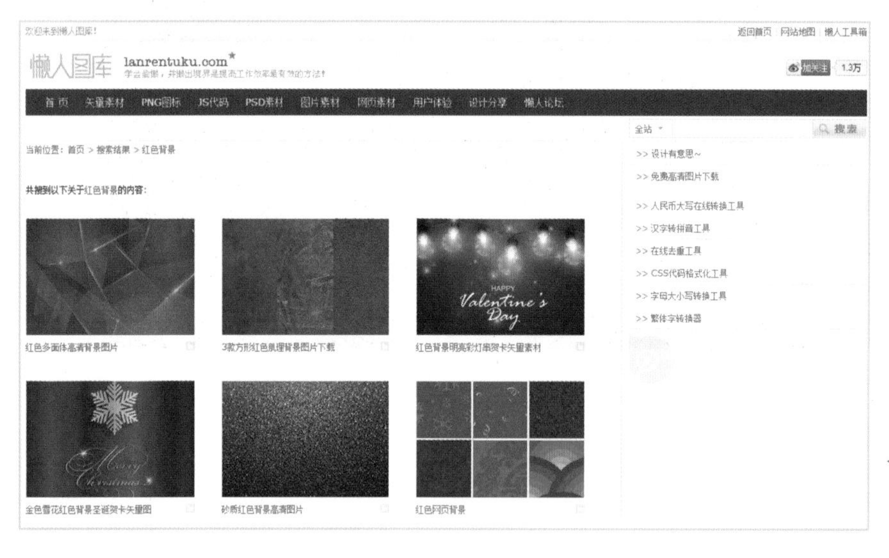

◀图 4-42　懒人图库搜索关键字“红色背景”的结果界面

大师点拨 〉　如何把别人的 PPT 背景纳为己用？

在尊重他人版权的前提下，从一份自己喜欢的 PPT 中获取背景图片可采取如下方法：直接在其 PPT 页面内空白位置（没有放置任何其他素材）右击鼠标，在弹出菜单中选择“保存背景”命令，即可将其 PPT 背景图片保存至硬盘，供自己的 PPT 使用。

4.2 没错，PPT 也能修图

为让图片更加适用，可能还需要对其进行一些修整。也许你还不知道，从改变图片大小、旋转图片方向、裁剪图片等基础的修图操作，到添加艺术效果、抠除图片背景等相对复杂的修图操作都可以直接在 PPT 中完成。

4.2.1 调整图片位置、大小和方向

选中图片后，按住鼠标左键拖动即可随意改变图片的位置。按住【Shift】键的同时拖动图片，图片将按垂直或水平方向移动（若按住【Ctrl】键的同时拖动图片，可将当前图片复制至指定位置）。选中图片后，按【→】键，图片将向右移动；按【←】键，图片将向左移动；按【→】或【←】键的同时按住【Ctrl】键，图片将向右或左微移。

选中图片时，图片四周将出现 8 个点，这些点便是图片大小的控制点。按住鼠标左键拖动这些节点就可以随意改变图片的大小。拖动节点的同时按住【Ctrl】键，图片将对称缩放；拖动节点的同时按住【Shift】键，图片将等比例缩放。

在图片上方还有一个旋转控制点，拖动这个控制点可随意旋转图片的方向。选中图片后，按快捷键【Alt+ →】可以让图片按照每次向右旋转 15° 的方式改变方向，按快捷键【Alt+ ←】可以让图片按照每次向左旋转 15° 的方式改变方向。

右击图片，在弹出的菜单中单击“设置图片格式”命令，打开“设置图片格式”对话框，如图 4-43。在该对话框中，切换至图片大小与属性设置界面，在这里可以设置图片的水平和垂直位置、宽度、高度、旋转方向的角度等，更精确地调整图片位置、大小和方向。

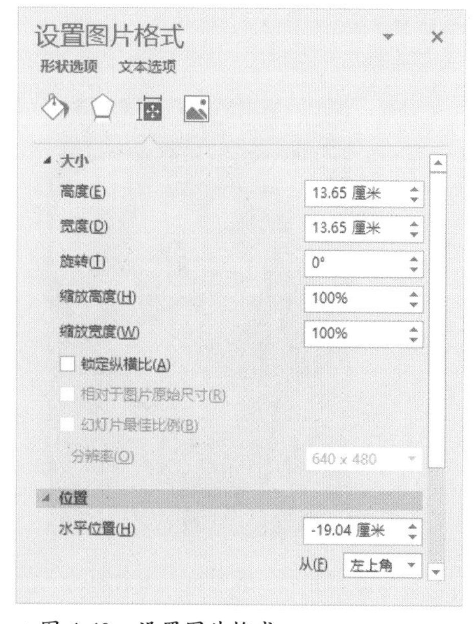

▲图 4-43　设置图片格式

4.2.2 将图片裁剪得更好用

为了让图片展示的重点更突出，或让图片更便于排版（多张图片达到尺寸的统一），我们有时需要对图片进行裁剪。选中图片后，单击“格式”选项卡下的“裁剪”按钮，该图片就进入了裁剪状态，图片的四边及四个角都出现了裁剪图片的控制点。将鼠标置于控制点上，按住鼠标拖动控制点即可裁剪图片。和调整图片大小一样，拖动控制点的同时按住【Ctrl】【Shift】键可对称、等比例裁剪图片。

▲图 4-44　裁剪图片

图片裁剪后，还可再次单击“裁剪”按钮，返回图片裁剪状态。此时可以看到原图分成了被裁剪区域和保留区域两个部分，被裁剪部分显示为半透明的灰色。此时，还可以操作原图的 8 个大小控制点及其旋转控制点，因此，仍然可以对原图进行移动、缩放、旋转操作，以调整保留区域的状态，如图 4-44 所示。

除了默认的这种图片裁剪方式外，在裁剪按钮下我们还可以选择裁剪为形状、按比例裁剪两种方式。裁剪为形状即将图片的外形变成某个形状。按比例裁剪包含 1:1（方形）、2:3（纵向）、3:2（横向）等多种，能够将图片裁剪为指定比例的图片。无论是裁剪为形状还是按比例裁剪，裁剪之后都可以再次单击“裁剪”按钮，返回图片裁剪状态，调整保留区域的图片状态。图 4-45 为裁剪为心形的图片，图 4-46 为按 16:9 的比例裁剪的图片。灵活地使用图片裁剪功能，能让 PPT 的排版更有设计感。

▲图 4-45　裁剪为心形的图片

▲图 4-45　按 16:9 的比例裁剪的图片

技能拓展 ＞　巧用形状“相交”裁剪图片

选中图片，再选中遮盖在图片上的形状，进而切换至绘图工具格式选项卡，单击下方的“合并形状”工具组中的“相交”按钮，即可将图片从被形状遮盖的部分裁剪出来。这种方式比起直接将图片裁剪为形状的优势是，可以预先编辑形状，如画等比例的圆、等比例的心形、预制形状中没有的图形等（将图片裁剪为形状的方式，裁剪之后还需要调整才能裁剪成为等比例的形状），指定原图需要保留的位置（调整形状覆盖图片的区域即可），且裁剪之后仍然可以单击“裁剪”按钮，返回裁剪状态，改变图片保留区域的状态。

4.2.3 Duang！一键特效

边框、阴影、映像、发光、柔化边缘、棱台、三维旋转……和艺术字相似，有时候图片也需要添加一些特殊效果，以提升其表现力。

边框：算是一种简单的特效，当背景色与图片本身的颜色过于接近时，添加适当粗细的边框可以让图片从背景当中突显出来，看起来更醒目一些，如图 4-47 所示。

默认状态下添加的边框为圆角边框，若要改为矩形边框，可以在“设置图片格式”对话框中，将“线条”的连接类型选为“斜接”方式。

阴影：为图片添加的阴影效果，如“外部”阴影（偏移为“中”），能够让图片产生浮在幻灯片页面上的视觉效果，如图 4-48 所示中的三个 LOGO 图片。

扁平化、极简风格的 PPT 不建议使用阴影效果。

▲图 4-47　边框效果

▲图 4-48　阴影效果

映像：映像效果模拟的是水面倒影的视觉效果，展示产品、物品图片时稍微添加一点映像效果，能够让产品或物品本身看起来有一种陈列的精致感，如图 4-49 所示的洗衣机图片。

发光：深色背景下为图片适当添加一点浅色发光效果，能够起到聚焦视线的作用，如图 4-50 中的无人机图片。

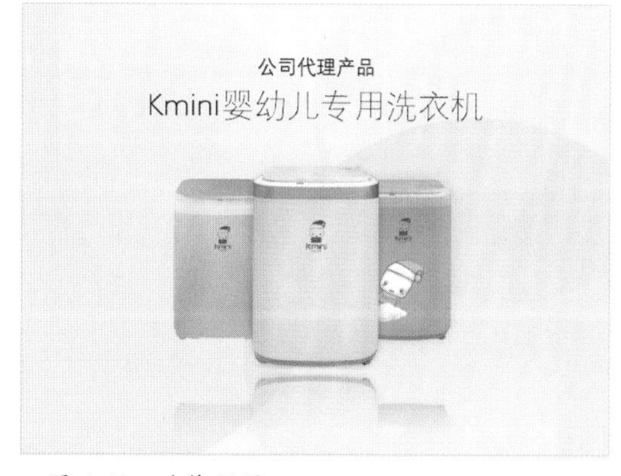

▲图 4-49　映像效果

▲图 4-50　发光效果

柔化边缘：某些背景下使用柔化边缘效果能够让图片与背景的结合更加自然。在黑色背景下使用力度较大（磅值高）的柔化边缘，可轻松做出暗角 LOMO 风格的图片，如图 4-51 所示背景中的花照片。

棱台：简单的一些设置即可让图片具有凹凸的立体感。如图 4-52 中的装裱在金属画框中的油画图片，即油画图片添加金色边框，再使用棱台效果实现的。

▲图 4-51　柔化边缘效果

▲图 4-52　棱台效果

三维旋转：一键即可让原本平面化的图片具有三维立体的既视感，令人耳目一新，如图 4-53 中的两张照片。

图片的样式即组合应用大小、方向、裁剪、效果等操作后实现的图片风格，选中图片后，单击样式一键应用，能够减少很多操作。PowerPoint 2016 中预制的图片样式有 28 种，常用的如图 4-54 所示幻灯片中的图片“便签”样式（应用旋转、白色边框、棱台效果），适合校园风、青春系、怀旧情怀等轻松、非严肃场合下的 PPT。

▲图 4-53　三维旋转效果

▲图 4-54　“便签”样式

大师点拨 〉 如何快速取消图片样式？

一个图片样式往往包含了多种图片操作，取消样式时一个一个地操作非常烦琐。若是刚添加的样式还好，按快捷键【Ctrl+Z】即可撤销，若是早前已添加了图片样式的图片如何才能快速取消？此时，可以单击“图片格式”选项卡下“调整”工具组中的“重设图片”或“重设图片和大小”按钮，即可取消添加在该图片上的所有操作。

4.2.4 统一多张图片的色调

当一页幻灯片中配有多张图片时，由于图片明度、色彩饱和度差别很大，尽管经过排版，整页幻灯片还是显得凌乱不堪。此时我们可以利用图片“格式”选项卡“调整”工具组中的“颜色”按钮，对所有图片重新着色，将其统一在同一色系下，如图 4-55 至图 4-58 所示。

▲图 4-55　重新着色前：五张图片色调不一，页面看起来比较花哨

▲图 4-56　重新着色后：五张图片统一为褐色色调，整个页面变得冷静、严肃

▲图 4-57　重新着色前：由于图片色调不一，这种别致的交错式排版并没有达到最佳的视觉效果

▲图 4-58　重新着色后：上面两张图片统一色调，下面两张图片统一色调，内容交错的视觉效果更加明显

同理，有时分别在不同幻灯片页面但逻辑上具有并列关系的多张配图，也可以采用重新着色的方式来增强这些幻灯片页面的系列感。

如图 4-59 至图 4-62 所示的 4 页幻灯片，重新着色前色调不一。

▲图 4-59　页面 1（重新着色前）

▲图 4-60　页面 2（重新着色前）

▲图 4-61　页面 3（重新着色前）

▲图 4-62　页面 4（重新着色前）

重新着色（蓝色）后的效果如图 4-63 至图 4-66 所示。

▲图 4-63　页面 1（重新着色后）

▲图 4-64　页面 2（重新着色后）

▲图 4-65　页面 3（重新着色后）

▲图 4-66　页面 4（重新着色后）

技能拓展 〉 以形状为遮罩改变图片色调

除了重新着色的方法外，有时还可以利用形状色块来改变图片的色调。在图片上方添加与之同等大小的形状色块，并设置一定的透明度。这样，形状色块就形成遮罩效果，图片透过色块显示出来时色调也就产生了变化，如图 4-65 和图 4-66 所示。

大师点拨 〉 如何快速重新着色多张图片？

多张图片位于同一幻灯片页面时，仅需选中这些图片，然后按一张图片的方式执行重新着色即可完成多张图片的重新着色。若多张图片位于不同幻灯片页面，则先对一张图片执行重新着色，按【Ctrl+Shift+C】组合键复制该图片的属性，然后依次选择其他各图片，按【Ctrl+Shift+V】组合键粘贴属性即可；或执行完一张图片的重新着色后，依次选中其他图片按【F4】重复重新着色操作。

4.2.5 让图片焕发艺术魅力

在 PPT 中设置图片格式时，也有一个类似 Photoshop 滤镜的功能可供使用，即“艺术效果”。添加“艺术效果”，只需一些简单的操作，即可让原本效果一般的图片形成各种独特的艺术画风格。

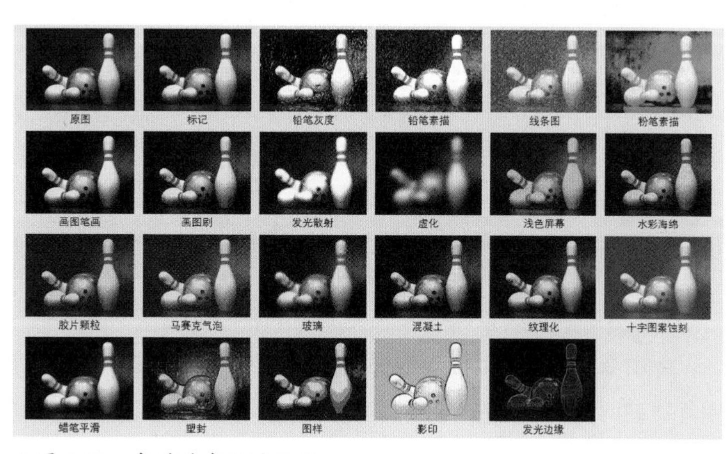

▲图 4-67　各种艺术效果示例

不同的图片适合的艺术效果不同，因此，添加艺术效果时，应多尝试、对比。除了某些特定的行业，在日常的PPT使用需求中，艺术效果并不常用。在PPT提供的22种艺术效果中，主要推荐下面3种较常用的艺术效果。

1. 图样

该效果能够将图片呈现出水彩画的感觉，制作中国风类型的PPT时，用该效果常有奇效，如图4-68和图4-69所示。

▲图4-68　原图

▲图4-69　将原图设置图样艺术效果后的幻灯片页面

2. 虚化

虚化即模糊，在全图型PPT中，有时为了让幻灯片上的文字内容突出或图片上的局部画面突出，可以使用虚化效果，让背景模糊弱化，如图4-70所示，作为幻灯片背景的水果图片色彩缤纷艳丽，对其使用虚化效果后，观众的视觉重点能够更集中在矩形及其内容上。在图4-71中，通过复制、裁剪的方式，对底部的图片进行虚化，让图片中心的蜜蜂看起来更清晰、突出。

▲图4-70　虚化效果示例1

▲图4-71　虚化效果示例2

一个场景由清晰到渐渐模糊，进而文字淡出，这样的动画效果其实非常简单，只需要将同一张图片复制两份，重叠在一张幻灯片页面上，下面一层的图片为原图，对上面一层的图片使用虚化效果并添加缓慢淡出的动画效果，最后是文字淡出的动画效果即可，如图4-72所示。

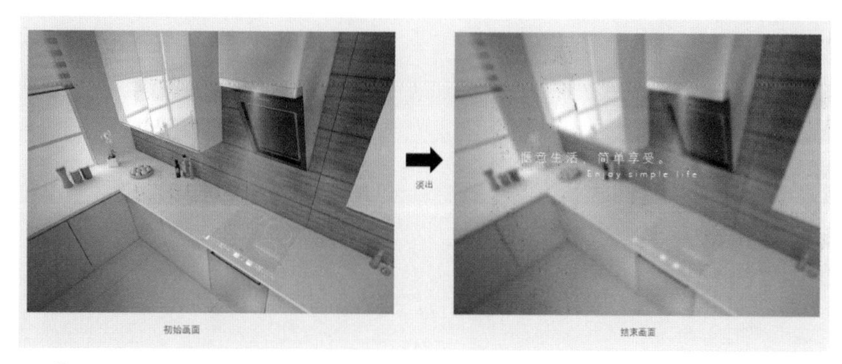

▲图 4-72 PPT 示例

大师点拨 > 如何让一张图片以渐变的方式虚化？

不使用 Photoshop、光影魔术手等专业图片处理软件，有没有办法让图片以渐变的方式从周围到中心逐渐清晰？有，借助柔化边缘便可轻松实现。将两张图片叠在一起，上图为清晰的原图，下图设置虚化效果，接下来再将上图设置为较强的柔化边缘效果即可。

3. 发光边缘

借助发光边缘效果，可以将图片转变成单一色彩的线条画，如图 4-73 所示。将图 4-73 中埃菲尔铁塔原图变成线条画，具体的方法如下。

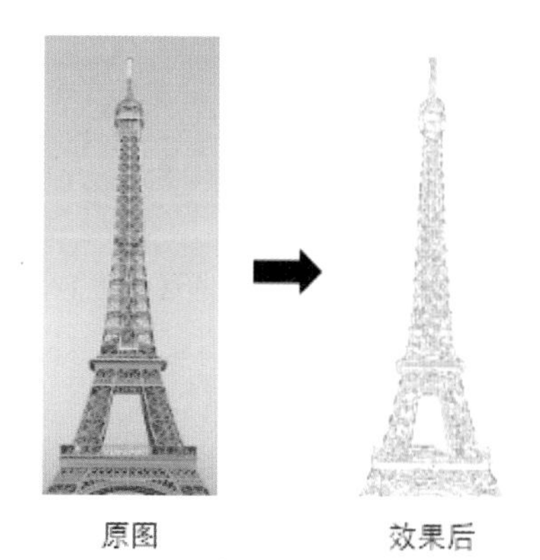

▲图 4-73 借助发光边缘效果制图

步骤 01 选中图片，在“图片更正选项”中，将图片的清晰度、对比度均调整为 100%，如图 4-74。

步骤 02 重新着色为黑白 75%，如图 4-75。

步骤 03 选择艺术效果为发光边缘，让原黑色部分反白，如图 4-76。

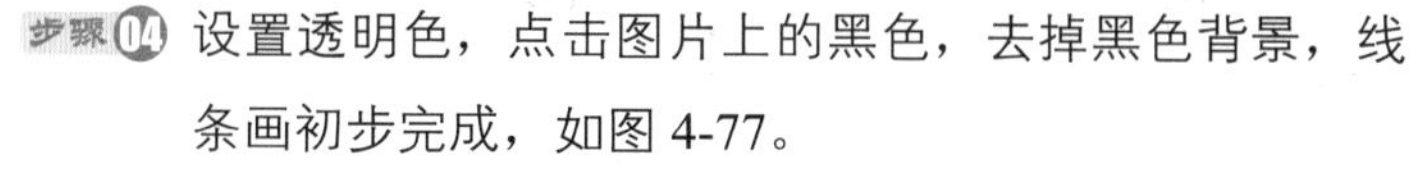

步骤 04 设置透明色，点击图片上的黑色，去掉黑色背景，线条画初步完成，如图 4-77。

▲图 4-74 步骤 01

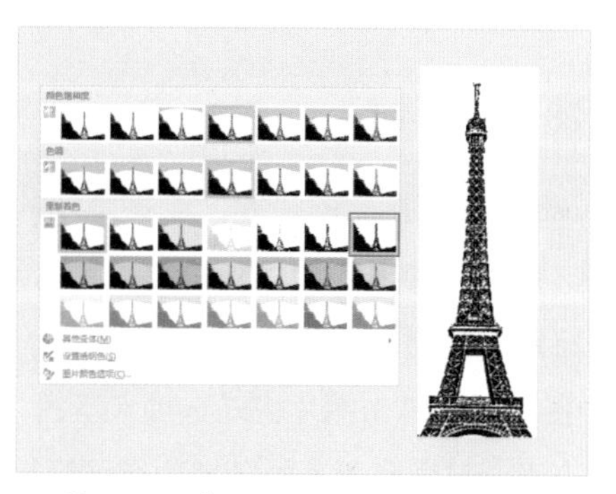

▲图 4-75 步骤 02

▲图 4-76　步骤 03

▲图 4-77　步骤 04

步骤 05 按快捷键【Ctrl+X】，将图片剪切，再按快捷键【Ctrl+Alt+V】打开选择性粘贴，将图片转换为 PNG 图片，亮度设置为 100%，如图 4-79 所示。这样，一张无底色的线条画就做好了。此时，可以根据需要为线条画添加背景色，也可以对其进行重新着色。

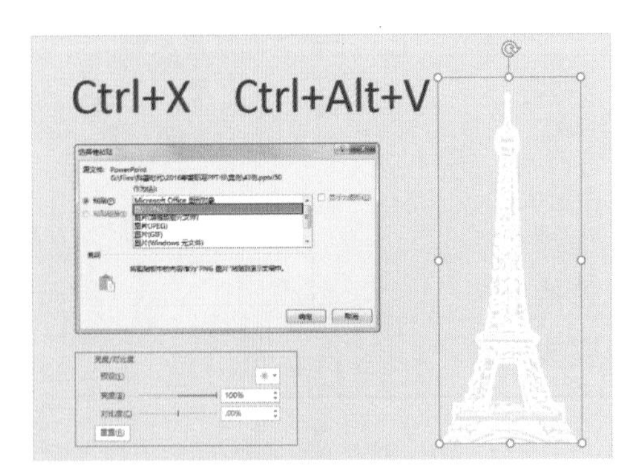

▲图 4-78　将图片转换为 PNG 图片

▲图 4-79　无底色的线条画效果

只要背景不是特别复杂的图片都可以用这样的方法来变成线条画。以后设计扁平化、手绘风格的 PPT 时，需要小图标素材，也可以采用这种方式。

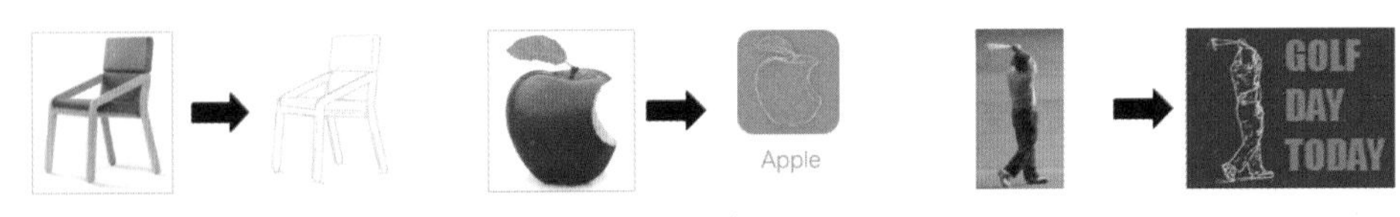

▲图 4-80　线条效果示例

4.2.6 抠除图片背景

在 Photoshop 中有抠图的功能，能将图片的背景去除，只保留自己需要的部分。其实，在 PPT 中也能抠图。PPT 中的抠图即“删除背景”，一些背景相对简单的图片可以直接在 PPT 中用“删除背景”来抠图。

步骤 01 选中图片后，单击图片格式选项卡下的“删除背景”按钮，进入抠图状态，如图 4-81 所示。在该状态下，被紫色覆盖的区域为删除区域，其他区域为保留区域。

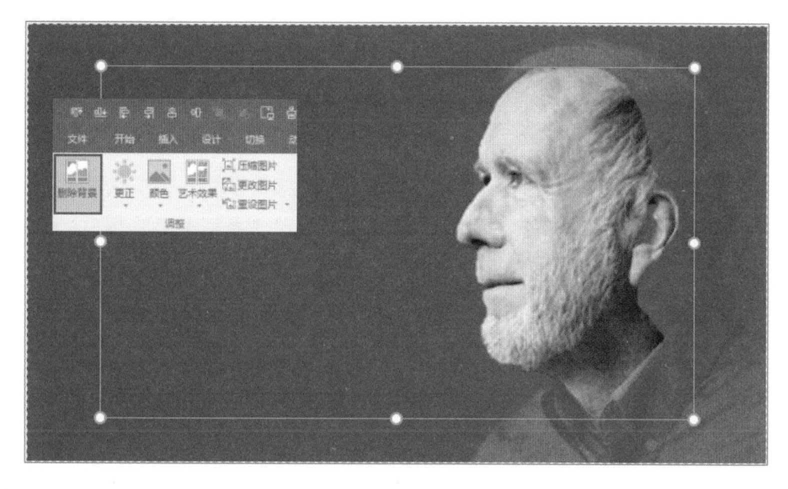

◀图 4-81 步骤 01

步骤 02 利用“背景消除”选项卡下的“标记要保留的区域”“标记要删除的区域”两个按钮，在图片上勾画，使人物轮廓从覆盖的紫色中露出，让所有背景区域（黑色部分）被紫色所覆盖。

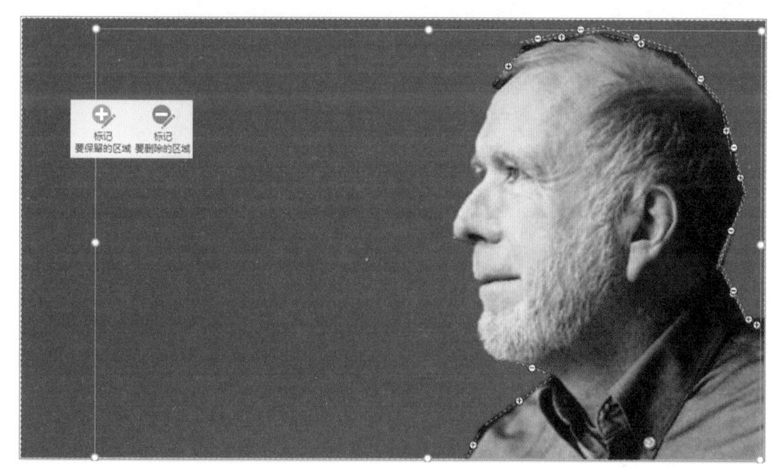

◀图 4-82 步骤 02

步骤 03 勾画完成后，单击图片外任意区域，退出抠图状态，抠图就完成了，如图 4-83 所示，人像的黑色背景被去除了，配色排版更方便。

◀图 4-84 步骤 03

技能拓展 > 使用“设置透明色”抠图

在制作线条画的内容中提到过，调整图片颜色时有一个“设置透明色”工具，选择该工具后，单击图片中某个颜色，该颜色即变成透明。因此，某些背景色和要保留的区域颜色差别很大、对比明显时，我们还可以通过将背景色改变为透明色的方式来抠图。不过，当背景色与保留区域颜色相近，或保留区域内有大片区域颜色与背景色一致时，这种方式的效果就不好了。

PPT“删除背景”的抠图效果毕竟不如 Photoshop 专业，即便非常仔细地设置保留区域也难免抠得不精细。怎么办？我们可以通过添加边框，以剪纸风格的方式来掩盖细节上的缺陷。即围绕保留区域添加任意多边形，取消填充色，设置边框色及粗细程度，置于图像上层，效果如图 4-84 所示。

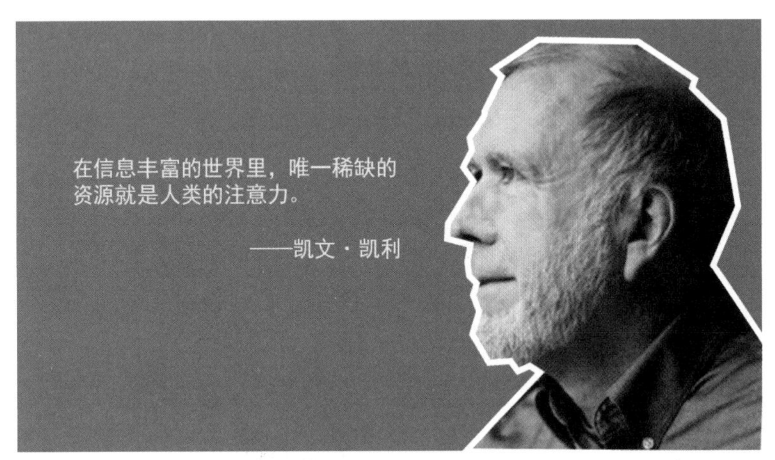

▲图 4-84　通过添加边框掩盖缺陷

不过，PPT 若是用在对细节要求非常高的场合，建议还是在 Photoshop 中完成抠图，导出 PNG 图片放在幻灯片中使用。

4.3 图片要么不用，用则用好

图片素材准备完毕，接下来就是怎么用图的问题了。PPT 高手会找图，更会用图，让每一张图片以最佳的方式呈现，发挥它应有的作用。

4.3.1 无目的，不上图

在 PPT 中使用的图片应该都是带有某种目的性的，由着个人的喜好随意添加图片不会增加 PPT 的含金量，只会让 PPT 的质量打折扣。纵观优秀的 PPT，主要在下面 4 种情况中使用图片。

1．展示

以图片的形式展示作品、工作成果、产品及团队成员等，并进行辅助说明。有时候，任何文字的描述都不及一张图片直观、真实。如图 4-85 和 4-86 中的两页 PPT，同样的内容，配有效果图的这页 PPT 能让观众直接体会法式风情、巴洛克建筑的特点，在其心中留下更为直观的印象。展示产品、设计作品图时，一般会将 PPT 的背景设置为黑色或灰色，以衬托图片本身。

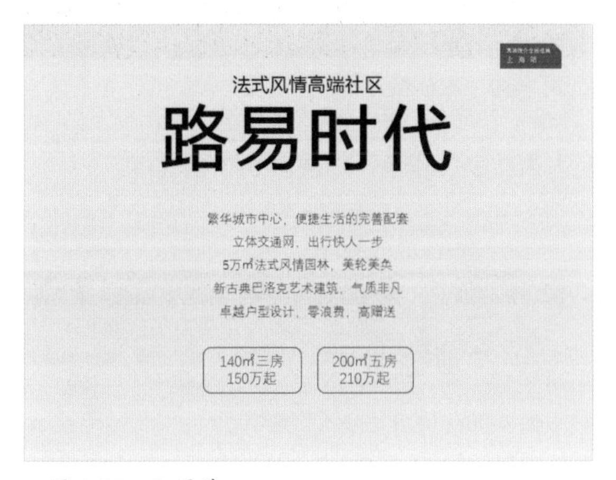

▲图 4-85　配图前

▲图 4-86　配图后

2．解释

有时候某些概念用语言描述显得有些苍白，让人摸不着头脑。如果配上图片，观众边看边听就很好理解。图 4-87 是小米公司解释小米 MIX 手机的悬臂压电陶瓷导声到底是什么的一页幻灯片，添加这样一组图片，普通观众也能够基本理解这些略显专业的技术知识。

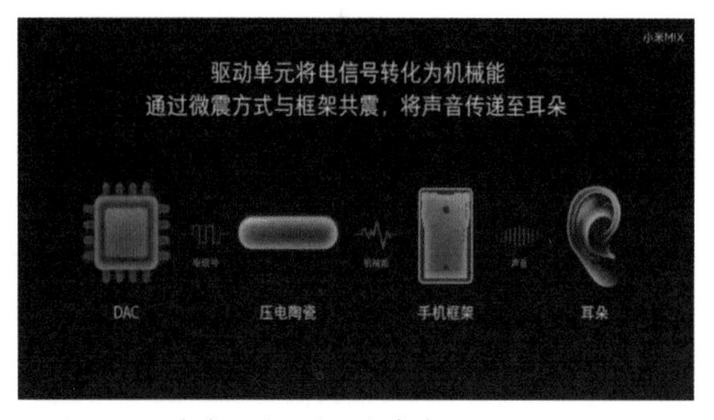

▲图 4-87　选自小米 MIX 发布会 PPT

3．渲染

有时为了增强文字的感染力，需要添加图片来营造意境。在这种情况下，图片也往往会以覆盖整个页面的全图方式使用。如图 4-88 这页幻灯片中，东江湖的实景美图让广告语更富感染力。

▲图 4-88　利用图片增强文字的感染力

4. 增强设计感

小图标、花纹图片等使用得好，能够增强PPT 的设计感。如图 4-89 这页 PPT 中的四个图标图片，让目录的排版具有了扁平化风格的设计感。

▲图 4-89　图标图片示例

4.3.2 图片插入 PPT 的 6 种方式

在 PPT 中插入图片的方式有很多在制作PPT 时根据不同的情况选择合适的方式插入图片，能大大减少工作量，加快做 PPT 的速度。

1. 使用“插入”选项卡

PPT 中，插入图片最为直接、新手最常用的方式即单击“插入”选项卡下方的“图片”按钮导入。这种方式能一次插入一张或多张图片到某一页幻灯片内。不过操作步骤相对较多。

▲图 4-90　使用“插入”选项卡

2. 直接拖入

将文件夹中的图片直接拖入 PPT 窗口，释放鼠标，图片便插入 PPT 当中。这种方式能一次插入多张图片，操作步骤少，简单直接。但一次拖入多张图片时仅能插入一页幻灯片内，若要将这些图片分别放在不同的幻灯片页中，还需要在 PPT 中对图片逐一进行剪切、粘贴的烦琐操作。

3. 复制粘贴

在文件夹中复制要插入的图片，切换到 PPT 窗口，按快捷键【Ctrl+V】即将图片粘贴到了 PPT 中。采用这种方式插入图片操作步骤相对较少。

从 Word 文档、其他 PPT、网络复制图片插入 PPT 时，还可以按快捷键【Ctrl+Alt+V】进行选择性粘贴，将图片格式转换后插入 PPT 中。

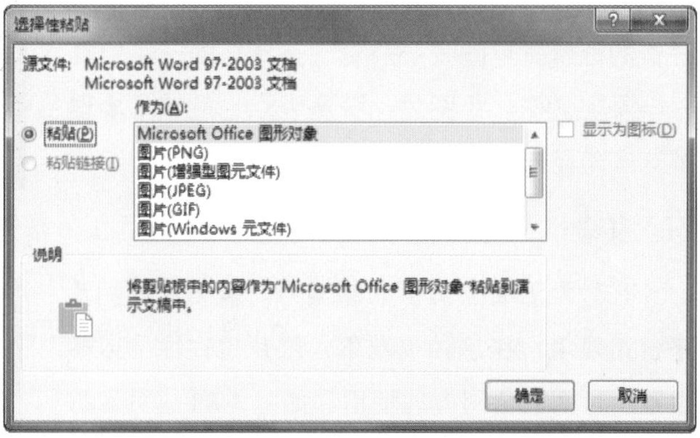

▲图 4-91　选择性粘贴图片

4. 更改图片方式

在 PPT 中右击某张图片，进而选择菜单中的“更改图片”命令，可以用硬盘中的其他图片替换当前的这张图片。以这种“更改图片”的方式插入图片会将原图已经设定好的版式、动画效果等继续用在替换的新图片中，比插入图片后重新调整版式、添加动画方便得多。

5. 填充形状

即在设置形状属性时，将图片以填充形状的方式插入 PPT。使用这种方式可以让被插入的图片呈现某些特殊形状的外观，如圆形、六边形、立方体等，如图 4-94 所示。

此外，利用这种插入方式，在对一些有多张小图的页面进行排版时，可以先以某个矩形代替图片，待版式排好后再以图片逐一填充至形状内。这样，无论原图片是否大小不一、尺寸不一都能自动按已排好的版式插入 PPT，如图 4-95 所示。

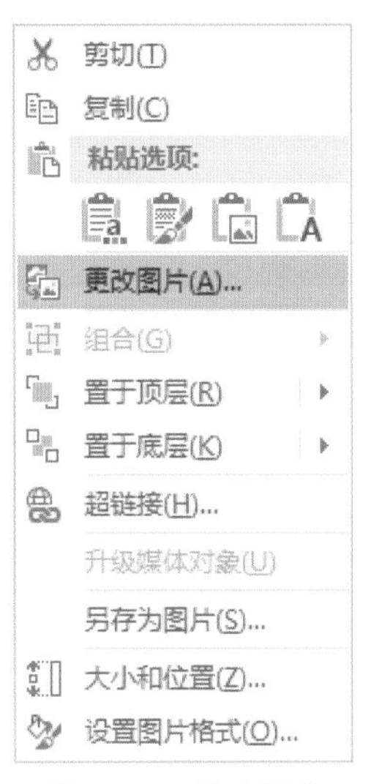

▲图 4-92　更改图片

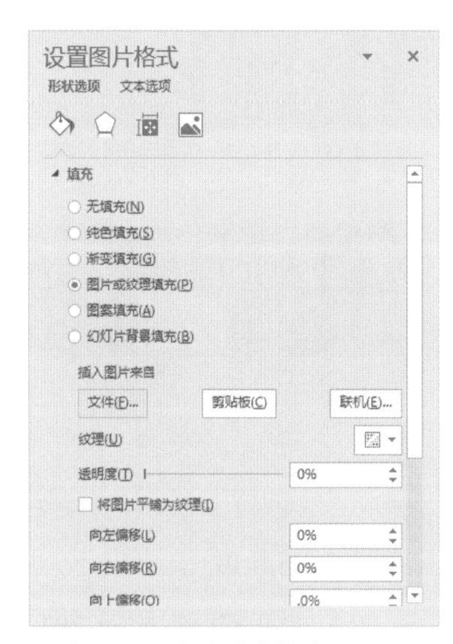

▲图 4-93　设置图片格式

▲图 4-94　填充形状示例 1

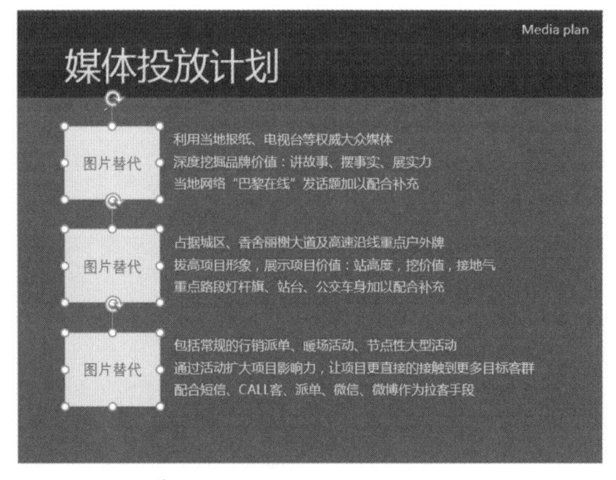

▲图 4-95　填充形状示例 2

6. 插入相册批量导入

PowerPoint 中插入的对象其中有一项是“ 相册”，插入相册默认为新建相册，即将多张图片像相册一样按照一页一张或一页多张的方式快速、规范地插入一个新建的 PPT 文档中。在需要插入大量图片到当前的 PPT，且必须是一张图一页幻灯片时，使用这种方式插入图片比其他任何方式都要方便快捷。具体操作方法如下。

步骤01 单击“插入”选项卡下的“相册”按钮，如图 4-96 所示，打开“相册”对话框。

步骤02 在该对话框中单击“文件 / 磁盘”按钮，将要插入的所有图片导入，调节好图片的排列顺序，设置图片版式为“适应幻灯片尺寸”方式，单击“创建”按钮，即新建了一个相册 PPT。在这个 PPT 中，图片按照指定的顺序以一页一张图的方式排布，如图 4-97 所示。

▲图 4-96　步骤 01

▲图 4-97　步骤 02

接下来只需要在相册 PPT 中选中所有图片页面按快捷键【Ctrl+C】，切换到要插入这些图片的原 PPT 指定位置，按快捷键【Ctrl+V】粘贴即可。而这些图片页面也将自动应用原 PPT 的母版样式。

4.3.3 图片的排版技巧

一页幻灯片上不管是只有一张图片，还是多张图片，讲究一些排版小技巧能够让图片与幻灯片视觉传达的效果更好。

▶图 4-98　用全图型更能表现蜀南竹海的生态、秀美

1. 好图当然要大用

将图片拉大或稍微裁剪后占据整页幻灯片、图片为主而文字为辅——这种全图型的幻灯片页面比起小图排版幻灯片页面冲击力更强，视觉效果更震撼，也更能吸引观众的注意力。

图片是整页幻灯片的重点，图片中的细节需要让观众清楚地看到，图片本身精美程度较高，图片本身非常适合使用大图排版，该幻灯片页面需要达到渲染气氛的目的……在这些情况下，都建议选择全图型排版。一般而言，选择全图型排版，图片本身应该非常精美、冲击力较强，否则即使用全图型排版，效果也不一定会好。

◀图 4-99 在这张闹钟的图片中，闹钟位于图片一侧，非常适合采用全图型，与文字进行左右排版

◀图 4-100 这张展示奥迪汽车内部的图片呈现给观众的细节非常多，适合全图型排版

在全图型排版的幻灯片中，图上的文字如何处理才能既醒目又不破坏整体的和谐？这是非常考验 PPT 设计者排版功力的地方。

巧妙利用图片本身的“留白区域”，在图片上没有内容或没有主要内容的区域排文字。

▲图 4-101　图上的蓝色天空，干净、纯粹，文字可以直接排在这个区域

▲图 4-102　图上窗外的部分不是图片的重点，将文字排在玻璃窗上不会破坏图片整体的意境

技能拓展 ＞　图片上的文字色彩选择

文字直接排在图片上时，为了让文字从图片中突显出来，其颜色不宜与其放置区域的图片背景颜色过于接近。用取色器吸取应用图片上的深色或浅色（图片背景为浅色则用深色，图片背景为深色则用浅色），这样既能使文字颜色与其放置区域的图片颜色形成对比，达到突出的目的，也不会因为用了某个过于突出的颜色，破坏整个页面色彩体系的协调。

根据图片本身视觉焦点构图。使用有人物的图片做全图型幻灯片时，还应根据人物的视线方向进行文字排版，这样能够制造一些趣味性，也让画面显得更协调，如图 4-104 的效果就比图 4-103 的效果要好。

▲图 4-103　文字不在人物视线方向上，虽然文字也明显，但与图片人物缺少互动，观众的注意力容易被人物视线分散

▲图 4-104　文字在视线方向上，给人一种图上人物在往文字上看的感觉，形成互动，也能够将观众的视觉聚焦到文字上

图片上不止一个人物且这些人物都在往一个方向看的情况下，文字则应放在所有人（或多数人）的视线交点上，如图 4-105 所示。

▲图 4-105 将文字放在人物视线交点上

利用形状衬托文字。在文字下方添加形状，使其成为色块将文字衬托出来。这种方式也能增强全图型幻灯片的设计感，如图 4-106 至图 4-110 所示。

◀图 4-106 直接在文本框下方添加整块矩形色块，色块颜色与背景形成差异（如图中的白色），文字颜色既可以取与被遮盖部分相近的颜色（如这里选择的黄色，偏重于色块的色调与画面色调的和谐），也可以取强烈的对比色（如图上屋顶的黑色，偏重于突出文字的功能）

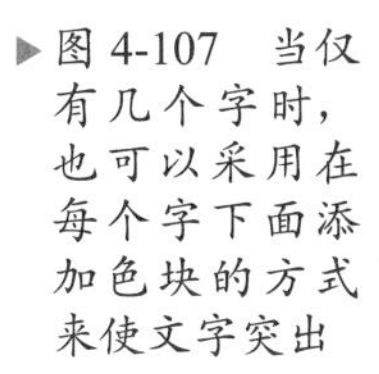

▶图 4-107 当仅有几个字时，也可以采用在每个字下面添加色块的方式来使文字突出

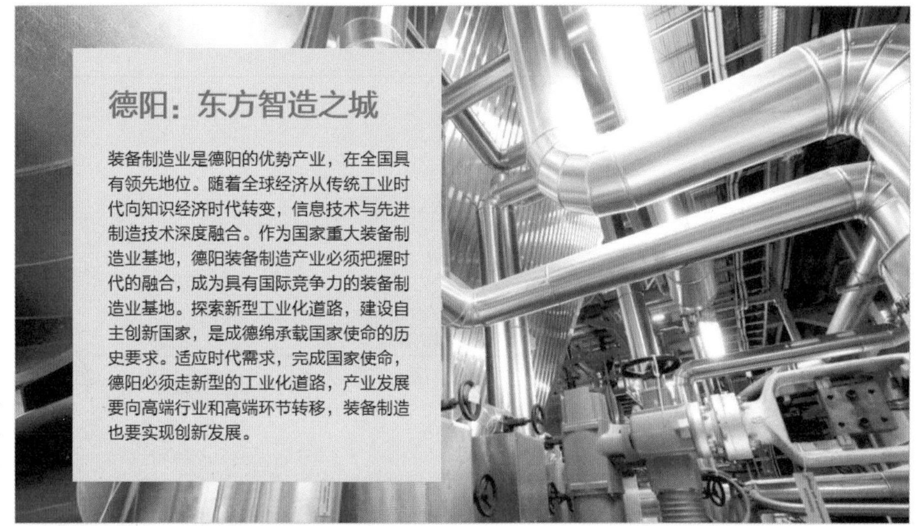

▶图 4-108　有大段文字时，用更大的色块遮盖图片上重要性稍次的部分进行排版

▶图 4-109　大段文字、半透明色块、左右结构版式，且左右不一定要等分对称

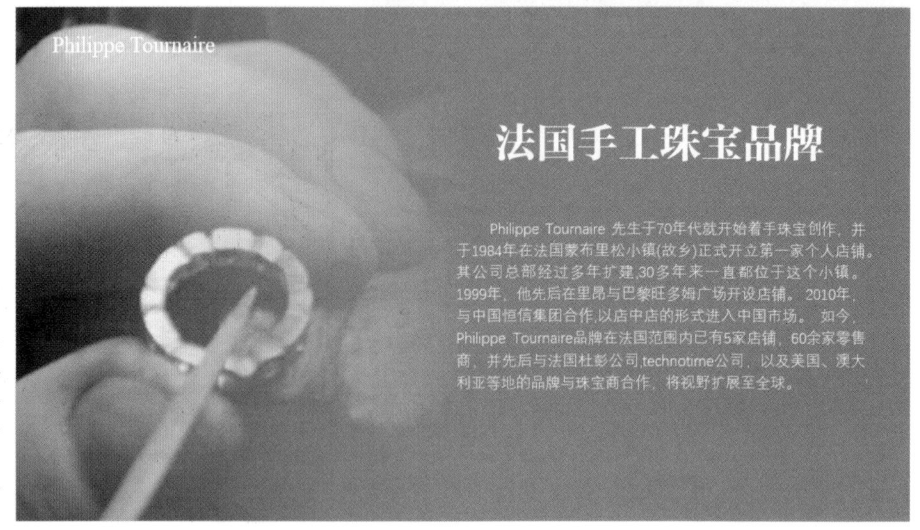

▶图 4-110　以渐变色（从透明到不透明）色块为蒙版，在蒙版上进行文字排版，这种方式会遮盖住大量图片内容，也能突出图上最重要的部分

2. 图多不能乱

当一页幻灯片上有多张图片时，最忌随意、凌乱。通过裁剪、对齐，让这些图片以同样的尺寸大小整齐地排列，页面干净、清爽，观众看起来更轻松，如图 4-111 和图 4-112 所示。

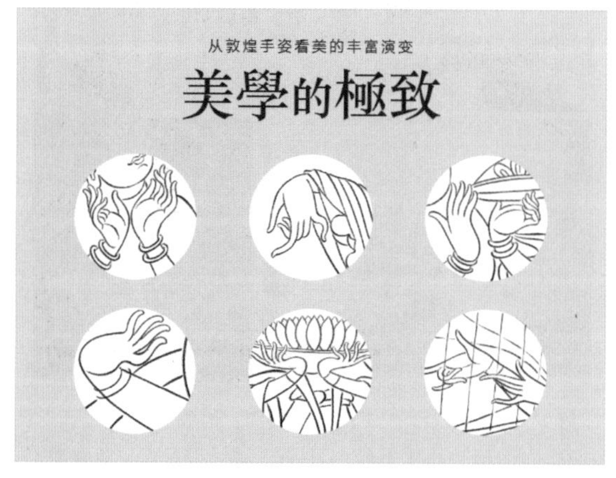

▲图 4-111 经典九宫格排版方式，每一张图片都是同样的大小。也可将其中一些图片替换为色块，做一些变化

▲图 4-112 将图片裁剪为同样大小的圆形，整齐排列，针对不同内容，也可裁剪为其他各种形状，如六边形

技能拓展 > 使用表格布局九宫格图片版式

对于九宫格类型的图片排版，我们还可以借助表格，排得更灵活、整齐。首先，在幻灯片上插入一个与当前幻灯片尺寸一样大小的表格，并通过合并、拆分单元格、调整单元格大小等操作，将单元格数量调整到与待插入的图片数量一致。其次，再将图片插入到幻灯片中，根据图片即将放入的单元格大小将该图片裁剪成与单元格大小一致（无需完全一致）。最后，将图片逐一复制在剪贴板上，然后以“填充剪贴板”图案的方式，逐一填充单元格，这样就将图片布局在了表格中。此时，我们还可以通过设定表格线条颜色的方式，让图与图之间形成间隙（若需要无线条间隔的方式，将表格线条颜色设置为与背景色相同即可），如图 4-113 所示。

◀图 4-113 图片与形状、线条搭配，在整齐的基础上做出设计感

但有时图片有主次、重要程度等方面的不同，可以在确保页面依然规整的前提下，打破常规、均衡的结构，单独将某些图片放大进行排版，如图 4-114、图 4-115、图 4-116 所示。

▲图 4-114　经典的一大多小结构。大图更能表现三角梅景观布置的整体效果，小图表现三角梅花形的细节

▲图 4-115　大小不一结构，表现的空间较大的用大图，表现空间较小的用小图，看似形散，实则整饬

▶图 4-116　全图加小图型结构。将表现捷豹 C-X17 整体的图片以覆盖整个幻灯片页的全图方式展现，并利用该图的非主要内容区域排列汽车细节的小图片

某些内容我们还可以巧借形状，将图片排得更有造型，如图 4-117、图 4-118 和图 4-119 所示。

▲图 4-117　在电影胶片的形状上排 LOGO 图片，图片多的时候还可以让这些图片沿直线路径移动，展示所有图片

▲图 4-118　图片沿着斜向上方向呈阶梯形排版，图片大小不一，呈现出更具真实感的透视效果

◀图 4-119 圆弧形图片排版。以“相交”的方法将图片裁剪到圆弧上。在正式场合、轻松的场合均可使用

当一页幻灯片上图片非常多时，还可以参考照片墙的排版方式，将图片排出更多花样，如图 4-120 和图 4-121 所示。

▲图 4-120 心形排版，每一张图可等大，也可大小不一，表现亲密、温馨的感觉

▲图 4-121 文字形排版。将图片排成有象征意义的字母，如这里的 H3，代表汉文 3 班

3. 一图当 N 张用

当页面上仅有一张图片时，为了增强页面的表现力，通过多次的图片裁剪、重新着色等，也能排出多张图片的设计感，如图 4-122 至图 4-124 所示。

◀图 4-122 将猫咪图用平行四边形截成各自独立又相互联系的四张图，表现局部的美，又不失整体的“萌”感

▶图 4-123　从一张完整的图片中截取多张并列关系的局部图片共同排版

▶图 4-124　将一张图片复制多份，选择不同的色调分别重新着色排版

4．利用 SmartArt 图形排版

如果你不擅长排版，那就用 SmartArt 图形吧。SmartArt 本身预制了各种形状、图片排版方式，只需要将形状全部或部分替换，填充为图片，即可轻松将图片排出丰富多样的版式来，如图 4-125 至图 4-128 所示。

▶图 4-125　竖图版式

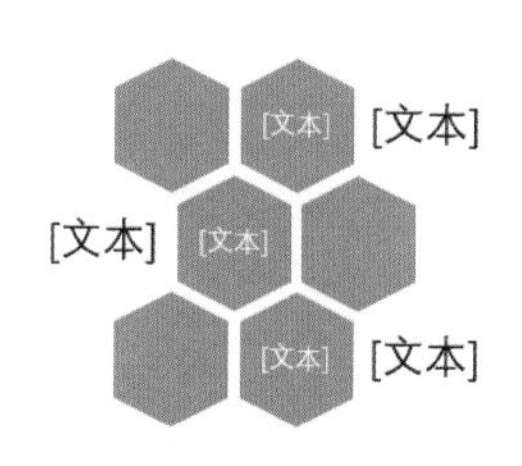

SmartArt图形

插入图片后效果

◀图 4-126　蜂巢型版式

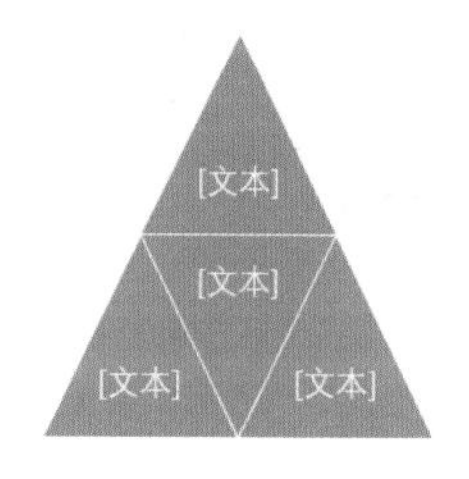

SmartArt图形

插入图片后效果

◀图 4-127　金字塔型版式（填充后对图片进行了重新着色）

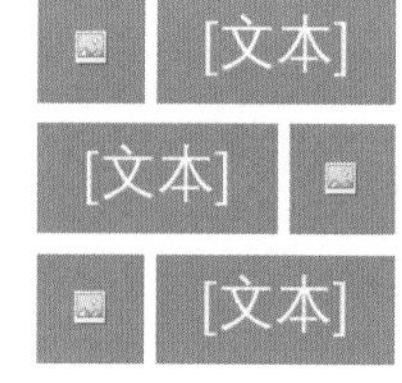

SmartArt图形

插入图片后效果

◀图 4-128　瓦片式版式（部分填充图片，部分填充颜色）

05 Chapter

可视化幻灯片的三大利器

信息可视化，是将信息转化为图形、图像呈现的方式

让长篇累牍的文字更直观、易读

做 PPT 时，面对信息量较大的幻灯片，你是否尝试过可视化处理？

例如，将并列关系的内容转化成表格，将对比数据转化成统计图表，将枯燥的文字叙述转化为形状示意

……

可视化幻灯片的三大利器

表格、图表、形状

你真的会用吗？

5.1 作用常被忽视的表格

作为非专业表格处理软件中的表格，PPT 中表格的作用常常被忽视。什么情况下你会想到要插入一张表格？按时间顺序罗列各个时间阶段的活动安排时；汇报年度内各种开支项目预算安排时；展示一周的课程计划时……让那些成组的信息以条理清晰的方式呈现，表格在幻灯片信息的可视化转换中不容忽视，如图 5-1 和图 5-2 所示。此外，在第 4 章中提到过，利用表格布局图片也非常不错。

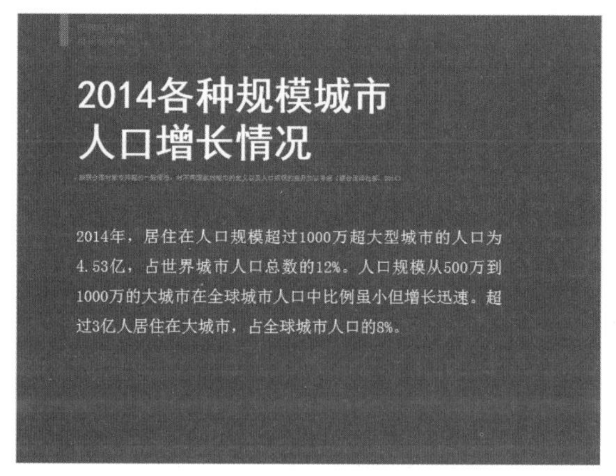

▲图 5-1　正文内容转化为表格前

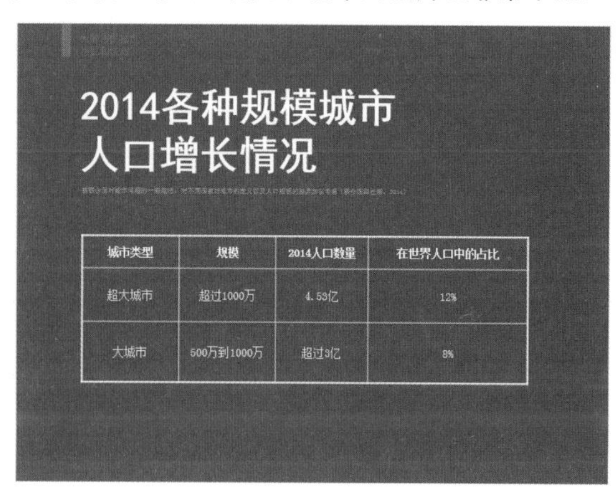

▲图 5-2　正文内容转化为表格后

5.1.1 如何在 PPT 中插入表格

选择合适的方法，插入符合要求的表格的同时，减少后续可能产生的进一步编辑操作。在 PPT 中插入表格，不建议采用绘制表格的方式（操作过多），我们推荐以下 3 种方法。

插入 8 行 10 列以内的表格

插入表格前须先根据内容情况预估表格需要的行、列数。若是 8 行 10 列以内的表格，直接使用插入按钮下的表格绘制区即可。例如，插入某月销售任务与执行情况，便可采用此方法。

步骤 01 确定某月月历（以 4 月为例）需要 6 行 7 列的表格。单击“插入”按钮，在绘制区移动鼠标至 6 行 7 列位置并单击鼠标右键，此时当前幻灯片页面中就插入了一张等列、等行大小的 6 行 7 列表格，如图 5-3 所示。

▲图 5-3　步骤 01

步骤02 之后，根据需要手动调整表格、行、列大小，输入内容即可。最后完成的计划表格如图 5-4 所示。

4月销售任务与执行情况

星期一	星期二	星期三	星期四	星期五	星期六	星期天
					1 计划 件；实际销售 件	2 计划 件；实际销售 件
3 计划 件；实际销售 件	4 计划 件；实际销售 件	5 计划 件；实际销售 件	6 计划 件；实际销售 件	7 计划 件；实际销售 件	8 计划 件；实际销售 件	9 计划 件；实际销售 件
10 计划 件；实际销售 件	11 计划 件；实际销售 件	12 计划 件；实际销售 件	13 计划 件；实际销售 件	14 计划 件；实际销售 件	15 计划 件；实际销售 件	16 计划 件；实际销售 件
17 计划 件；实际销售 件	18 计划 件；实际销售 件	19 计划 件；实际销售 件	20 计划 件；实际销售 件	21 计划 件；实际销售 件	22 计划 件；实际销售 件	23 计划 件；实际销售 件
24 计划 件；实际销售 件	25 计划 件；实际销售 件	26 计划 件；实际销售 件	27 计划 件；实际销售 件	28 计划 件；实际销售 件	29 计划 件；实际销售 件	30 计划 件；实际销售 件

▶图 5-4　完成的表格

大师点拨 > 带一根或两根斜线的表头怎么画？

很多表格表头中会有一根或两根斜线，指示头行、头列及表中内容分别是什么。在 PPT 的表格中，带一根斜线的表头可直接通过对表头单元格添加“斜下框线”的方式绘制。而带两根斜线的表头，可通过添加“直线”形状（与表格框线磅值、颜色一致）的方式手动添加到表头单元格。无论是带一根斜线还是两根斜线的表头单元格，其中的文字都需通过添加文本框的方式手动添加在合适的位置。

自行设定表格行列插入

当需要的表格超过 8 行 10 列时，可打开“插入表格”对话框，在其中输入具体的行、列数插入。例如，插入一张 12 行 3 列的演出活动安排表，可按如下步骤操作。

步骤01 由于表格的行数无法在插入按钮下的表格绘制区直接绘制，因此必须单击“插入表格…”选项，打开“插入表格”对话框。在对话框中输入行数值 12，列数值 3，单击“确定”按钮，如图 5-5 所示。这样，就在当前幻灯片中插入了一张 12 行 3 列的表格。

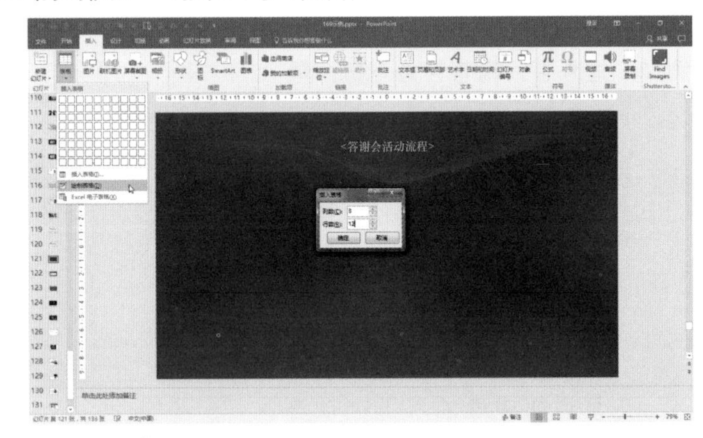

▲图 5-5　步骤 01

步骤02 之后，根据需要手动调整表格、行、列大小，输入内容即可。最后完成的计划表格如图 5-6 所示。

<答谢会活动流程>

顺序	时间	内容
1	14:30-15:30	礼仪迎宾、嘉宾签到、LED循环播放宣传视频
2	15:30-15:35	领导入场就坐
3	15:35-15:40	开场秀：鼓舞+川剧变脸
4	15:40-15:45	主持人致开幕词、介绍嘉宾
5	15:50-15:55	嘉宾1讲话
6	15:55-16:00	嘉宾2讲话
7	16:00-16:05	主持人串词
8	16:05-16:20	节目表演：中国红走秀
9	16:20-16:25	主持人串词
10	16:25-16:40	节目表演：中华墨舞
11	16:40-17:30	晚宴伴餐-女子民乐演奏

◀图 5-6　步骤 02

从 Word/Excel 中复制插入

如果是 Word/Excel 中已有的表格，或只需要小修改的表格，直接复制、粘贴在幻灯片页面中，进行编辑即可。若觉得 Word/Excel 编辑表格比较方便，也可以在这两个软件中编辑好之后再复制、粘贴到幻灯片中使用。

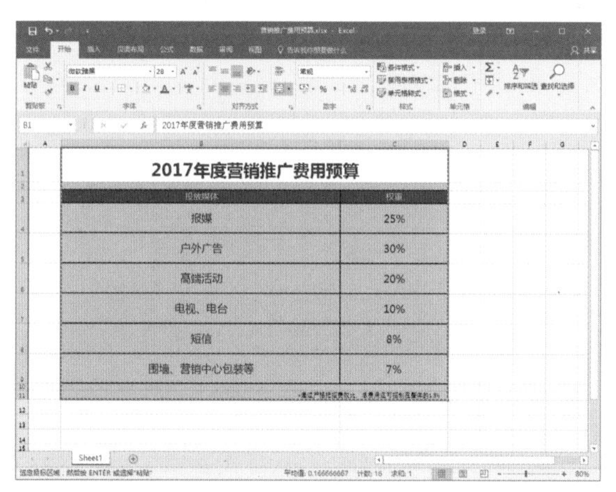

2017年度营销推广费用预算

投放媒体	权重
报媒	25%
户外广告	30%
高端活动	20%
电视、电台	10%
短信	8%
围墙、营销中心包装等	7%

▲图 5-7　Excel 中的表格

2017年度营销推广费用预算

投放媒体	权重
报媒	25%
户外广告	30%
高端活动	20%
电视、电台	10%
短信	8%
围墙、营销中心包装等	7%

▲图 5-8　粘贴到幻灯片中后

大师点拨 ＞　为什么表格从 Excel 复制粘贴到幻灯片后，格式全变了？

从 Excel 复制表格再粘贴到幻灯片中，其默认的粘贴方式为“使用目标样式”，即表格粘贴之后自动套用幻灯片所使用的主题、色彩搭配。如果要保持 Excel 中设置好的格式（背景颜色、边框颜色、字体、字号等），粘贴时可在“开始”选项卡“粘贴”按钮下选择以“保留源格式”方式粘贴。在其他的几个粘贴选项中，“嵌入”是以 Excel 工作表对象的方式粘贴，即粘贴之后仍然保留 Excel 的编辑功能，双击表格，将自动在 Excel 中打开该表格，进行编辑；“图片”是指将表格转换为增强型图片粘贴到幻灯片中；“只保留文本”则是指只粘贴表格的文字内容到幻灯片中。

5.1.2 编辑表格先看懂 5 种鼠标形态

在表格的不同位置上，鼠标指针会变成不同的形态。看懂 5 种鼠标形态，再结合表格的“设计”“布局”选项卡下的一系列按钮，可轻松按照自己的需要编辑表格（合并单元格、调整表格线条样式、改变表格色彩等），如图 5-9 和图 5-10 所示。

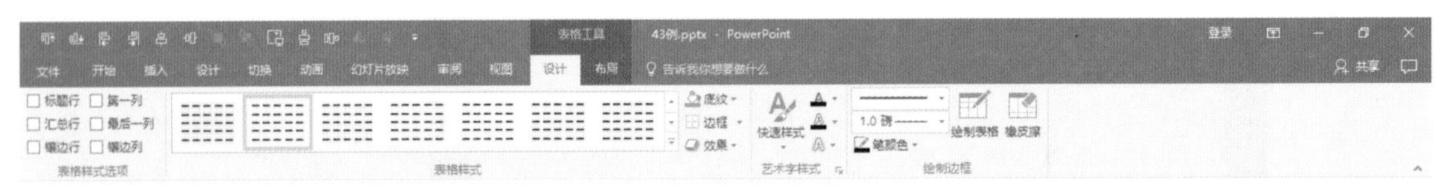

▲图 5-9 “设计”选项卡

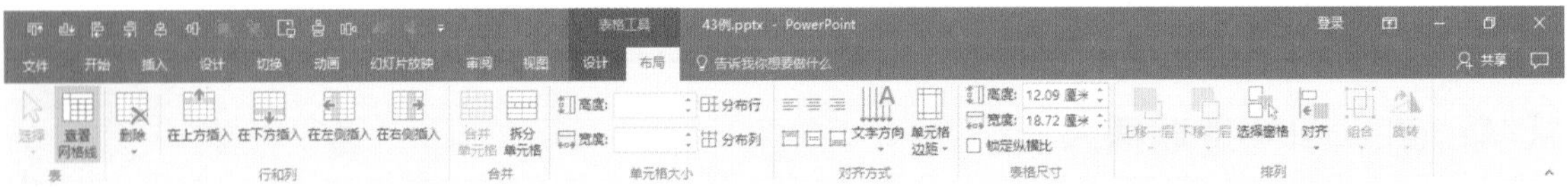

▲图 5-10 “布局”选项卡

移动形态

在选中幻灯片中的表格后，把鼠标放置在四边时，鼠标变成四个箭头形状的样式（✥），此时，按住鼠标可以移动表格，改变它在幻灯片中的位置，如图 5-11 所示。

▲图 5-11 移动形态

选择表格中某一格形态

将鼠标放置在表格中某一格左下角时，鼠标指针将变成斜向右上方的箭头形态（➚），单击鼠标即可选中该单元格，选中后，继续按住鼠标并拖动可选中横、纵向相邻的某些单元格。选中某个单元格后，按住【Shift】键再选中不邻近的另外的某个单元格，可以选中这两个单元格之间的所有单元格，如图 5-12 所示。

▲图 5-12 选择某一单元格形态

选择行、列形态

当鼠标停在表格某行或某列前、后位置时，鼠标指针将变成指向该行、列箭头形态（⬇➡），单击鼠标即可选中这一整行或整列。此时，按住鼠标拖动即可选中相邻的行、列，如图 5-13 和图 5-14 所示。

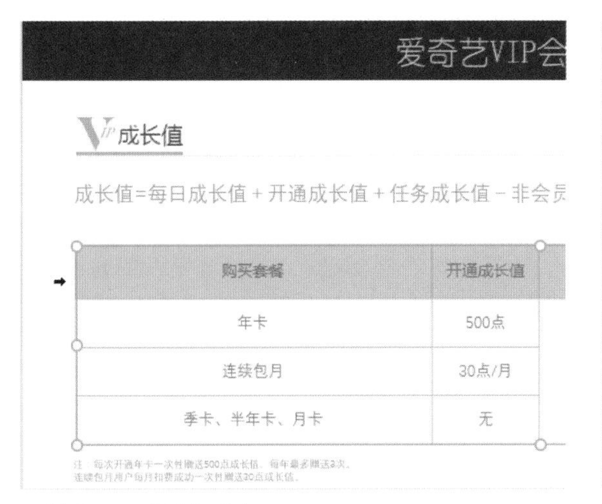

▲图 5-13 选择行形态

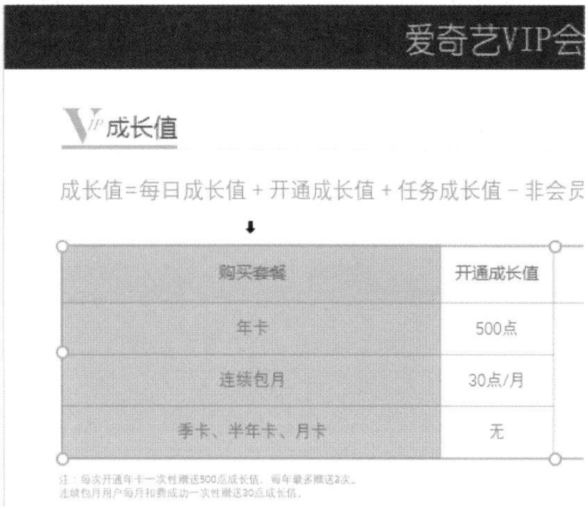

▲图 5-14 选择列形态

调整行、列大小形态

当鼠标停在表格的内部边框线上时，鼠标指针将变成 ✣ ≑（若表格处于选中状态，调整位于表格边缘部分的单元格，鼠标指针需稍靠内部放置才会发生变化，否则鼠标指针将变成移动形态），此时，按住鼠标左、右或上、下拖动即可改变行高、列宽，如图 5-15 和图 5-16 所示。

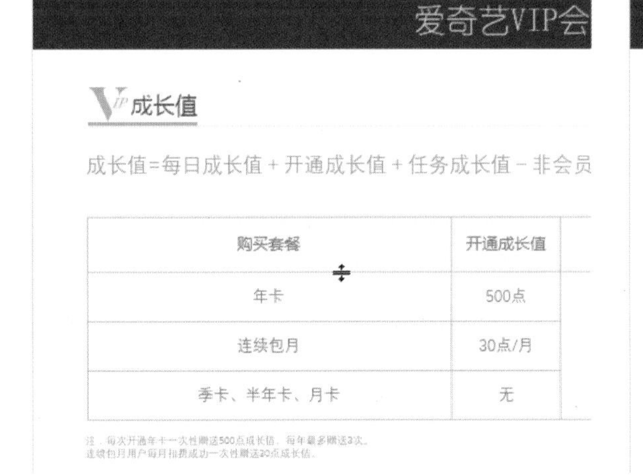

▲图 5-15 调整行高

▲图 5-16 调整列宽

改变整个表格大小形态

当鼠标停在表格外围的 8 个控制点上时，鼠标指针将变成⤡ ↕ ↔状，此时，按住鼠标左、右或上、下拖动即可改变整个表格的大小，如图 5-17 和图 5-18 所示。

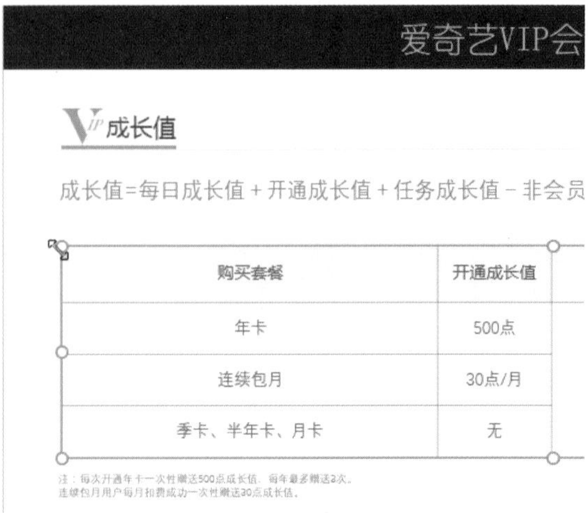

爱奇艺VIP会

VIP成长值

成长值=每日成长值 + 开通成长值 + 任务成长值 - 非会员

购买套餐	开通成长值
年卡	500点
连续包月	30点/月
季卡、半年卡、月卡	无

注：每次开通年卡一次性赠送500点成长值，每年最多赠送2次。
连续包月用户每月扣费成功一次性赠送30点成长值。

▲图 5-17　向左上拖动改变整个表格大小形态

爱奇艺VIP会

VIP成长值

成长值=每日成长值 + 开通成长值 + 任务成长值 - 非会员

购买套餐	开通成长值
年卡	500点
连续包月	30点/月
季卡、半年卡、月卡	无

注：每次开通年卡一次性赠送500点成长值，每年最多赠送2次。
连续包月用户每月扣费成功一次性赠送30点成长值。

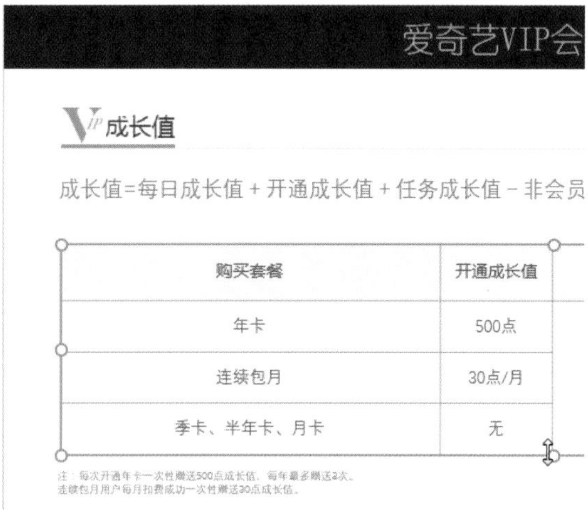

▲图 5-18　向下拖动改变整个表格大小形态

5.1.3 表格也能做得很漂亮

为了让以默认设计方式插入的表格更美观，选中表格后，在“设计”选项卡下表格样式选择区，单击一种表格样式即可将该设计样式套用在表格上，简单、方便。但 PPT 软件自带的表格样式毕竟有限，不一定总能找到刚好满足需要的表格样式。因此，对于插入的表格，我们还可根据整个幻灯片的色彩搭配风格，更改线条粗细、背景色彩等，自行进行调整美化。这里介绍四种经典的表格美化方法。

1. 头行突出

表格的最上面一行我们称为：头行。很多情况下，表格的头行（或头行下的第一行）都要作为重点，通过大字号、大行距、设置与表格其他行对比强烈的背景色等设计来进行突出。突出头行，也是增强表格设计感的一种方式，如图 5-19 和图 5-20 所示。

产品	小米笔记本AIR 13.3英寸	宏碁T5000-54BJ	三星910S3L-M01	ThinkPad 20DCA089CD
产品毛重	2.48kg	3.77kg	2.28kg	2.9kg
颜色	银	银	白	黑
CPU类型	酷睿双核i5处理器	i5-6300HQ	i5-6200U	i5-5200U
内存容量	8GB	4GB	8GB	8GB
硬盘容量	256GB	1T	1TB	1TB
类型	NVIDIA 940MX独显	NVIDIA GTX950M独显	英特尔核芯显卡	AMD R5 M240独立显卡
显存容量	独立1GB	独立2GB	共享系统内存（集成）	独立2GB
屏幕规格	13.3英寸	15.6英寸	13.3英寸	14.0英寸
物理分辨率	1920×1080	1920×1080	1920×1080	1366 x 768
屏幕类型	LCD	LED背光	LED背光	LED背光

▶图 5-19　头行行高增大，以单一色彩突出

产品	小米笔记本AIR 13.3英寸	宏碁T5000-54BJ	三星910S3L-M01	ThinkPad 20DCA089CD
产品毛重	2.48kg	3.77kg	2.28kg	2.9kg
颜色	银	银	白	黑
CPU类型	酷睿双核i5处理器	i5-6300HQ	i5-6200U	i5-5200U
内存容量	8GB	4GB	8GB	8GB
硬盘容量	256GB	1T	1TB	1TB
类型	NVIDIA 940MX独显	NVIDIA GTX950M独显	英特尔核芯显卡	AMD R5 M240独立显卡
显存容量	独立1GB	独立2GB	共享系统内存（集成）	独立2GB
屏幕规格	13.3英寸	15.6英寸	13.3英寸	14.0英寸
物理分辨率	1920×1080	1920×1080	1920×1080	1366 x 768
屏幕类型	LCD	LED背光	LED背光	LED背光

◀图 5-20 头行行高增大，以多种色彩突出

2. 行行区隔

当表格的行数较多时，为便于查看，可对表格中的行设置两种色彩进行规范，相邻的行用不同的背景色，使行与行之间区别出来。若行数相对较少，且行高较大时，每一行用不同的颜色也有不错的效果，但这需要较好的色彩驾驭能力，如图 5-21 和图 5-22 所示。

城市名称	500米覆盖率	1千米覆盖率
上海	52.8%	73.3%
深圳	51%	70.9%
苏州	41.7%	64.2%
无锡	39.7%	62.9%
厦门	38.5%	63.3%
北京	36.6%	64.2%
南京	33.6%	56%
广州	29.6%	47.4%
青岛	25%	44.8%
天津	21.3%	39.9%
成都	19.6%	31.3%
广州	16.2%	27%

◀图 5-21 幻灯片中表格行数较多，头行以下的行采用灰色、乳白色两种颜色进行区别

步骤	项目	内容
Step 1 Warm -up 活动信息告知	前期准备	场地租赁协商，人员招募，人员培训
		场地布置,物料准备，奖品准备
		张贴宣传海报
Step 2 Generate interest 激发兴趣	DM单派发	学校周边商圈派发
		校园内自由派发
		活动现场派发、自由拿取
Step 3 Explosive atmosphere 火爆现场活动	演唱、表演、游戏	明星歌手出场
		组织在校学生表演
		互动游戏
Step 4 Promotion 品牌推广穿插	调查问卷，问答，体验	填写校园消费调查问卷
		有奖抢答
		天翼终端体验

◀图 5-22 头行下每一部分分别采用一种颜色

3. 列列区别

当表格的目的在于表现表格各列信息的对比关系时，可对表格各列设置多种填充色（或同一色系下不同深浅度的多种颜色）。这样既便于查看列的信息，也实现了对表格的美化。某些情况下要单独突出某一列的信息，此时也可单独将某一列（不论该列是否在表格边缘）应用与其他各列对比强烈的填充色、放大字号等进行强化，如图 5-23 至图 5-25 所示。

企业号与服务号、订阅号的区别

	企业号	服务号	订阅号
面向人群	面向企业、政府、事业单位和非政府组织，实现生产管理、协作运营的移动化。	面向企业，政府或组织，用以对用户进行服务	面向媒体和个人提供一种信息传播方式
消息显示方式	出现在好友会话列表首层	出现在好友会话列表首层	折叠在订阅号目录中
消息次数限制	最高每分钟可群发200次	每月主动发送消息不超过4条	每天群发一条
验证关注者身份	通讯录成员可关注	任何微信用户扫码即可关注	任何微信用户扫码即可关注
消息保密	消息可转发、分享，支持保密消息，防成员转发。	消息可转发、分享	消息可转发、分享
高级接口权限	支持	支持	不支持
定制应用	可根据需要定制应用，多个应用聚合成一个企业号	不支持，新增服务号需要重新关注	不支持，新增服务号需要重新关注

▶图 5-23　各列设置为不同的填充色

企业号与服务号、订阅号的区别

	企业号	服务号	订阅号
面向人群	面向企业、政府、事业单位和非政府组织，实现生产管理、协作运营的移动化。	面向企业，政府或组织，用以对用户进行服务	面向媒体和个人提供一种信息传播方式
消息显示方式	出现在好友会话列表首层	出现在好友会话列表首层	折叠在订阅号目录中
消息次数限制	最高每分钟可群发200次	每月主动发送消息不超过4条	每天群发一条
验证关注者身份	通讯录成员可关注	任何微信用户扫码即可关注	任何微信用户扫码即可关注
消息保密	消息可转发、分享，支持保密消息，防成员转发。	消息可转发、分享	消息可转发、分享
高级接口权限	支持	支持	不支持
定制应用	可根据需要定制应用，多个应用聚合成一个企业号	不支持，新增服务号需要重新关注	不支持，新增服务号需要重新关注

▶图 5-24　各列设置同一色彩下深浅不同的填充色

企业号与服务号、订阅号的区别

	企业号	服务号	订阅号
面向人群	面向企业、政府、事业单位和非政府组织，实现生产管理、协作运营的移动化。	面向企业，政府或组织，用以对用户进行服务	面向媒体和个人提供一种信息传播方式
消息显示方式	出现在好友会话列表首层	出现在好友会话列表首层	折叠在订阅号目录中
消息次数限制	最高每分钟可群发200次	每月主动发送消息不超过4条	每天群发一条
验证关注者身份	通讯录成员可关注	任何微信用户扫码即可关注	任何微信用户扫码即可关注
消息保密	消息可转发、分享，支持保密消息，防成员转发。	消息可转发、分享	消息可转发、分享
高级接口权限	支持	支持	不支持
定制应用	可根据需要定制应用，多个应用聚合成一个企业号	不支持，新增服务号需要重新关注	不支持，新增服务号需要重新关注

▶图 5-25　仅对需要重点关注的“服务号”设置对比强烈的填充色

4. 简化

当单元格中的内容相对较简单时，可取消内部的边框以简化表格，也能达到美化的效果。医疗表格、学术报告中的表格等数据类表格多用简化型表格，如图 5-26 所示。

四川省人民医院检验报告

项目名称	结果	单位	参考范围
红细胞	0.66	个/uL	0.00-5.00
白细胞	17.82	个/uL	0.00-9.00
鳞状上皮细胞	6	个/uL	0-5
细菌	249	个/uL	0-500
粘液丝	319	个/uL	0-700
白细胞团	0.00	个/uL	0.00-1.00
结晶	0	个/uL	0-6

备注：

▲图 5-26　简化型表格

5.2 并没有那么可怕的图表

很多新手都觉得 PPT 中图表类型众多，各种数据繁杂，看起来很复杂，觉得学和用都有一定难度。其实，图表并没有你想的那么难以驾驭。图表，能够更直观地表现数据信息，让观众更清晰明确地体会数据背后反映出来的结论。图表在幻灯片信息可视化上也有着非常明显的效果，如图 5-27 至图 5-29 所示。

▲图 5-27　纯粹用文字说明“安卓手机大多用应用宝下载软件”显得有些空洞，难以令人信服

Source:QuestMobile TRUTH标准版

安卓手机大多用应用宝下软件

2016年9月安卓应用市场类APP下载情况

序号	应用市场	下载量（万）
1	**应用宝**	**32380**
2	百度手机助手	29756
3	360手机助手	29197
4	华为应用市场	23599
5	小米应用商店	22929
6	OPPO软件商店	20068
7	VIVO应用商店	15183
8	魅族应用商店	8487
9	PP助手	7126
10	豌豆荚	6052
11	安智市场	4449

▶图 5-28　添加表格数据并使关键数据醒目突出，对结论有一定支撑作用，但效果不是太明显

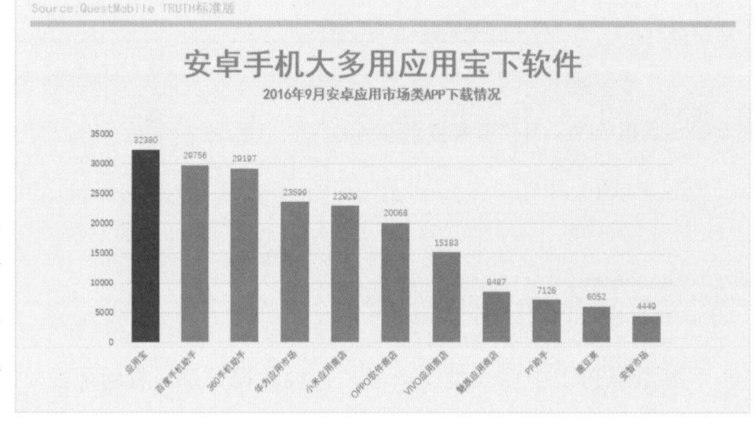

▶图 5-29　添加柱状图图表，从矩形柱的高低上，一眼即可判断应用宝下载量最大，对结论起到较好的支撑作用

5.2.1 准确表达是选择图表的首要依据

PPT 中自带了柱形、折线、饼图、面积图、雷达图等多种类型的图表，每一种类型的图表下可能还有多种可供选择的形态，究竟哪一张图表才是你想要插入到幻灯片中的呢？选择图表的首要依据不在于美观，而在于其是否能够准确表达你想要表达的内容。

下面举例介绍一些常规图表类型的使用。

表现对比情况用柱图

当你需要表现不同类别、时间等项的数据对比情况，展示哪一项的值高，哪一项的值低时，首先可以考虑选择簇状柱形图。如图 5-30 所示，

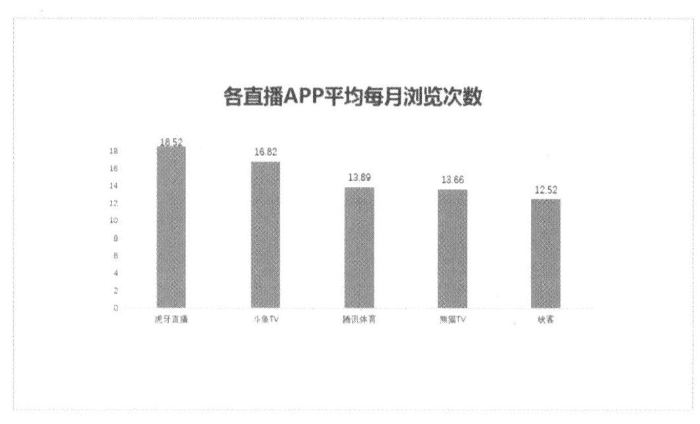

▲图 5-30　簇状柱形图示例 1

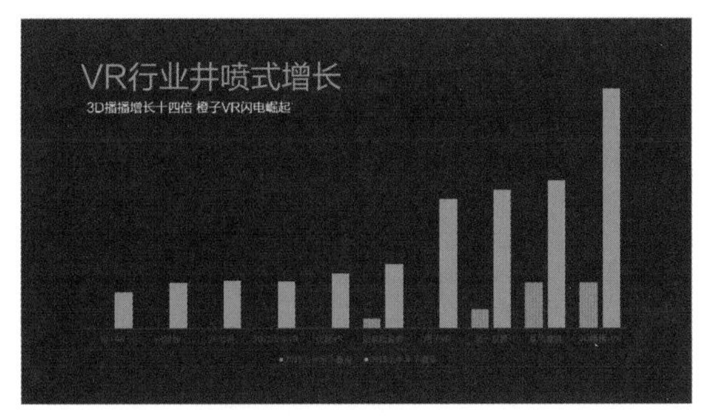

▲图 5-31　簇状柱形图示例 2

采用簇状柱形图能够直观表现各直播 APP 平均每月浏览次数多少的对比情况，在这个图表里观众可以很清楚地看到虎牙直播浏览次数最多，映客最少。

簇状柱形图默认为表现三个系列的多个项目数据对比，插入幻灯片后调整 Excel 表中的系列、类别数据，柱形图将自动发生改变。如图 5-31 所示为两个系列、十项的数据对比。

技能拓展 > 通过改变坐标轴取值范围来强化或弱化对比

在 PPT 中，只要在相应的 Excel 表中输入相关数据，软件就会根据这些数据自动设置横、纵坐标取值范围生成图表。默认生成的图表所表现出来的差异不大（即各柱高度相差不大）时，若要强化这种差异，可手动修改坐标轴的取值范围。以图 5-30 中柱形图为例，双击左侧的坐标刻度，在弹出的"设置坐标轴格式"对话框"坐标轴选项"的"边界"（即取值范围）中，设置最大值为 19，最小值为 12，缩小取值范围。此时，便会发现坐标中每一刻度的值变小了（由 2 变成了 1），而各柱之间差异看起来变大了。同理，若要让默认生成的图表表现出来过大的差异变小，可以把取值范围放大。除了簇状柱形图，其他类型的一些图表（比如：折线图）也可以采用这种方式来强化、弱化变化或差异。但一般情况下最好不要修改，这样容易影响判断的准确性。

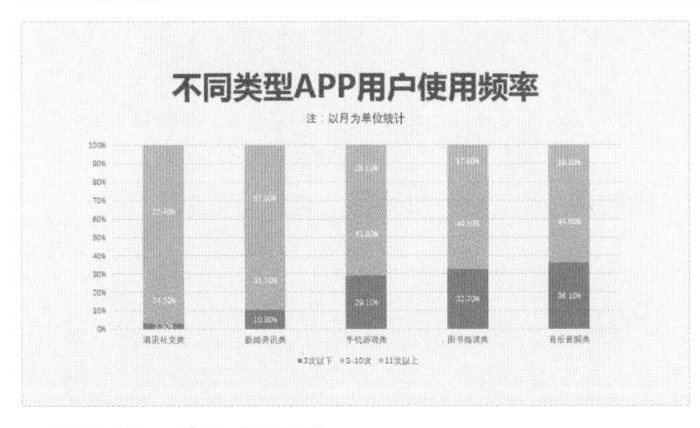

▲图 5-32　堆积柱形图

当需要同时表现不同项的几个子项（成分、比例等）的对比情况时，还可以选择堆积柱形图。如图 5-32 所示，表现不同类型 APP 用户的使用频率情况，一张堆积柱形图即可表达（若用饼图，需要插入多个，且对比不一定明显）。

条形图与柱形图大体相似，只是方向不同。将柱形图转换为条形图非常简单，只需在选中柱形图后单击"设计"选项卡下的"更改图表类型"按钮，并在"更改图表类型"对话框中选择一种合适的条形图即可，柱形图的配色将原封不动地保留在条形图中。如将图 5-31 转换为条形图，将变成图 5-33 的效果。条形图转换为柱形图也同理。用柱形还是条形，可根据幻灯片版式来选择。

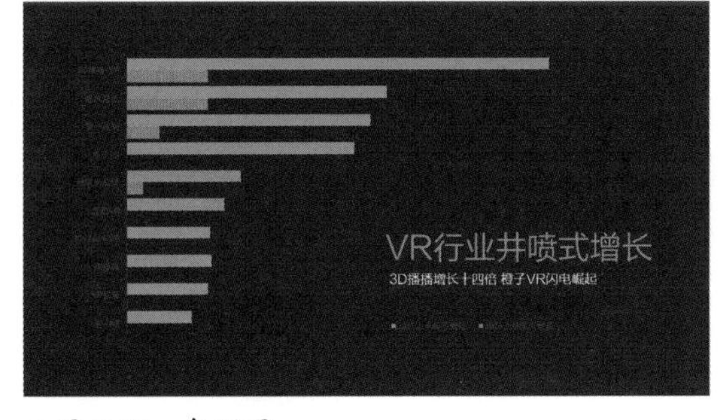

▲图 5-33　条形图

表现变化趋势用折线

当需要表现不同时间点上的数据变化情况时，如图5-34所示的连续一周的气温情况，应选择折线图。从折线图中可以很直观地观察到哪一天会升温，哪一天会降温。

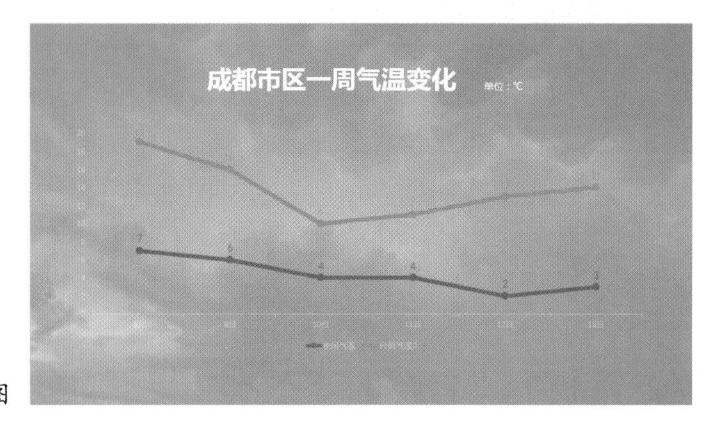

▶图5-34　折线图

在柱形图上直接添加的“趋势线”与折线图“折线”意义并不相同。“趋势线”是根据柱形数值按照特定的规则（指数、对数、多项式、幂）运算后的结果。而若要在柱形图上再添加折线，需通过“簇状柱形图-折线图”这种组合图表的方式（将折线图设置为次坐标轴）插入。

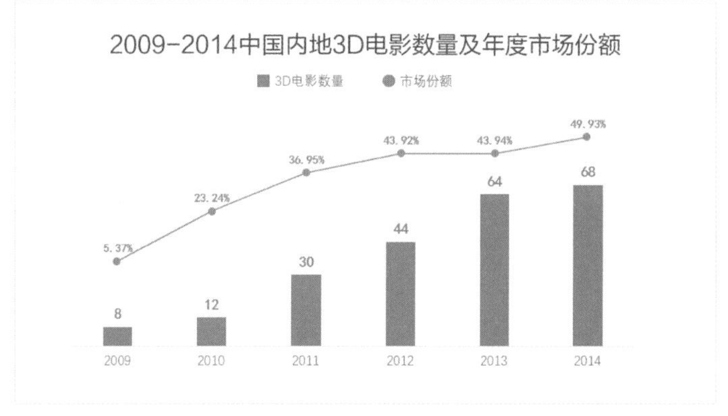

▲图5-35　簇状柱形图—折线图

表现成分比例用饼图

如果要表现关于成分比例的情况，展现一定范围、概念内各种因子的占比情况，比如空气中氧气、氮气、二氧化碳及其他元素的含量比例，硬盘中视频、音乐、文档、程序及剩余空间的占比情况，各个季度销售额在全年销售额中的比例情况等，都应首先考虑选择饼图。如图5-36所示，饼图能够很好展示2016年度中国网民关注微信公众号的主要用途是获取信息和方便生活。

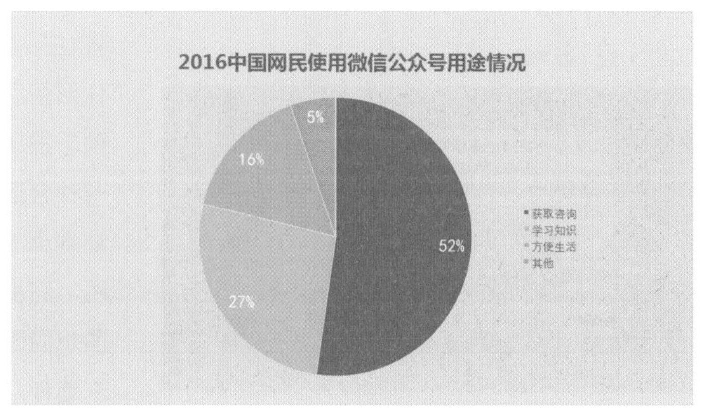

▲图5-36　饼图

饼图类图表下的圆环图在扁平化设计风格中常常会用到。在圆环图中，将非主要表现部分的弧的填充色

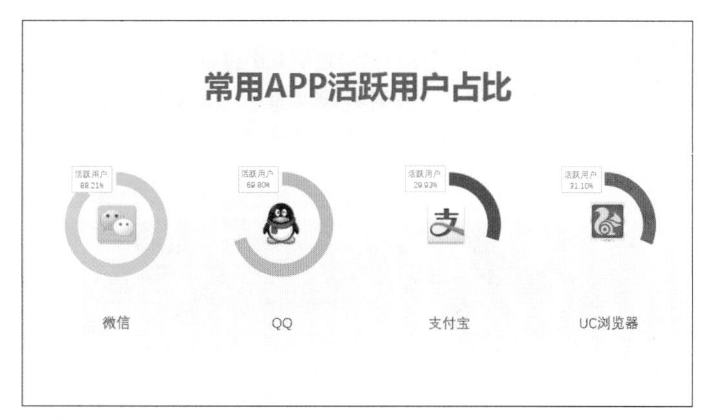

▲图 5-37　圆环图示例 1

和轮廓色（如图 5-37 中的非活跃用户部分）均设置为无，进行隐藏，只将主要表现部分（如图 5-37 中的活跃用户部分）显示出来，达到一种至简的感觉。

将多组数据作为“系列”输入同一个环状图 Excel 表中，即可将多个环状图聚合起来，用一个环状图表现多个项内的占比情况，且同时实现这些项之间的对比。如将图 5-37 中的微信、QQ、支付宝、UC 浏览器活跃用户的占比情况聚合为一个环状图可以得到如图 5-38 所示效果。

◀图 5-38　圆环图示例 2

技能拓展 ＞ Excel 中的数据改一改，PPT 图表自动变化更新

从 Excel 中复制制作好的图表到幻灯片中，粘贴时“粘贴选项”选择“使用目标主题和链接数据”或“保留源格式和链接数据”。当原 Excel 表数据修改后，在 PPT“文件”菜单“信息”面板右下角选择“编辑指向文件的链接”，在弹出的“链接”对话框中单击“立即更新”按钮，即可与 Excel 同步。若勾选“自动更新”复选框，则每次打开 PPT 文件都将自动与 Excel 同步。每天或定期需要更新数据的咨询汇报类 PPT 常常会用到此功能。

表现规模情况用面积图

若要两组不同又相关联的数据在表现各自变化趋势的同时，分别呈现其整体规模感，可选择插入面积图，如图 5-39 所示。采用面积图既可表现从 2011 至 2015 年 GDP 总量和消费贷款规模的变化，也展现出两者规模上的对比。

当面积图中的两个部分存在重叠问题，影响查看主要信息时（如一个部分为向下走势，另一个部分为向上走势，此时很有可能发生某个部分的一侧内容被完全遮挡），此时应对面积图中的色块设置透明度，让被遮挡的部分露出来，如图 5-39 所示。

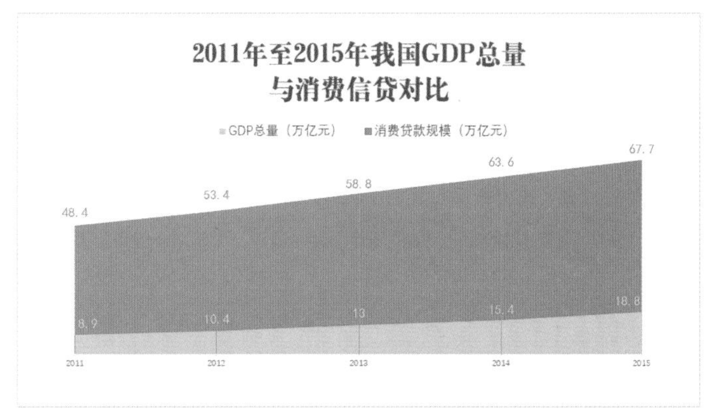

▲图 5-39　面积图

表现分布情况用散点图

在 XY 散点图中，一组数据呈现为一个点，通过在坐标轴间分布的点（特别是数据较多的情况下）表现一种现象或规律，从而支撑结论。如图 5-40 中，通过图表上散布的点可以很容易发现世界各国第一部 3D 电影上映时间大多集中在 2010 至 2011 这两年。

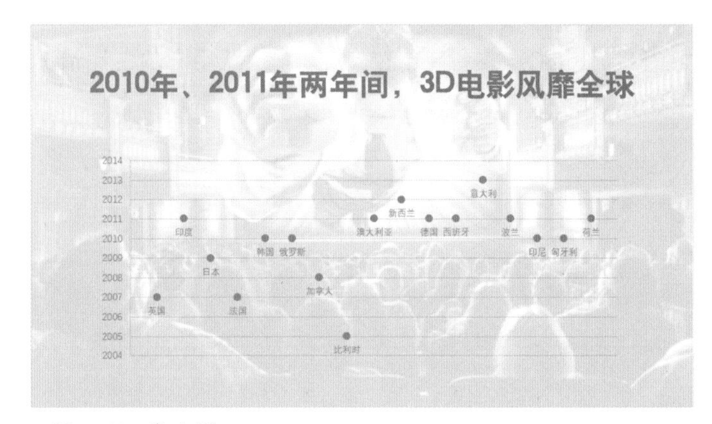

▲图 5-40　散点图

表现综合因素用雷达图

一般来说，任何结果都应该是在多种因素作用下造成的。对于因素分析类数据，判断在造成某个结果的多种因素中哪一个因素更加突出、起到主要作用时，可以采用雷达图来表现。如图 5-41 所示，从图表中可以看到年轻人越来越少“串门”的原因，主要还是因为“生活压力大，没精力”和“网络社交代替了串门”。

雷达图中间的图形越接近于等边形（等五边形、等六边形、等八边形等），说明各因素的影响越平衡，造成结果的因素中不存在主要的影响因素，而是综合作用的结果。

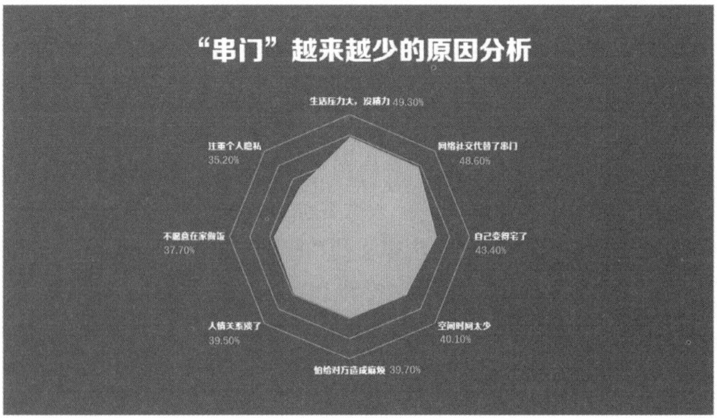

▲图 5-41　雷达图

5.2.2 图表你还能这样玩

以默认的方式插入的图表往往达不到美观的效果。如何进一步调整图表，使之既能准确表达内容，同时又给人以美好的视觉感受？这里总结了三个美化图表的方向。

1. 统一配色

根据整个 PPT 的色彩应用规范来设置 PPT 中所有图表的配色。配色统一，能够增强图表的设计感，给人以一种整齐、专业的美感。如图 5-42 所示，出自同一份 PPT 的 4 页幻灯片，其中的图表配色都采用了蓝、绿、白、灰的搭配方式，与整个幻灯片的色彩搭配相协调。

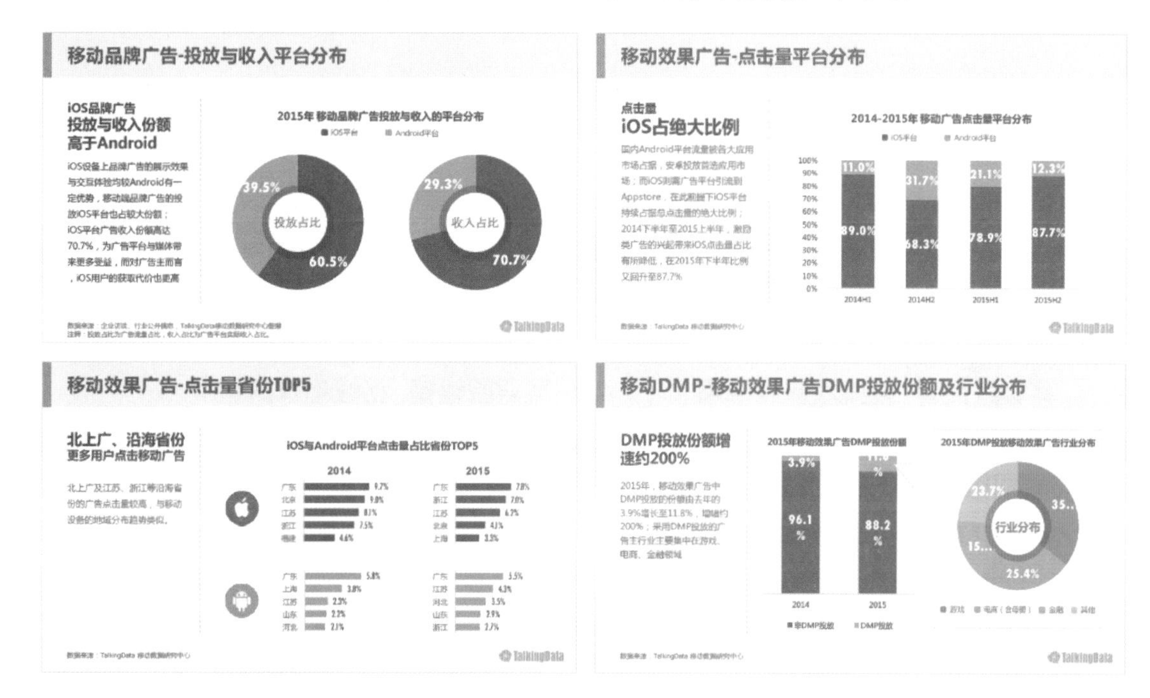

▲图 5-42 统一配色的 PPT（幻灯片来源：Talkingdata）

2. 图形或图片填充

新手在做折线图的时候可能都会碰到这样一个问题——折线的连接点不明显，如图 5-43 所示，虽然添加了数据标签，但是某些位置的连接点到底在哪里不甚明确，比如折线上 60~70 岁位置。

如何让这些连接点更明显一些？只需要画一个形状（比如圆形），然后复制这个形状至剪贴板，进而选中折线上的所有连接点（单击一次其中的一个连接点），按快捷键【Ctrl+V】粘贴，即可将这个形状设置为折线的连接点，如图 5-44 所示。其实，这里便是利用图形填充的方法来实现对图表的美化，与在“设置数据系列格式”对话框中设置“数据标记选项”作用类似，只是复制、粘贴的填充方式显得更加简便。利用这一方法，我们还可以将填充图形换成一颗心形，得到如图 5-45 所示的效果。

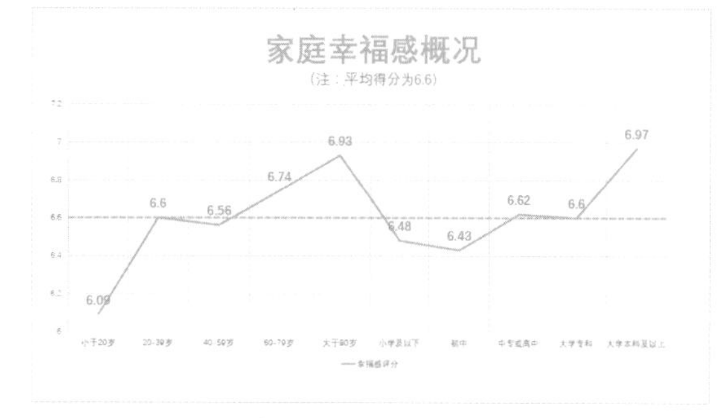

▲图 5-43 图形填充示例 1（幻灯片数据来源：国家统计局）

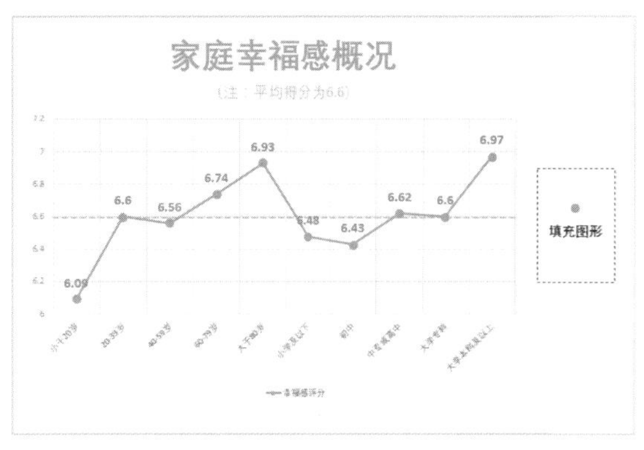

▲图 5-44　图形填充示例 2

▲图 5-45　图形填充示例 3

柱形图、条形图等其他各类图表都能够以图形填充的方式来美化。如将图 5-46 所示幻灯片中的条形图中的柱形分别以不同颜色的三角形复制、粘贴，进行图形填充，即可得到图 5-47 所示的效果。

▲图 5-46　图形填充示例 4

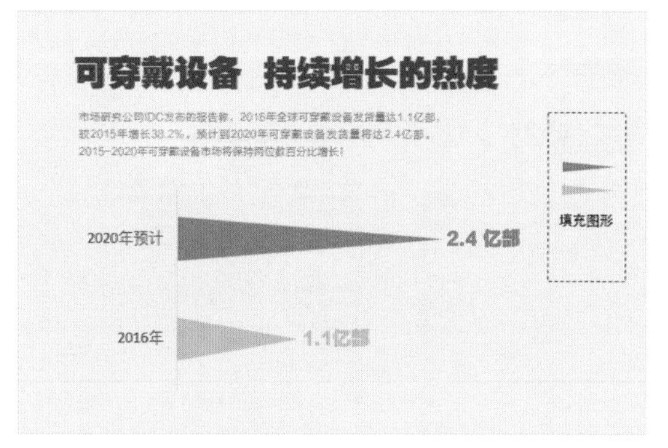

▲图 5-47　图形填充示例 5

如果填充图表的是图片又会有什么样的效果呢？比如我们将图 5-46 的条形填充为智能手环的图片，会发现图表变成了如图 5-48 所示的效果，填充的图片在条形中拉伸、变形，没有达到美化的效果。此时，我们还需要右击条形图，选择“设置数据点格式”命令，打开“设置数据点格式”对话框。在该对话框中，将图片填充的填充方式改为“层叠”，如图 5-49 所示。这样便可以得到如图 5-50 所示的效果。

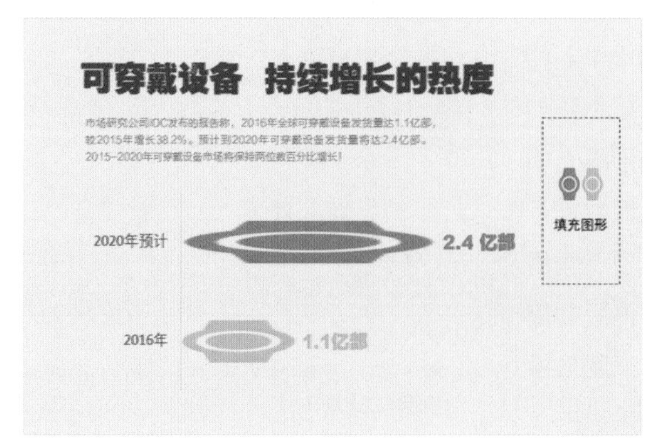

◀图 5-48　图形填充示例 6

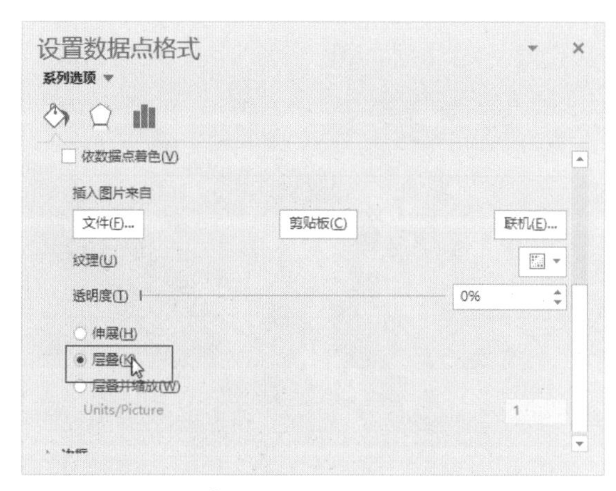

▲图 5-49 图形填充示例 7

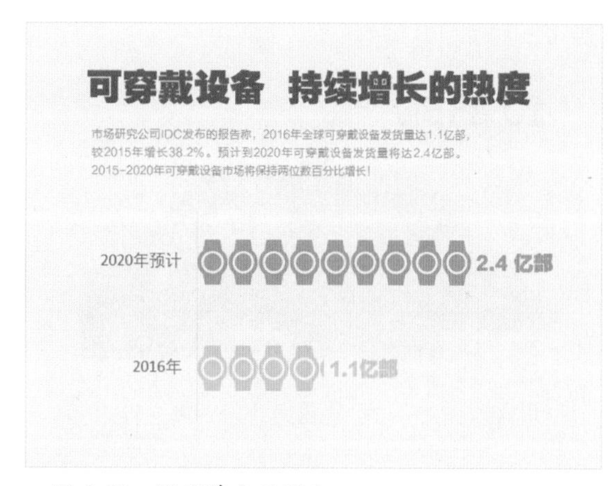

▲图 5-50 图形填充示例 8

使用图片填充实现了图标与图表的结合，让图表变得更加形象。这里还需要注意一点，进行图形或图片填充前最好先调整至想要的大小（如事先将图 5-48 中的手环图片调整至与原来的柱形等高，再复制、粘贴填充），使填充出来的效果达到最佳。

3. 借图达意

在 PPT 中，很多类型的图表都有立体感的子类型，将这种立体感的图表结合具有真实感的图片来使用，巧妙地将图片作为图表的背景来使用，使图表场景化。这对于美化图表有时能够产生奇效，给人眼前一亮之感。如图 5-51 所示，在立体感的柱形图下添加一张平放的手机图片，再对图表的立体柱稍微添加一点阴影效果，这样就将图表与图巧妙地结合起来了。

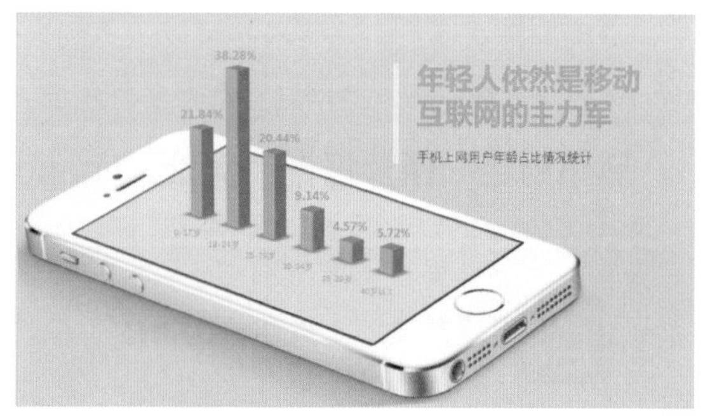

▲图 5-51 图与图表结合

此外，还可以将图片直接与数据紧密结合起来，图即是图表，图表即图，生动达意。如下面这些由俄罗斯人安东·叶戈洛夫（Anton Egorov）制作的看起来十分有趣的农业图表作品。

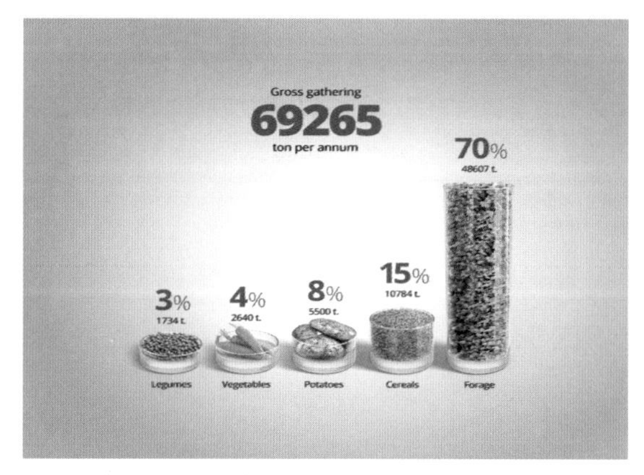

▲图 5-52 农业图表作品示例 1

▲图 5-53 农业图表作品示例 2

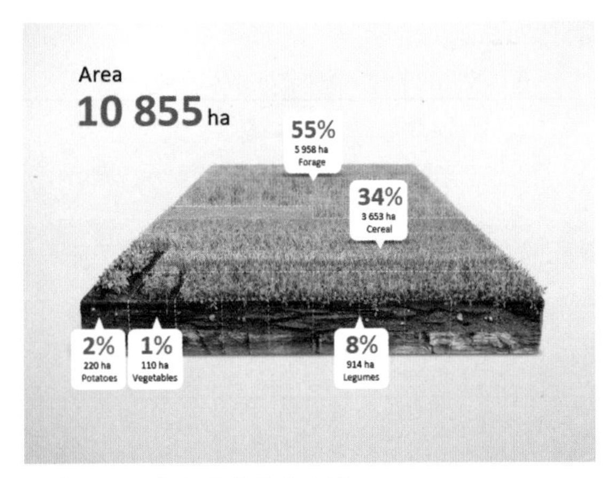

▲图 5-54　农业图表作品示例 3

▲图 5-55　农业图表作品示例 4

5.2.3 浏览这些网站，提升你的图表意识

无论是做 PPT 还是做图表，当达到一定境界之后，技巧不是最重要的，想法、意识才是决定高度的关键。把图表做好，除了掌握技巧，还应该积累图表思维，看大量的图表，拓展眼界，知其然，进而知其所以然。哪些网站可以浏览到大量的好图表呢？除了花瓣网、专门的图表设计网站等，你还可以在以下这些网站看到很多好图表。

1. 腾讯财经—图片报告（网址：finance.qq.com/tpbg.htm）

▲图 5-56　腾讯财经—图片报告

2．网易数读（网址：data.163.com/special/datablog/）

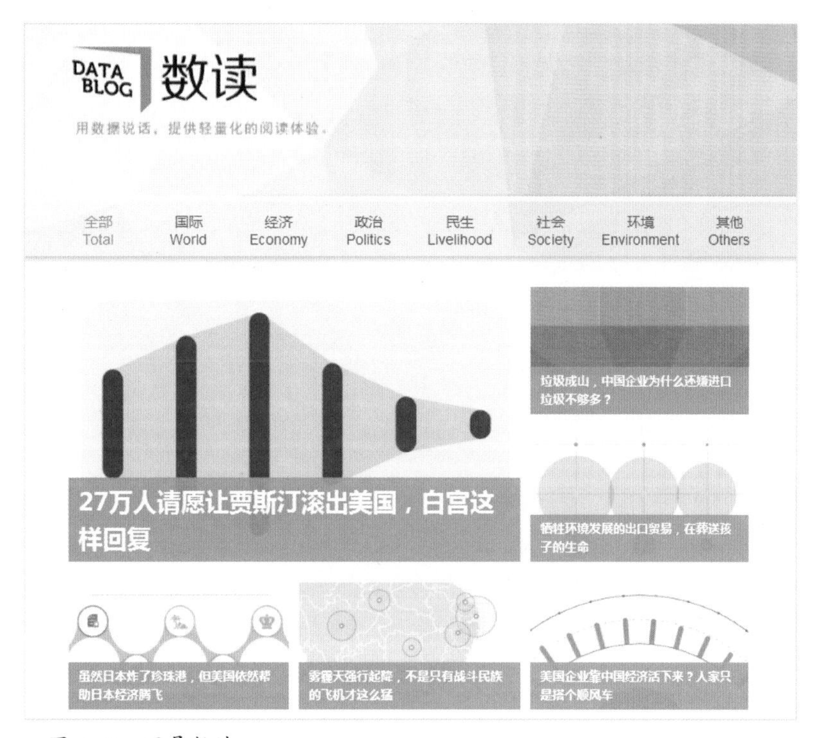

▲图 5-57 网易数读

3．新华网—数据新闻（网址：www.xinhuanet.com/datanews/index.htm）

▲图 5-58 新华网—数据新闻

4．Infogr.am（网址：infogr.am）

一个在线制作图表的外文网站，在这里既能浏览很多不错的英文图表，也能轻松套用其中丰富的模板，快速制作出漂亮的图表，导入你的 PPT。

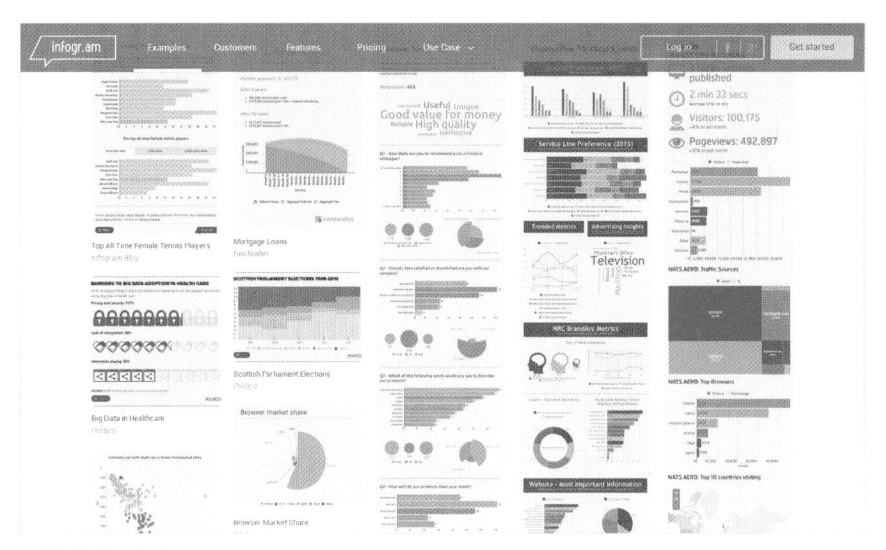

▲图 5-59 infogr.am

5.3 可用性令人惊叹的“形状”

“形状”是幻灯片页面上一种特殊的元素，可修剪、可变形，可绘图、可装饰……其可操作性和实用性都非常大，在幻灯片可视化设计中它更是不可或缺！

5.3.1 形状的用法

刚接触 PPT 时，对“形状”的认识，很多人可能都会停留在作为“一个普通的页面元素”直接使用上，即只是用形状的外形来表达特定的内容，比如用一个椭圆形来表达地球运转轨道的形状，用一个对话气泡来指代某人说的话等，如图 5-60 和图 5-61 所示。其实，除了直接用其形，形状还有很多的用法。

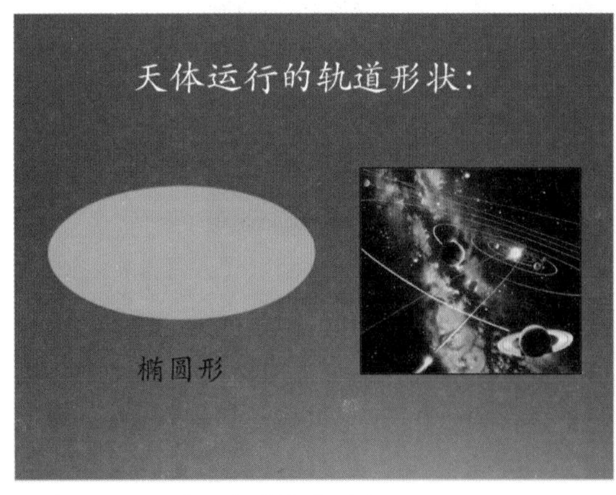

▲图 5-60 天体运行的轨道形状

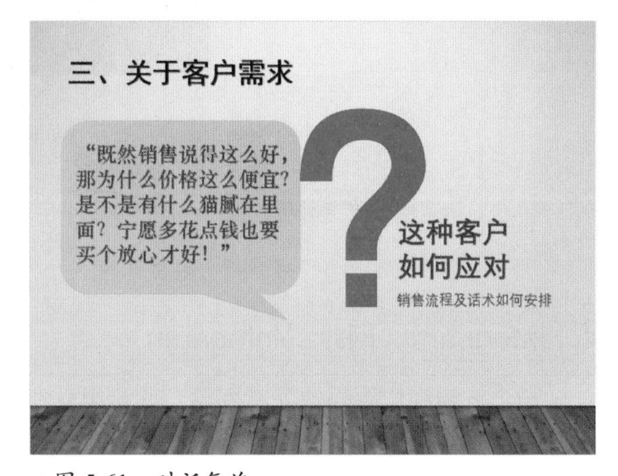

▲图 5-61 对话气泡

1．作为色块，衬托文字

将形状作为色块，置于重要文字内容的下层，能够起到衬托的作用，突出这些文字内容。如图 5-62 所示，添加一个圆形将“24h”衬托得更加突出。又如图 5-63 所示，在文字的小标题下添加对角圆角形，使小标题从大片的内文中更加突显出来。

▲图 5-62　作为色块，衬托文字 1

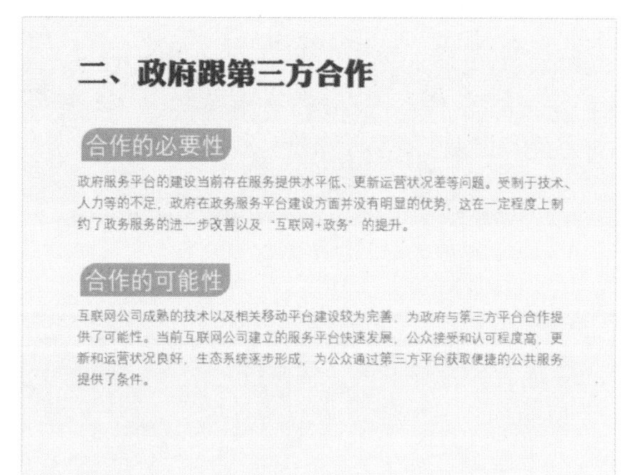

▲图 5-63　作为色块，衬托文字 2

当文字置于图上时，很可能因为图片本身比较复杂，影响文字的阅读，此时也可以在文字与图片之间添加一个形状作为色块，将文字从图片上衬托出来，如图 5-64 所示幻灯片的标题文字。

◀图 5-64　作为色块，衬托文字 3

2．作为蒙版，弱化背景

在全图型幻灯片中，既不愿让文字内容受图片影响不便阅读，又不希望图片被形状完全遮挡，此时便可以利用带有一定透明度（在“设置形状格式”对话框中设置）的形状作为图片蒙版（类似 PS 中的图层蒙版）解决这一问题。如图 5-65 所示，文字直接添加在图片上，由于图片本身比较复杂，阅读有些不便。而图 5-66 所示的幻灯片在文字与图片之间添加了一个设置为 50% 透明度的形状，既让文字更便于阅读，也没有完全遮挡底层的图片，同时还形成了一种不错的设计感。

▲图 5-65　作为蒙版，弱化背景 1

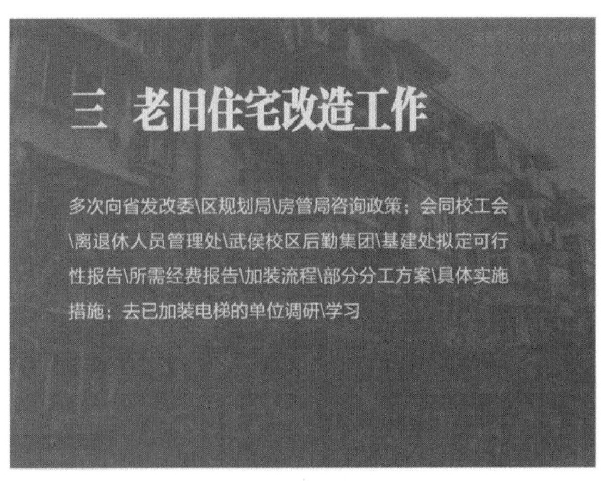

▲图 5-66　作为蒙版，弱化背景 2

▲图 5-67　作为蒙版，弱化背景 3

▲图 5-68　作为蒙版，弱化背景 4

作为蒙版的形状还可以设置为渐变填充的方式。渐变的形状中，部分区域设置较高的透明度，部分区域设置较低的透明度，使图片形成一种半遮半掩的效果。在各式各样的背景图片页面上排版，都能实现灵活处理。如图 5-67 所示，图片与文字之间添加了渐变色形状蒙版，该形状蒙版左下角透明度高，使城市突出，右上角透明度低，用于衬托文字。

同理，我们还可以使用局部镂空形的形状（可通过“合并形状”剪除操作得到）使背景图的局部透过形状镂空部分显示出来，而其他部分则被形状遮盖。这样能够起到弱化干扰，突出图片重点展示位置的作用，如图 5-68 所示。

3. 作为装饰，辅助设计

为了增强页面的设计感，适当添加合适的形状作为装饰也能取得不错的效果。如图 5-69 所示的幻灯片，纯粹的文字内容显得有些单调枯燥，若在页面下方随手添加一个长条矩形（填充色须符合整个 PPT 的色彩规范），如图 5-70 所示，就立刻变得不一样了。

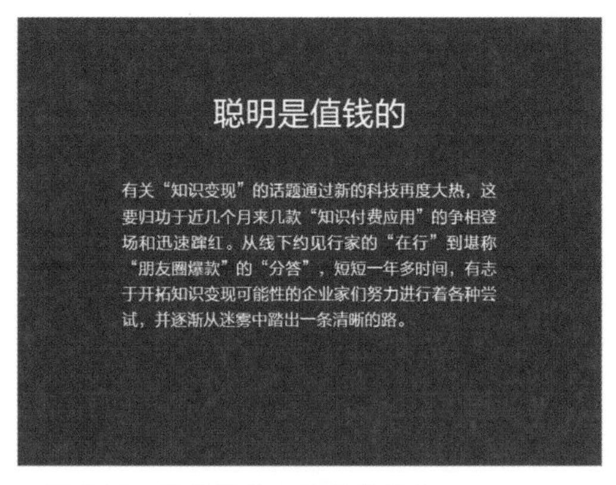

▲图 5-69 作为装饰，辅助设计 1

▲图 5-70 作为装饰，辅助设计 2

页面下添加长条矩形是简单、常见的一种做法。当然，添加的也可以是其他形状，如图 5-72 所示的添加了一个特殊的梯形是不是就比图 5-71 所示的效果更有设计感？

▲图 5-71 作为装饰，辅助设计 3

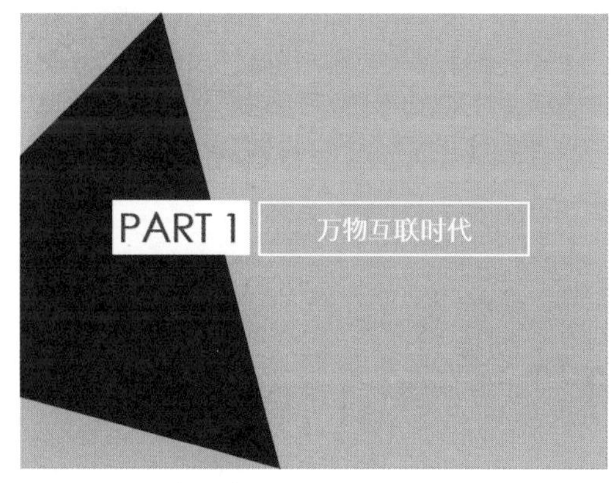

▲图 5-72 作为装饰，辅助设计 4

同一页面上有多张图片、图标时，也可以通过添加统一形状来辅助排版。如图 5-73 所示，各种合作伙伴 LOGO 造型各异，虽然有意排成九宫格，但依然达不到整洁的视觉效果。而图 5-74 所示将每个 LOGO 分别置于一个圆角矩形中，通过矩形实现 LOGO 的整齐化。

▲图 5-73 作为装饰，辅助设计 5

▲图 5-74 作为装饰，辅助设计 6

4. 作为素材，矢量鼠绘

在 PPT 中，“形状”是矢量的图形，通过边框、填充色自定义色彩可添加效果。右键菜单中选择“另存为”，可将“形状”导出为 JPG/PNG 等常见格式的图片，也可导出为不受尺寸拉大、缩小影响的 WMF/EMF 矢量格式图片。因此，只要能灵活运用各种形状，使用 PPT 也能鼠绘出令人惊叹的矢量格式电子绘画作品，甚至印刷作品。下面的图 5-75 和图 5-76 便是 PPT 爱好者们用 PPT 绘制的作品。

▶图 5-75 锐普 PPT 网友绘制的卡通机器猫

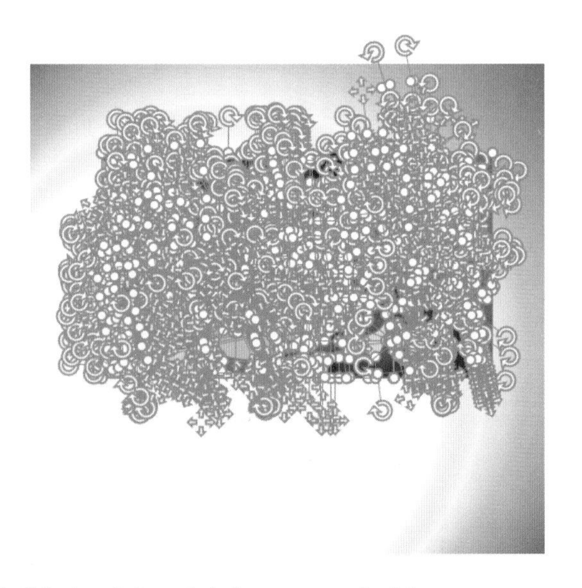

▲图 5-76 PPT 达人“不说话的溜溜球”耗时两天鼠绘的“言叶之庭”，其中有不下 3000 个形状

5. 作为工具，裁剪转化

在字体的章节中，我们已提到过借助形状的“剪除”将字体转换为形状，在图片章节中，又讲到利用形状来灵活裁剪图片，这两种用法，形状作为一种工具，作用也不容小觑。

5.3.2 不做这两事，不算懂形状

知道如何插入形状，知道按住【Shift】键可以插入等比例的形状，知道如何设置形状填充色、轮廓色……你以为你对形状已经很了解了，实际上这还远远不够。唯有极致，方能成就高手。掌握形状，叩开成为高手的大门，须先做好下面这两件事。

1. 记住所有的形状快捷键

使用快捷键来操作，能够加快绘制、编辑形状的速度，也能带来使用形状的乐趣，让你爱上用形状，更多地用形状。在 PPT 所有的快捷键中，关于形状操作的快捷键其实很多，比如下面整理的这些：

快速打开形状选取面板	Alt → H → S → H
快速打开形状填充色选择面板	Alt → J → D → S → F
快速打开形状轮廓色选择面板	Alt → J → D → S → O
快速呼出形状格式设置对话框	Alt → H → O
快速复制一个相同形状	Ctrl+D
快速调节窗口比例，放大缩小查看形状细节	Ctrl+ 滚轮
快速组合形状	Ctrl+G
按 15° 一次顺 / 逆时针旋转形状	Alt+ → / ←
进入形状内文字编辑状态	F2
复制形状的属性 / 将复制的属性粘贴至选中的形状	Shift+Ctrl+C/V

2. 把每一个形状都画一遍

掌握形状的用法不能停留在常用的几个形状上，应对软件预制的所有形状都一清二楚。尝试把 PPT 软件自带的 173 个形状每个都画一遍，看看在分别设置填充色和轮廓色后的效果。调一调形状的变形控制点（黄色），观察其发生的变化……心中一清二楚，使用时才能得心应手。

这里整理了一些新手容易忽略的点。

横、竖文本框不一定在“插入”选项卡下绘制，还可以直接在“基本形状”中选择绘制，如图 5-77 所示。

气泡形可通过泪滴形变形得到，如图 5-78 所示。

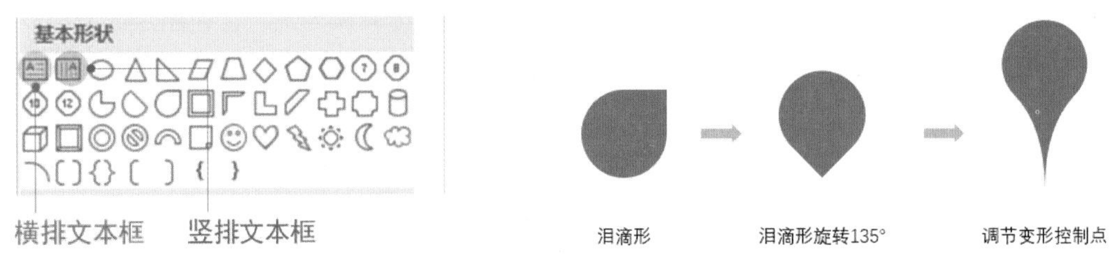

▲图 5-77　在“基本形状”绘制文本框　　▲图 5-78　泪滴形变形成气泡形

笑脸图形可以通过变形控制点调成苦瓜脸，如图 5-79 所示。

弧形线条填充之后可以变成扇形，通过变形控制点还可进一步调节成各种度数的饼形，如图 5-80 所示。

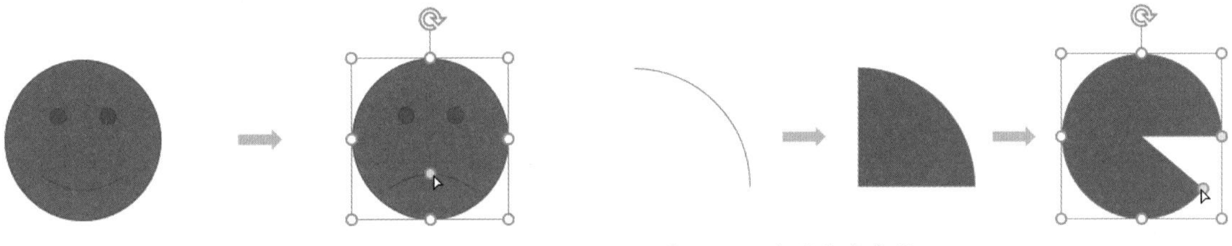

▲图 5-79　笑脸图形调成苦瓜脸　　▲图 5-80　弧形线条变化

绘制任意多边形时，按住【Shift】键可以绘制规则线段（角度为 45°的倍数，比如水平、垂直、45°倾斜线段）；按住右键拖动鼠标，可以绘制自由曲线轮廓的形状。如图 5-81 所示。

插入形状时，在要绘制的形状上右击鼠标，选择“锁定绘图模式”命令，如图 5-82 所示，即可进入绘图模式状态（鼠标指针变为十字形，此时可以连续插入多个选定的形状）。待绘图完成后，按【Esc】键，即可退出绘图模式。

▲图 5-81　绘制自由曲线轮廓的形状　　▲图 5-82　锁定绘图模式

5.3.3 创造自带形状之外的形状

PPT 预制的形状里没有想要的形状怎么办？本书第 1 章简单介绍过的新版 PPT 软件合并形状工具（过去称为“形状的布尔运算”）也许能解决你的问题。软件预制的形状有限，但想象力无限。通过一次或多次合并形状操作，利用现有的软件预制形状或许就能创造出你想要的形状。

一次合并形状操作不局限于两个形状，也可以是三个、多个形状。按住【Shift】键依次选择形状，进而单击相应的合并形状工具，即可对所选择的形状执行操作。

联合

即将先选择的形状与随后选择的形状合并在一起，成为一个形状（非一个临时性的“组合”），如图 5-83 所示，形状无相交部分时，联合前与联合后无太大变化，只是设置填充色、轮廓色时，两个或多个形状可以一次性设置。

▲图 5-83　形状联合

组合

这里的组合与选中形状后按【Ctrl+G】组合键所形成的临时性组合意义不同，是将两个形状合并在一起，成为一个形状。与“联合”不同的是，有相交部分的两形状组合后将剪除两形状的相交部分，无相交部分的两形状组合后与联合相同，如图 5-84 所示。

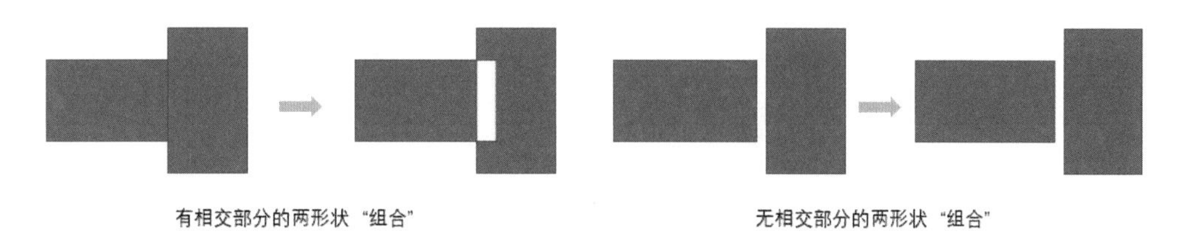

▲图 5-84　形状组合

技能拓展 >　文字、图片也能使用“合并形状”

你知道吗，在 PPT 中不仅仅是形状可以使用“合并形状”工具，文字、图片也能使用合并形状。文字与文字、文字与图片、文字与形状、图片与图片、图片与形状都可以进行“合并形状”操作，只是执行合并形状操作之后的结果不一定与形状执行“合并形状”之后的结果相同。文字执行任何一种“合并形状”操作之后都将转化为形状（关于字体的章节中提到过）。

拆分

将有重叠部分的两个形状分解成：1. A、B 两形状重叠的部分；2. A 形状剪除重叠部分之后的部分；3. B 剪除重叠之后的部分，如图 5-85 所示。无相交部分的两形状不存在“拆分”操作。

相交

将有重叠部分两个形状的非相交部分去除，如图 5-86 所示。无相交部分的两形状不存在“相交”操作。

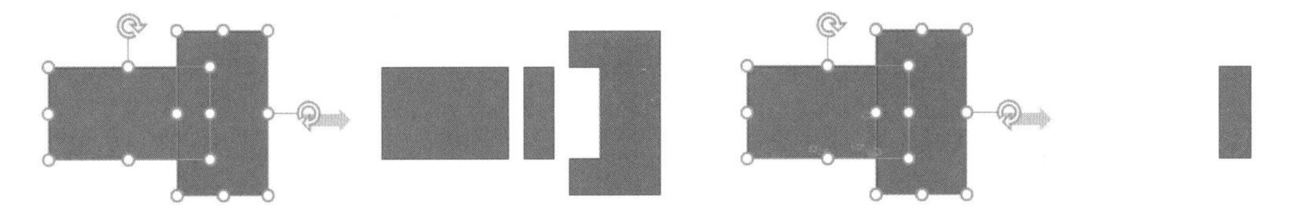

▲图 5-85　有相交部分的两形状“拆分”　　▲图 5-86　有相交部分的两形状“相交”

剪除

“剪除”即用后选择的形状去“剪”其与先选择的形状相交的部分，操作须注意选择形状的先后顺序，选择的顺序不同，得到的结果可能就不同。有相交部分的两个或多个形状执行“剪除”操作后，将去除形状的重叠的部分以及后选择的形状自身，无相交部分的两个或多个形状执行“剪除”操作后，将保留首先选择的形状，去除所有后选择的形状，如图 5-87 所示。

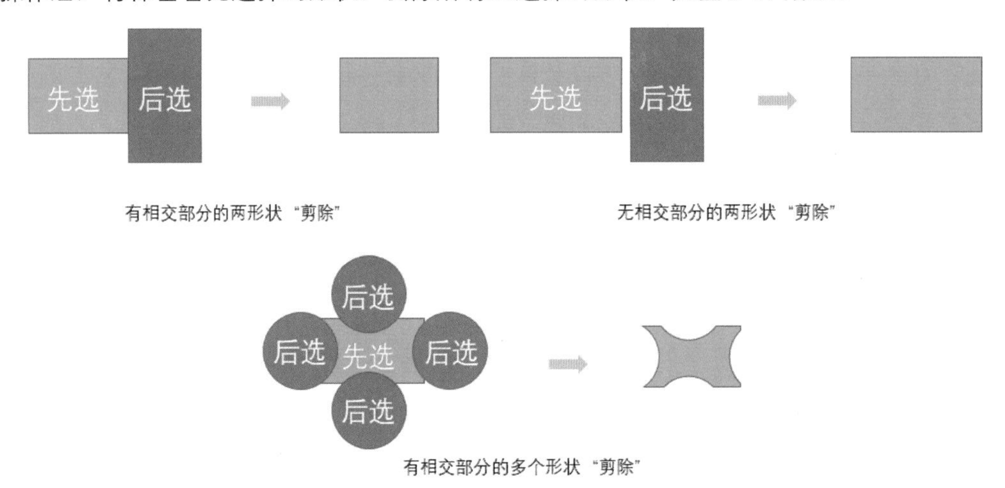

▲图 5-87　“剪除”操作示例

例如，使用“合并形状”创造安卓机器人形状。

步骤01 添加一根“弧形”线条并按前述方法设置填充色，调节其变形节点使之成为一个半圆形；在半圆形上添加一个小圆形，并再复制一个，调节至合适位置；选择半圆形，再选择两个小圆形，进而执行“剪除”操作，安卓机器人的头部和眼球就基本画出来了，如图 5-88 所示。

步骤02 添加一个圆角矩形，向右旋转 90°，并通过其变形节点将圆角矩形调节为圆边长条，再复制成为四根稍大些和两根稍小些的圆边长条作为安卓机器人的手脚和天线；如图 5-89 所示。

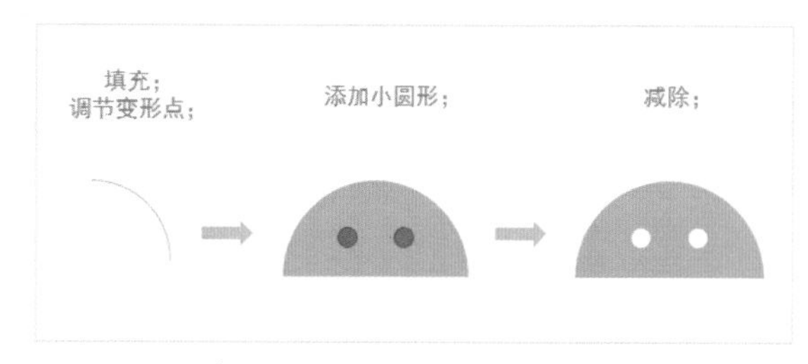

▲图 5-88 步骤 01

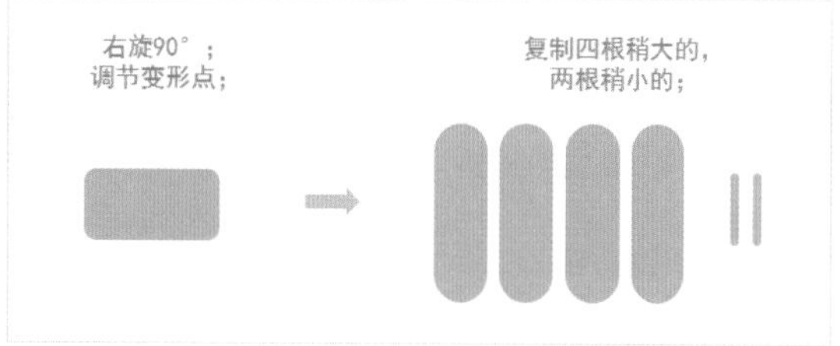

▲图 5-89 步骤 02

步骤03 添加一个稍方的圆角矩形，再添加一个矩形遮盖住圆角矩形的上半部分位置；选择圆角矩形，再选择矩形，进而执行“剪除”操作，这样就得到了安卓机器人的身体，如图 5-90 所示。

步骤04 将两根稍小的圆角矩形顺、逆时针分别旋转 30°，并调节至刚做好的安卓机器人头部形状的合适位置，进而执行“联合”操作。这样，一个带天线的安卓机器人头部就做好了，如图 5-91 所示。

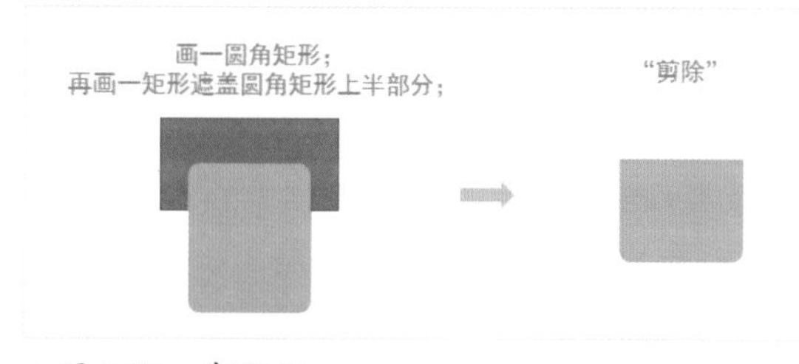

▲图 5-90 步骤 03

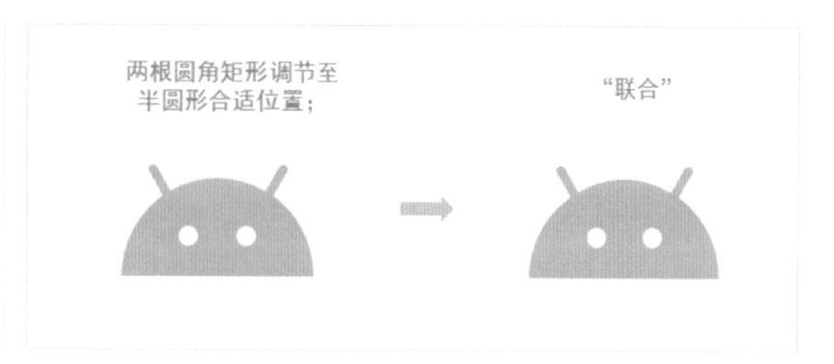

▲图 5-91 步骤 04

步骤05 将四根圆边长条调节至刚做好的安卓机器人身体的合适位置，充当机器人的手和脚，进而执行“联合”操作。这样，一个带手脚的安卓机器人身体就做好了，如图 5-92 所示。

步骤06 最后，将做好的安卓机器人头部和身体调整在一起，再次执行“联合”操作，一个完整的安卓机器人形状就画好了，如图 5-93 所示。

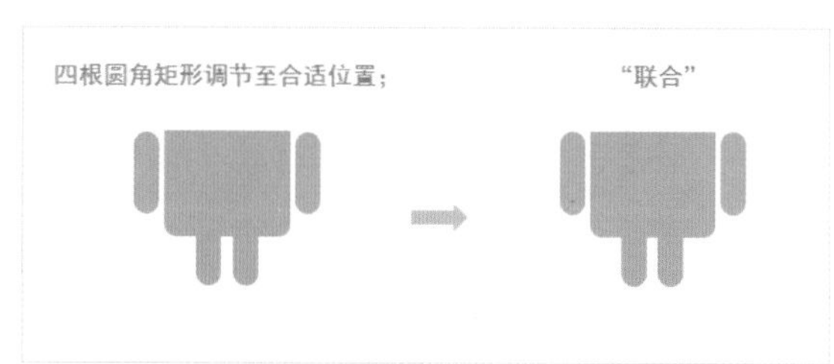

▲图 5-92 步骤 05

▲图 5-93 步骤 06

是不是很简单？在绘制安卓机器人的过程中，只用到了弧形线条、圆形、圆角矩形和矩形四种形状，使用了合并形状中的“剪除”“联合”两种操作而已。其实，很多复杂的形状也像这个安卓机器人形状一样，可以通过一些简单的预制形状合并创造，并没有想象得那么难！

5.3.4 深度“变形”，先辨清三大概念

在新版的 PPT 软件中，除了调节形状上的变形控制点来使某个形状发生特定的形变，还可以

通过“编辑顶点”使形状产生更为精细的形变。不过，要学会使用稍微复杂一些的“编辑顶点”功能，首先必须辨清有关“编辑顶点”的三大概念。

1. 三种类型的顶点

在形状上右击鼠标，选择“编辑顶点”命令即可进入顶点编辑状态。进入该状态后，单击任意一个控制点（小黑点）都会出现两个控制杠杆，调整控制杠杆末端的白色方块（我们称为“句柄”），可以使形状的形态发生相应的弯曲改变。在PPT中有三种类型的顶点，右击小黑点，在菜单中看到勾选在什么类型上，即可判断这一顶点是什么类型的顶点。如图5-94所示，小黑点的右键菜单中勾选在“平滑顶点”上，因此这一顶点为平滑顶点。

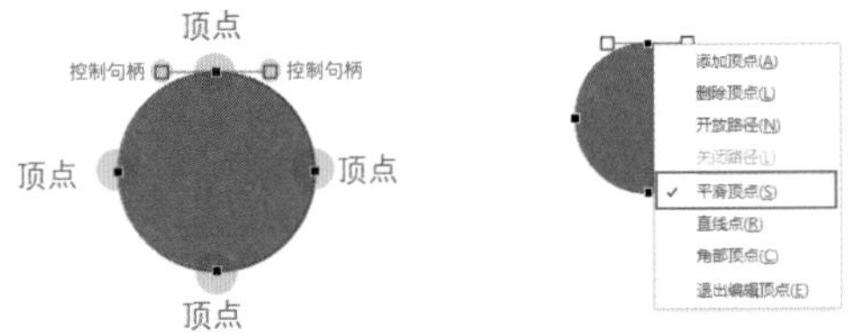

▲图 5-94 确定顶点类型

形状顶点共有三类：角部顶点、平滑顶点、直线点，三类顶点可自行设置、互相转换。不同类型的顶点在调整时会发生不同方式的改变。了解三种类型顶点各自的特征，可以让我们在编辑顶点时更好地去操作。

角部顶点：调整一个控制句柄时，另一个控制杆不会发生改变的一种顶点。在PPT软件预制的形状中，有的图形默认只有一个角部顶点，比如圆形；有的默认有多个角部顶点，比如三角形有三个角部顶点，如图5-95所示。

平滑顶点：调整一个控制句柄时，另一个控制句柄位移的方向及其控制杆的长度与该控制句柄及控制杆同时发生对称变化。因此，如果我们需要让两个句柄同时发生改变时，可以先单击右键，在菜单中将其设置为平滑顶点，如图5-96所示。

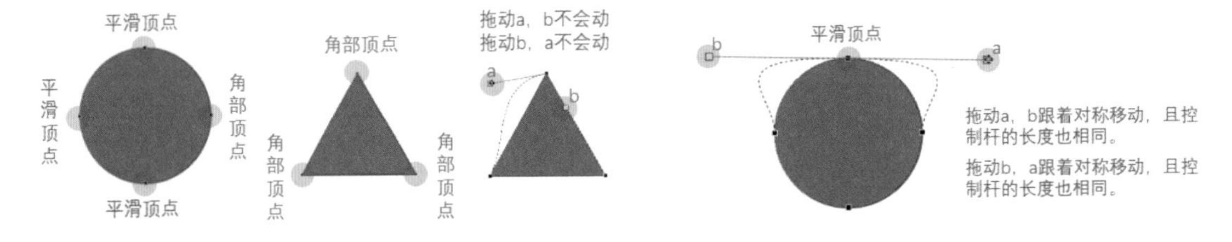

▲图 5-95 角部顶点

▲图 5-96 平滑顶点

直线点：调整一个控制句柄时，另一个控制句柄位移的方向与该控制句柄发生对称改变，而控制杆的长度不发生改变。例如环形箭头上方的一个控制点默认便是直线点（非等比例绘制情况下），如图5-97所示。

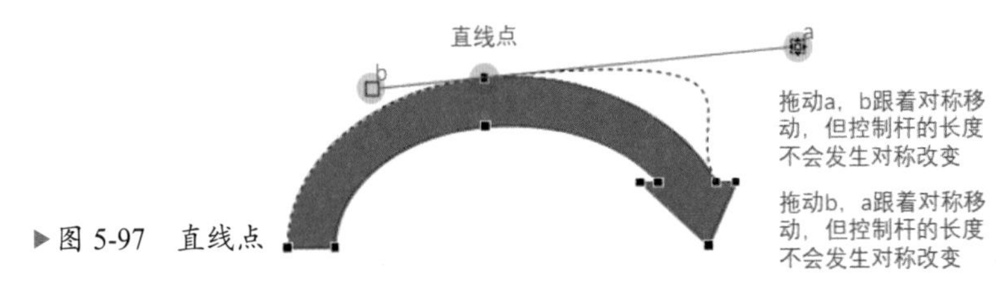

▶图 5-97 直线点

技能拓展 〉 【Ctrl】【Shift】【Alt】键在编辑顶点状态下的作用

【Ctrl】键：按住【Ctrl】键不放，在顶点上单击，可快速删除该顶点，在线段上单击可快速添加一个顶点。在角部顶点、平滑顶点上按住【Ctrl】键调整某个控制句柄，可将该顶点转化为直线点并使之发生与直顶点一样的变化。

【Shift】键：在角部顶点、直线点上按住【Shift】键调整某个控制句柄，可将该顶点转化为平滑顶点，并使之发生与平滑顶点一样的变化。

【Alt】键：在平滑顶点、直线点上按住【Alt】键调整某个控制句柄，可将该顶点转化为角部顶点，并使之发生与角部顶点一样的变化。

总而言之，三个键恰好可以让形状的顶点在直线点、平滑顶点、角部顶点三种顶点类型之间转化，而【Ctrl】键则还多了一个快速添加、删除顶点的作用。

2. 抻直弓形与曲线段

抻直弓形：当线段为曲线段，在该线段上右击鼠标，选择菜单中的“抻直弓形”命令，可快速将该曲线段变成直线段，如图 5-98 所示。

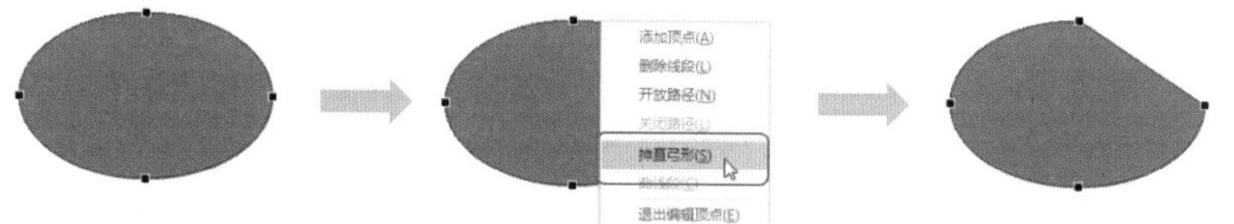

◀ 图 5-98 抻直弓形

曲线段：与抻直弓形相反，在线段为直线段的状态下，该命令可快速将该直线段变成曲线段，如图 5-99 所示。

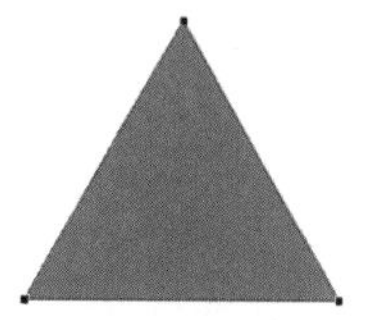

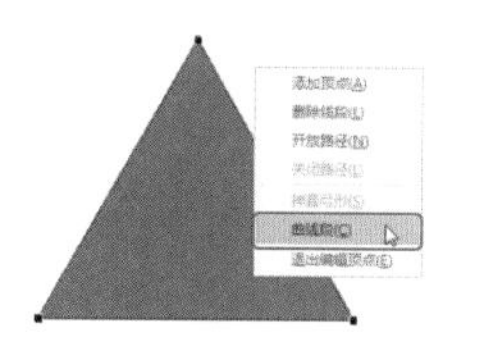

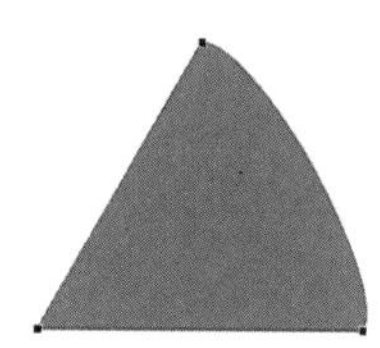

◀ 图 5-99 曲线段

3. 关闭路径与开放路径

闭合路径：形状的轮廓线条形成封闭状态，填充色填充在其封闭空间中，比如圆形，如图 5-100 所示。

◀ 图 5-100 闭合路径

开放路径：形状的轮廓线条处于首尾不相接、形状不封闭的状态，比如默认的弧形、曲线等。

开放路径下，填充色填充在开放后的首尾两个顶点连接起来的封闭空间中，如图 5-101 所示。

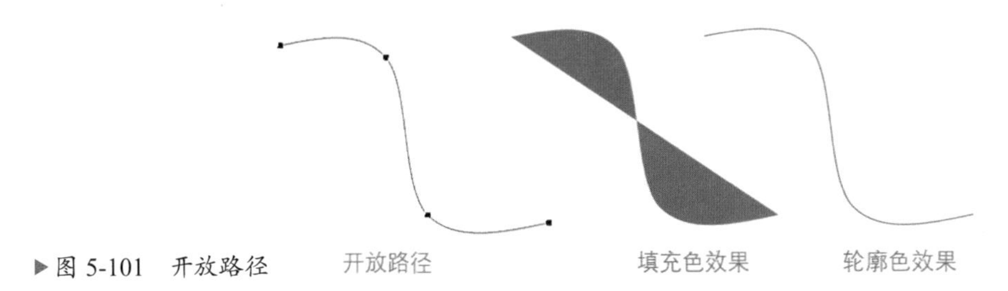

▶图 5-101　开放路径

若要将默认为关闭路径的形状转化为开放路径的形状，只需在路径中要开放位置的顶点上右击，然后选择“开放路径”即可，如图 5-102 所示。而若要将默认为开放路径的形状转化为闭合路径形状，则在路径上的任意位置右击鼠标，在菜单中选择“关闭路径”命令，即可将两个开放顶点自动以直线连接起来形成闭合，如图 5-103 所示。

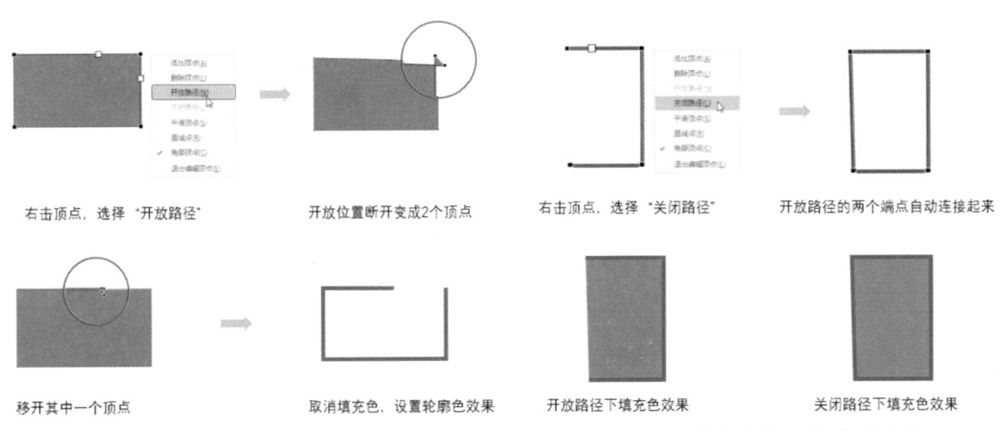

▲图 5-102　关闭路径转化为开放路径　　▲图 5-103　开放路径转化为关闭路径

开放路径不能进行形状剪除、联合、组合等操作。必须将形状转化为闭合路径才能进行相关操作。

例如，使用“编辑顶点”绘制苹果图标形状。

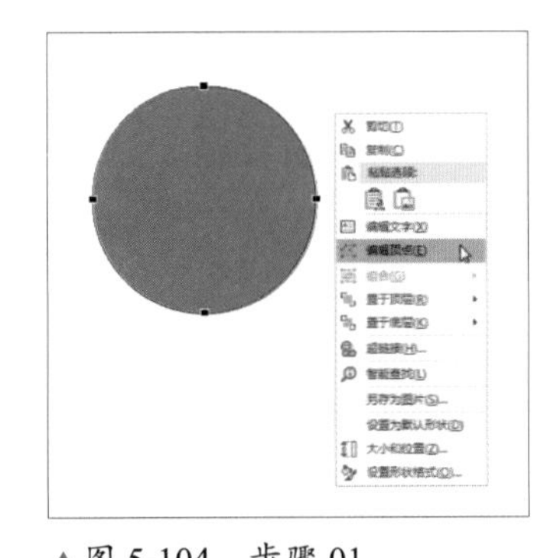

▲图 5-104　步骤 01

步骤01 插入一个圆形（画椭圆时按住【Shift】键）放置在幻灯片正中间，大小随意（在本例中添加的圆形尺寸为 7cm 高，7cm 宽），右击圆形，选择“编辑顶点”进入形状顶点编辑状态。如图 5-104 所示。

步骤02 为画图方便，接下来按下【Alt+F9】开启页面参考线，并通过【Ctrl】键（鼠标放置在中心参考线上，按住【Ctrl】键同时拖动鼠标即可新建一根参考线）新增如图 5-105 所示的一些参考线（除原本的正中参考线外，横向添加 4 根，其中两根刚好穿过圆形的上、下两个顶点，另外两根与这两根稍微间隔一定距离，上面两根参考线的间距与下面两根参考线的间距须一致；再添加纵向的 2 根参考线，与纵向的中心参考线间隔相同的距离即可，本例中参考线值为 1.8）。

步骤03 在圆形的路径与新增的两根纵向参考线交接的位置添加 4 个顶点（按住【Ctrl】键单击路径即可），如图 5-106 所示。

步骤04 将刚添加的 4 个顶点分别拖动到最上面和最下面一根横向参考线与新增的两根纵向参考线相交的位置，如图 5-107 所示。

步骤05 删除当前路径两边上的两个顶点（右击或按住【Ctrl】键单击），如图 5-108 所示。

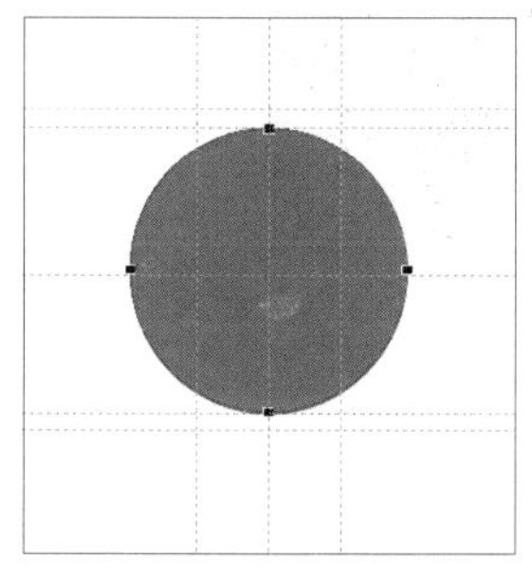

▲图 5-105　步骤 02

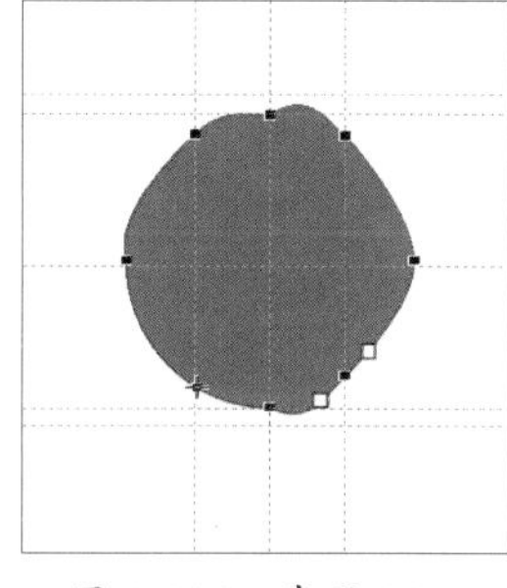

▲图 5-106　步骤 03

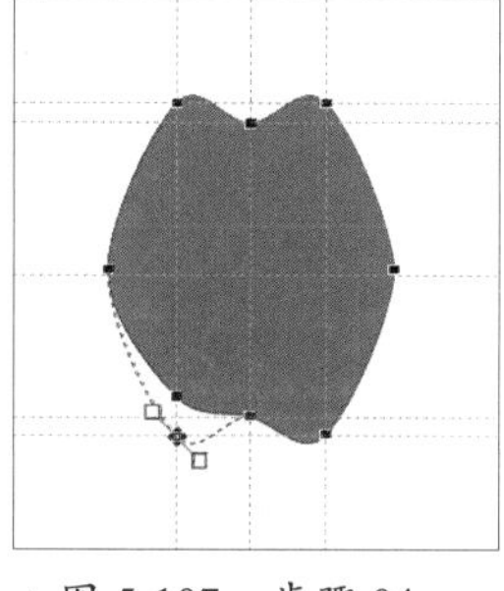

▲图 5-107　步骤 04

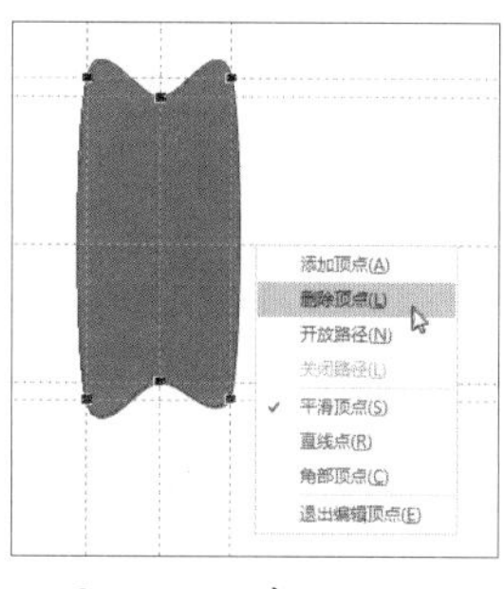

▲图 5-108　步骤 05

步骤06 检查或设置当前路径的 6 个顶点，确保纵向中心参考线穿过的两个顶点为平滑顶点，另外两根纵向参考线穿过的顶点为角部顶点，进而利用顶点的特征，调节控制句柄，使形状变为如图 5-109 所示的圆滑路径。

步骤07 添加一个稍小的圆形（本例中添加的是 4.7cm 高，4.7cm 宽的圆形）并放置在刚变形好的图形合适的位置上（参照苹果公司标志）。选择变形后的图形，再选择小圆形，执行“剪除”操作，如图 5-110 所示。

步骤08 经过上述操作，苹果标志的主体部分也就做好了，如图 5-111 所示。

步骤09 接下来，画苹果标志的上半部分。添加一个任意大小的正方形，进入顶点编辑状态，并将左上角和右下角的顶点删除，如图 5-112 所示。

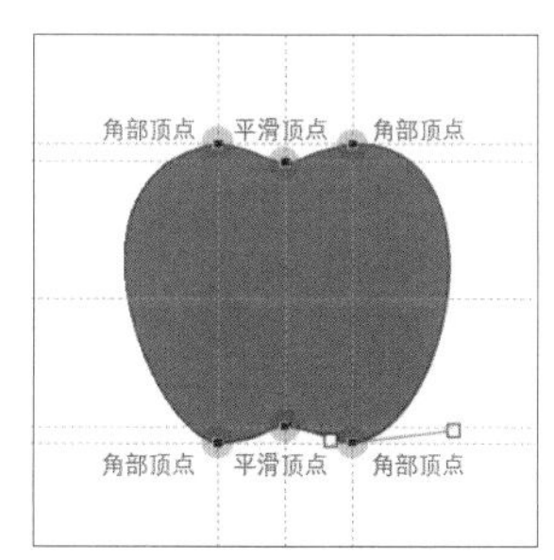

▲图 5-109　步骤 06

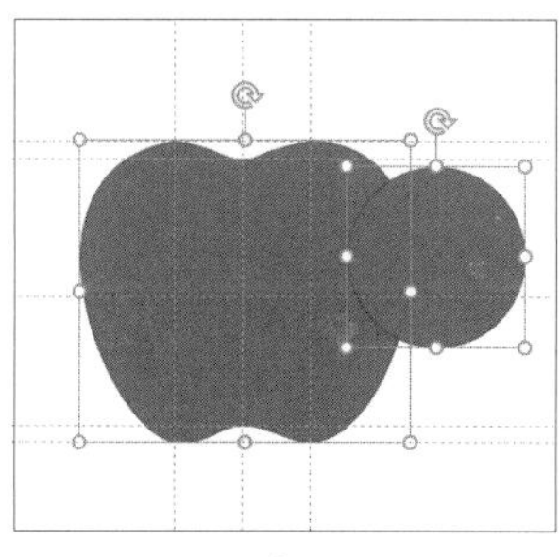

▲图 5-110　步骤 07

▲图 5-111　步骤 08

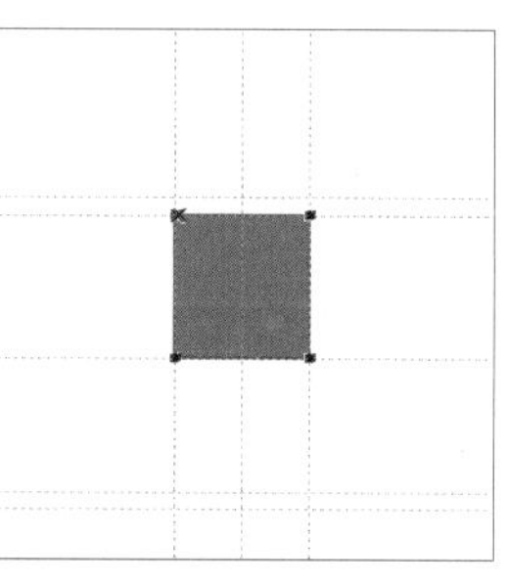

▲图 5-112　步骤 09

步骤10 调节剩下两个顶点的控制句柄，参照苹果标志上面部分的形态，使形状发生形变，如图 5-113 所示。

步骤11 参照苹果的标志，将刚做好的苹果标志上半部分与之前做好的标志主体放在一起，并将大小、位置调整合适。选中两个形状，执行“联合”操作，将两个部分结合成为一体，如图 5-114 所示。

步骤⑫ 这样，一个用形状绘制的苹果标志就做好了，此时我们可以更换形状的填充色、轮廓色等，如图 5-115 所示。

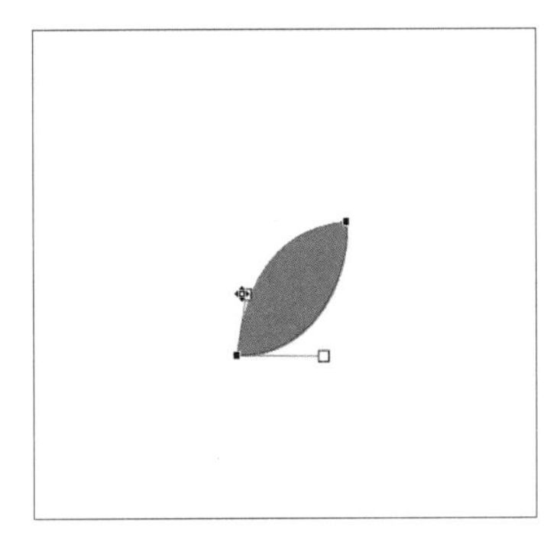

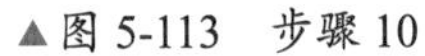

▲图 5-113　步骤 10

▲图 5-114　步骤 11

▲图 5-115　步骤 12

其实，在整个绘制过程中，最为关键的是控制句柄的调节。在本例中添加顶点时，用到了参考线，调节控制句柄时同样可以结合参考线来使顶点的左、右或上、下两个句柄位移更准确些。

如想把两个句柄移动到相同、相对、垂直、45°、135°等特殊位置关系时，结合参考线来调节就会方便很多。新手在学习顶点编辑时，可以采用临摹（既照着现成的一些图形绘制形状）的方法，慢慢体会两个控制句柄在不同位置关系下形状发生的形变，逐步积累才能达到最终自我创造形状，信手拈来的境界。

Chapter 06

媒体与动画恰到好处即是完美

对于媒体和动画，新手易产生“秀”“炫技”的心理

因而，常常滥用，反而落得拙劣

恰如王国维的境界说

真正达到高明，对具体技法了然于胸，自不必去“秀”

高明的做法是专注于言事，将二者用到恰到好处

这才是经历了看山是山，看山不是山之后看山还是山的完美境界

6.1 媒体是一把“双刃剑”

媒体内容由于相对少用，因而当将其添加至PPT中时，会显得有些特别。如果使用得当，媒体将会是对PPT内容的一种丰富，使其更有表现力，给观众留下较好的印象。但如果使用不当，也可能会造成恶劣影响，使整个PPT、整场演讲显得劣质、不专业。

6.1.1 视频：说服力如何有效发挥

因其动态表现、声音与画面结合等特征，一段视频往往比一段文字或一张图片更具有说服力。比如在PPT中说明雾霾的的危害，把柴静的纪录片《穹顶之下》作为一段资料插入就非常能说明问题。多数时候，视频在PPT中充当着补充资料的角色，或引起某个话题，或论证某个观点等。无论要添加一段什么样的视频，前提是它能提升PPT的说服力，而不是为了哗众取宠、吸引眼球。

怎样用好视频?

把视频用好，让它发挥应有的作用，需注意以下两个方面。

关于视频放置的位置：作为某一页内容补充材料的视频紧跟前文放置，但最好新建一页，将视频单独放置在一页上；作为话题切入、引起兴趣的视频放置在整个PPT或某一节的开头为宜；有时候为了让观众在整场演讲中持续保持注意力，可将一个完整的视频切割成多个片段，穿插在整个PPT的各个部分。当然，不是所有的演讲都适合这样做，还须根据PPT内容和视频本身的情况决定。

关于视频在页面中的排版：当视频插入幻灯片中并进入放映状态，鼠标未放置在视频上时视频的控件（播放按钮、进度条等）默认是隐藏的，视频显示为一个无边框的矩形。为取得较好的视觉效果，建议放置视频的幻灯片页面尽量简洁甚至单独新建一页专用于放置视频，幻灯片的背景最好是黑色或灰黑渐变，减少页面上其他内容对视频本身的干扰；视频窗口尽量拉大，最好是铺满整页幻灯片或等比例拉伸至宽度与页面宽度保持一致。

PPT中的视频编辑

PowerPoint 2016支持多数常见的视频格式，若视频格式不支持，可使用“格式工厂”软件将视频转成MP4、AVI、MPEG、WMV等格式后再插入，如图6-1所示。

插入硬盘上的视频时，可通过单击“插入”选项卡下的“视频”按钮，选择“PC上的视频”插入，也可以直接复制文件、粘贴至页面中。

视频插入幻灯片页面上后，选中该视频，通过视频工具“格式”和“播放”两个选项卡下的各种工具按钮可实现对视频及其视频外观的一些简单编辑，具体操作如图6-2所示。

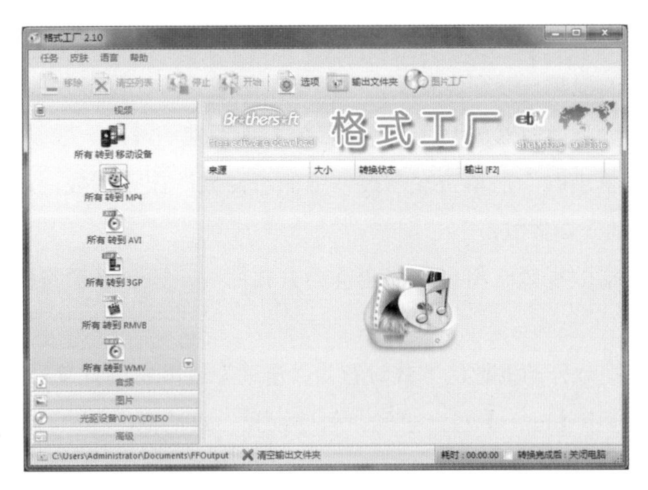

▶图 6-1 格式工厂软件界面

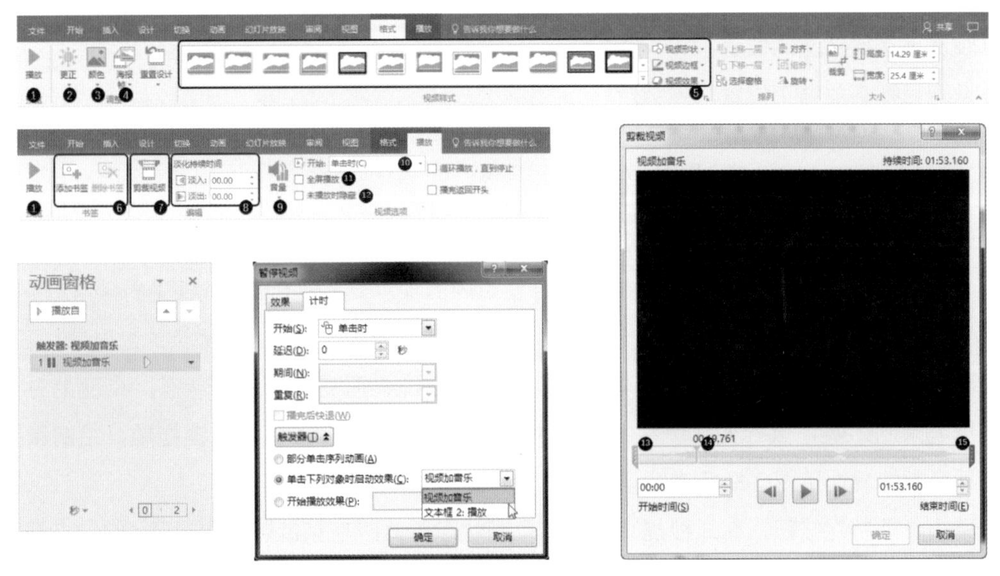

▲图 6-2 编辑视频

❶“格式”“播放”选项卡的该按钮作用相同；

❷ 改变亮度、对比度不是仅针对视频封面，而是整个视频的改变；

❸ 改变色调也不是仅针对视频封面，而是整个视频的改变；

❹ 海报帧其实就是视频的封面页，视频插入后封面页默认显示的是视频第一帧画面。如果要显示视频内的其他画面，可将视频播放至该画面，再单击“当前帧”按钮进行设置；若要刻意制造悬念，将视频封面显示为视频之外的其他图片，可单击“文件中的图象”，选择硬盘中图片。

❺ 和形状、图片的样式基本相同，一般情况下，没有必要对视频外观进行改动，样式只会影响视频本身的效果；

❻ 通过书签在视频播放时记录下要裁剪的位置，打开剪裁对话框剪裁视频时作为参考，裁剪起来更方便；

❼ 单击可打开“剪裁视频”对话框，实现对长段视频资料中的片段截取；

❽ 剪裁后的视频一般须设置淡入、淡出动画效果，让视频片段的开始与结束更为自然；

❾ 根据演讲场地的播放设备选择，最好提前实地调试，一般设置音量为中就足够了；

❿ 默认“单击时”指单击视频控件中的“播放”按钮播放，设置为“自动”即一进入视频所在页视频就自动开始播放；

⓫ 勾选后播放视频时将自动以全屏的方式播放，适合必须将视频以小尺寸混排在幻灯片页面上的情况；

⓬ 最好将视频开始播放的方式设置为“自动”或事先设置某种触发方式（打开“动画窗格”，选择视频动画按下【Enter】键，打开“暂停视频”对话框，在“计时”选项卡下设置；作为触发器的可以是页面上的文本框、形状等对象）后使用，否则视频隐藏后将无法开始播放也无法将其显示；

⓭ 裁剪后视频的开始位置；

⓮ 视频现在播放至的位置；

⓯ 裁剪后视频的结束位置。

6.1.2 屏幕录制：说不清的过程录下来说

PowerPoint 2016 中新增了屏幕录制功能，可将电脑上的操作过程录制为视频插入到当前幻灯片页面中。屏幕录制所录制的操作不只是 PPT 软件窗口内的操作或其他 Office 软件中的操作，系统桌面上进行的任何操作都能够记录下来。例如，将启动 QQ 并向好友发出远程协助邀请的过程录制下来。

步骤 01 单击“媒体”工具组中的“屏幕录制”按钮，系统桌面变成半透明状态，桌面上方浮动着屏幕录制工具，鼠标变成十字绘图状。此时，在桌面上按住鼠标左键拖动，绘制录制区，即录制的界面范围（红色虚线范围以内），如图 6-3 所示。

步骤 02 单击“录制”按钮，在三秒提示后进入录制状态，此时在录制区域内启动 QQ，打开好友聊天窗口，发出远程协助邀请……一系列操作都将被录制下来，如图 6-4 所示。

录制完成后，按照录制前的提示同时按【Shift】键 +Windows 徽标键 +【Q】键即可退出录制，而视频也自动保存在了当前的 PPT 页面上。

▲图 6-3　步骤 01

▲图 6-4　步骤 02

接下来可按前述处理视频的方法，在 PPT 中对录屏视频进行编辑，比如将录制过程中个的无效部分剪裁掉。也可以右击录屏视频，将其另存为 MP4 格式的视频存放在硬盘中或发给好友观看。

如果电脑配有麦克风等声音输入设备，利用这一功能还可以录制旁白、讲解，这对于软件教学从业者，特别是网络教程领域的从业者非常实用。一般人虽然不会常用到屏幕录制，但是当你想介绍或解释某个很难用语言描述的操作过程时，就不必专门去安装一个录屏软件了，比如向不懂电脑的父母讲解 QQ 视频聊天的方法，录下操作过程，他们一看就明白了。

此外，还可以利用屏幕录制模拟动画效果，比如，我们直接用 PPT 制作在浏览器中输入网址。打开某个网站这一动画效果可能稍微会有些复杂，但利用屏幕录制来模拟就比较简单了。

步骤01 在要插入网站访问动画的页面单击“屏幕录制”按钮，将录制区域设置得比浏览器窗口稍大即可，为了让动画看起来更加真实，可选择录制鼠标路径，如图 6-5 所示。接下来，录下访问某个网站的过程。

步骤02 录制完成后，沿着浏览器窗口边缘裁剪视频对象，并对视频内容稍加剪裁（只保留输入网址，确认，打开页面这一过程），如图 6-6 所示。最后将视频设置为自动播放，就完成了。

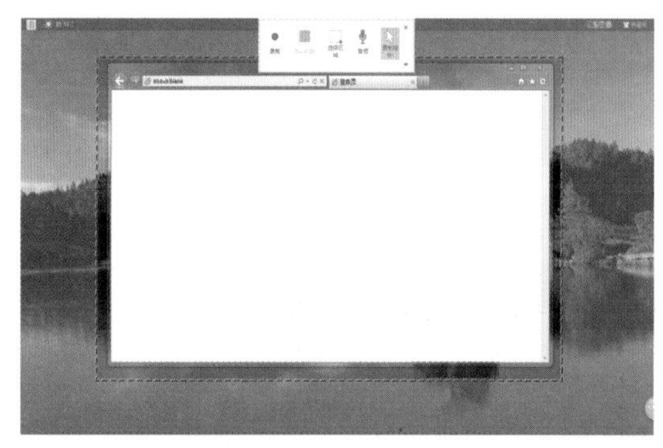

▲图 6-5 步骤 01

▲图 6-6 步骤 02

当然，这只是利用屏幕录制模拟动画效果的一个简单例子，只要你有想法，还可以模拟出更多、更复杂的效果。屏幕录制可谓为丰富 PPT 的动画表现力打开了一个新的思路。

6.1.3 音频：一念静好，一念烦扰

PPT 中的音频主要有 3 种用法：第一种是作为整个 PPT 的背景音乐，渲染气氛、煽动情绪等；第二种是作为录音材料，通过播放音频（对话、朗读等语音内容）来论证幻灯片中的某个观点，如与专家的通话录音，英语教学 PPT 中插入的一些英语发音音频等；第三种是作为音效，配合某页幻灯片或页面上某个对象出现时使用，以引起观众注意。适当使用音频，能够让原本静态的 PPT 增加听觉上的表现力，让 PPT 的内容、观点更容易被观众接受。当然，因为音频搞砸一场演讲也可能就在一念之间。

与视频媒体相似，音频插入 PPT 之后，通过功能区中的“音频工具”选项卡可以对音频素材进行自定义设置，比如剪裁音频片段、让音频跨幻灯片循环播放等，使之更符合使用要求。

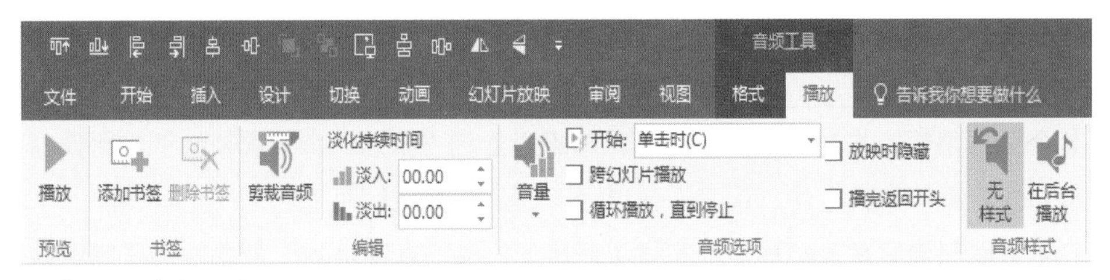

▲图 6-7　音频工具

背景音乐

大多数时候，阅读型（咨询机构的调研报告等）和严肃场合演讲型的 PPT 都不需要添加背景音乐。而自动播放类的 PPT（景区无人值守展台播放、个人电子相册、转换为视频使用 PPT、企业形象宣传 PPT 等）则最好配上背景音乐，因为背景音乐能打破这类 PPT 的枯燥、生硬感。

什么样的音乐适合作为 PPT 的背景音乐？不同的内容要选择的音乐也不同，但大多数时候，或激昂或舒缓，纯音乐都是不错的选择。某些内容较为欢快的电子相册类 PPT，选择节奏明快的外文歌曲也有不错的效果。

背景音乐素材网站推荐网易云音乐（music.163.com）。其中有大量由网友收集的纯音乐歌单，悲伤、欢快、清新、浪漫等，从歌单中找到一首好的旋律后很容易找到更多类似的旋律，且支持下载！

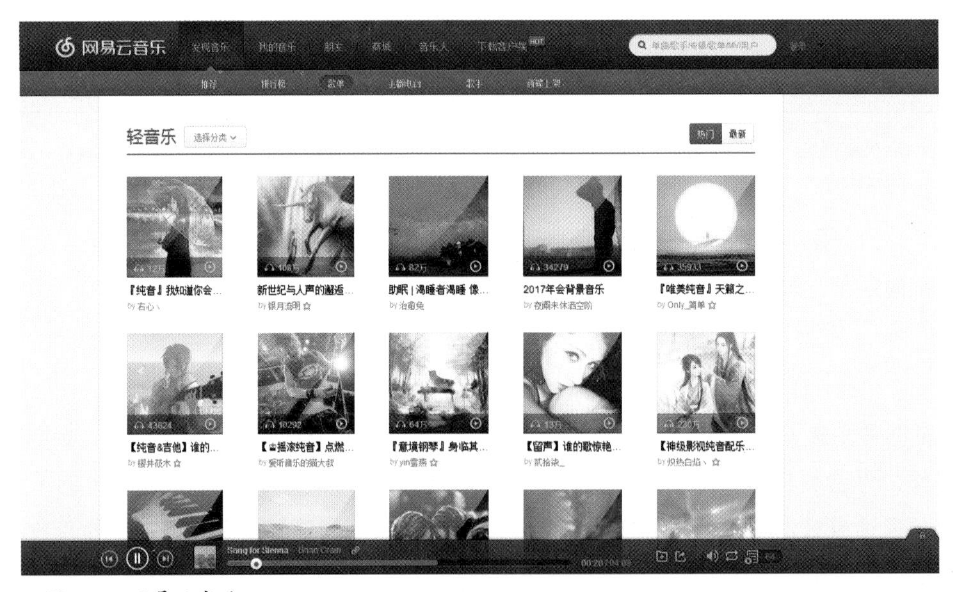

▲图 6-8　网易云音乐

音效音频

PPT 软件提供了诸如爆炸、风铃、单击、打字机等一些经典的音效，在幻灯片切换时可以在"切换"选项卡下的工具组中选择，如图 6-9 所示。幻灯片页面上某个对象出现、强调、退出、路径动画的音效则可以在该元素的动画属性设置对话框中选择，如图 6-10 所示。

若软件自带的音效中没有合适的，也可到网上下载一些其他的音效，然后通过选择声音列表中的“其他声音…”将下载在硬盘中的音效应用为切换或动画音效。

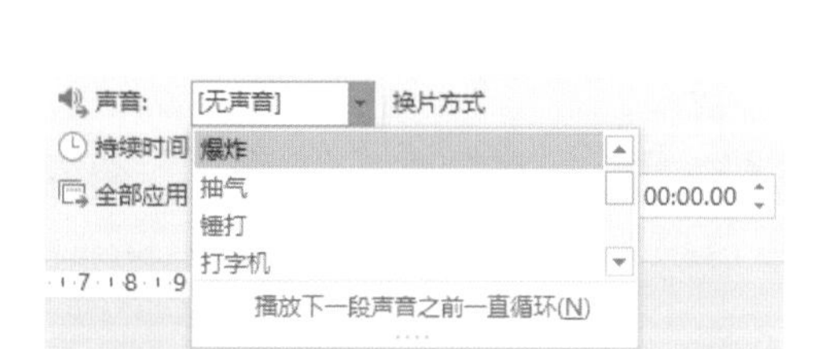

▲图 6-9　切换选项卡中的“声音”

▲图 6-10　自定义动画属性对话框中的“声音”

然而，很多音效本身实用性不强，品质也较低，非常容易破坏 PPT 的质感。其实，音效能不用时尽量不用，要用也应配合具体的内容来谨慎选择，一般不要用声音过于强烈、短促的音效。不要大量地使用音效，否则，真正的重点页面或重点内容出现时，即便添加了音效也达不到强调的效果。

技能拓展 >　录音音频小技巧

为了让观众更易听清录音类音频中的内容，可将声音的文字稿添加在页面上。比如，在通话录音的播放页将对话以动画的方式同步呈现在页面上；又比如，在英语文章朗读音频的页面，直接将朗读的文本附上。

6.2 动画不求酷炫但求自然

在网上能找到很多国内外 PPT 高手出品的酷炫动画 PPT。诚然，即便是在旧版本时代，高手也能用 PPT 做出与 Flash 相媲美的动画效果。

然而，作为非职业 PPT 设计师，我们其实并不需要把动画做得那么华丽。除非是随意、轻松的场合，否则一般演讲、阅读类 PPT 添加过于复杂的动画反而会喧宾夺主，影响 PPT 内容本身的传达。因此，新手学习 PPT 首先应该树立正确的观念——不要投入过多时间，过分追求酷炫的动画技巧，而应更多关注内容的策划撰写、排版设计等方面的知识；不要因为不能做出酷炫的动画就对 PPT 学习望而却步。

PPT 中的动画分为针对幻灯片页面的切换动画和针对幻灯片页面上对象的自定义动画两类。

6.2.1 使页面柔和过渡的 8 种切换动画

切换动画是指幻灯片页与页之间切换时的动画效果，“切换”选项卡如图 6-11 所示。新手需注意的是，在当前页面单击一种切换动画所设置的是切换至当前页面或者说是当前页面呈现时的动画，而不是由当前页面切换至下一个页面时的动画。在软件提供的 48 种切换动画中，高手常用、使用广泛的、能使页面的过渡显得比较柔和的主要是下面 8 种动画。

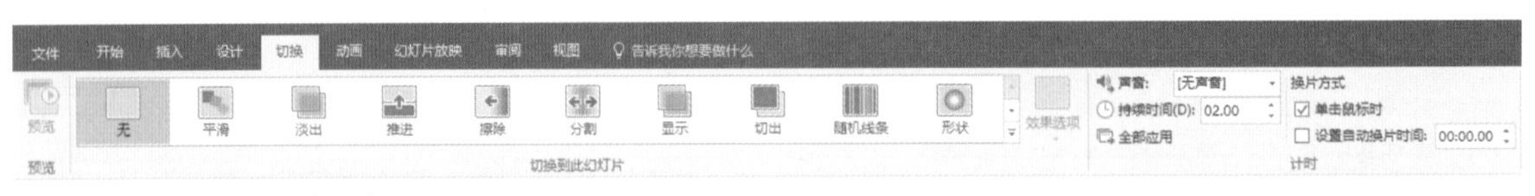

▲图 6-11 “切换”选项卡

1. 淡出

这是一种常用、百搭型的动画效果，几乎任何页面用这一动画都可实现较为自然的过渡。如果你不想在动画上花费太多时间，将所有页面均设置为淡出效果（设置好当前页面后，单击全部应用按钮）是不会出差错的选择。

淡出动画有两种效果可选，一种是直接柔和呈现，即默认的效果；另一种是全黑后呈现。封面页、成果展示页等值得给观众一种期待感的内容使用全黑型淡出效果，能够营造出一种惊艳之感，且适当把切换的“持续时间”增加一些，如图 6-12 所示，再把背景设置为由页面边缘深色向中心变亮色的射线渐变色填充，让页面视觉中心聚焦在中心，如图 6-13 所示，效果更佳。

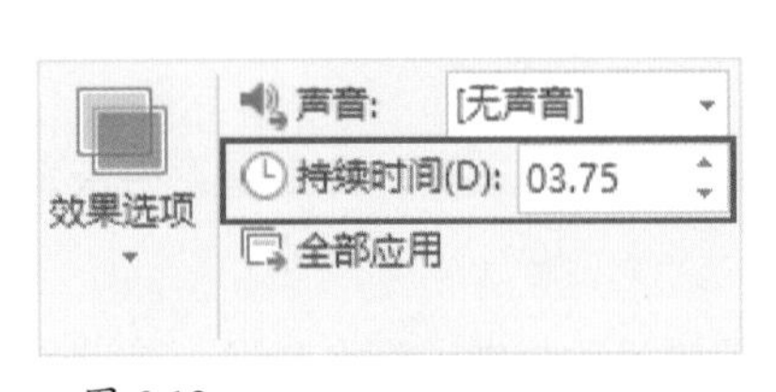

▲图 6-12

▲图 6-13 用于展示 LOGO 设计作品的幻灯片页

2. 推进

在前后两页内容有所关联的情况下，使用该动画能够取得不错的效果。推动动画有 4 种效果选项，即推动的方向为上、下、左、右，如图 6-14 所示的两页幻灯片切换时，选择从下往上的推动动画（自底部），能够将两页的线条连贯起来，视觉效果最佳。

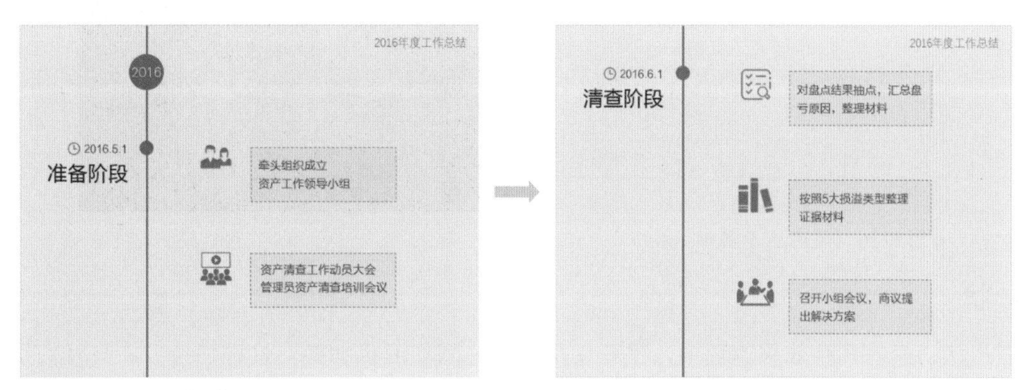

▲图 6-14　使用推进动画

若连续使用同一种推进动画，不宜切换得过于频繁，否则可能会造成视觉上的不适。

3. 擦除

擦除动画有一种“刷新”之感，当一部分内容说完，接下来要开始另一部分，进行话题转换时使用，显得非常自然。教学类 PPT 用擦除动画也有一种擦黑板的感觉，符合教学场合的情境。如图 6-15 所示的两页课件幻灯片，从上一节的圣经文学切换至下一节的罗马文学，可选择擦除动画。擦除动画有 8 种效果可选，一般根据书写习惯从左侧向右侧擦除为宜。

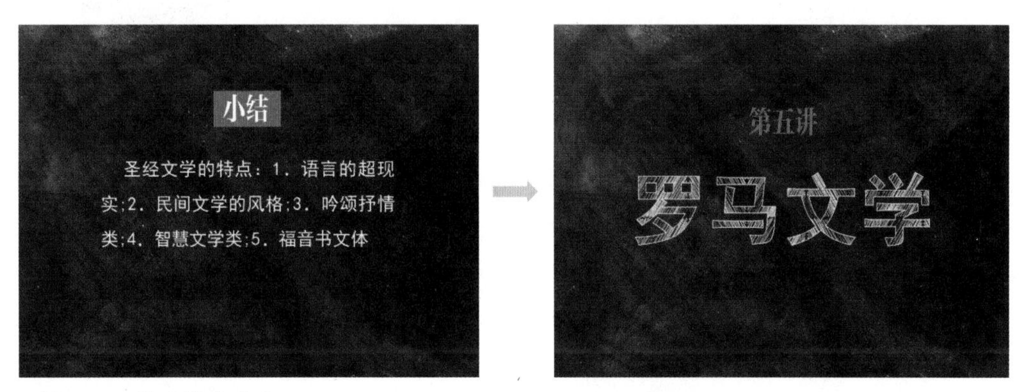

▲图 6-15　使用擦除动画

4. 显示

该动画的优点在于缓慢，能以一种稍具美感的方式表现前后两张幻灯片的切换过程，较适合抒情的环节使用，能够带动观众的情绪。如图 6-16 所示的两页幻灯片，从感谢的话语页切换至追忆往昔的照片墙页，这里使用显示效果有一幕幕往事从记忆里泛起之感。显示动画有四种效果选项，可根据不同的页面情况，选择合适的方式。

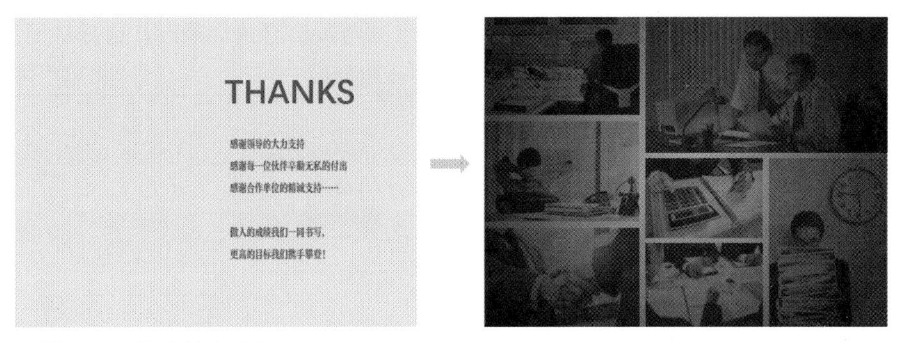

▲图 6-16　使用显示动画

5. 形状

在形状切换的几种效果选项中，推荐使用默认的圆形形状切换。这种切换方式与我们常在电视、电影中看到的人物陷入回忆时的镜头切换方式非常相似，用于电子相册类 PPT 人物与景物照片页之间的切换，会有一种追忆故地之感，如图 6-17 所示中的两张幻灯片之间的转换。

▲图 6-17　使用形状动画

6. 飞过

这一动画与 iOS 系统进入桌面的动画效果很相似，当页面内容为相对较碎的排版（比如九宫格图片墙）时，视觉冲击力较强。另外，该动画有放大页面内容的效果，当前页面为比较重要的概念、核心论点、成果展示图等内容时，使用该动画能够起到强调的作用，如图 6-18 所示的对“四个‘伟大远征’”一词，不对文字单独添加自定义动画中的“缩放”强调动画，依然能够达到强调的目的。

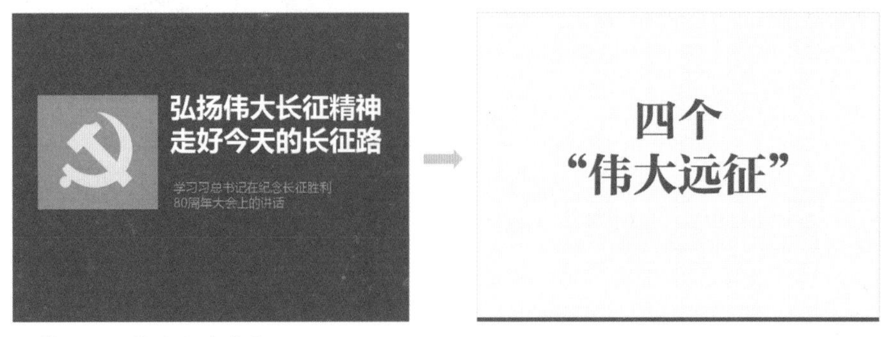

▲图 6-18　使用飞过动画

7. 翻转

翻转是一种颇具立体空间感的轴旋转方式，添加在宽屏 PPT 采用左右排版方式的页面上，能够产生一种旋转门的感觉，若前页版式为左图 + 右文，则后页版式改为右图 + 左文，相邻的两页版式交换一下，视觉效果更佳，如图 6-19 所示。

▶图 6-19
使用翻转动画

8. 平滑

PowerPoint 2013 中也称其为“变体动画”，当前后两页幻灯片未含相同的文字、图片、组合、形状（或同类）等时，该动画与淡出效果相同；当前后两页幻灯片中含相同的文字、图片或同类的形状等时，则两页幻灯片中的对象将平滑地发生改变，如同没有换页一般。使用该动画关键在于前后幻灯片中含有相同的文字、图片、组合、形状（或同类）等，比如，前一页幻灯片中有椭圆 1，下一页有椭圆 2，无论椭圆 2 的大小、角度、色彩是否与椭圆 1 相异，平滑切换都可以产生作用。

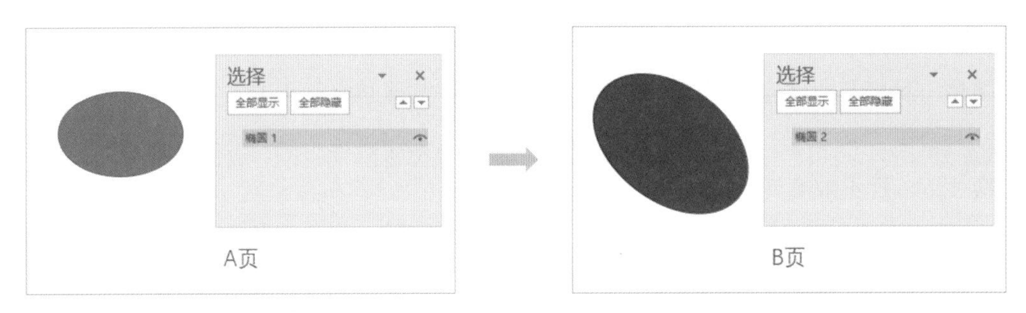

▲图 6-20　使用平滑动画

利用平滑动画的特征，巧妙安排前后页面内容，不用自定义动画也能做出既流畅又出色的动画。下面简单介绍一些具体用法，供大家参考、打开思路。

大小与位置变化：在导航缩略图中右击 A 页，选择“复制幻灯片”命令，此时在 A 页后新建了一页与 A 页一模一样的页面，即 B 页。接下来，只需在 B 页上将需要修改的某些对象（本例中的 LOGO 椭圆）进行缩放、移动操作即可，如图 6-21 所示。

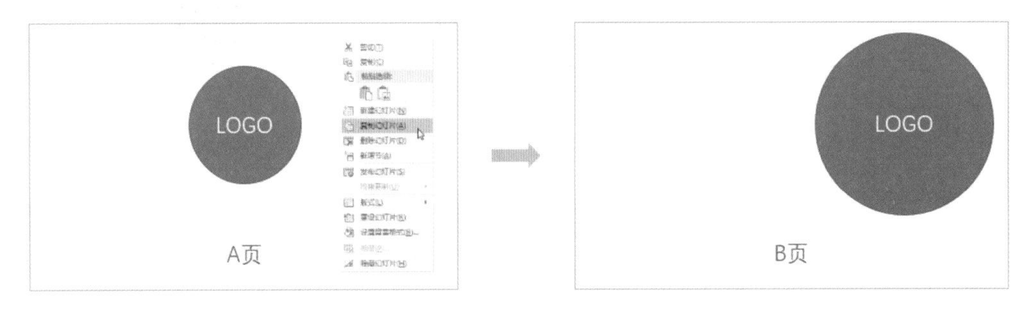

▲图 6-21　利用平滑实现大小与位置变化

旋转变化：同理，复制 A 页成为 B 页后，打开形状格式对话框，输入旋转的具体角度（使用形状旋转对话框的好处在于可以自由控制旋转度数）。这样，当 B 页应用平滑动画后，只能感受到对象（这里的泪滴型）旋转的过程，几乎感受不到换页。采用旋转变化时，建议把平滑变化的时间稍微缩短，让旋转速度稍快一些，显得更加自然，如图 6-22 所示。

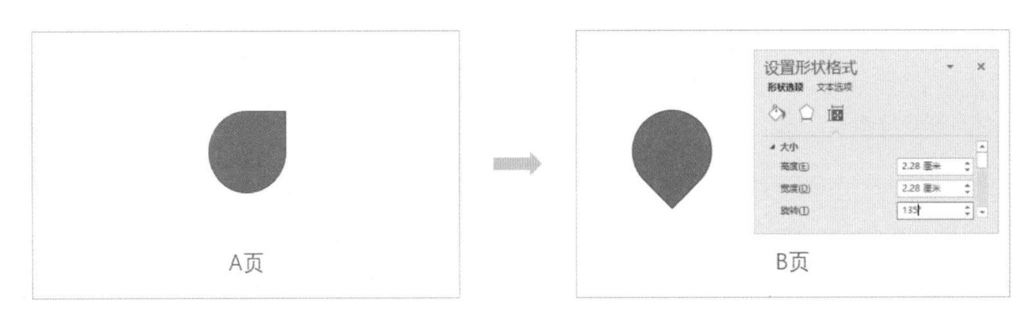

▲图 6-22　利用平滑实现旋转变化

压缩变化：在 B 页中将某个形状的高度设置为一个极小值，该形状就变成了一条直线。利用这一特点，就能实现压缩型形变效果的平滑动画了，结合旋转变化一起使用，效果更出色，如图 6-23 所示。

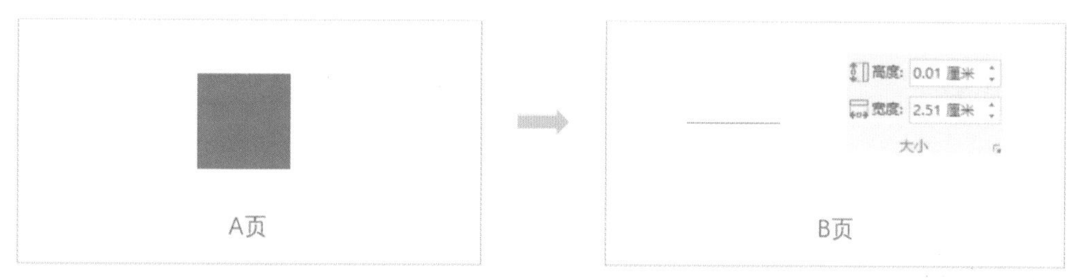

▲图 6-23　利用平滑实现压缩变化

形状变化：由 A 页的正方形改变为 B 页的圆形，这种形变平滑动画又该怎么做？在 B 页中使用“更改形状”是无法实现的，因为更改形状后，软件不会再将变成椭圆后的矩形与 A 页的矩形认定为同类对象。通过“编辑顶点”将 B 页的矩形编辑为一个圆形也不行，虽然软件把编辑为圆形后的矩形依然认定为矩形。实现这种形状变化往往需要借助一些特殊图形，即该图形本身可以通过形变控制点变成几种形态，比如利用圆角矩形（按住【Shift】键之后画出的长宽等比例圆角矩形），便可以实现正方形变成圆形的平滑切换效果，如图 6-24 所示。

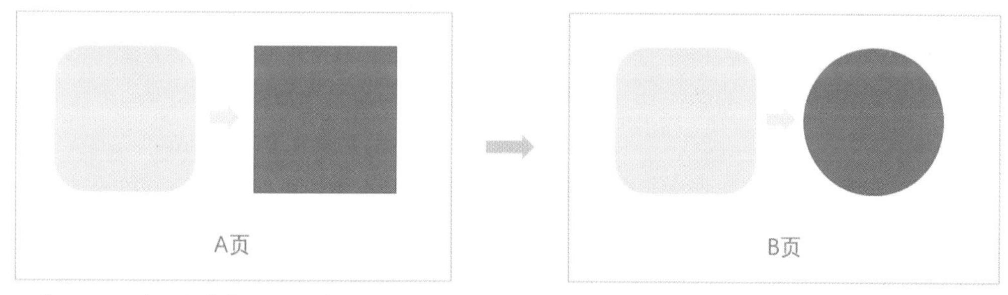

▲图 6-24　利用平滑实现形状变化

由一变多：使用平滑动画还可以实现 A、B 切换时页面上一个对象变为多个对象的动画效果。这种效果利用的是叠放的方法：首先在 A 页中将多个对象叠放在其中一个对象的图层之下，被该对象完全遮盖，复制成为 B 页后，将这些对象释放出来，不再被遮盖即可实现，如图 6-25 所示。

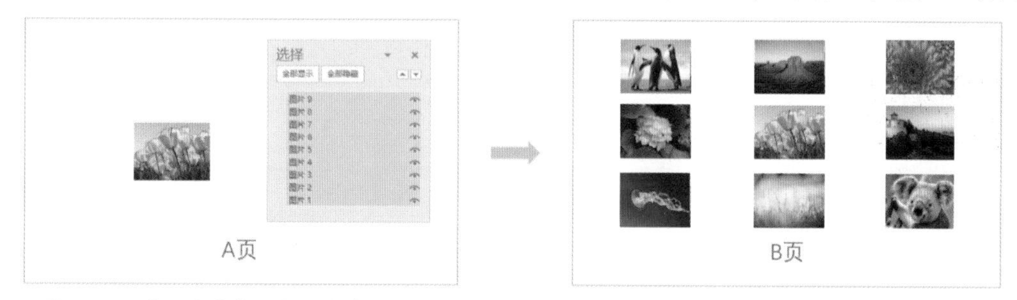

▲图 6-25　利用平滑实现由一变多

文字变化：文字平滑切换的前提是前后两页的文本框中的文字内容有相同的字。文字的平滑变化需在效果选项中选择“字数”或“字符”效果方才有效。如图 6-26 所示，B 页的文本框较 A 页的文本框新增了文字，此时需要选择“字数”效果；如图 6-27 所示，B 页中仅有一个“销”字与 A 页相同，此时则需要选择“字符”效果。

销售技巧 A页 → 销售技巧指导 B页

▲图 6-26　利用平滑实现文字变化（一）

销售技巧 A页 → 营销思路 B页

▲图 6-27　利用平滑实现文字变化（二）

▲图 6-28　扫码观看《PPT 变体效果大解析》

前后两页有相同的文字、图片、组合或同类的形状，但后页中的该对象由于被添加自定义动画，切换时并未在页面上，因此即便对后页添加平滑切换动画效果也无法呈现。

在网上有很多专业机构、专家都对平滑动画用法进行了探讨，比如演界网陈魁老师出品的《PPT 变体效果大解析》，对平滑动画的用法介绍非常全面，值得一看。扫码观看，如图 6-28 所示。

技能拓展 > 幻灯片切换的时间掌控

掌控好幻灯片的切换，须注意两个时间：1. 切换动画的持续时间，即设置好的切换动画的动画时长，这个时间一般以默认的设置为佳，个别情况可进行手动调节；2. 换片时间，即在当前幻灯片页面上的停留时间，默认为单击鼠标时切换，若设置为自动换片，播放时只会在该页面停留设定的时间，排练计时设置的时间也是换片时间，在排练计时的基础上对换片时间做调试更方便。

9. 缩放定位

“插入”选项卡下的“缩放定位”虽然并不属于“切换”动画，但是通过插入“缩放定位”也能够实现柔和且更富有空间感的页面切换。大致的操作方法如下。

步骤 01 在完成所有页面的设计后，在最开头添加一张空白页面（除非幻灯片本身就是黑色背景，否则该页背景设置为黑色或黑色渐变，空间感更佳），如图 6-29 所示。

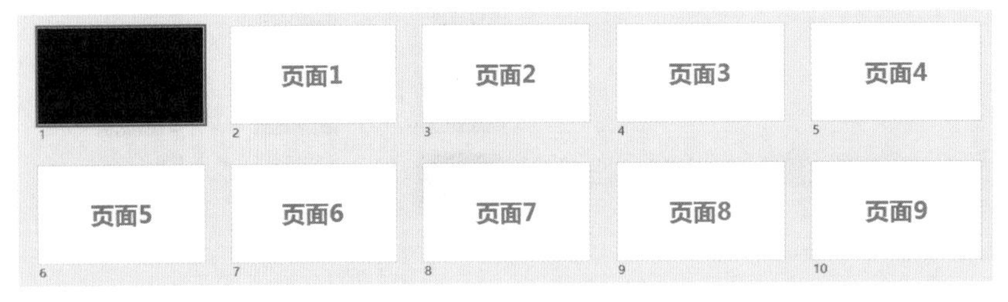

◀图 6-29　步骤 01

步骤 02 在该页面上插入除该页外所有幻灯片页面的“幻灯片缩放定位”（幻灯片缩放定位，切换时，每按一次向右光标将以富有空间感的方式直接平移到下一页面；摘要缩放定位，将自动建立新的摘要页面，因而可忽略步骤 01，切换时，按一次向右光标将先返回查看所有页面，再按一次向右光标才进入该页。两种效果都不错，可根据个人喜好选择），如图 6-30 所示。

步骤 03 接下来将插入该页面上的幻灯片页面像排图片一样整齐排列起来，如图 6-31 所示。放映时，放映该页面即可。

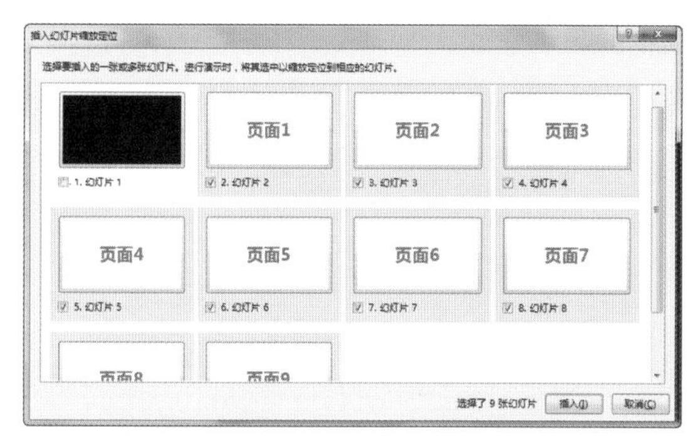

▲图 6-30 步骤 02

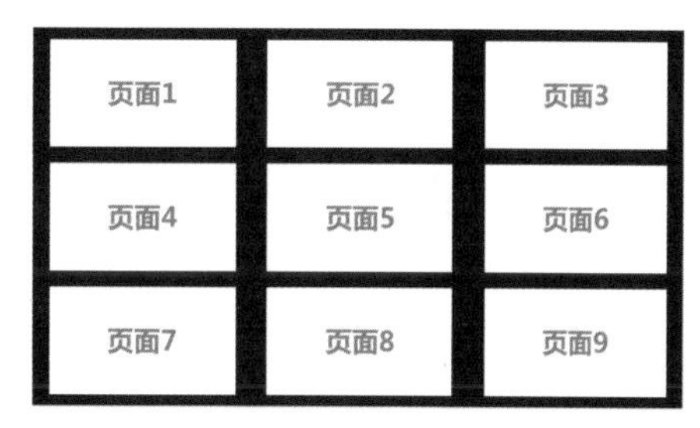

▲图 6-31 步骤 03

6.2.2 自定义动画避免突兀的三大注意事项

自定义动画，即添加在幻灯片页面对象上的动画效果，因而只有在选中幻灯片上的对象（图片、形状、文本框、图表等）后才能激活功能区中的“ 动画”选项卡，如图 6-32 所示。新手须注意“动画”与“切换”的区别。

▲图 6-32 “动画”选项卡

1. 有目的地添加自定义动画

添加自定义动画主要有如下三个作用。

让页面上不同含义的内容有序呈现。当页面上的内容只是在说一件事或只有一个段落、层次时，其实没有必要添加自定义动画，直接使用切换动画即可；而当页面上有多件事或有多个段落、层次时，便可以配合演讲时的节奏通过添加自定义动画的方式让内容依次呈现，如图 6-33 所示的幻灯片中含有三层内容，分别添加自定义动画，使其按先后顺序进入页面。

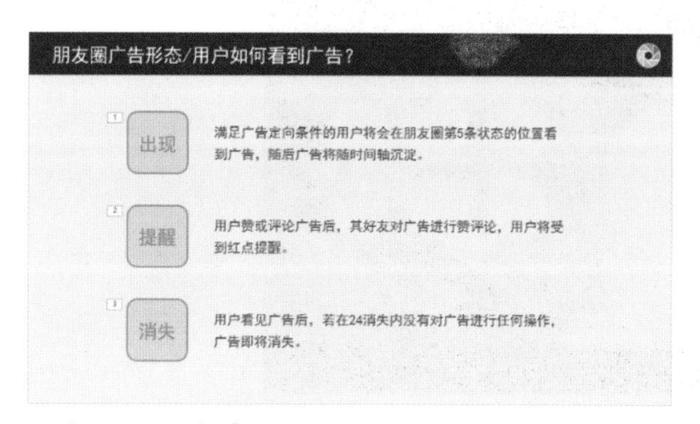

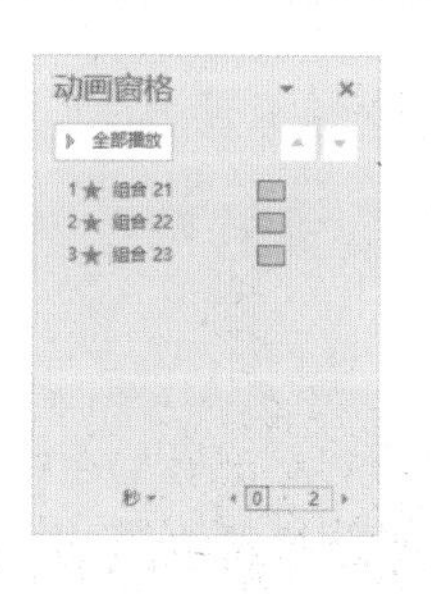

▲图 6-33 幻灯片示例 1

强调页面上的重点内容。当前页面上的重点，需要着重突出的，除了字号、颜色等设计上的强化外，还可以单独添加动画来进行强调。如图6-34中的幻灯片，通过添加“缩放”这一进入动画来实现对“企业电子商务绝非是局部优化”这句话的再次强调。

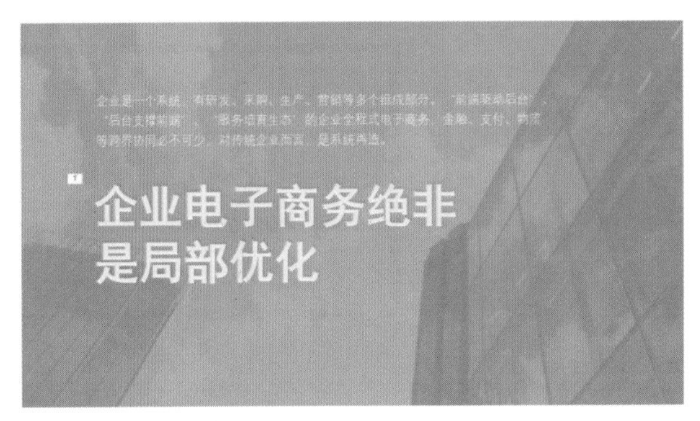

▲图6-34　幻灯片示例2

引起关注。页面上的大多数内容是静态的，若对其中的部分内容添加一个自定义动画，很容易引起观众注意。如图6-35所示，为了引起观众对“简约”一词的关注，故意将该词从原文本框中拆分出来，单独添加强调动画“放大”；又如图6-36所示，为了让观众关注那栋压轴楼王，在原图上沿着楼宇的轮廓绘制半透明填充的任意多边形，并对其设置重复播放的强调动画“脉冲”。

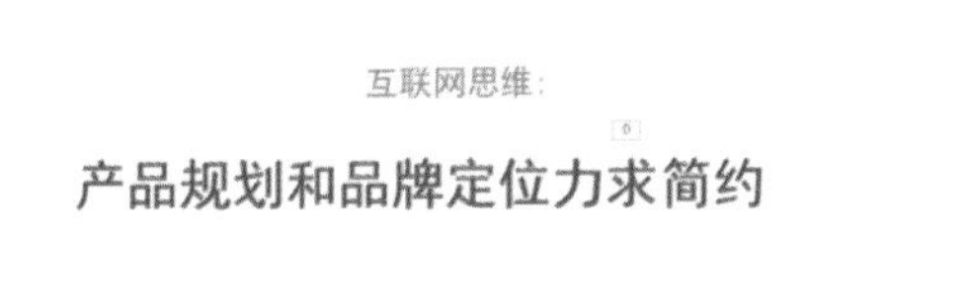

▲图6-35　幻灯片示例3

▲图6-36　幻灯片示例4

总而言之，使用自定义动画应有目的性，随意滥用自定义动画带给观众的感受必然是突兀的。

2. 用大众普遍接受的自定义动画效果

大家都知道自定义动画包括进入、强调、退出和动作路径 4 种类型，在一种类型内又根据动画效果的明显程度分为基本型、细微型、温和型、华丽型几组。高手们制作的那些看起来十分炫酷的动画大多是通过各种类型组合、一个对象添加大量的动画等方式实现的。日常办公、严肃演讲等普通应用场景无须把动画做得那么复杂，不要由着自己个人的喜好使用非常跳跃的动画（如弹跳、下拉），尽量使用大众普遍都能够接受的动画，确保内容呈现自然、不突兀即可。

根据以往的经验，推荐以下几种大众普遍比较好接受的动画效果。

进入动画。

淡出，比“出现”要柔和，非常经典的效果，无论文字、图片、形状使用起来都不会出问题，如图 6-37 所示。

浮入，可上浮或下浮，这种下降或上升的过程使用在一些重点文字上有一种隆重推出、提醒关注的感觉，如图 6-38 所示。

擦除，由于 PPT 2016 没有“颜色打字机”这一动画效果，对文字添加擦除动画，仅需稍微控制速度便可模拟出颜色打字机的大致感觉。多行文字需在每行末尾打断，才能实现逐行擦除，如图 6-39 所示。

轮子，圆形、圆环、弯曲线条等部分形状使用该动画可表现一种绘制的过程，雷达扫描、倒计时刷新等均可利用该动画制作，如图 6-40 所示。

缩放，在强调某些重点对象特别是重点文字时效果较好。当对象外形较大时，可选择以幻灯片页面为中心缩放方式，如图 6-41 所示。

▲图 6-37 淡出

▲图 6-38 浮入

擦除

▲图 6-39 擦除

▲图 6-40 轮子

▲图 6-41 缩放

大师点拨 > **如何在 PPT 2016 中添加 PPT 2003 动画？**

PPT 2016 的自定义动画效果与 PPT 2003 并不完全一致，PPT 2003 中的颜色打字机、放大、投掷等动画在 PPT 2016 都没有提供。不过，若是使用 PPT 2003 制作的 PPT 文件中使用了这些动画，在用 PPT 2016 打开时这些动画效果依然可以正常显示。因此，利用动画刷工具，我们便可以从 PPT 2003 制作的 PPT 文件中把这些效果复制出来使用。

旋转，纵向对称轴式的旋转，某些小图标进入时选择这种动画，看起来会更加生动、活跃，如图 6-42 所示。

压缩，需要在“添加更多进入效果”对话框中选择。单行文字，小结论采用该动画效果不错，如图 6-43 所示。

退出动画。

与进入动画是逆向的变化，一般来说很少会使用退出动画。在多种动画组合时，常用“消失”和“淡出”使对象快速退出页面。

强调动画。

脉冲，让某个对象吸引观众关注时使用表现不错。大多会添加“重复”效果，使对象如同心跳或呼吸，持续震动，如图 6-44 所示。

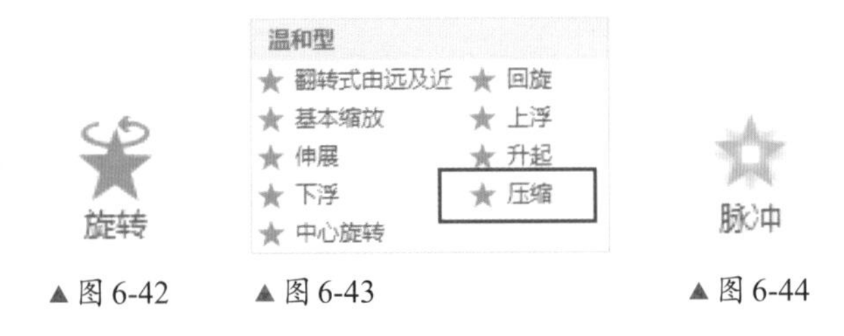

▲图 6-42　▲图 6-43　▲图 6-44

大师点拨 > 如何让一个动画重复出现？

在动画窗格中选中需要重复出现的动画，按下【Enter】键打开“动画属性设置”对话框。在对话框中有三个选项卡“效果”“计时”“正文文本动画”，通过设置其中的选项，可以对动画效果进行进一步丰富。比如在“放大 / 缩小”这一动画中可以通过对话框设置动画中放大缩小的具体尺寸，而不只是一个较大、较小等。若要让一个动画重复操作，则可以通过对话框的“计时选项卡”设置，重复方式可以是重复具体的次数后停止，也可以是单击时停止等。

陀螺旋，即圆周旋转，对于某些形状来说，使用陀螺旋能够让其生动起来（设置重复动作），比如太阳形、圆形等，如图 6-45 所示。

放大 / 缩小，多用放大效果实现强调的目的，如图 6-46 所示。

彩色脉冲，与脉冲作用相同，脉冲是通过大小的变化的方式引起关注，而彩色脉冲是通过颜色的变化来引起关注，如图 6-47 所示。

▲图 6-45　▲图 6-46　▲图 6-47

动作路径动画。

一般弹簧、中子等图形路径的使用频率不高，只需要掌握向左、向右、根据需要自定义路径即可。PPT 2016 在动作路径动画的使用方便性上有了很好的改进，动画的开始和结束位置都会以半透明色显示出来，因而对于运动的轨迹可以更好地把控，借此即便普通人也能做出多个动画组合使用的复杂动画效果。

动作路径动画的路径也能进行顶点编辑（直线路径无法进行编辑），且操作方法与形状的顶点编辑相同，如图 6-48 所示。若对形状的顶点编辑比较熟练，对于动作路径动画的路径编辑操作也能得心应手。

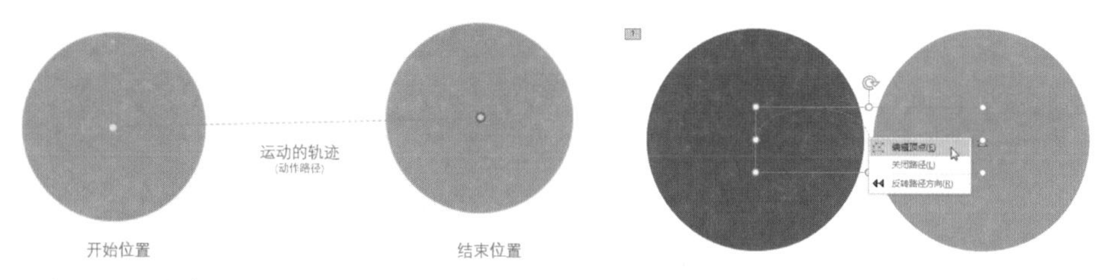

▲图 6-48　动作路径动画

技能拓展 ＞　路径的锁定与解除锁定

锁定是指将路径动画的路径固定在添加该动画时所在的位置，无论是否改变对象本身的位置，路径的位置都不发生改变。而解除锁定是指路径不固定，将跟随对象一同移动。锁定与解除锁定都与路径本身的形态无关，并非指路径本身是否能够进行延长、变形等改变。

技能拓展 ＞　如何将一个对象的动画复制到另一个对象上？

使用动画刷可以将一个对象的动画复制到另一个对象上，加快编辑动画的效率。动画刷的使用方法与格式刷相似，单击格式刷按钮，复制粘贴一次；双击格式刷可以复制粘贴无限次，直至按【Esc】键退出。

3、把握自定义动画的节奏

自定义的节奏过快或过慢都会带来不自然的感觉。把握好自定义动画的节奏，须学会使用四个时间。

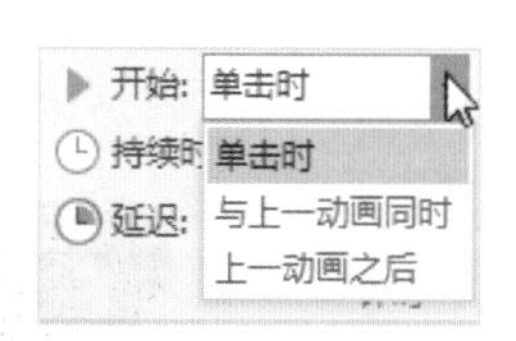

▲图 6-49　开始时间

开始时间，或者说是动画的启动方式，当页面上有多个动画时，这一选项即是动画的衔接方式。如果要两个或多个动画同时播放，选择“与上一动画同时”即可实现，如图 6-49 所示。

持续时间，即该动画的过程持续多长时间，可直接输入。想让一个动画效果慢一点，就把时间加长，想让动画效果快一点，则把时间缩短，如图 6-50 所示。

持续时间: 02.00

▲图 6-50　持续时间

延迟时间，结合“与上一动画同时”这一开始时间使用，可以在时间轴上更好地调配各个动画启动的时间，如图 6-51 所示。比如，当前页面有一个椭圆动作路径动画和一个文本框出现动画，你想在椭圆运行到某个位置时，文本框才出现，此时便可以把椭圆的动画设置为第一个动画，文本框动画设置为第二个动画并选择与上一动画同时，然后观察椭圆运行到指定位置的时间，最后将文本框的动画再设置延迟这一时间即可实现。

▲图 6-51　延迟时间

时间轴：按下【Alt】→【A】→【C】打开动画窗格，在这里可以看到页面上添加的所有动画，这些动画都按启动方式、先后顺序排列在时间轴上。

如果在动画窗格上按住鼠标左键将其拖动到窗口下方，就更像我们常见的时间轴了。选择某个动画按住鼠标上下拖动即可改变动画启动的先后顺序。而当鼠标放置在动画的持续时间（即时间轴上的那些色带）上变成黑色双向箭头⟷时，可改变动画的开始时间，鼠标放置在动画持续时间末尾变成⟺形时，拖动可改变动画的持续时间。

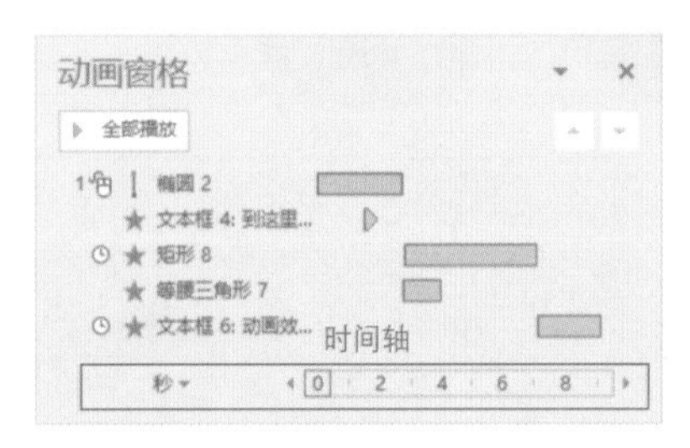

▲图 6-52　时间轴

6.2.3 PPT 高手常用的 7 个动画小技巧

本章最后再补充介绍一些高手们常用的、能够快速有效提升新手制作动画能力且日常使用 PPT 过程中也能用上的一些动画小技巧。

1. 图层叠放

将相同或不同的对象在页面叠放，利用这一特殊位置关系，即便使用一些简单的自定义动画，也能做出一些特殊的效果。比如文字的光感扫描效果，便可以用两层文字叠加来实现，具体方法如下。

步骤01 将文本框复制一份，并将复制后的文字设置为与原字体颜色不同（具体根据背影颜色和原文字的颜色来选择，一般选择白色、灰色才有光感的效果），将复制的这份文字（本例中的灰色文字）添加一个“阶梯状”进入动画（左下方向）和一个“阶梯状”退出动画（右上方向），适当将退出动画延迟一定时间，如图 6-53 所示。

▲图 6-53　步骤 01

步骤02 将复制的文字叠放在原文字上方，如图 6-54 所示。通过简单的“阶梯状”动画制作的光感扫描就完成了。

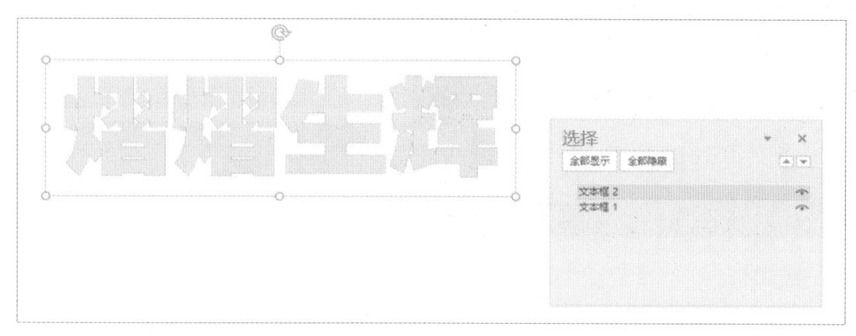

▲图 6-54 步骤 02

利用这一原理，我们还可以用一张静态的图片，做出点亮灯火的亮灯动画效果。

步骤01 插入一张亮灯状态、色彩明艳的图片，随后复制一份，调节其中一种图片的亮度、饱和度，使原图发生一定的去色（近似关灯的效果即可），如图 6-55 所示。

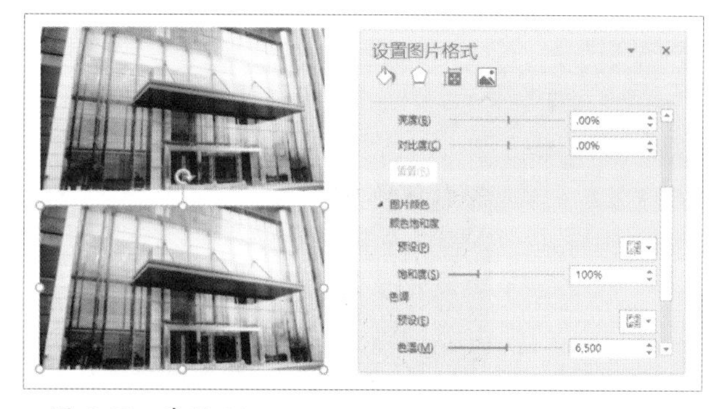

▲图 6-55 步骤 01

步骤02 将原图叠放在去色后的图片上，添加“淡出”动画，并适当延长其持续时间，使灯火缓慢亮起更为自然，如图 6-56 所示。

▶图 6-56 步骤 02

同理，还可以利用叠放来制作由模糊到清晰的镜头调焦效果。若精通 PS 软件，在 PS 中调整某个对象（比如 LOGO）的打光变化，导出从不同角度打光的多张图片，在 PPT 中还可以做出光源来回照射、非常有质感的效果。发挥想象力，使用图片叠放的更多用法等你去发现！

2. 溢出边界

PPT 放映时，只会显示出现在幻灯片页面内的对象。但利用在幻灯片页面外这一特殊的位置，也能实现一些特殊的动画效果，比如胶片图展，具体方法如下：

步骤01 将所有要展示的图片设置为相同的高度，整齐排列成一行并组合在一起。最左侧的一张图片对齐幻灯片的左边界，任部分图片溢出幻灯片右边界，如图 6-57 所示。

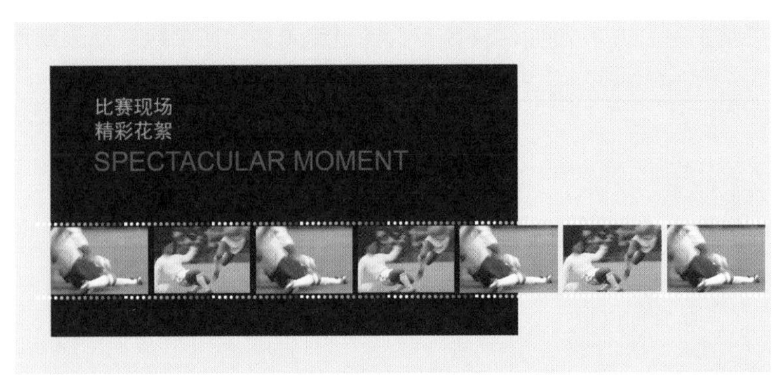

◀图 6-57　步骤 01

步骤02 为组合好的图片添加一个向左的动作路径动画，适当调整路径动画的结束位置，使最右边一张图片的右边界刚与平幻灯片页面的右边界齐平。根据图片的数量情况调节路径动画的持续时间，为了让图片匀速移动，可在路径动画属性对话框中将开始与结束的平滑时长取消。

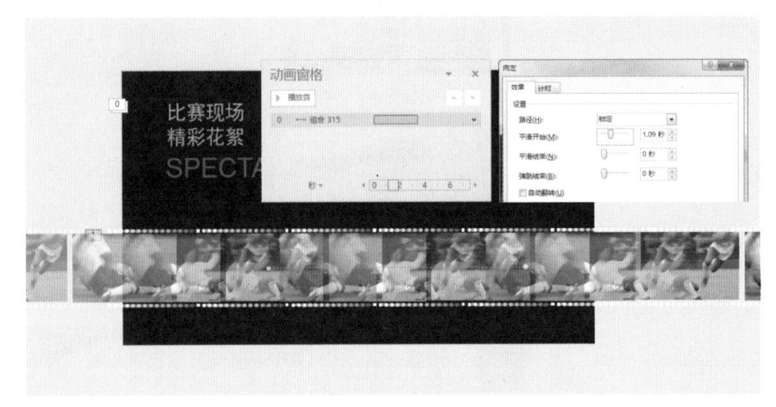

◀图 6-58　步骤 02

又如在网页上常常看到的图片轮播效果也可在 PPT 中实现，具体步骤如下。

步骤01 将图片插入幻灯片页面（本例以纯黑色为背景），插入的图片数量随意，本例以 3 张广告图为一组，两组图片切换轮播。为保证轮播动画的效果，先将所有图片剪裁为相同的尺寸。接下来，将一开始要出现在页面上的 3 张图片（广告 1、广告 2、广告 3）排列在页面上，再将轮播动画后切入进来的 3 张图片排列在幻灯片页面外，并通过对齐按钮使这六张图片顶端对齐、横向分布间距一致，之后再将页面内的 3 张图片、页面外的 3 张图片分别组合。再在页面上添加蓝色、红色两个矩形作为动画触发按钮。如图 6-59 所示。

◀图 6-59　步骤 01

步骤02 选择页面内3张图片构成的组合（本例中的组合20，绿色图），添加“向右”的路径动画，开始时间设置为“单击时”，并在按住【Shift】键的同时拖动动画结束位置的小红点，将该动画的结束位置设定在3张图片刚好平移到幻灯片页面外的位置（广告1图片刚好移出幻灯片页面外）。同理，将页面外的3张图片构成的组合（本例中的组合21，棕色图）也添加“向右”的路径动画，开始时间为“与上一动画同时”，其动画结束位置设定在当前组合20所在位置，且与当前的组合20所在位置完全重合。这样，单击鼠标左键，组合20移出幻灯片页面的同时组合21也将移入页面，如图6-60所示。

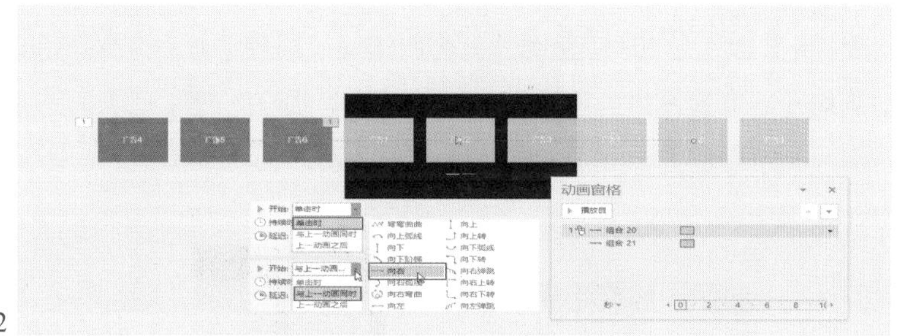

▶图6-60　步骤02

步骤03 在动画窗格中，选中组合20按下【Enter】键，打开“动画属性”对话框。在对话框中切换至“计时”选项卡，单击“触发器”按钮，在“单击下列对象时启动效果”选项中选择“矩形7”，即红色矩形。随后，单击“确定”按钮，返回动画窗格，将组合21拖动放置在组合20下方。这样，刚刚设定好的动画就只有在单击红色矩形时才会播放（预览效果也无法像普通动画一样单击动画窗格中的“播放自”按钮在编辑时预览，而只能进入播放状态才能预览），如图6-61所示。

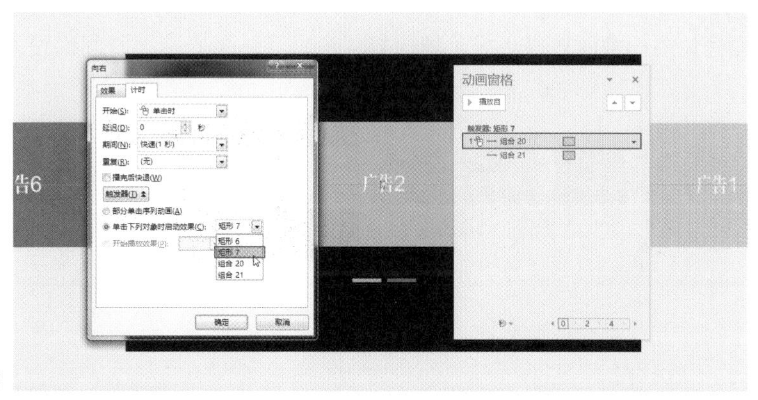

▶图6-61　步骤03

步骤04 为了让两组图片能够循环切换轮播，再次选中组合21（棕色图片），并再次添加“向右”路径动画，开始时间依然是“单击时”。不过，这一次需要将结束位置的小红点，平移拖动至刚刚组合20（绿色图片）路径动画的结束位置，即幻灯片页面右侧边界外。而开始位置的小绿点则须平移拖动至当前组合20（绿色图片）所在位置，也即步骤02中为组合21（棕色图片）添加的路径动画的结束位置，如图6-62所示。

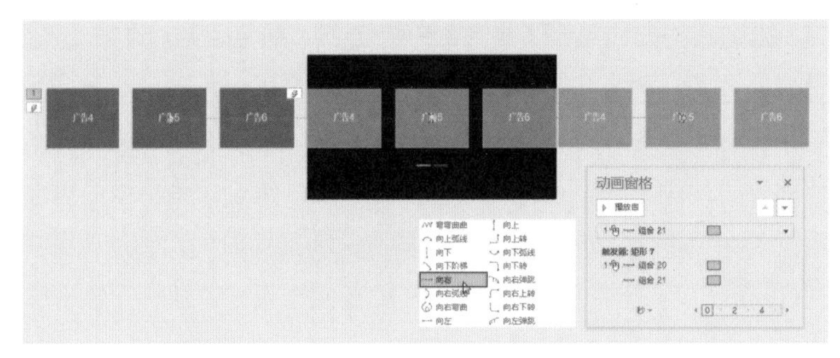

▲图 6-62　步骤 04

步骤05 同理，再次为组合20（绿色图片）添加“向右”路径动画，动画开始时间为“与上一动画同时”，动画的开始位置设为当前组合21（棕色图片）所在位置，动画的结束位置设为当前组合20（绿色图片）所在位置，如图 6-63 所示。

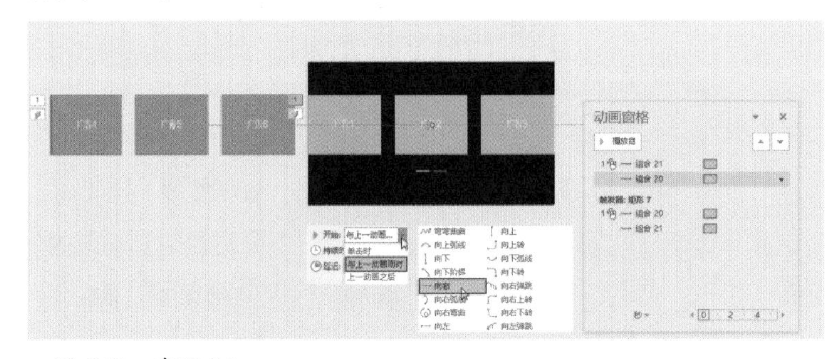

▲图 6-63　步骤 05

步骤06 同理，在动画窗格中，将组合 21 第二次添加的路径动画开始方式改为单击“矩形 6”（蓝色矩形）时开始，并将组合 20 第二次添加的路径动画拖动在其后，如图 6-64 所示。为了在图片轮播切换时效果更好，建议将 4 个路径动画的持续时间都设为 01:00。

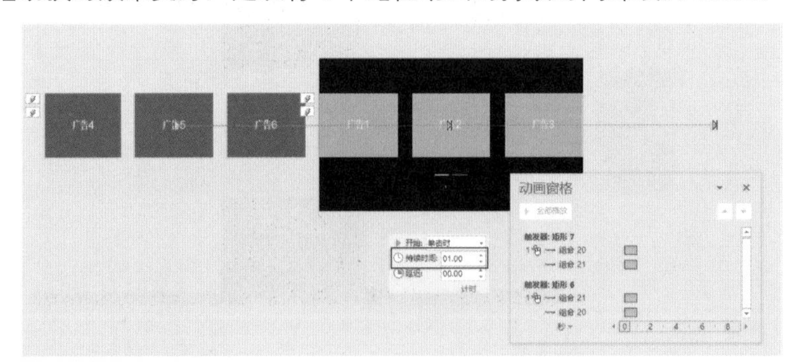

▲图 6-64　步骤 06

经过上述操作后，进入播放状态我们可以看到，单击红色矩形广告 1、广告 2、广告 3 这 3 张图片向右移出视线，而广告 4、广告 5、广告 6 这 3 张图片则同时移入视线；而单击蓝色矩形，广告 4、广告 5、广告 6 这 3 张图片移出视线，广告 1、广告 2、广告 3 这 3 张图片移入视线，从而形成这种网页中常见到的轮播效果，如图 6-65 所示。

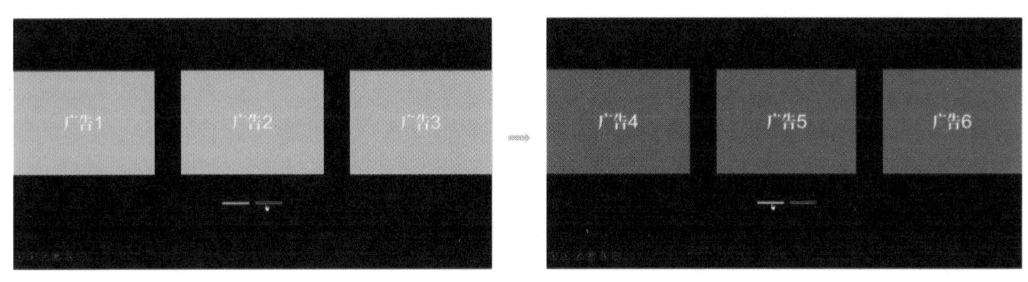

▲图 6-65 效果图

PPT 不支持透明 Flash 动画，但像透明 Flash 动画中常见的箭头来回滚动这样的动画也可以利用特殊位置，通过“飞入”这一简单的自定义动画来实现。

步骤 在幻灯片页面外左右两侧添加两个箭头形状（可在符号 Wingdings 字体中选择添加），并将箭头前方背对幻灯片页面，将这两个箭头分别添加飞入动画，向左的箭头自右侧飞入，向右的箭头自左侧飞入。两个动画的开始时间设置为同时，为让效果更真实，可将其中一个动画的持续时间设置得稍长一些，如图 6-66 所示。

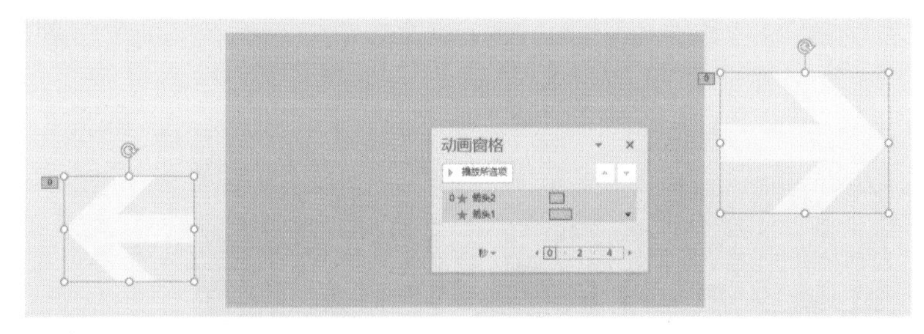

▲图 6-66 PPT 示例 1

平滑切换动画利用溢出边界也可以做出从无到有的特殊效果，如图 6-67 所示。

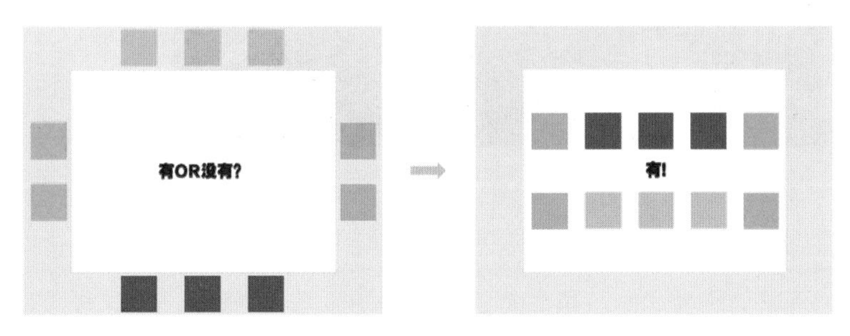

▲图 6-67 PPT 示例 2

3. 形状辅助

在制作动画时，形状也有不小的作用，比如实现播放过程中 4:3 尺寸到宽屏尺寸的切换。

步骤 01 在当前 4:3 的页面中添加一个 16:9 的矩形，等比例拉伸或缩小至与页面宽度相同并将其设置为水平、垂直居中。然后沿着矩形的上边缘与页面上边缘，矩形的下边缘与页面的下边缘添加两个纯黑色的矩形，如图 6-68 所示。

步骤02 把 16:9 的矩形删除，将内容排在两个黑色矩形之间。为上下两个矩形分别添加自顶部飞入和自底部飞入动画，设置为同时开始，并置于当前页面所有动画的最前面，如图 6-69 所示。这样，当 PPT 播放到该页面时，两个黑色矩形便会自动将屏幕压缩为宽屏，对于一些宽幅比例尺寸图片的全图型排版或展示，效果会更好一些。

▲图 6-68　步骤 01

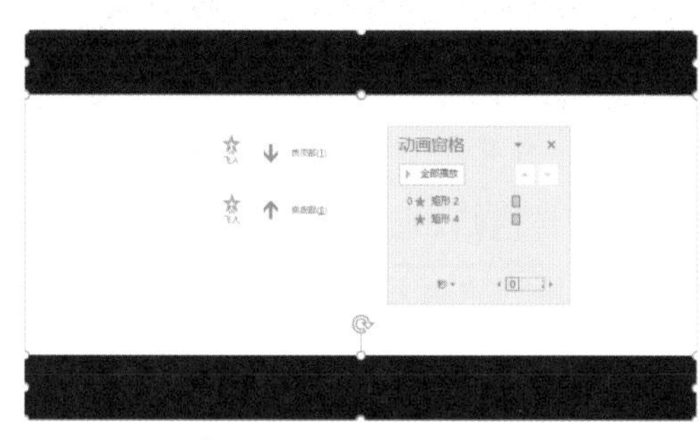

▲图 6-69　步骤 02

又如利用线条、任意多边形等形状让静态的地图“活”起来。

步骤01 道路沿着其路径使用半透明色的曲线描出来，重要的区域使用半透明色填充的任意多边形勾勒、遮盖，重要的点位使用泪滴形指示并对相关标识添加标注……对静态的平面图上需要表现的要点都利用形状标记出来，如图 6-70 所示。

◀图 6-70　步骤 01

步骤02 接下来对这些形状添加自定义动画，比如所有道路添加擦除效果，泪滴形添加“浮入”动画，任意多边形添加“出现”动画，某个重要位置，比如本例中的“我的位置”还可以添加一个重复的上下移动路径动画，最后将这些动画的时间轴调整一下即可。如图 6-71 所示。

技能拓展 >　使用动画效果须注意统一性和差异性

逻辑上同级的页面、对象等使用同样的动画，可达到从动画的层面强化 PPT 逻辑性的作用。不过，过多雷同的动画效果也容易引起观众的厌倦、反感。因此，逻辑上不同级的页面、对象等在动画上应进行差异化选择，或根据页面上的具体内容稍作变化。

▲图 6-71 步骤 02

此外，还可以利用渐变色填充的椭圆按自定义路径移动作为模拟光源，利用长波浪形向左移动路径动画制作流动的水面动画，利用多个圆环动画制作涟漪动画等。当你找不到提升页面动画效果的方法时，形状也许可以帮上忙。

4. 效果组合

同一个对象同时添加多种动画效果，即效果的组合使用，比单独使用一种动画效果自然要好一些。适当掌握一些比较常用的动画组合方式，可满足 PPT 日常使用中对动画的某些特别要求。比如，陀螺旋和动作路径动画同时使用在太阳形上做出太阳旋转升起的效果。

步骤 选择太阳形，添加自定义动画 - 进入动画“出现”（若该形状已出现在页面上可不添加）；在“出现”之后添加强调动画“陀螺旋”，开始时间设置为“上一动画之后”，设置重复效果“直到幻灯片末尾”；接下来继续添加动作路径动画“弧形”，并将开始时间设置为“与上一项同时”。稍微编辑一下“弧形”路径的顶点，加长路径动画的持续时间，添加了多个自定义动画的太阳形便可以真的像太阳一样一边“发光”（旋转）一边慢慢升上天空了，如图 6-72 所示。

▲图 6-72 太阳旋转升起效果

同理，利用强调动画“放大 / 缩小”和动作路径动画组合，可将一张静态的图片在 PPT 中做出镜头摇移（拉近或拉远）效果，多在制作 PPT 电子相册时使用。

步骤 将图片（制作这种镜头拉近拉远效果的图片最好比幻灯片页面稍大一些，图片质量也应稍微高一些）等比例拉伸至占满整个幻灯片页面（本例中的红线范围），对图片添加自定义动画 - 强调动画“放大 / 缩小”，设置放大比例（能够放大到镜头想要对准的目标且图片不变模糊即可，本例设置为 110%）。接下来，继续对图片添加动作路径动画（根据图片情况选择，本例选择的是向下），再稍微调整一下路径的结束位置，即镜头移动对焦的方向，还须确保图片移动后仍然能占满整个幻灯片页面，取消路径动画的平滑开始与平滑结束，调整完成后，将动作路径动画设置为与“放大 / 缩小”动画同时即可，如图 6-73 所示。

▲图 6-73　镜头摇移效果

5. 一图多用

当页面上仅有一张图片作为素材时，如何做出丰富的动画效果？其实方法有很多，比如将图片裁剪成几个部分，做成拼合动画。

步骤 利用图片章节中我们介绍过的方法将图片裁剪成几个部分（本例中裁剪为 3 个部分），为了让效果更佳，最好裁剪成稍微带点设计感的造型（本例简单裁剪为两个梯形部分，一个平行四边形部分）；接下来，对图片的各个部分添加交错的动画效果（能够让图片以一种交错的方式进入，最终拼合成一张整图，本例中左右两部分为向下浮入，中间部分为向上浮入）；最后再将几个动画效果的开始时间设置为同时，如图 6-74 所示。拼合动画打破的是常规的从整体到局部的认知方式，带来的是一种反其道而行之、从局部到整体的新鲜感。当然，这种拼合动画其实在很多视频广告中常常见到，但它不一定适合所有图片。

▲图 6-74 拼合动画

再如，将图片复制成或大或小、色调不一的多张图片，做成闪动动画。

步骤 首先将原图（本例中的“无边框中图”）复制 3 份，拉大调整成多种色调（本例中的灰、蓝、绿调大图），再复制 2 份，裁剪放大局部（本例中的边框帆船小图和边框海洋小图）。然后先对后面 3 张大图按灰、绿、蓝的顺序分别添加淡入、消失动画，实现 3 张图的闪动出现（消失动画的开始时间为上一动画之后），然后是帆船小图和海洋小图同时淡入，之后又同时消失，最后原图缓慢淡出（持续时间设置稍长），如图 6-75 所示。这样就做出了一种图片不同色调、局部、整体闪动，最后原图终于进入眼帘的动画过程，这里只是简单示意，实际上还可以将图片的位置排得更灵活多样一些，各种图片反复闪出次数再增加一些，效果会更逼真。

▲图 6-75 闪动动画

关于一图多用做出丰富动画效果，还有图层叠放中介绍的用法以供参考。根据图片本身的情况，灵活使用图片，一张图动起来也很精彩！

6．模拟真实

模拟现实生活中的场景，有时并不需要太高超的动画制作技巧，且看起来也非常自然，如卷轴展开的过程动画，可按如下步骤制作。

步骤 将卷轴(无底色PNG)复制成为两根，充当左右两边的轴，重叠在一起置于幻灯片页面水平中央，再将卷轴内图片裁剪、调整尺寸至与卷轴相匹配，置于卷轴图层下，同样水平居中。接下来分别为两根卷轴添加向左、向右的动作路径动画，为图片添加“由中央向左右展开”的劈裂动画，并将三个动画的开始时间设置为同时开始，稍微调整一下劈裂动画的持续时间，使其能跟上卷轴的移动，如图 6-76 所示。这样一个模拟卷轴展开的动画就做好了。

▲图 6-76　卷轴展开动画

又如在 PPT 中模拟能够很好表现城市繁华的探照灯照射动画。

步骤01 制作探照射光。等比例插入一个等腰梯形，然后将其高度增加，宽度减少，以白色到透明色的渐变填充（本例设置参数：位置 0%，透明度 31%，亮度 95%；位置 39%，透明度 50%，亮度 0%；位置 100%，透明度 100%，亮度 0%），无轮廓色，模拟制作成一根射线光；然后复制成为两长、两短四根线；最细端相接，将两根长的射线光组合，同样地将两根短的射线光组合，并将两个组合放在一起（非将两个组合再次组合），旋转一定角度形成一个 X 形，如图 6-77 所示。

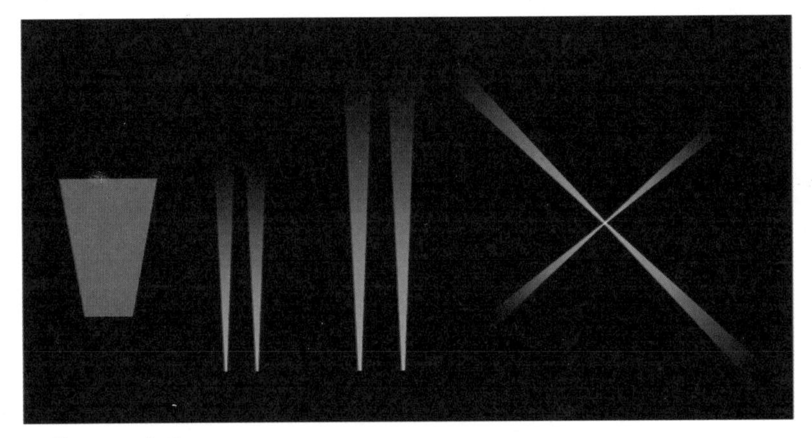

▲图 6-77　步骤 01

步骤02 将城市图片复制一份，通过 PPT 去背景将城市图片的前景部分（红色线条以下）抠出来，重新叠在原城市图片上，如图 6-78 所示。

▲图 6-78　步骤 02

步骤03 将做好的两组射线光放在抠出来的城市前景与城市图片原图之间，并对两个组合分别添加顺时针和逆时针的重复“陀螺旋”强调动画，如图 6-79 所示。此时，便可以看到原本静态的城市图片上模拟出了两道射向夜空的探照灯。

▲图 6-79　步骤 03

7．辅助页面

为了达到某种动画效果，形状可以作为辅助，页面也可以作为辅助。比如现实生活中帷幕大多是红色的，为了让“上拉帷幕”这一切换动画效果更好，我们可以在该页前增加一页纯红色背景、无任何内容的动画辅助页，使上拉的帷幕变成红色，如图 6-80 所示。

▲图 6-80　*增加辅助页面*

平滑切换动画添加辅助页面更是不必多说。另外，有些自动播放类、转视频使用的 PPT，为了实现停顿、叙事场景转换等目的，也会添加一些辅助性的纯黑色页面。

关于 PPT 的动画技巧当然远不止以上 7 个，更多的技巧最终还需要大家自己去探索、思考、领悟，这里仅是抛砖引玉，供读者朋友打开思路。虽然，我们不一定要学会那些极其复杂的动画制作方法，但是多看高手的作品，甚至下载下来，将他们那些复杂的动画一点一点分解开来研究、琢磨，对于掌握一些简单、常用的动画效果还是很有帮助的。

颜值高低关键在于用色排版

美

对于观众，有时只是一种看起来舒服的感觉

说不清，道不明

然而，对于设计者

美源自字体，源自图片……源自方方面面对美的构建与思量

用色与排版，更是成就 PPT 之美的关键所在

7.1 关于色彩的使用

想要做出漂亮的PPT，必须学会合理使用颜色。不会用色的人往往会滥用颜色，做出来的PPT看起来处处是重点，色彩丰富但并不美观，如图7-1所示。

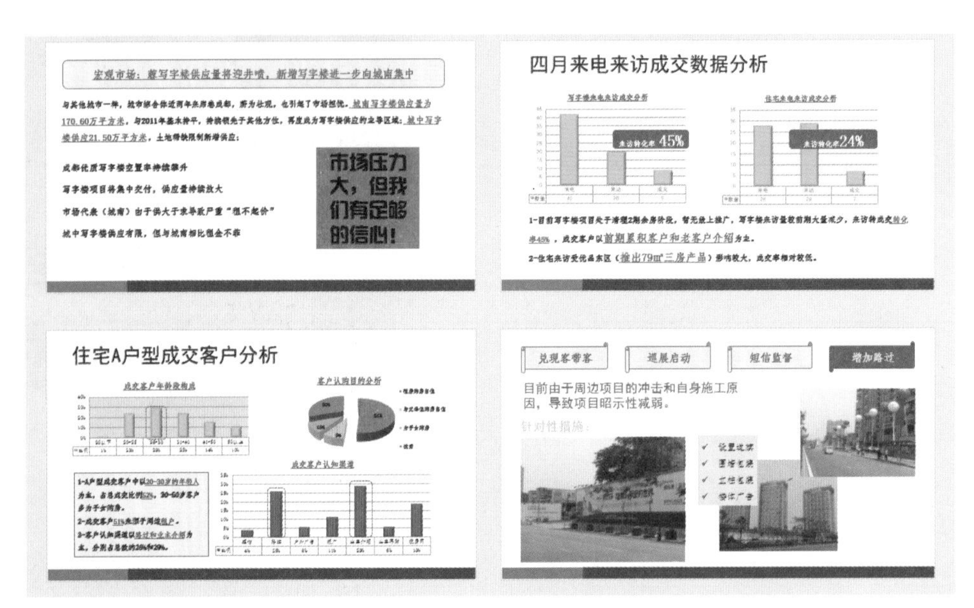

▲图7-1　PPT示例1

而会用色的人在色彩选择方面则会比较讲究，做出来的PPT，色彩和谐、统一，不但赏心悦目，而且层次鲜明、重点突出，如图7-2所示。

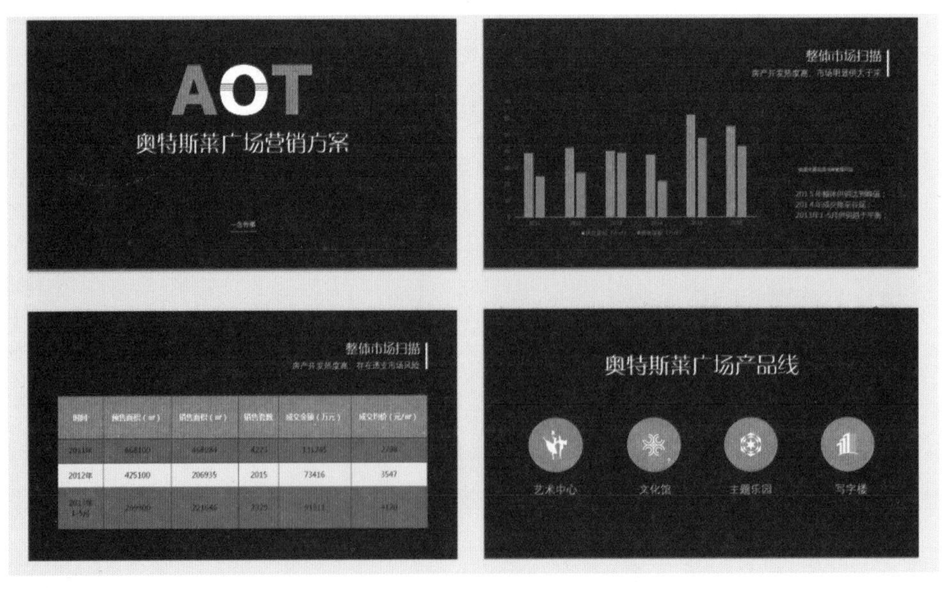

▲图7-2　PPT示例2

可见，会用色与不会用色在 PPT 设计上的差异不小。想要提升 PPT 设计水平，让自己的 PPT 作品变得更美，一些配色知识和配色技巧的学习必不可少。

7.1.1 学好配色有哪些不可不知的色彩知识

在阅读设计配色的书籍、教程中，你是否遇到过一些难懂的色彩概念？对于色彩领域的专业知识，你是否刨根问底地学习过？在广阔的色彩知识领域中，以下几点是学好 PPT 配色所必不可少的。

1. 有彩色和无彩色

从广义的角度，色彩可分为无彩色和有彩色两大类，如图 7-3 所示。

无彩色：根据明度的不同表现为黑、白、灰。

有彩色：则根据色相、明度、饱和度的不同表现为红、黄、蓝、绿等色彩。

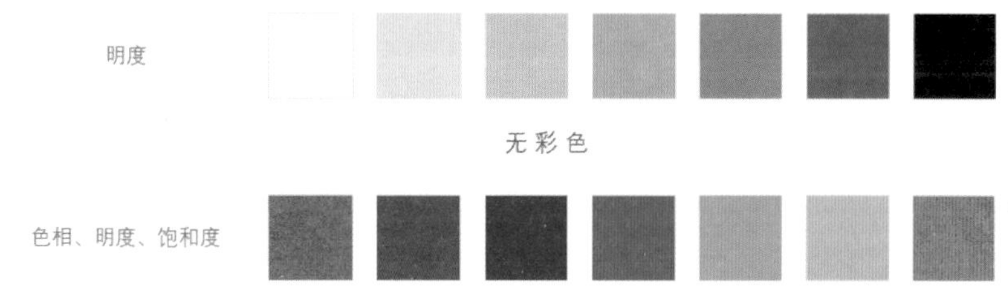

▲图 7-3 有彩色和无彩色

2. 色相、明度、饱和度和 HSL

色相、明度、饱和度是有彩色的三要素，人眼看到的任何彩色光都是这三个特性综合的结果。

色相：按照色彩理论上的解释，色相是色彩所呈现出来的质地面貌。而设计中常说的不同色相即两个对象颜色的实质不同，比如一个是草绿色，一个是天蓝色，自然界中的色相是无限丰富的，如图 7-4 所示。

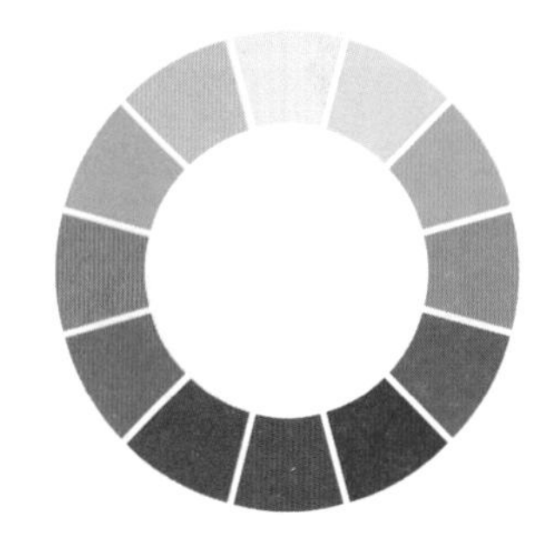

▲图 7-4 十二色相环

大师点拨 > 色相与色系是一个意思吗？

色系与色相的概念是不同的，色系是色彩按人对于颜色心理感受的不同进行的分类，包括冷色、暖色、中间色三类。蓝绿、蓝青、蓝、蓝紫等让人感觉冷静、沉寂、坚实、强硬的颜色属于冷色系；与之相对，红、橘、黄橘、黄等让人感觉温暖、柔和、热情、兴奋的颜色属于暖色系；中间色则是不冷、不暖，不会带给人某种特别突出情绪的颜色，如黑、白、灰。

饱和度：色彩在有彩色和无彩色这个维度上的强弱情况，饱和度越高色彩越鲜艳，饱和度越低则越褪色（或者说越接近灰色），如图 7-5 所示。

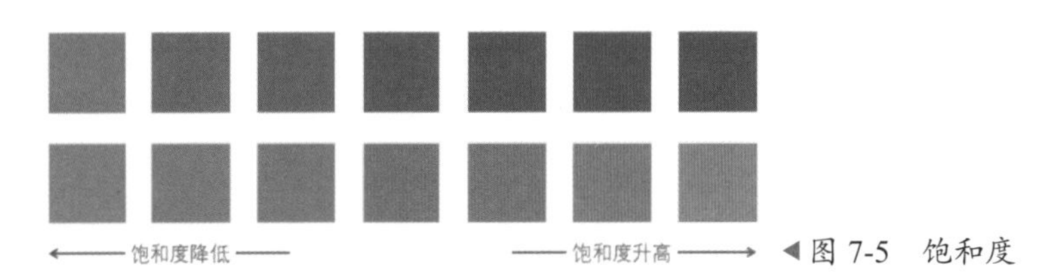

◀图 7-5　饱和度

明度：色彩在明亮程度这个维度上的强弱情况，比如亮红色和暗红色的区别，如图 7-6 所示。

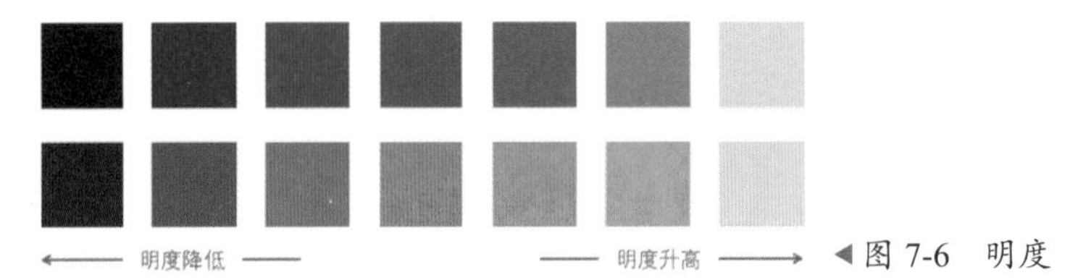

◀图 7-6　明度

在 PPT 的“颜色”对话框“自定义”选项卡中，左侧的颜色选择面板是色相与饱和度的选择，横向为色相切换，纵向的为饱和度切换，右侧的色带为明度的选择，向上为提升明度，向下为降低明度，如图 7-7 所示。

HSL：根据色彩三要素理论建立的一种色彩标准。H(hue) 指色相，S（saturation）指饱和度，L（lightness）指明度，一组 HSL 值可以确定一个颜色，比如 HSL（0,255,128）为红色，HSL（42,255,128）为黄色。在 PPT 中，颜色对话框中自定义选项卡下方可选择以输入 HSL 色值的方式设置对象颜色，如图 7-8 所示。

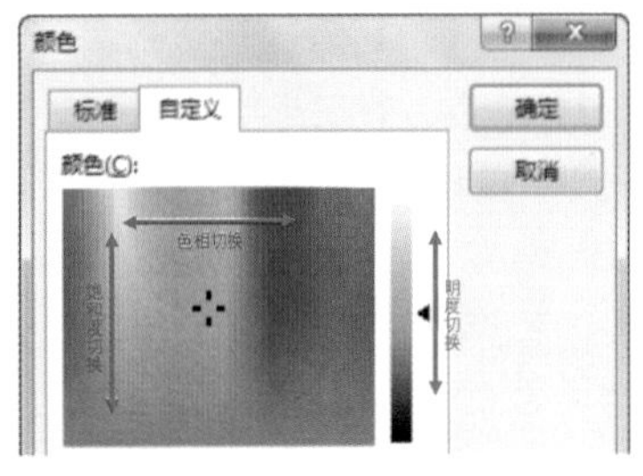

▲图 7-7　“自定义”选项卡

▲图 7-8　输入 HSL 色值设置颜色

3. 三原色和 RGB

三原色：色彩中不能再分解的基本色称之为原色，通常说的三原色即红、绿、蓝。利用三原色可以混合出所有的颜色，如图 7-9 所示。

◀图 7-9　三原色

技能拓展 > 美术界的三原色

美术上的三原色是指红、黄、蓝而不是红、绿、蓝。设计界常用的12色相环(或12色色轮)便是以红、黄、蓝三原色在色环上两两间隔120°为基本，两两进行不同程度混合成色后构成的。

RGB：和HSL相似，只不过R(red)G(green)B(blue)是根据三原色理论建立起来的一种颜色标准、颜色模式。在RGB标准中，R、G、B三色每一色都被划分为0~255级亮度，因而RGB标准能够组合成256×256×256=16777216即1600万色彩，这几乎包含了人类视力所能感知的所有颜色。这也意味着通过一组RGB整数值（三项，每项取值范围都在0~255）即可确定我们能看到的每一个颜色。比如RGB（255,0,0）为红色，RGB（255,255,0）为黄色，RGB（138,43,226）为紫罗兰色等。

RGB标准运用非常广泛，目前的显示器大都是采用了RGB标准，包括PPT在内的很多软件的默认颜色模式都是RGB模式。在“颜色”对话框“自定义”选项卡下方，默认显示的便是RGB值的输入，和HSL一样，在这里直接输入一组RGB值，可精准设置颜色，如图7-10所示。

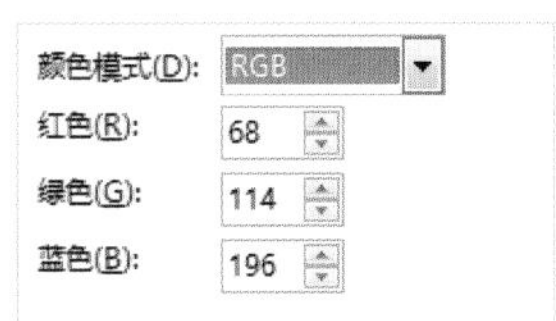

▲图7-10 输入RGB值设置颜色

技能拓展 > HTML和CMYK色值

HTML颜色是RGB标准下多用在浏览器中的色值编码方式，与RGB三个数值一组的方式不同，HTML为满足浏览器的特殊要求，采用的是16进制代码，比如蓝色的RGB值为（0,0,255），其HTML色值为#0000FF。从网络中下载一些可自定义颜色的素材时，很可能需要输入HTML色值而不是RGB值，比如从阿里巴巴矢量图标库下载图标输入的便是HTML色值。此时，可通过对照颜色色谱或一些工具软件（CorelDRAW、ColorSPY等）将RGB色值转化为HTML色值。

CMYK模式又称四色印刷模式，是彩色印刷中通过四种标准颜色混合叠加得到所有颜色的一种行业规范。印刷品设计类的专业软件常用这种模式，以使做出来的作品在输出为成品时颜色更准确。若要确保PPT作品印刷时色彩准确度高，也可先转化为图片或PDF等格式文件导入到CorelDRAW等专业软件中，转化为CMYK模式查看、调整后再印刷制作。

7.1.2 如何从PPT窗口外采集配色

在PPT 2013后的PPT版本中，增加了类似PS中吸管功能的取色器。使用取色器可直接吸取PPT窗口内的任意颜色，将其应用到当前选择的对象上，这让PPT中的配色方便了许多。

PPT的取色器仅可以采集PPT软件窗口内的颜色，其他软件中查看到的颜色又该如何采集？在网页上看到的一组好配色如何用在PPT中？其实很简单。

方法一，通过QQ截图。将看到的颜色截图、粘贴至PPT软件窗口，便可以通过取色器吸取

▲图 7-11　方法一

▲图 7-12　方法二

颜色了，如图 7-11 所示。

方法二，通过第三方取色软件，如图 7-12 所示。这里推荐本书中多次提到的小软件——ColorSPY，这款软件小巧、不占内存，不仅可以取色，还可以查看颜色的 RGB、HTML 等色值信息。

例如，从浏览器采集配色到 PPT 中，操作方法如下。

步骤01 打开 ColorSPY 软件，软件的窗口就出现在桌面右下角。右击 ColorSPY 窗口右上角的图标，在弹出的菜单中选择“RGB”将软件识别的颜色编码改为 RGB，如图 7-13 所示。

步骤02 此时，单击图标，将该图标切换为取色吸管图标，再单击吸管图标，将屏幕上的鼠标指针切换为取色状态，如图 7-14 所示。

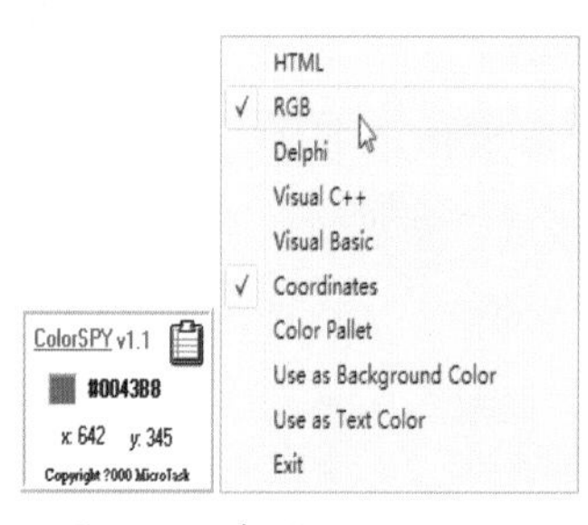

▲图 7-13　步骤 01

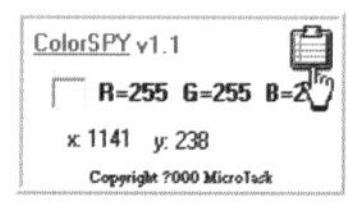
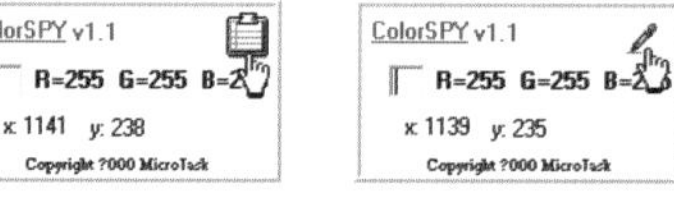

▲图 7-14　步骤 02

步骤03 切换至浏览器窗口，在想要的那个颜色上单击鼠标，如图 7-15 所示。

步骤04 此时，可以看到 ColorSPY 软件窗口中显示了当前所吸取颜色的 RGB 值，接下来只需在“颜色”对话框中输入这一值即可应用到选定的对象上，如图 7-16 所示。

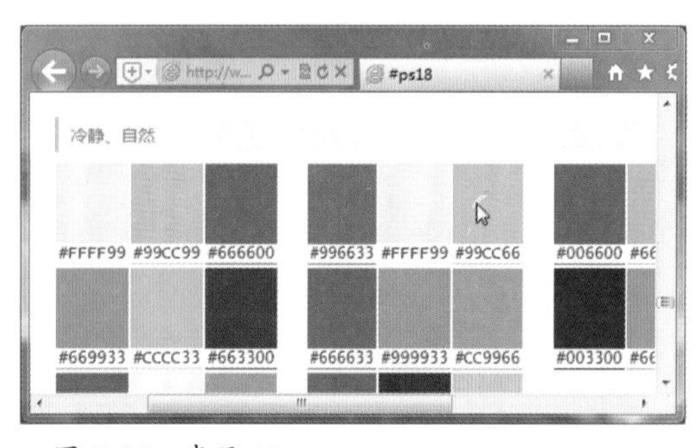

▲图 7-15　步骤 03

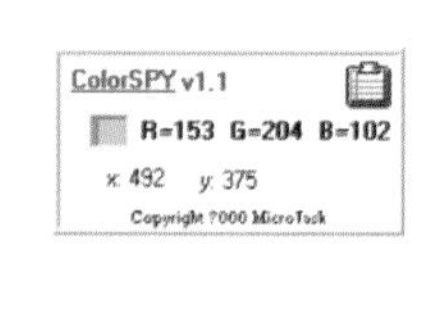

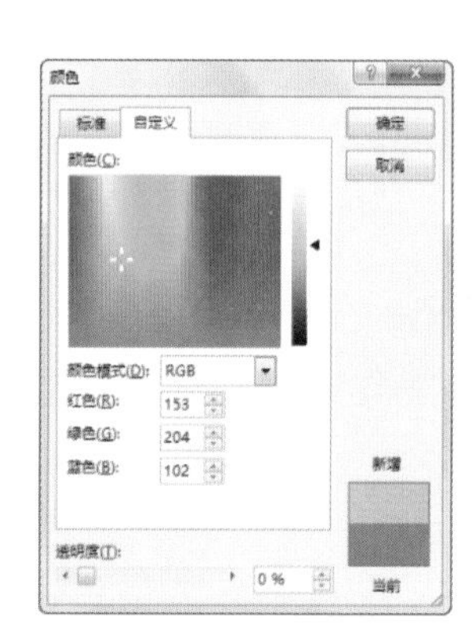

▲图 7-16　步骤 04

7.1.3 如何让你的配色更专业

优秀的 PPT 设计师一般在一份 PPT 中会有一个统一的色彩规范，从第一页到最后一页一以贯之，这种色彩规范其实就是配色方案。

1. 一套配色方案需要几种颜色

每一个 PPT 主题都有一套颜色方案，其中规定了 12 个颜色，如图 7-17 所示。事实上，做 PPT 时可能用不了那么多。一般只需要准备一个背景颜色，一个文字颜色，一个或多个主题色，再加两三个辅助色就可以构成一套 PPT 的配色方案了，比如《“互联网 +”出行指数报告》PPT 的配色方案，如图 7-18 所示。在一套配色方案的几个配色中，主题色的选择最为关键，其他的颜色都可以根据主题色来灵活选择。

▲图 7-17　配颜色方案

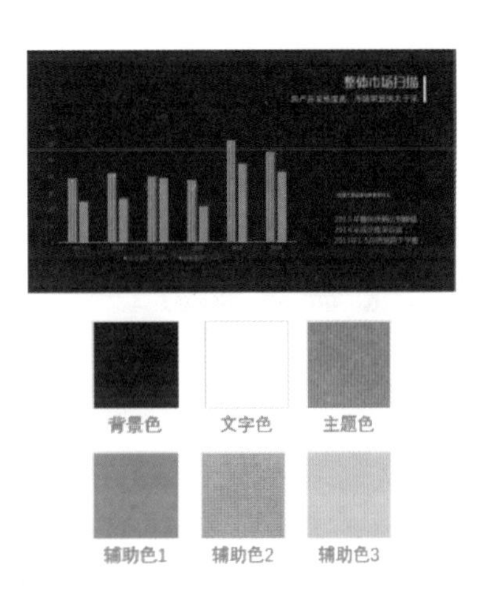

▲图 7-18

2. 确定配色方案的 4 个依据

怎样选择 PPT 的配色方案？主要有 4 个依据：

根据 VI 配色。很多企业或品牌都有自己的 VI 系统（视觉识别系统），在 VI 中包含了色彩应用规范。制作企业形象或品牌展示性的 PPT 时，可以首先考虑根据 VI 配色，如图 7-19 所示。

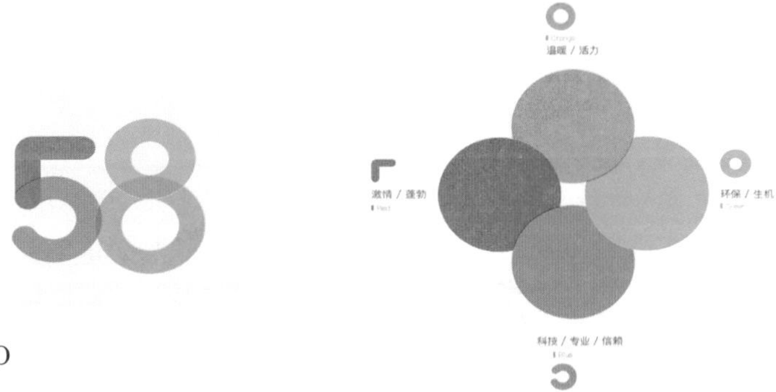

▶图 7-19　58 同城新 LOGO 及 VI 色彩规范

但有时候，一个企业或品牌有 LOGO 却没有 VI，这种情况下可直接从 LOGO 中取色建立配色方案。如图 7-20 所示，根据图中的 LOGO，可以将 LOGO 的主体颜色作为主题色，进而建立如图 7-20 中所示的一系列配色。

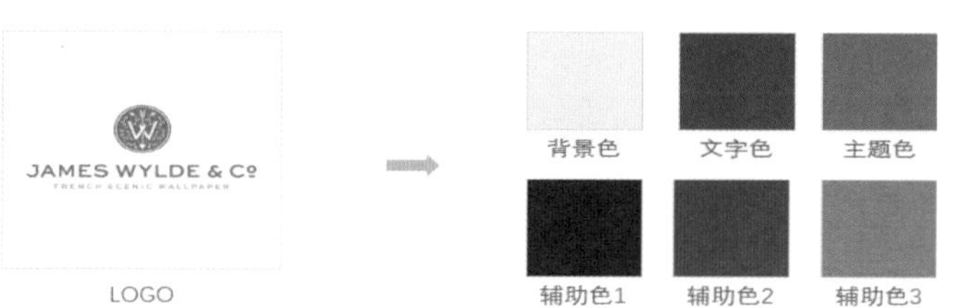

◀图 7-20　根据企业 LOGO 配色

在通过 LOGO 配色的过程中或其他的某种情况下，我们只能确定主题色，该如何搭配其他的颜色？对自己的配色能力没信心的读者朋友可以借助下面的 ColorBlender 网站来完成配色方案。只需输入主题色的 RGB 值，网站将自动推荐一些配色。

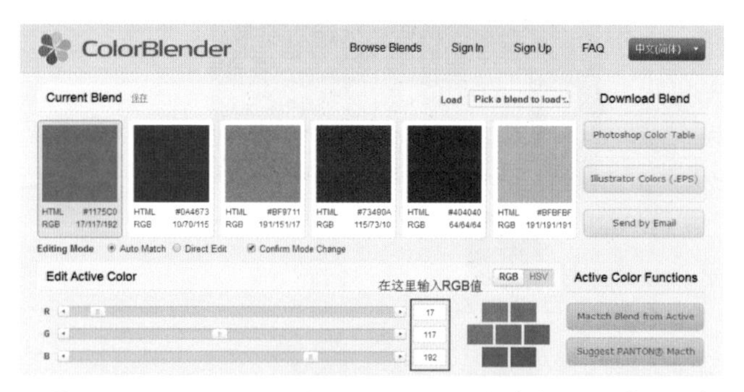

▲图 7-21　ColorBlender（colorblender.com）根据行业属性配色

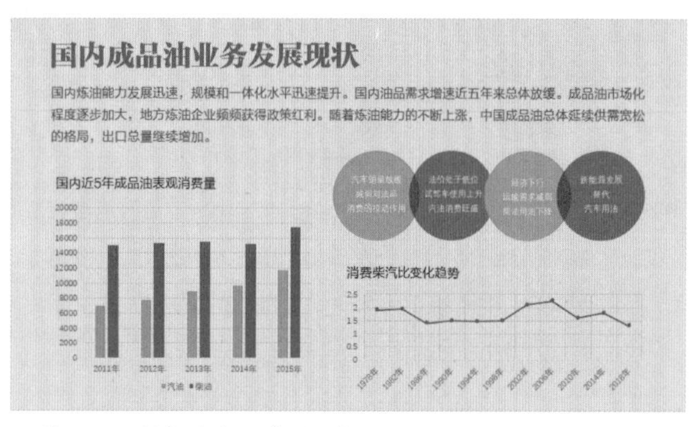

▲图 7-22　根据主题配色（一）

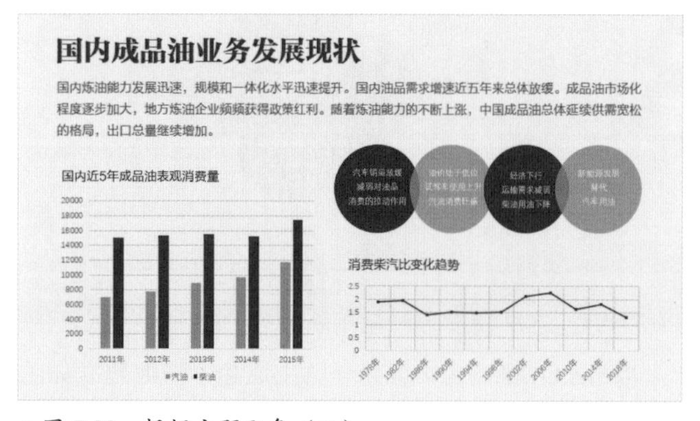

▲图 7-23　根据主题配色（二）

根据行业属性配色。不同的行业在色彩应用上有各自的特点，因而不知道如何确定配色时，可直接采用行业通用的色彩规范，如图 7-21 所示。比如环保、教育、公益行业常用绿色、蓝色，政府机关常用红色、黄色……这些知识在本书第 2 章中也介绍过，这里不再赘述。

根据主题配色。与内容主题相契合可谓是配色的基本要求，严肃、严谨的内容选择热烈、活泼的暖色系配色方案，欢快、轻松的内容选择沉闷、朴实的冷色系配色，必然显得不伦不类。如图 7-22 所示的幻灯片内容是关于油品市场的分析，属于较为理性的主题，采用如此活泼的配色让人感觉轻浮不可靠，更改为图 7-23 所示的配色方案后则要严谨得多。

根据感觉配色。很多时候客户或自己心里并没有什么明确的配色意向，可能只是有一个大概的感觉需求，比如，想要有品位一点，想要花哨一点，想要温馨一点……此时，可通过印象配色网站来建立配色方案，比如网页设计常用色彩搭配表（tool.c7sky.com/webcolor），虽然这是一个为网页设计提供配色的工具网站，但是设计都是相通的，PPT 同样可以借鉴其中的配色。在网页的左侧的“按印象的搭配分类”中选择一种印象分类，即可在页面右侧看到相应印象下的一些配色方案建议。在 PPT 中应用这些配色方案，基本上可以达到想要的感觉，如图 7-24 所示。

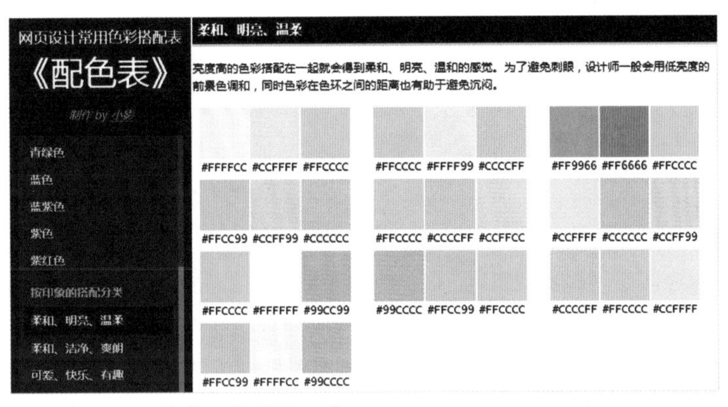

▲图 7-24 设计常用色彩搭配表

此外，还有配色网（www.peise.net），其中的印象配色相对而言更为丰富，如图 7-25 所示。

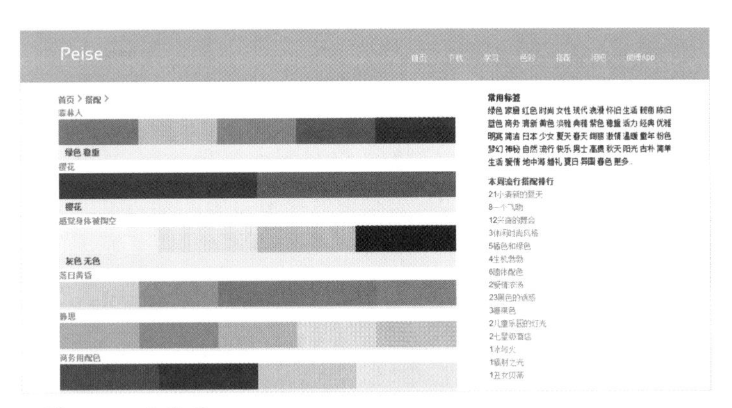

▲图 7-25 配色网

技能拓展 > 以图片优先的配色方式

PPT 中的图片具有统一的色彩风格时，根据图片来配色能够使 PPT 的配色方案与图片更搭。直接用“取色器”在图片上吸取几个颜色，即可建立配色方案。当然，为了让配色方案更专业，还可借助传图配色的工具网站，比如 Pictaculous（www.pictaculous.com）。

3. 多色方案和单色方案

配色方案可简单分为多色方案和单色方案。

多色方案即采用多个主题色，色彩丰富，配色方式可以更加多样化，但要求设计者有较好的色彩驾驭能力，否则非常容易导致色彩混乱，没质感，甚至“辣眼睛”。一般多色方案色彩选择也不能过多，选择 4 个以内的有彩色和无彩色搭配使用便足够了。如图 7-26 所示 4 页幻灯片，即是有黄、绿、蓝 3 种主题色、灰色字体色、浅灰色背景色及其他不同明度下的主题色变体辅助色搭配而成的配色方案。

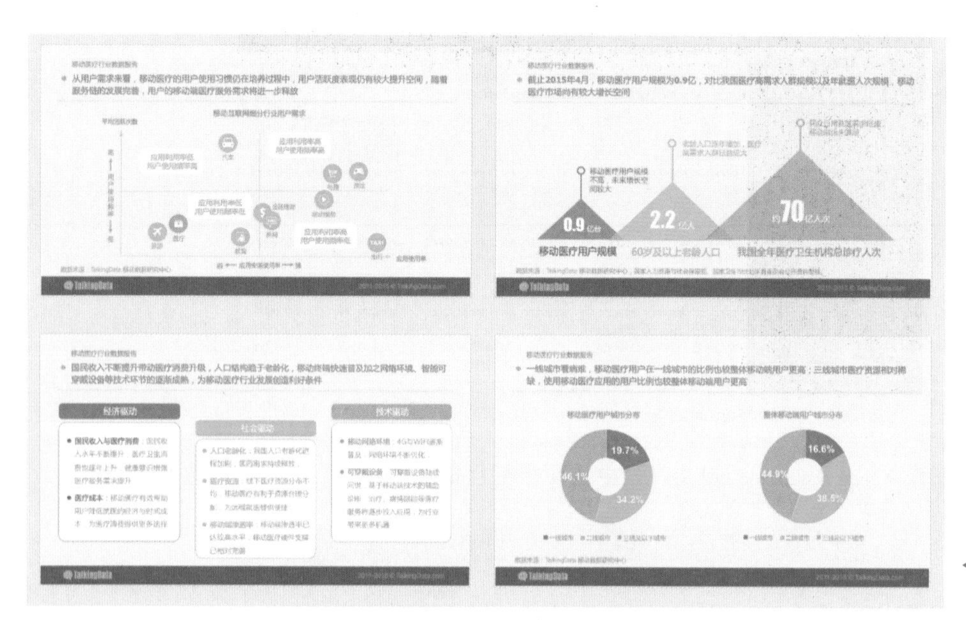

◀图 7-26　多色案示例 1

多色方案在选择颜色时最好能确保明度一致。再看图 7-27 所示的幻灯片，其中选用了黄、绿、蓝 3 种明度一致的鲜艳彩色，使得整个 PPT 色彩艳而不俗，看来非常舒服。一般新手用色很少注意明度问题，所以在采用多色方案配色时，总感觉很难配出美感。

关于多色方案配色，推荐一个不错的配色网站 Colorhunt（colorhunt.co），其中的多色方案配色都是明度一致的，非常专业，对搭配出好的多色方案很有帮助。

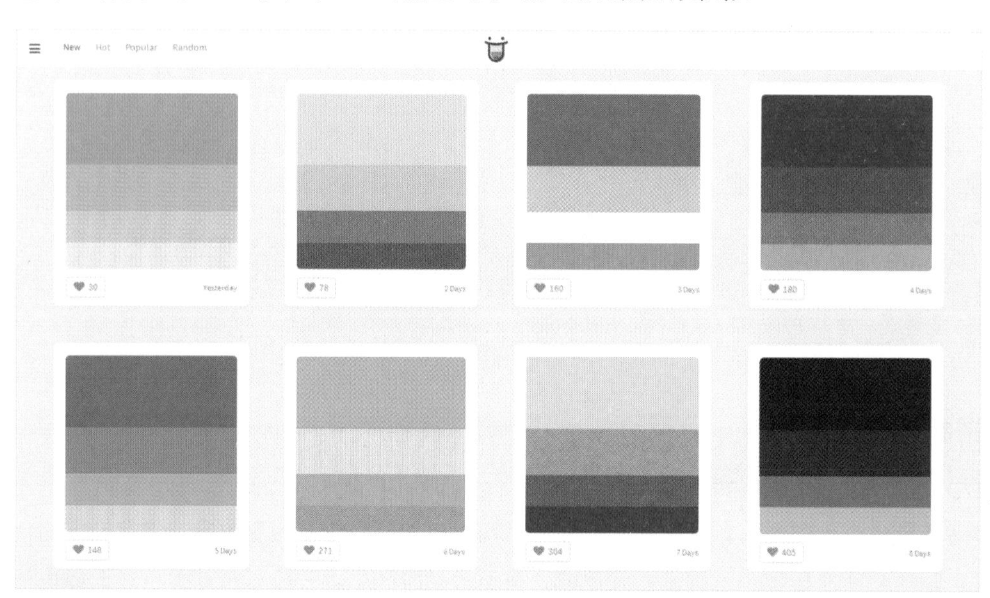

◀图 7-27　多色方案示例 2

单色方案即采用单个主题色，同一色相不同明度的色彩搭配，能够体现出色彩的层次感，既统一又不单调、乏味，是最简单易行的配色方法，新手配色可先从单色方案学起。如图 7-28 所示的 4 页幻灯片，即采用的单色方案。

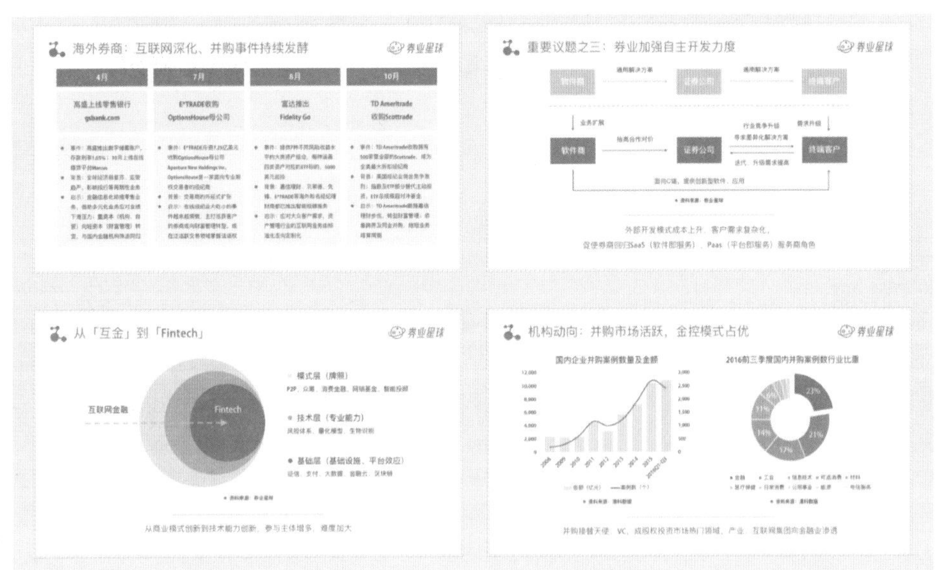

▶图 7-28 单色方案示例

无论是单色方案还是多色方案，都可以借助 Adobe 公司的官方配色网站 Adobe Color CC 来配色。这是一个全面而专业的配色网站，在“色彩规则”中选择配色方案类型，比如单色，然后在色轮中拖动选择颜色，下方便会自动给出该颜色的单色配色方案。同理，“类比”“补色”“三元群”等配色规则也一样。单击页面导航菜单中的“探索”，还可以搜索关键词（英文）进行印象配色！

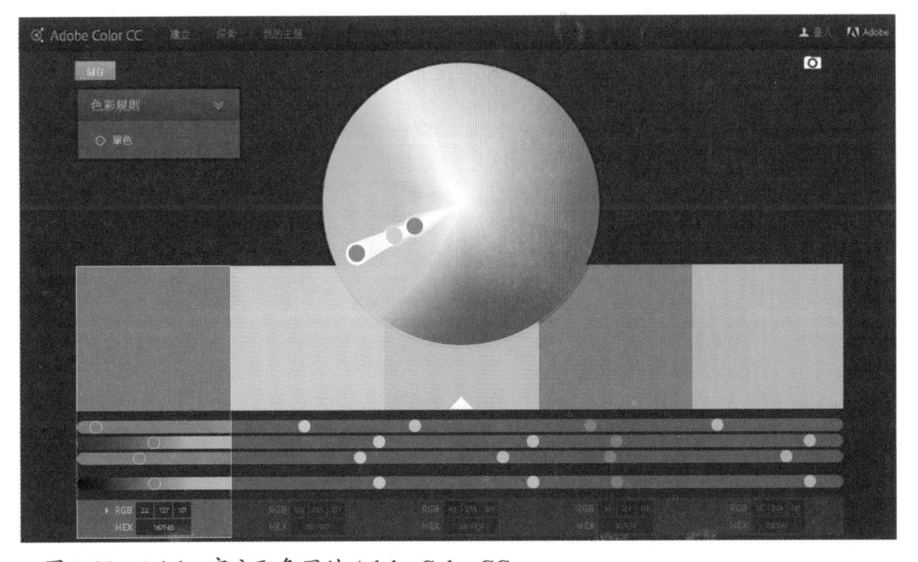

▲图 7-29 Adobe 官方配色网站 Adobe Color CC

7.1.4 为什么要用“主题”来配色

通过“主题”设定整份 PPT 的配色方案，即在“设计”选项卡→“变体”工具组→“颜色”命令→“自定义颜色”命令→“新建主题颜色”对话框中设定配色，有以下两大好处。

▲图 7-30　通过主题配色

1. 快速

做 PPT 前，先在“新建主题颜色”对话框中把配色方案设定好，能够极大提升 PPT 设计的效率。比如，已经确定了图 7-31 所示的配色方案，要将该方案设置为 PPT 的配色，操作步骤如下。

步骤　打开“新建主题配色”对话框，在“文字 / 背景 - 深色 1”和“文字 / 背景 - 浅色 1”中分别设置为配色方案中的文字色和背景色，在“文字 / 背景 - 深色 2”和“文字 / 背景 - 浅色 2”中则分别设置为配色方案中的背景色和文字色，也即背景色和文字色交换使用，在使用配色方案中深色的文字色作为背景色时，文字的颜色就用配色方案中浅色的背景色作为文字色，确保深色、浅色背景下文字都能看得清。当然，如果觉得直接交换一下使用效果不好，也可以在配色方案中再考虑一组背景色与文字色。接下来，将“着色 1”设置为配色方案中的主题色，着色 1 是配色方案中最为主要的颜色，形状、图表等都默认将以该颜色作为主要色彩填充；其他的“着色 2”“着色 3”等就以配色方案中的辅助色按顺序循环填充；“超链接”填充主题色，“已访问的超链接”选择辅助色 1 即可，如图 7-32 所示。

由于“新建主题配色”对话框的颜色选取面板中无法使用取色器，建议先将配色方案的 RGB 值写下来，从而以输入 RGB 值的方式填充各个主题颜色。

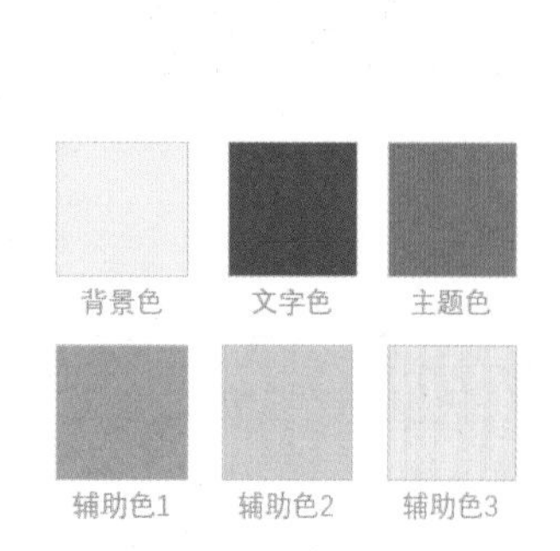

▲图 7-31　配色方案

▲图 7-32　“新建主题颜色”对话框

完成配色后，插入幻灯片页面，插入文字、艺术字、公式、形状、图表、SmartArt 图形、表格等都将自动配好颜色，如图 7-33 所示。

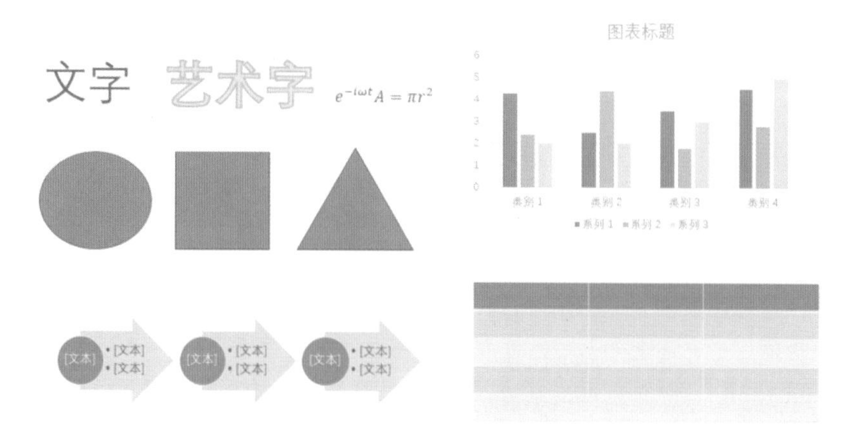

▲图 7-33　自动配色效果

而此时文字、形状等填充色、轮廓色选取面板、渐变填充选择面板、形状样式选择面板、幻灯片主题效果变体选择面板等都发生了相应的改变，如图 7-34 所示。

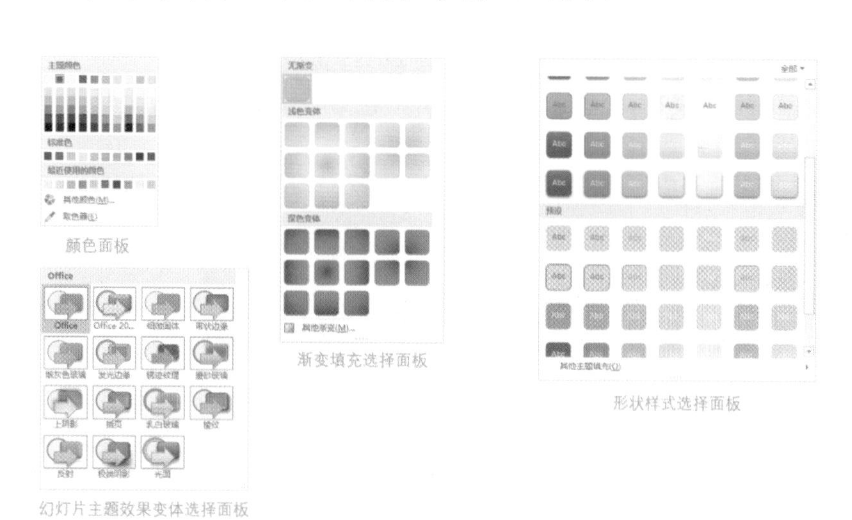

▲图 7-34　自动配色后形状样式选择面板等发生改变

这样是不是能极大地提高 PPT 设计配色的速度？新手常常一个对象一个对象地通过颜色选择面板中设定颜色，浪费大量的时间，上述操作无疑可以达到事半功倍的效果。

▲图 7-35　自动保存为新的主题

2．方便

通过“新建主题颜色”配色后，修改起来也十分方便，更改“新建主题颜色”中的相关设置，自动保存为新的主题，如图 7-35

所示，使用该配色的对象也会发生相应变化，这样就不需要一个对象地一个对象去修改了，而且还可以通过主题的切换来对比不同配色的效果。

通过“新建主题颜色”建立的配色方案将保存在PPT软件中，当前文档可以用，其他文档也可以一键沿用。有些公司要求每次出品的PPT文档风格一致，采用这种配色方法是不是就很方便了？

7.1.5 为什么专业设计师都喜欢用灰色

很多专业设计师配色都喜欢使用灰色（各种不同灰度）。灰色作为一种无彩色，明度介于黑与白之间，非黑非白非彩，就像没有明确好恶、低调普通的一个人，和任何人都可以做朋友，和任何色彩都能够融洽搭配。灰色众多的优点，在PPT中也能得到表现。

比如，灰色作为背景色，不会像很多彩色背景那般刺眼，又不会像黑、白色背景一样缺乏设计感。甘于平淡、衬托内容，灰色可谓具有作为背景色的优良品质，排版时也较好驾驭，如图7-36和图7-37所示的两页幻灯片背景。

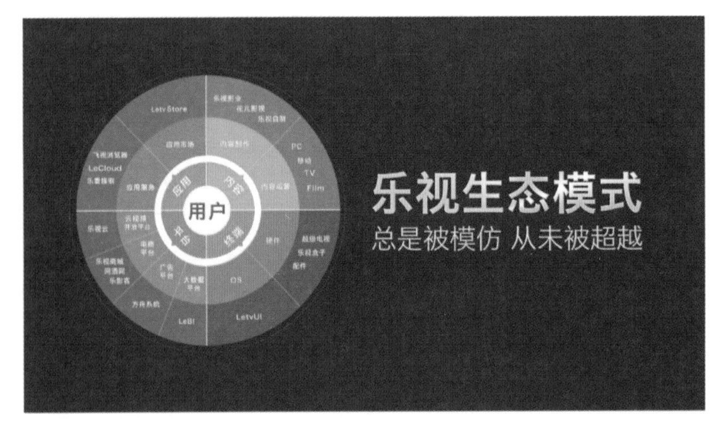

◀图7-36 乐视X50_Air发布PPT中的深灰色背景

◀图7-37 小米4c旗舰新品沟通会蓝牙音箱的浅灰色背景

又如，字体颜色采用灰色，给人朴实、不浮夸（相对于彩色文字）的感觉，视觉观感柔和，阅读起来非常舒服，如图7-38所示的幻灯片文字。

▶图 7-38 2016 年自媒体行业洞察报告

再如，图片重新着色为灰色调，或形状填充灰色等，能够很好地起到弱化页面上次要对象、突出主要对象的作用。如图 7-39 所示的幻灯片为过渡页，将其他各部分标题设为灰色填充，实现对接下来要讲的第 2 部分标题的高亮显示。

▶图 7-39 艾瑞咨询：2016 年中国第三方日历类 App 用户洞察报告

因而，在无彩色中挑选 PPT 配色时，可以有意识地多用灰色，而不是黑、白色。

7.2 关于排版设计

排版，非常能够体现一个人的审美素养。美感，也许是天生的，但也可以通过学习理论和别人的经验建立起来。

7.2.1 基于视觉引导目的排版

人们通常的阅读习惯是从上至下、从左至右，生活中很多东西的排版，都是基于这种阅读习惯来进行的。因而，一般情况下，PPT 页面排版也应按照这种阅读习惯来进行，顺着人们的阅读习惯布局文字、图片，设置字号、运用效果……让版式看起来比较自然，如图 7-40。

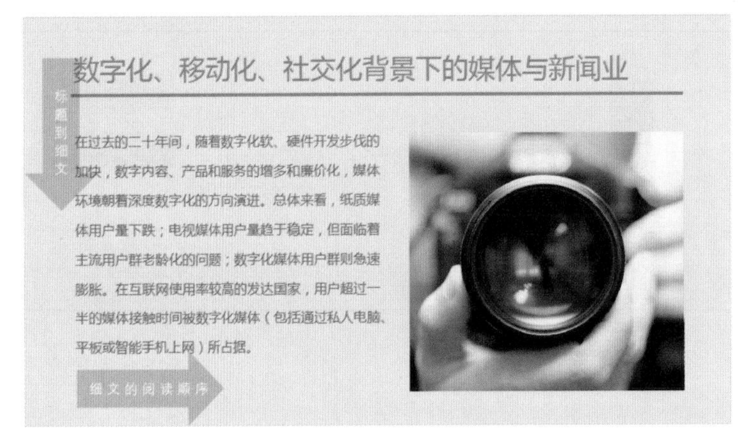

◀ 图 7-40　常规排版示例

然而，有时候为了达到某种特殊目的，也可以打破常规阅读习惯的束缚，主动引导观众查看的视线。比如图 7-41 所示，为了达到中国风的感觉，采用了从右到左、竖排文字的方式。另外，还有在第 4 章中提到的全图型排版，根据图片焦点、人物视线打破常规，灵活排版。

◀ 图 7-41　打破常规的排版示例

7.2.2 专业设计必学的四项排版原则

关于如何提升设计美感，让设计作品看起来更专业，世界级设计师罗宾・威廉姆斯（Robin Williams）在《写给大家看的设计书》一书中总结了四项基本原则：亲密、对齐、重复和对比。如今，这四项原则已成为通行于设计界的金科玉律，被当作很多设计教程的基础课程。在 PPT 中，这四项原则对排版美感的提升同样很有有帮助。

1. 亲密

简言之，排版须讲究层次感、节奏感。

一方面要把页面中存在关联或意思相近的内容放得更近一些，另一方面还要把那些关系不那么相近的内容放得稍微疏远一些。如图 7-42 所示的幻灯片，所有内容聚拢在页面中央，绿地系统规划的总原则与在公园绿地、生态绿地中的两个具体要求的关系不能得到直观的体现。

按照亲密的原则，应该修改成如图 7-43 所示的幻灯片，让总述的部分更靠近标题，而下面两点具体要求应靠近，形成总分关系。

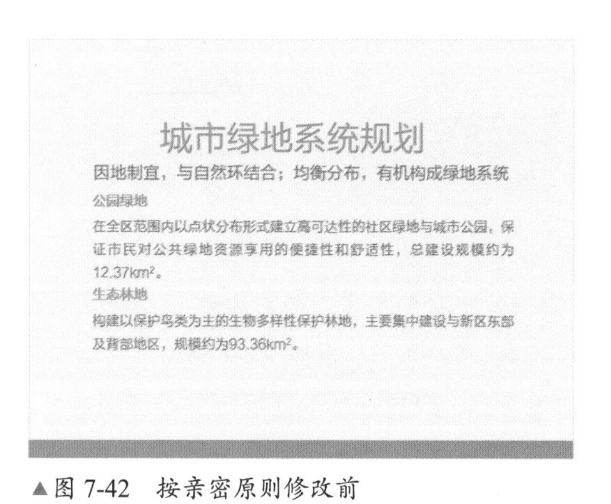

▲图 7-42　按亲密原则修改前

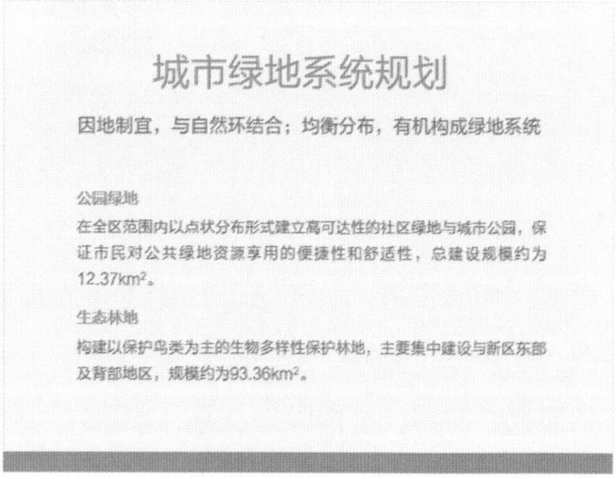

▲图 7-43　按亲密原则修改后

亲密的排版原则能够让幻灯片各种内容之间的联系、差别表现得更加清晰，方便观众阅读。

2. 对齐

简言之，版面应收拾整齐。

首先，页面内各种对象应放置整齐。如图 7-44 所示的幻灯片，图片放置比较随意，图片下的注明文字有的左对齐，有的右对齐，显得凌乱不堪、缺乏美感。

按照对齐的原则，应该将上下两行图片和文字分别顶端对齐，所有文字与图片居中对齐，调整成如图 7-45 所示的效果。

▲图 7-44　按对齐原则修改前

▲图 7-45　按对齐原则修改后

其次，对象之间间距要统一。如图 7-46 所示的幻灯片 3 段文字之间和 3 张图片之间间距有宽有窄，虽然左右两侧是对齐的，依然显得很散乱。

按照对齐原则把段落之间的间距、图片之间的间距都分别调整一致，如图 7-47 所示。

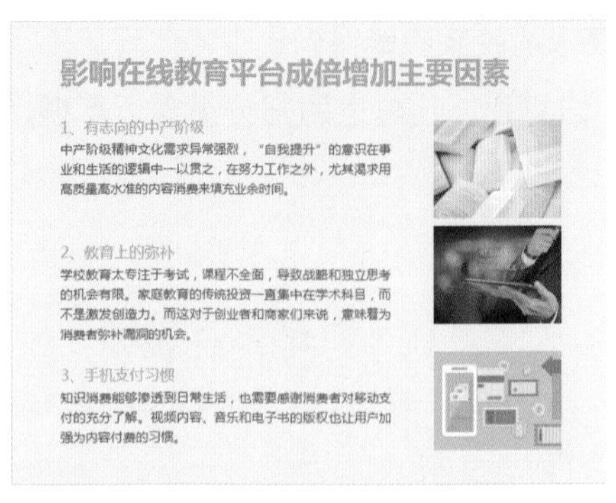

▲图 7-46　调整段落、图片间距前

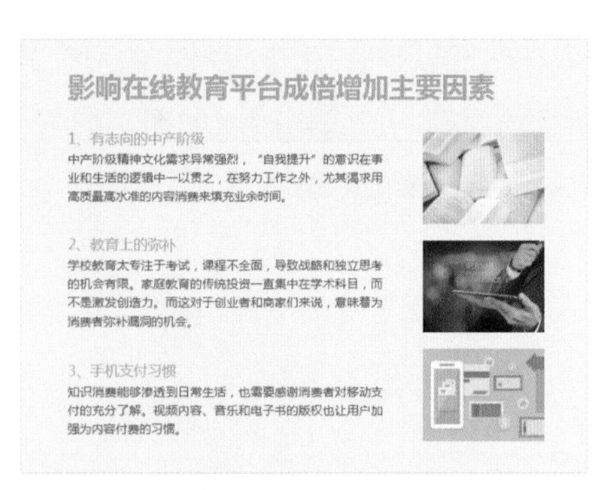

▲图 7-47 调整段落、图片间距后

最后，内容左右、上下与幻灯片边界的距离应相同，形成平衡感。如图 7-48 所示的幻灯片页面内容过于靠近左上方，显得左下部分有些空洞，视觉重心偏移，有一种不稳定感。

按照对齐原则，应把内容与幻灯片边界的左右、上下距离调整一致，让视觉重心回到中央，使整个页面内容平衡，如图 7-49 所示。

▲图 7-48　给人不平衡感的页面

▲图 7-49　调整后给人平衡感的页面

另外，同类内容在不同页面上的相对位置也需要对齐。如图 7-50 和图 7-51 是同一份 PPT 中的两页幻灯片，都是对喜帖款式的创意说明，都采用左图右文的结构。在排版时应将两页幻灯片的文字放在相对一致的（即向左 1.2 参考线的左侧）位置。

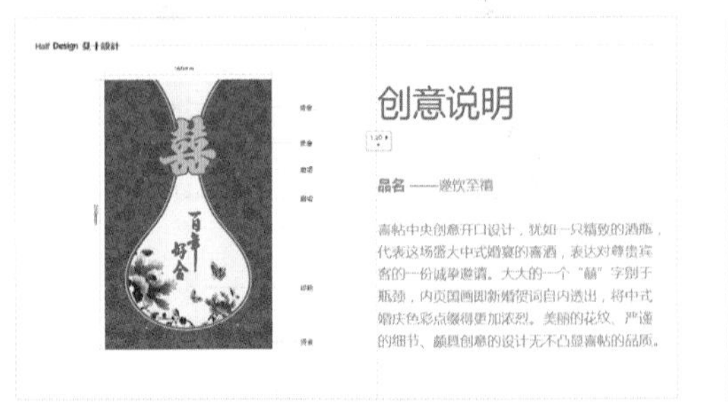

▲图 7-50　同类内容相对位置要对齐（一）

▲图 7-51　同类内容相对位置要对齐（二）

对齐的排版原则是让幻灯片页面看起来整洁、不凌乱。

3. 重复

简言之，排版应形成规范。

同页面或不同页面中，同类、同级别内容的排版方式统一，整个 PPT 形成封面、目录、过渡页、内容页、尾页这样一套大致的设计规范，如图 7-52 至图 7-57 所示的幻灯片，封面页、目录页、过渡页、内容页、结尾页都各有一种版式，而内容页都采用几乎相同的版式。做 PPT 时，可借鉴这份 PPT 的做法，封面页、过渡页、结尾页在相同的背景下进行版式调整即可，不一定非要设计成完全不一样的感觉。

▲图 7-52　封面页（摘自《2016 微博企业白皮书》）

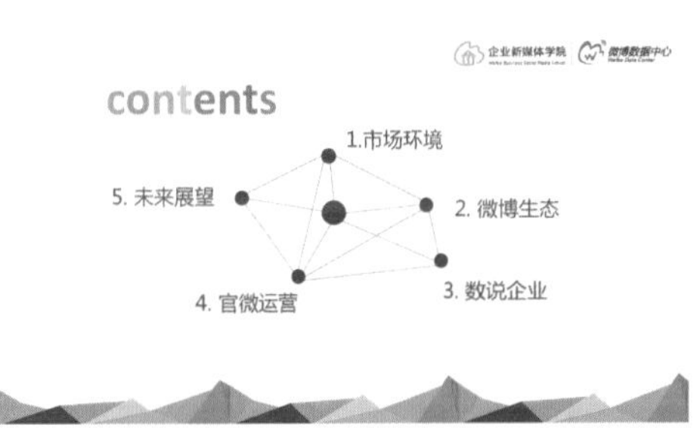

▲图 7-53　目录页（摘自《2016 微博企业白皮书》）

▲图 7-54　过渡页（摘自《2016 微博企业白皮书》）

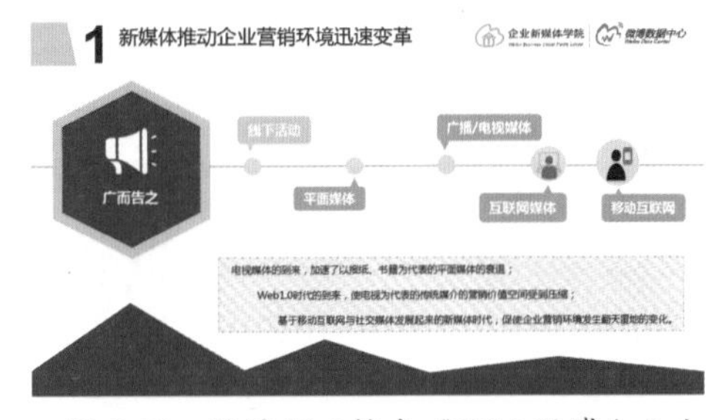

▲图 7-55　过渡页（摘自《2016 微博企业白皮书》）

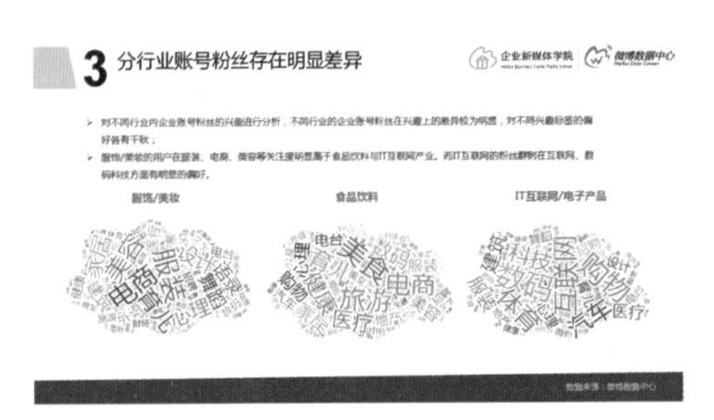

▲图 7-56　内容页（摘自《2016 微博企业白皮书》）

▲图 7-57　结尾页（摘自《2016 微博企业白皮书》）

重复的排版原则有利于从设计层面凸显逻辑、条理，也能让观众更好地感知当前的内容属于逻辑上的哪一环，从而跟上演讲者的讲述。

4．对比

简言之，排版须有所侧重。

比如，字号大小的对比。标题、小标题文字字号要比正文内容的字号大一些，如图 7-58 所示。

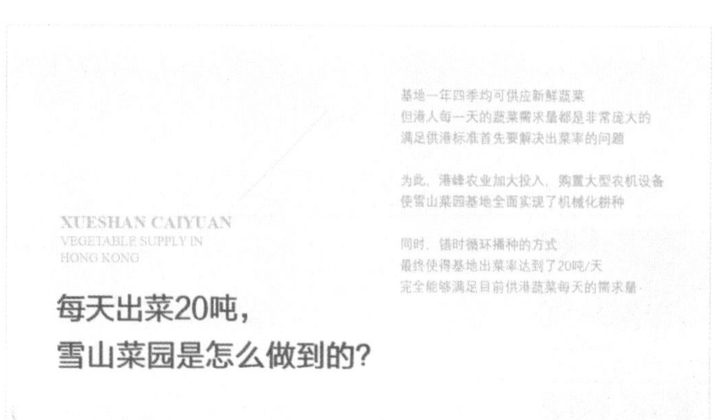

◀图 7-58　字号大小的对比

如常规和加粗字体的对比。大段正文文字中的重点文字增大字号，影响段落间距，不利于排版。此时，还可通过加粗来实现对比，如图 7-59 幻灯片所示的“互联网 + 政务服务”。

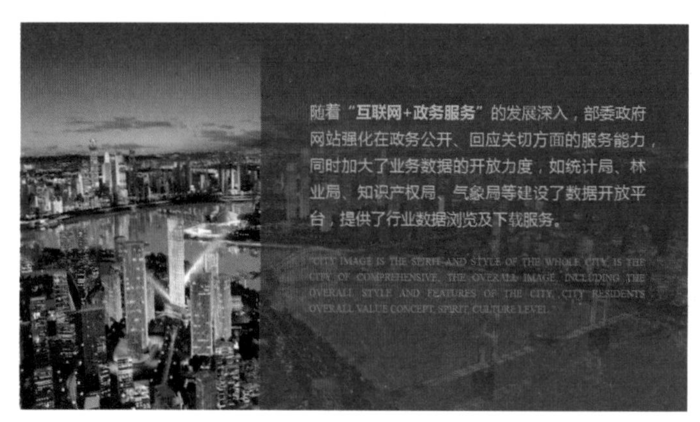

◀图 7-59　常规和加粗字体的对比

又如，不同色相、饱和度、明度色彩的对比。如图 7-60 所示的各个小标题。

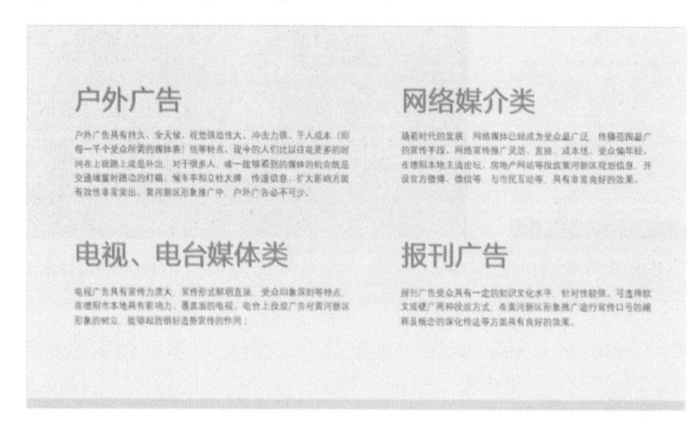

◀图 7-60　不同色相、饱和度、明度色彩的对比

再如，有无衬底的对比，如图 7-61 所示的“展示内容……”标题衬底，展示的具体内容无衬底的对比。

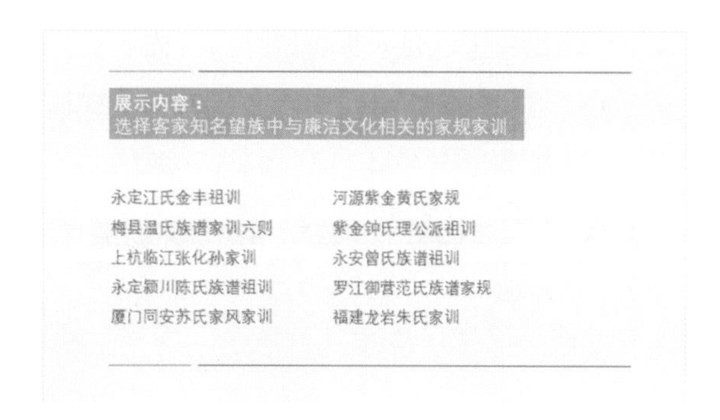

▲图 7-61　有无衬底的对比

从内容上来说，幻灯片必有主有次，有需要突出的内容；从设计上来说，有主有次才能让页面有视觉重点，摆脱平淡。大家都知道设置对比，但很多人其实都是从内容的角度来考虑对比，而从未从设计的角度来考虑，因而在对比强烈度的掌控上可能会有所欠缺。

以上便是本书对于设计界的四项原则的解读，当然，原则也是可以被打破的，不是任何时候都要固守这四项原则。只是打破原则前，自己要清楚为什么要打破原则以及是否真的有必要打破。

7.2.3 对排版有很大帮助的六大工具

PPT 软件为排版提供了很多好用的工具，掌握这些工具的用法对于提升排版效率和设计水平都有很大的促进作用。

1. 母版

快速统一整个 PPT 的风格，实践设计 4 项原则中的重复原则，最好的方式就是使用母版。在母版中设定封面、内容、目录页、结尾页的样式，即可实现对整个 PPT 排版的规划。母版中调整相关排版，应用该母版的页面都将自动更改，可避免逐页修改浪费大量时间。

若觉得 PPT 中自带的母版不符合需要，可自行建立母版使用，具体操作方法如下。

步骤 01 单击“视图”选项卡，单击“幻灯片母版”按钮，如图 7-62 所示。

步骤 02 此时，当前 PPT 文档切换至母版视图，功能区出现“幻灯片母版”选项卡。在这里，单击“插入幻灯片母版”按钮可插入一整套新的幻灯片母版；单击“插入版式”按钮则是在当前的这套幻灯片母版中插入一页新的版式；本例以插入一整套母版为例，单击“插入幻灯片母版”按钮，如图 7-63 所示。

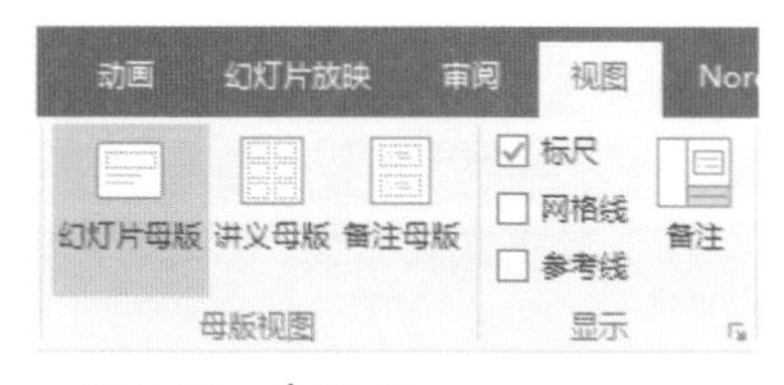

▲图 7-62　步骤 01

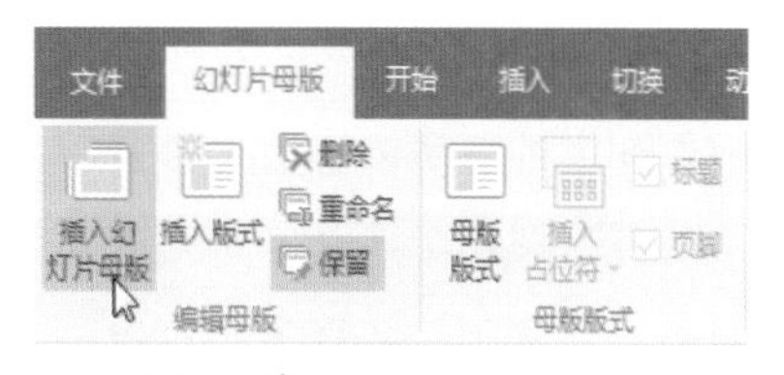

▲图 7-63　步骤 02

步骤 03 此时可以看到在原来的一套幻灯片母版后，增加了一套母版 2，如图 7-64 所示。

步骤 04 在母版 2 中编辑母版，则该母版下的每一个版式都会发生相同的改变，编辑母版下的各个版式则应用该版式的相应页面会发生相同的改变，这里以编辑版式为例，在版式中依次编辑出封面、目录页、过渡页、内容页、结尾页四种版式，主要是进行幻灯片背景、相关装饰性设计的编辑，由于各页的内容往往各不相同，所以不建议保留文本、图片占位符等，如图 7-65 所示。

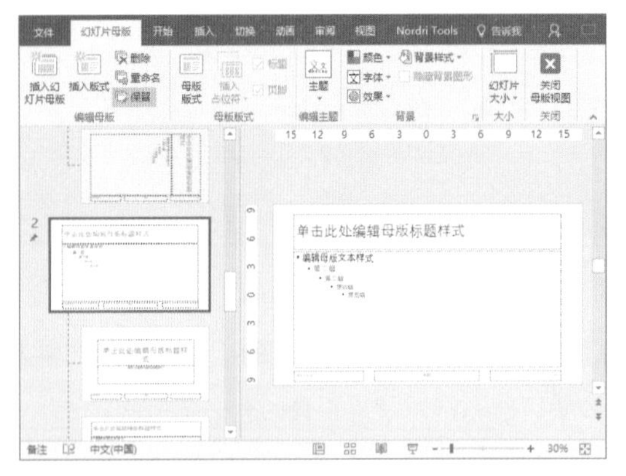

▲图 7-64　步骤 03

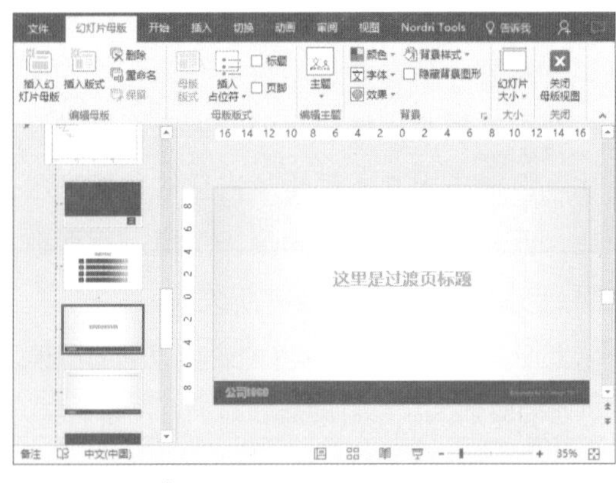

▲图 7-65　步骤 04

编辑好母版版式后，单击“关闭母版视图”按钮，退出母版视图。此时在“开始”选项卡下单击“版式”按钮，可以看到版式选择面板中增加了刚刚编辑好的“自定义设计方案”，单击其中的一种版式即可将该版式应用到当前页面上。接下来只需要在该版式基础上编辑内容即可，如图 7-66 所示。

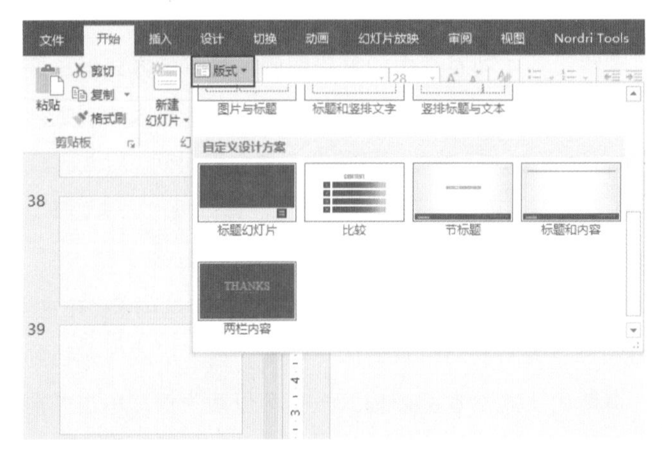

◀图 7-66　编辑版式

2. “对齐”按钮

更方便地将页面上的各种内容收拾整齐，实践设计四项原则中的对齐原则，对齐按钮的使用方法不可不会。“对齐”按钮中包含 8 种对齐功能，选中单个对象可实现单个对象在整个幻灯片页面内的对齐，选中多个对象则可实现多个对象之间的相互对齐与间距调整。

左对齐(L)	顶端对齐(T)	横向分布(H)	对齐幻灯片(A)
水平居中(C)	垂直居中(M)	纵向分布(V)	对齐所选对象(O)
右对齐(R)	底端对齐(B)		

▲图 7-67　对齐按钮

按照第 1 章介绍的方法将几个对齐按钮都放置在快速访问工具栏，使对齐操作更方便。

3. 参考线

参考线是用于设计、本身并不存在的辅助线条，放映时不会显示。软件默认不显示参考线，在视图选项卡单击“参考线”选择框或者按快捷键【Alt+F9】可开启。默认的参考线只有两条，一条横向穿过页面中心，一条纵向穿过页面中心。将鼠标放置在参考线上，当鼠标变成⟺形时，按住【Ctrl】键拖动鼠标，即可增加一条参考线，将该参考线拖出页面边界即可删除参考线。每条参考线都对应横、纵向页面标尺上的一个值，默认的两条参考线值都为0。利用参考线的值可以确定该参考线位置与页面中心参考线的距离，以及判定两条参考线与页面中心的距离是否一致。

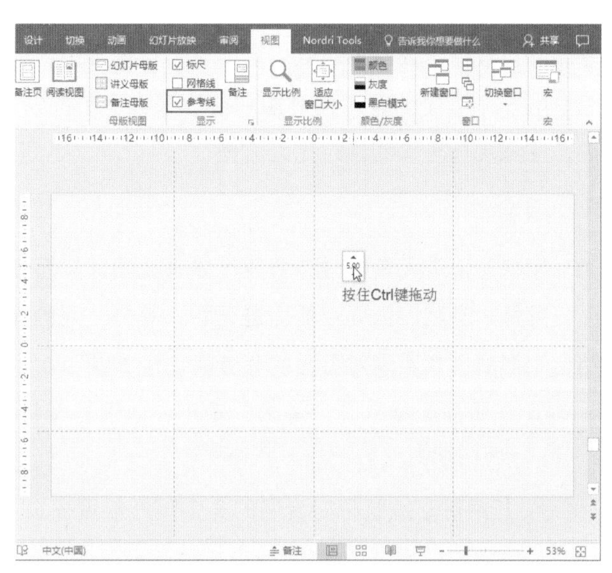

▲图 7-68　参考线

使用参考线可以很好地实践设计四项原则中的对齐和重复原则，特别是跨页的不同对象对齐使用参考线会方便很多。

4. 选择窗格

和 PS 类似，幻灯片页面上的所有内容其实都是以图层的方式放置在页面上的，如图 7-69 所示。PPT 中的选择窗格相当于 PPT 中的图层面板，单击“开始”选项卡下的“选择”按钮，在下方单击“选择窗格”按钮（或按【Alt+F10】快捷键）即可打开选择窗格，如图 7-70 所示。

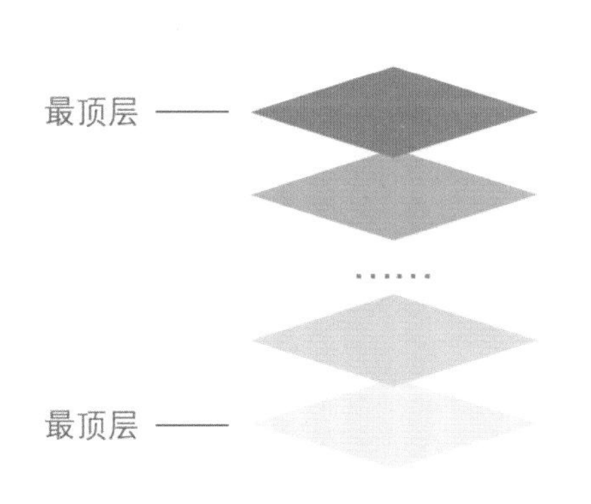

▲图 7-69　图层示例

▲图 7-70　选择窗格

在选择窗格中可以看到当前页面上所有对象的图层状态，显示在最上面的对象即位于最顶层，最下面的对象即位于最底层，拖动（使用上下按钮）窗格列表中的项可以改变该项所对应的图层所在的层级位置，向上为上移，向下为下移。单击后面的 按钮可以隐藏（放映时也看不到，但并非删除）或显示该对象。双击图层可对该图层进行重命名。

当一个页面上有大量对象层叠放置在一起时，可通过隐藏当前层之外的所有层，一层一层处理，在添加自定义动画时尤为方便。

5. 组合

指将若干个元素暂时结合成一体来处理，从而更方便地对不同类型、级别内容进行成组排版。

另外，当我们需要对页面进行除二等分之外的等分时，通过标尺计算的做法比较麻烦，而利用组合矩形的方式实现对页面的等分就比较方便了。例如将页面进行三等分，具体操作步骤如下。

步骤01 在页面上插入 3 个等大的矩形，以边界相接的方式放置成一排，并将其组合在一起，如图 7-71 所示。

步骤02 利用对齐按钮将组合后的 3 个矩形放置在页面正中央；然后，按住【Ctrl】键的同时拖动组合左边的控制点，使组合对称拉伸至刚好抵达页面边界；这样，这个页面就被 3 个形状轻松划分成了三等份，如图 7-72 所示。五等分、六等分等其他等分也可以同理实现。

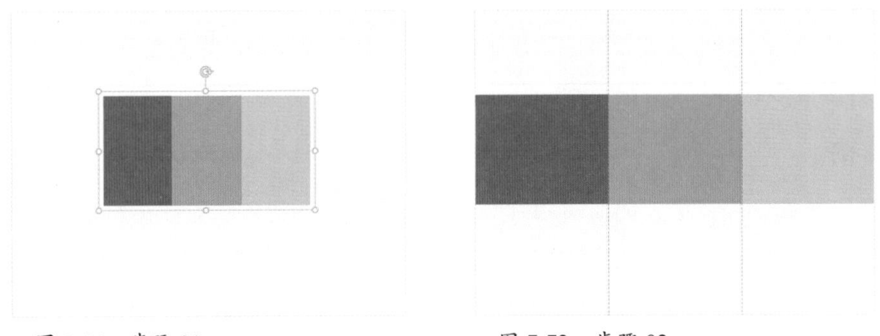

▲图 7-71 步骤 01　　▲图 7-72 步骤 02

6. 格式刷

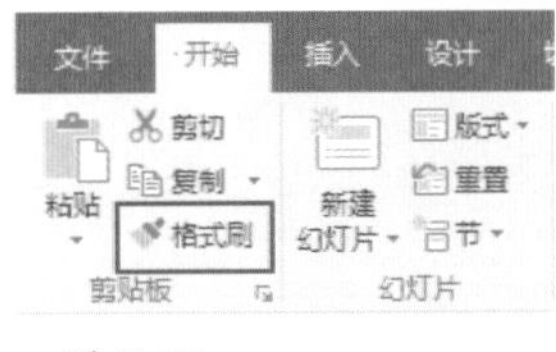

▲图 7-73

利用格式刷可将 PPT 文档中不同的文字、图片、形状对象等快速统一格式。对于加快排版速度，实践设计四原则中的重复原则非常有帮助。

使用时，单击一次格式刷，可复制、粘贴一次格式；单击两次格式刷，可复制、粘贴无限次格式，直至按 Esc 键取消。

7.2.4 值得学习借鉴的 20 个经典版式

适当掌握一些经典的排版方式，既实用又有助于培养美感。下面整理了包括封面页、目录页、过渡页、内容页、封底页 5 种类型的 20 个经典版式，供读者参考。

1. 封面页

封面是观众首先看到的一页，其精美程度直接关系到观众对于整份 PPT 的第一印象。因而，要想建立起良好的第一印象，让观众对接下来的内容有所期待，封面页的设计不可随意。

一般纯文字的封面最简单的做法便是将 PPT 主题置于中央，重点突出，在页面底部放置出品机构甚至时间等信息，如图 7-74 所示。

▲图 7-74　封面页示例 1

这种上下结构的排版方式简单、直接，虽然算不上太出彩，但对排版能力的要求不高，不容易出问题。

当出品机构的 LOGO 形状较方时（宽、高差距不大），或封面页上的内容可拆分成两部分时，可采用左右结构的排版方式，如图 7-75 所示。

▲图 7-75　封面页示例 2

添加辅助形状，也是提升封面设计感的一种不错的方式。如图 7-76 所示的幻灯片，利用形状实现页面上下不均衡分割，能够稍微打破所谓的“倒三角”视觉结构，使出品机构的 LOGO 或名称看起来更加协调。

◀图 7-76　封面页示例 3

使用矩形拦腰横断页面是一种十分常见的做法，这种排版方式操作起来比较简单，又不失设计感。矩形横条放置的位置可位于页面正中，也可以稍微靠下一些，我们建议在 16:9 的页面尺寸下横条位置稍微靠下一些会显得更美观，如图 7-77 所示。

◀图 7-77　封面页示例 4

若形状用得更大胆一些，可能页面还会更有设计感，如图 7-78 所示，添加的辅助形状为两个圆形。

◀图 7-78　封面页示例 5

当封面上有图片时，建议以全图型的方式使用，让图片作为页面的背景图片，必要时添加形状或形状蒙版来排标题，这样比左右、上下结构使用图片都要更大气一些，如图 7-79 所示。

▶图 7-79　封面页示例 6

2. 目录页

通过设置目录页，能够让整个 PPT 的讲述脉络更加清晰地呈现在观众面前。目录页的排版应简洁、明了，一般来说文字内容不宜过多。

封面页最为常规的就是像书籍目录一样，规规矩矩排整齐，只不过在 PPT 中一般不需要标明对应页码（咨询公司出品的 PPT 可能会需要），如图 7-80 所示。这种目录排版方式简单、易于操作，但还是要仔细处理间距等细节，力求整齐。

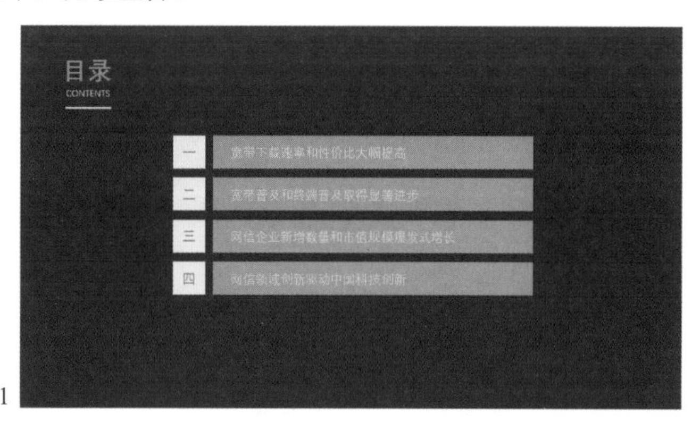

▶图 7-80　目录页示例 1

如图 7-81 所示，左右结构的目录也是一种常见的排版方式。在这种排版方式下，左边部分有时也会采用图片。

▶图 7-81　目录页示例 2

同样，也可以采用上下结构的排版方式，如图 7-82 所示。

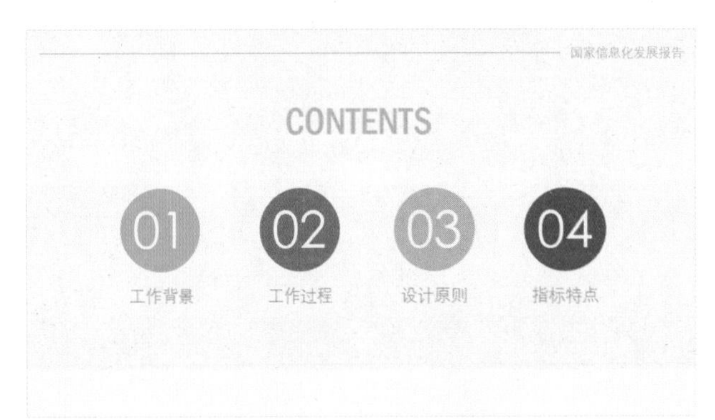

◀图 7-82　目录页示例 3

借鉴 WIN8 系统 Metro 风格来排目录，效果也非常不错，如图 7-83 所示。不过这要求其他页面也能与该种风格相匹配，否则会显得不伦不类。

◀图 7-83　目录页示例 4

3. 过渡页

PPT 内容往往会分成几个部分来讲述，过渡页是下一部分的标题页，即二级标题页。一份 PPT 所有过渡页的设计排版是一致的。过渡页也应该简洁，体现内容的衔接即可。

过渡页可直接利用目录页调整得到。如图 7-83 所示的幻灯片，将非当前部分的色块变灰、当前部分的色块拉大、突出，即可得到一个过渡页面，如图 7-84 所示。这种方式能够很好体现延续性、衔接性，当讲到后面的部分时，这种过渡页在过渡的同时还有回顾的效果。

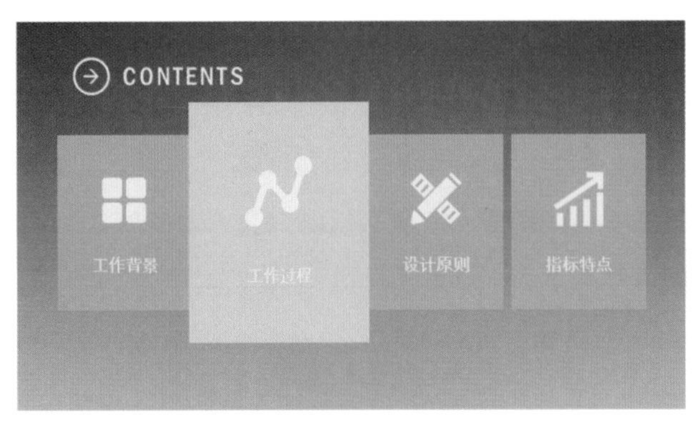

◀图 7-84　过渡页示例 1

当然，也可以单独设计一个过渡页。

如图 7-85 所示，直接将二级标题居中排放，简单、直接（这里适当添加了一些英文作为设计的辅助元素）。

若要更有设计感一些，还可以把其中的某一部分放大处理，使之更醒目，如图 7-86 所示。

▲图 7-85 过渡页示例 2

▲图 7-86 过渡页示例 3

4. 内容页

内容页的排版方式主要根据具体内容来选择。一页内容很可能有多种不同的排版方式，排版时一方面是从中寻求一种最佳的内容呈现方式，另一方面各内容页之间最好能在设计上有一定地统一性。关于纯文字内容页的排版，只需稍加注意设计四原则，能转换为 Smart 图形、图表的尽量转换为图形、图表以寻求更可视化的表现方式即可。这里主要介绍一些图文混排内容页的版式。

如图 7-87 所示是一种常见的排版方式，文字与图片或图表混排，标题置于最上方，左文右图或左图右文；根据文字内容、图片图表的多少、大小情况，也可变化成上下结构；在底部（或顶部，或顶部、底部同时）添加形状，增强页面的设计感，使所有的内容页形成统一的设计规范。

◀图 7-87 内容页示例 1

如图 7-88 所示是一种中央聚拢型版式，一般四组有逻辑联系的内容可考虑该种版式。中央的图形可以是圆形、环形、五边形、六边形、雷达图表等，排版时根据图形的特征来确定文字内容的排版方式，使页面视觉中心集中在中央。

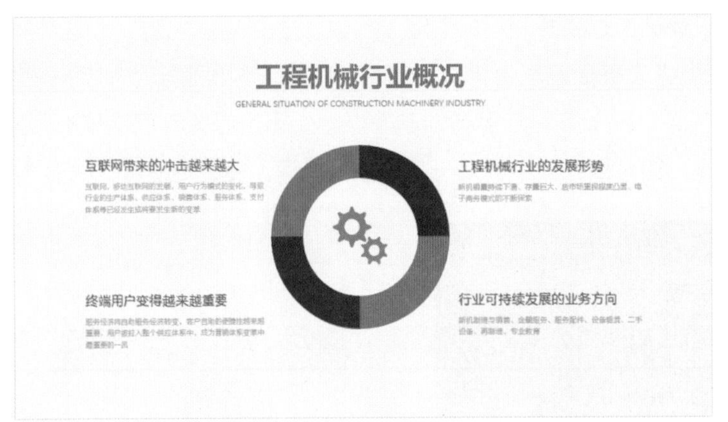

◀图 7-88　内容页示例 2

如图 7-89 所示则是一种等分型版式，即人为将页面分为若干等分，更加突出每一小组内容的小标题。阅读时，观众的阅读方式形成先从左到右，再分别从上到下的一个过程。

◀图 7-89　内容页示例 3

页面内容成组时，除了等分型版式，还可采用交错型版式，如图 7-90 所示，等分型版式适合竖长图片，而这种版式更适合图片本身较方的情况。

◀图 7-90　内容页示例 4

当页面上的图片质量高、比较精美、有一定冲击力时，最好选择全图型排版，将内容直接放在图上，如图 7-91 所示。

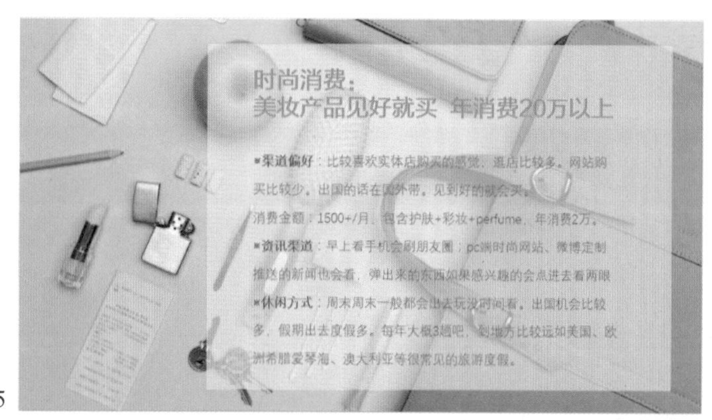

▶图 7-91 内容页示例 5

如图 7-92 所示是图片背景较简单时的一种排版方式。关于全图型排版的技巧在本书第 4 章有过介绍，这里就不再赘述。

SUNSILK

数字时尚时代的美妆品消费者

在美妆品的国别选择方面，高阶女性的选择也更加多元，护肤品欧美和国产类使用普遍；彩妆类超九成会使用欧美品牌，而日韩彩妆的购买率也接近过半。

▶图 7-92 内容页示例 6

5．封底页

从完整性来说，虽然封底页面并没有太实质性的内容，却也不可或缺。

一般封底页面没有必要做得太复杂，简单打上“The end”字样表示演讲结束即可。想要表现得更为礼貌一点，则可在页面上打上“Thanks”“感谢聆听”等字样，并附上出品机构或个人的名称、需要鸣谢的机构名称或 LOGO 等，如图 7-93 所示。

▶图 7-93 封底页示例 1

此外，也可以以进入讨论时间的方式作为结束，让观众就前面所讲述的内容对进行随意提问，与演讲者相进行讨论，如图 7-94 所示。

◀图 7-94　封底页示例 2

技能拓展 > 使用 PPT 推荐的设计创意排版

当你把内容插入到幻灯片页面上之后，若你找不到合适的排版方式，可单击“设计”选项卡下的“设计创意”按钮，打开“设计理念”侧边栏，看看软件为你推荐的版式，若觉得其中的某个版式不错，单击即可应用。

7.3 关于模板

对于 PPT，很多朋友其实更在意幻灯片中的内容，而不太愿意在排版、设计上花费太多时间。因而，他们习惯从网上下载模板直接使用。另外，有时候时间紧，来不及做设计美化，模板也是不错的选择。

7.3.1 在哪里可以找到精品模板

网上的模板质量参差不齐，在哪些网站可以找到质量高一点的模板呢？

1. 收费模板网站

其实，网上并不缺少高质量的模板，但精品往往需要付费才能使用。如果你愿意在模板上花钱，可以上访问面这些网站。

PPTSTORE（www.pptstore.net）

这是国内 PPT 高手卖作品的平台，质量较高，如图 7-95 所示。

▲图 7-95 PPTSTORE

PPTFans（www.pptfans.cn）

这个网站不仅有高质量的模板，还有很多不错的 PPT 教程可供免费学习，如图 7-96 所示。

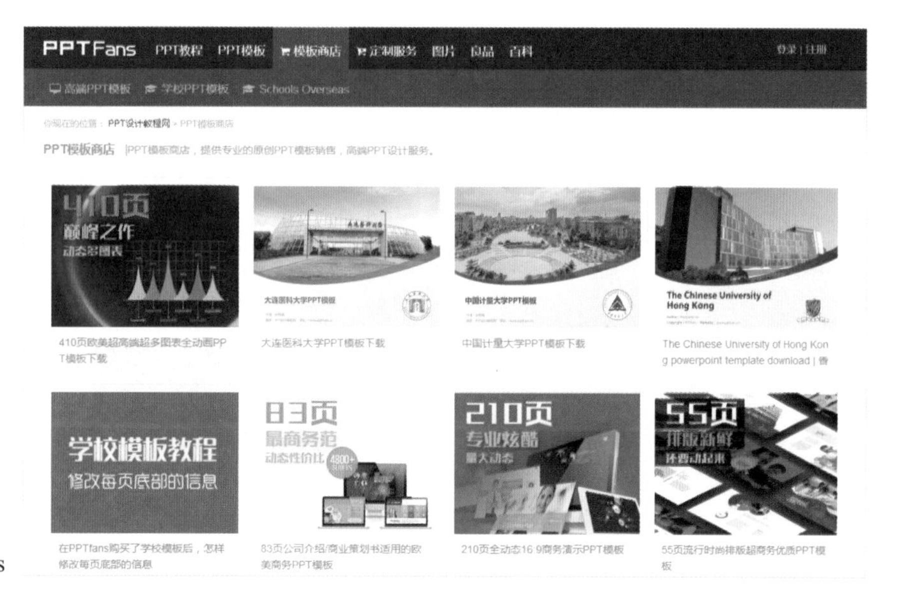

▶图 7-96 PPT Fans

2. 免费模板网站

如果你不想在模板上花钱，那就到下面这些网站找。

微软官方模板库（officeplus.cn）

官方出品的模板，匹配性强，如图 7-97 所示。

◀图 7-97　微软官方模板库

优品 PPT（www.ypppt.com）

作为免费的模板网站，这个网站上的作品算是质量很高了。而且，在这里还能找到免费的小图标、箭头、背景音乐等 PPT 素材，如图 7-98 所示。

◀图 7-98　优品 PPT

7.3.2 模板怎样才能用得更好

从网上下载下来的模板大多都不能原封不动地直接使用。即使不想花太多时间，也还是少不了对模板进行删减、修改。

1. 删除模板水印

很多模板都带有出品机构或个人的 LOGO、名称、网址、二维码等水印，若不将其删除就直接套用，会给人一种抄袭、劣质的感觉。有时候水印在每一页上都有，却无法直接删除，很可能它们是添加在母版上面的，需要切换到母版视图下，在母版中删除，如图 7-99 所示。

▶图 7-99　母版中的水印

若母版中也没有这些对象，说明这些对象已拼合在幻灯片背景图片上，若背景本身比较复杂（底纹或图片等），那么很可能无法去除，只有换掉幻灯片背景。如果背景比较简单（纯粹的色彩或渐变色彩等），可将背景图片保存为图片，使用 PS 等图片处理软件把 LOGO、名称、网址、二维码等去掉，再重新设为背景，如图 7-100 所示。

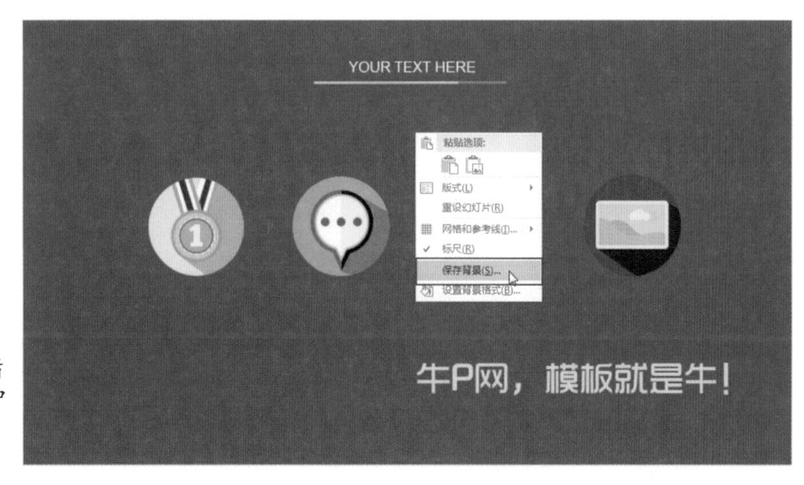

▶图 7-100　幻灯片背景右击菜单中的“保存背景”命令

2. 以替换的方式插入

为了加快套用模板的速度，也使模板所设定的设计风格能够在套用时完整保留，最好以替换的方式来插入相关内容。比如，先将文字内容复制到剪贴板，再以选择性粘贴为“无格式文本”的方式插入到模板给定的文本框中，这样可将文本框设定的字体、颜色、字号等格式保留，如图 7-101 所示。

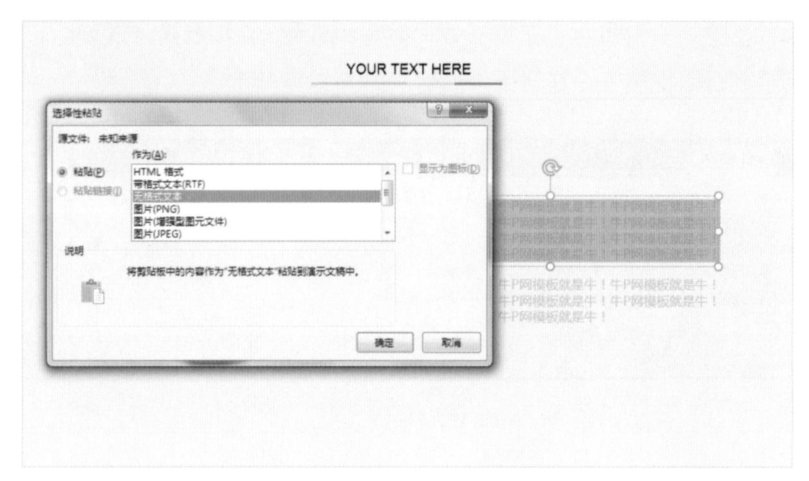

◀图 7-101 “选择性粘贴”对话框

图片则以“更改图片”的方式插入，确保模板设定的图片大小、位置不发生大的变动，如图 7-102 所示。

◀图 7-102 右击图片菜单中的“更改图片”命令

同理，如果想要换掉模板中的某个形状，则以“更改形状”的方式进行替换，如图 7-103 所示。

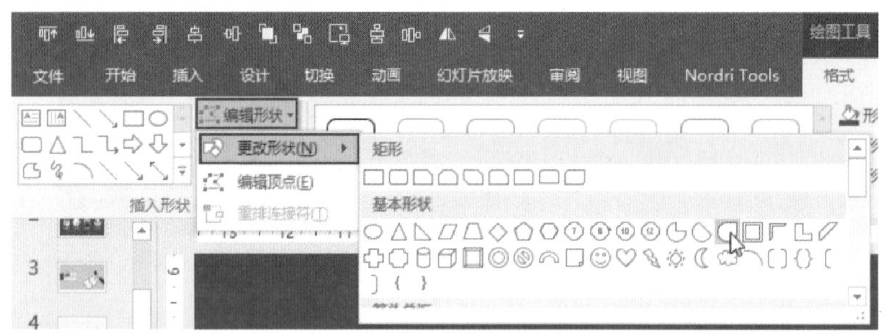

◀图 7-103 “格式”选项卡下的“更改形状”按钮

08 Chapter

找一个舒服的姿势分享 PPT

如何找到演讲的最佳状态
成功地将 PPT 中的内容分享给观众？

如何解决 PPT 保存时遇到的各种问题
以恰当地格式发送、分享给他人？

PPT，为分享而生
你需要学会找一个舒服的姿势

8.1 鲜花与掌声只属于有准备的人

演讲，是一门很有技术含量的学问。无论在会议室还是在大场馆，如果你认为自己不是演讲天才，如果你没有天生的演讲天赋，却渴望从舞台上收获鲜花与掌声，那么，除了做一份高水平的PPT外，还有很多方面需要准备。

8.1.1 对于PPT演讲，你是否也有这些“不健康”心理

有些人一发言就紧张，有些人一上台脑子就一片空白，有些人畏惧演讲，有些人觉得自己天生不适合演讲……关于演讲的很多问题其实都是心态问题。准备一场成功的演讲，你可能需要克服下面这些“不健康”心理。

◀图8-1

1. 把观众当傻子

症状：太多老生常谈的废话；花费大量的时间，引经据典解释某些其实十分简单的概念，使演讲乏味无聊。

药方：大家都是聪明人，不是所有的事情都值得说三遍。演讲时少一点废话，要让观众觉得有看头、有听头。

2. 模仿大师演讲

症状：总想着复制演讲大师的技巧，在演讲时刻意模仿他们的手势，他们的幽默方式等，却是徒有其表，给人感觉是生硬、呆板。

药方：勇敢做自己。真诚看似廉价，却最能动人。以自己的真性情去应对一场重要的演讲也

未尝不可，毕竟大师之路不可复制。专注于演讲内容本身，以自己的方式去准备，也许更有说服力。

3．想要快点结束

症状：因为紧张、胆怯，潜意识里想要快点结束，导致语速过快，原计划 20 分钟的内容，七八分钟就说完了。

药方：慢一点，你比你想的还要快。观众一边听讲，一边看 PPT 页面，需要一些反应时间。语速慢一点，甚至在中间做些停顿，留点时间给观众，也留点时间给自己。

4．自说自话

症状：双眼盯着屏幕或投影，嘴上念着幻灯片上的内容，从来不看观众。

药方：眼神也能交流。让观众觉得你是在跟他们对话，即便他们没有说话。观众的好恶写在脸上，看看他们，猜一猜他们对你的演讲评价如何。

5．为大声而大声

症状：遵从很多演讲技巧书中都有的建议，为让观众都听见自己的声音，刻意把嗓门提高。但由于掌握不好这个度，变得像歇斯底里地吼叫。

药方：正常的、自然的音量就好，哪怕稍微有点小。有些人天生声音不大，刻意提高音量，很容易变成吼叫，再好的内容也像是虚无缥缈的空口号，给人的感觉更不好。

8.1.2 多几次正式的排练

在 PPT 中，通过排练计时功能，能够根据需要预先设定动画开始时间、幻灯片切换时间，让这份 PPT 文档在播放时根据设定自动播放，如图 8-2 所示。

▲图 8-2　排练计时结束时弹出是否应用该时间安排的对话框

展台类需要自动播放的PPT或转成视频使用的PPT一般都会进行排练计时。而对于演讲类PPT来说，真正必要的不是排练计时，而是排练——即模拟演讲时的情境与心境，事先练习演讲内容。一场成功的演讲来自充分的准备，而正式的排练就是最好的准备方式。怎样排练才算是正式的、有效果的排练？

1. 有观众在场

让你的朋友、同事、家人临时充当观众。如果可以，观众越多越好。尽量模拟真实的情境，才能真正达到心理状态的预演。在排练时，让观众给你提提意见，从他们的视角评价自己演讲的表现、PPT的内容。虽然他们也许并不了解你所讲的内容，但未必不能提出有参考价值的建议。

▲图8-3　有观众在场

2. 真正开口讲

很多人排练演讲喜欢默排，即只在心里串词、回忆演讲词等，并不动嘴说出来。很多东西心里知道是一回事，讲出来又是另一回事，心里觉得简单的内容，讲出来可能就会有问题。所以，真正有效果的排练，非动口讲出来不可。

3. 从头到尾

从头到尾讲完整份PPT，细化到每一页、每一个点的讲法，充分考虑开场、收尾、页与页之间衔接的串词。

4. 录像或录音

排练时录像或录音，讲完后看看录像、听听录音，自己找问题、做调整。无论是对这一场演讲还是对以后的演讲都有好处。

5. 多排练几遍

如果时间允许(一般重要的演讲都会给演讲人充分的准备时间)，应尽量多次排练，反复练习，反复回顾，直至克服所有问题。

台上一分钟，台下十年功。包括罗振宇在内的很多演讲大师在演讲前都会进行排练，只不过我们看到的常常只是他们舞台上的成功，看不到他们背后的更多扎实准备。所以，即便你真的很有演讲的天赋，即便你对自己的临场发挥能力很有信心，即便你自认为对 PPT 的内容已经很熟悉，都不要忽略了排练这个环节，反而要以更郑重的态度认真对待。

8.1.3 为免忘词，不妨先备好提示词

在 PPT 2016 的演示者视图下，投在观众面前的是当前页面的内容，而演讲者电脑屏幕上既能看到当前页面内容，也能预先看到下一页幻灯片的内容，此外还可以看到当前页面的备注内容，如图 8-4 所示。

▲图 8-4 演示者视图

演讲型 PPT 要求页面内容简洁，很多内容可能需要通过口头来表达。如果你担心演讲时出现紧张忘词、遗漏要点等问题，可将该页的演讲稿或该页的主要要点写在该页备注上。就像电视节目录制时的提词器一样，演讲时开启演示者视图便可看到事先准备好的“提示词”。

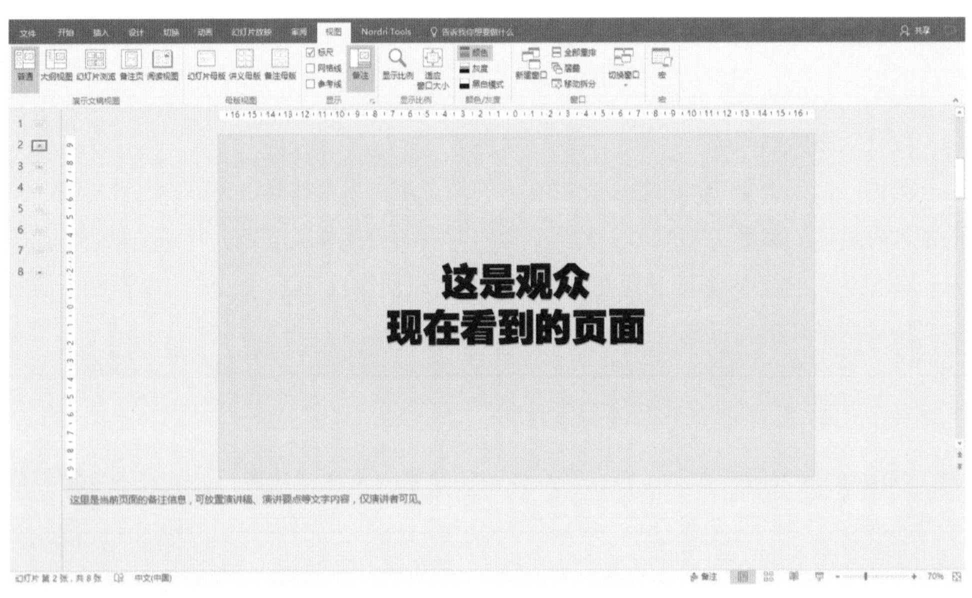

▲图 8-5　演示者视图

那么，如何开启演示者视图呢？如图 8-5 所示。正确的方法如下。

步骤01 打开 PPT 文件，将电脑接上投影仪，按 F5，进入放映状态。

步骤02 按 Windows 徽标键 +【P】键（Win7 及以上版本的 Windows 系统）打开投影方式选择窗口，并单击选择“扩展”方式（“扩展”方式允许电脑屏幕和投影显示不同内容；“复制”方式指电脑屏幕和投影显示相同内容；“仅计算机”方式是只在计算机上显示内容，“仅投影仪”则是只在投影仪上显示内容），如图 8-6 所示。

▲图 8-6　投影方式选择窗口

步骤03 右击页面，选择“显示演示者视图”命令。

技能拓展 > **【F5】键在 PPT 放映中的作用**

【F5】，从 PPT 的第一页开始放映；【Shift+F5】，从当前页开始放映；

【Alt+F5】，放映并直接进入演示者视图模式；【Ctrl+F5】，网络联机放映演示文稿（需要有 Microsoft 账户）

8.2 保存 PPT 时的难点问题及解决办法

在保存 PPT 文件的过程中你是否也遇到过下面这些问题？

8.2.1 文件如何才能变得更小一点？

一份 PPT 文件动辄几百 MB，为了加快传输速度，可对 PPT 文件进行压缩。

PPT 文件过大往往是因为插入其中的媒体、图片文件过大、过多。若是因为其中的视频、音乐导致文件过大，可将这些媒体删除，或稍微裁剪一下，只截取其中的必须部分；若是因为其中的图片导致文件过大，可尝试将其中的部分图片删除，或将本身比较大的图片在 PPT 中进行压缩。

在 PPT 中压缩图片，只需选中图片单击“格式”选项卡下的“压缩图片”按钮，在弹出的“压缩图片”对话框中进行相关的压缩处理，如图 8-7 所示。勾选“仅应用于此图片”，是只压缩当前选中的这一张图片，取消勾选则将压缩 PPT 文档中的所有图片。若图片进行了裁剪，勾选“删除图片剪裁区域”意味着软件将不再保留图片裁剪外的部分，若确定不再对图片的裁剪区域进行修改，勾选该选项可实现对图片的有效压缩。“目标输出”即将图片压缩到哪一种像素，为了加快上传邮件附件的速度，可选择“电子邮件”像素。

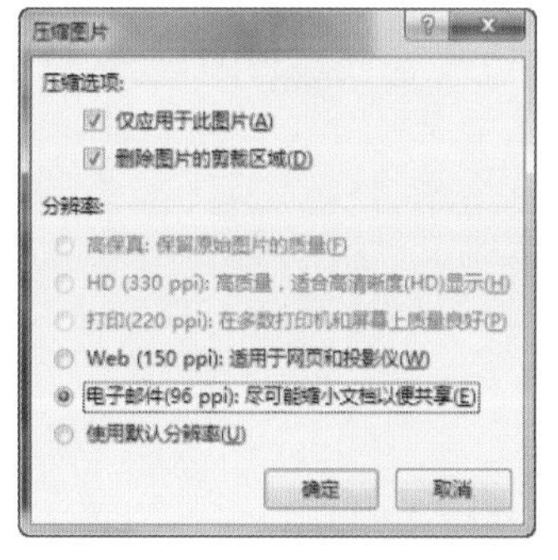

▲图 8-7 压缩

8.2.2 版本兼容性问题如何避免？

PPT2016 制作的 PPT 文件若用 PPT2003 打开，有可能会出现某些动画效果、形状效果无法正常显示等版本兼容性问题。为了避免这种问题的发生，可在 PPT 文件制作完成后，单击“文件”选项卡，切换到“信息”界面，再单击“检查问题”按钮并选择下方的“检查兼容性”命令，从而对该文件进行兼容性问题检查，如图 8-8 所示。

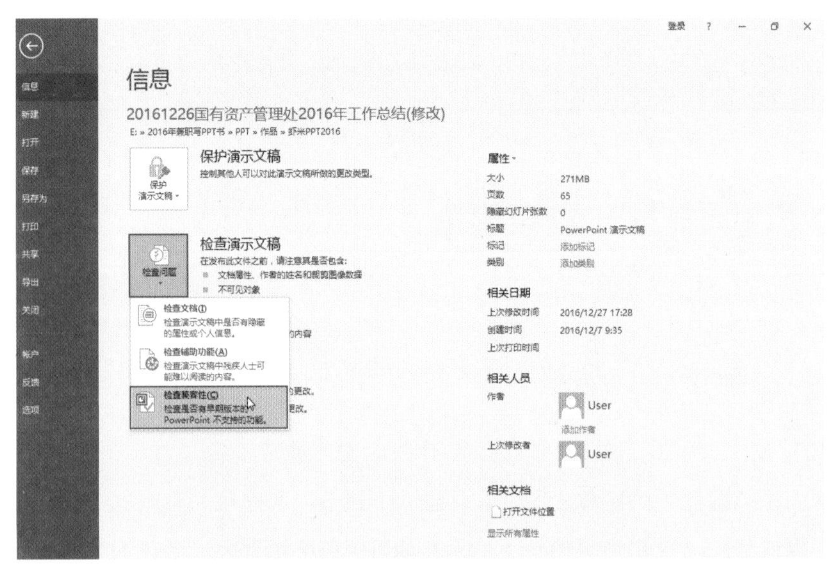

图 8-8　检查兼容性

当文件中存在旧版 PPT 不兼容的问题时，软件将弹出对话框进行提示。接下来只需根据提示对相应页面的相应问题进行修改，直至不再存在兼容性问题即可，如图 8-9 所示。

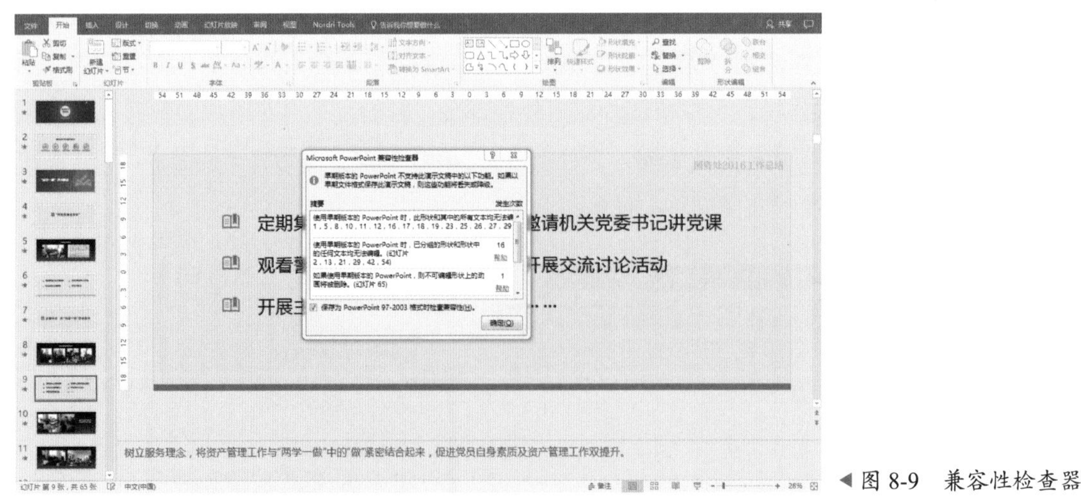

图 8-9　兼容性检查器

8.2.3 怎样为自己的 PPT 文件加密？

为防止他人随意查看、修改自己的 PPT 作品，保护版权，可在“信息”面板中单击“保护演示文稿”按钮，在下方选择“用密码进行加密”命令，在弹出的“加密文档”对话框中输入密码，最后保存退出，实现对文件进行加密处理。

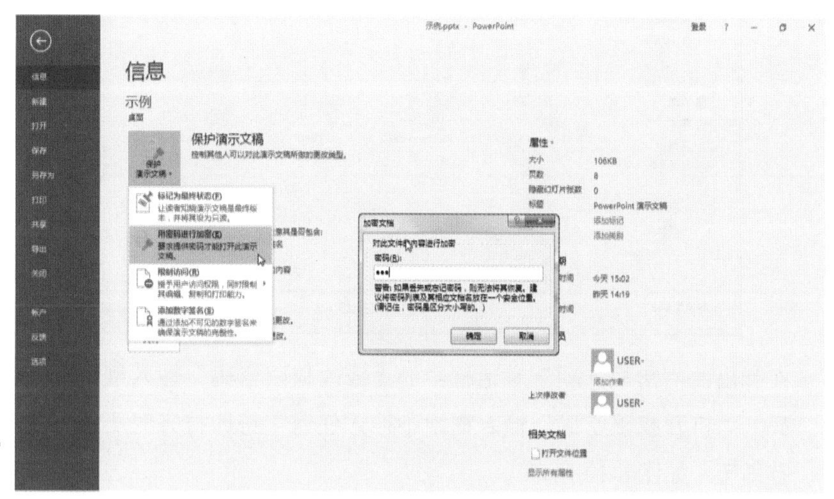

▶图 8-10　为 PPT 文件加密

经过上述操作后，这份 PPT 文档只有正确输入密码方能打开。

大师点拨 >　怎样取消 PPT 文件的密码？

如果要取消 PPT 文件的密码，只需再次单击“保护演示文稿”按钮，选择“用密码进行加密”命令，将“加密文档”对话框中输入的密码删除，重新保存即可。

这种加密方式下，他人没有密码既不能修改文档，也看不到文档的内容。若是要允许他人查看文档内容，而只是限制他人修改，则可按如下步骤进行加密。

步骤01 在文件“另存为”面板中，单击右侧文件类型选择区下方的“更多选项”链接，如图 8-11 所示。

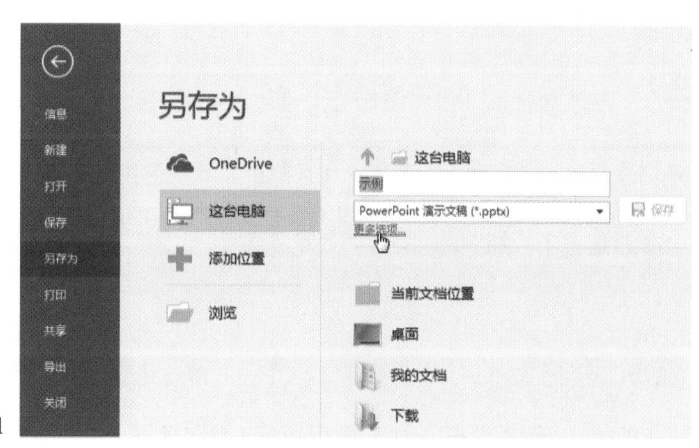

▶图 8-11　步骤 01

步骤02 在弹出的“另存为”对话框中，单击下方的“工具”按钮，选择“常规选项”命令，如图 8-12 所示。

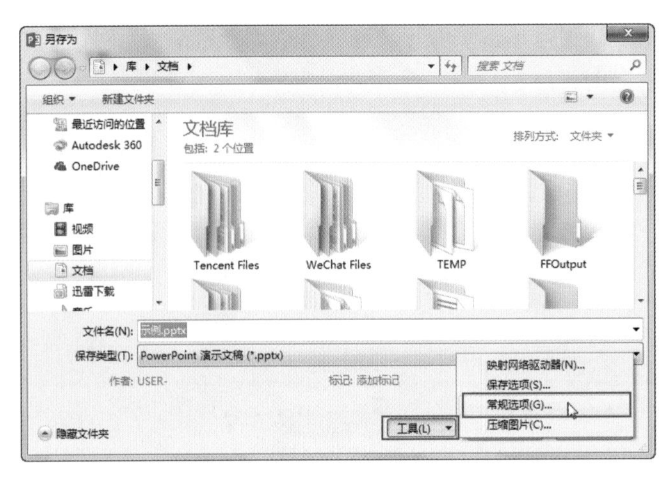

◀图 8-12　步骤 02

步骤 03 在弹出的“常规选项”对话框中的“修改权限密码”输入框中输入修改文件需要提供的密码（“打开权限密码”输入框中不输入任何字符即打开时不需要密码），并单击确定，保存即可，如图 8-13 所示。

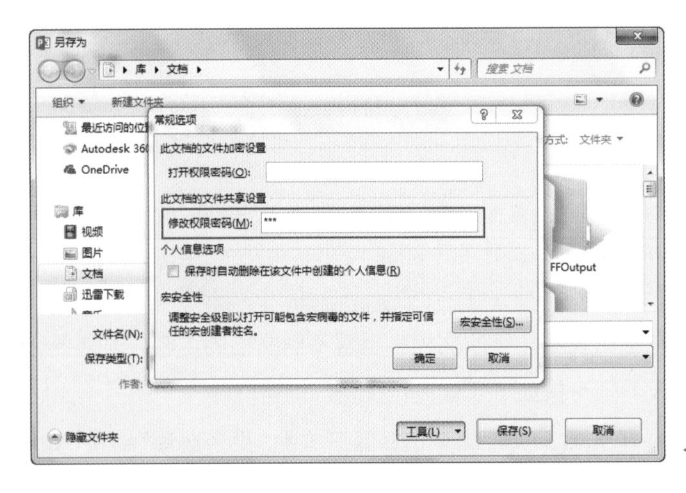

◀图 8-13　步骤 03

大师点拨 ＞　不添加密码，如何防止他人修改 PPT 内容？

除了添加密码外，还可将 PPT 文件另存为 PDF 文件以防止他人修改 PPT 的内容。另外，在 PPT 另存的文件类型中有一种“PowerPoint 图片演示文稿”类型，将 PPT 文件另存为这种类型的文档后，原 PPT 文件中的每一页都将拼合成图片，不再保留层级、组合等，这也能达到防止他人修改内容的目的。

8.2.4 计算机没安装 Office 办公软件，有没有办法播放 PPT？

“导出”PPT 时，选择“将演示文稿打包成 CD”选项，可将 PPT 文档刻录或存储为一个文件包。这个文件包中包含 PPT 文件及以链接方式插入 PPT 中的相关文件，如 Excel 文档、Word 文档、背景音乐、视频等，能够免去在硬盘中一一找出这些文件的麻烦。

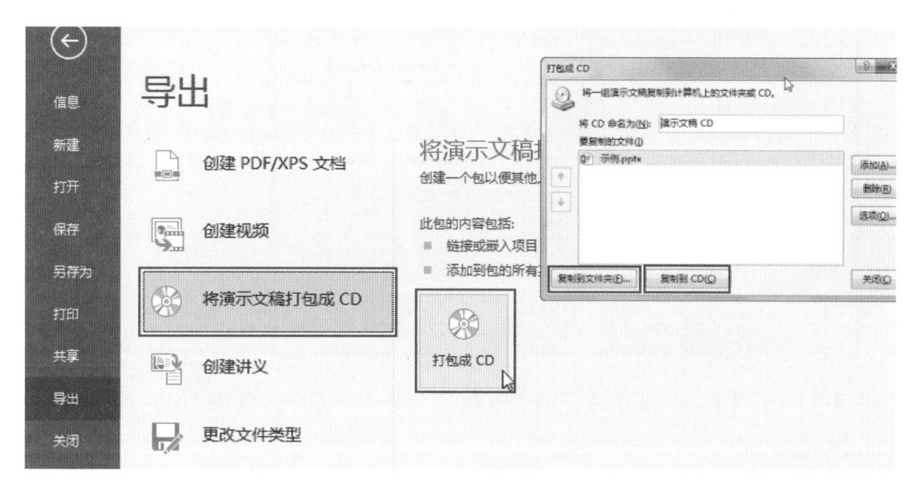

▲图 8-14 将演示文稿打包成 CD

使用刻录光驱将 PPT 文件包刻录到光盘中后，在没有安装 Office 软件的计算机上也能播放 PPT。不过，仍然要求计算机中安装有“PowerPoint View 2007”软件（比 Office 软件安装包小很多）。因此，在刻录 CD 时可将 PowerPoint View 2007 软件一并刻录在 CD 中，在用 CD 播放 PPT 文件前，先安装 PowerPoint View 2007 即可真正实现无 Office 软件看 PPT 了。

8.2.5 PPT 转存 JPG 图片格式，如何能把图片像素提高?

将 PPT 文件另存为 JPG 图片格式时，导出的图片像素往往不高。若要精度更高的图片怎么办?

我们知道，PPT 页面越大，导出的图片也就越大。理论上可通过增大页面尺寸的方式来提高导出图片的像素。不过，将页面尺寸调大，甚至调成超出我们常见的幻灯片尺寸很多之后，页面上对象的排版可能就会比较麻烦。比如，字号可能需要选择超大的字号，稍小尺寸的图片插入页面后变得极小。因此，不建议采用这种方式来提高导出图片的像素。

这里，推荐采用修改注册表的方式来提高导出图片的像素，具体操作方法如下:

步骤01 按快捷键 Windows 徽标键 +【R】，弹出“运行”对话框，在“运行”对话框中输入“regedit”并单击确定，如图 8-15 所示，快速打开“注册表”编辑器。

▲图 8-15 步骤 01

步骤02 在打开的“注册表”编辑器中，在左侧依次展开、定位到 HKEY_CURRENT_USER\Software\Microsoft\Office\XX.0\PowerPoint\Options（XX 对应计算机中安装 Office 版本，比如，安装的是 PowerPoint 2016，则展开 16.0）。然后，在窗口右侧空白处，右击鼠标，依次选择“新建”“DWORD(32- 位) 值”命令，如图 8-16 所示。

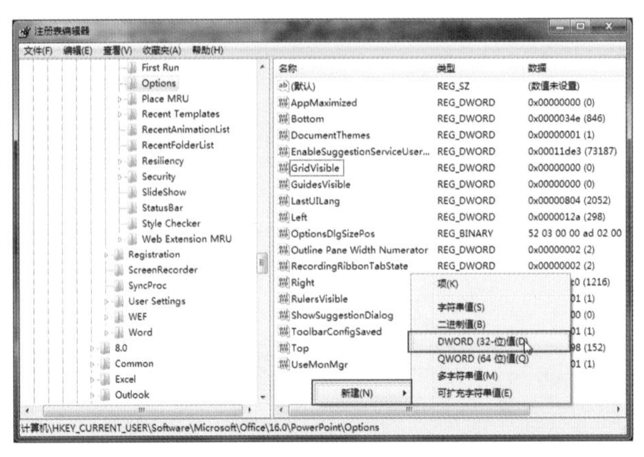

◀图 8-16　步骤 02

步骤 03 右击新建的注册表值，在菜单中选择“重命名”命令并将其命名为“ExportBitmapResolution”，如图 8-17 所示。

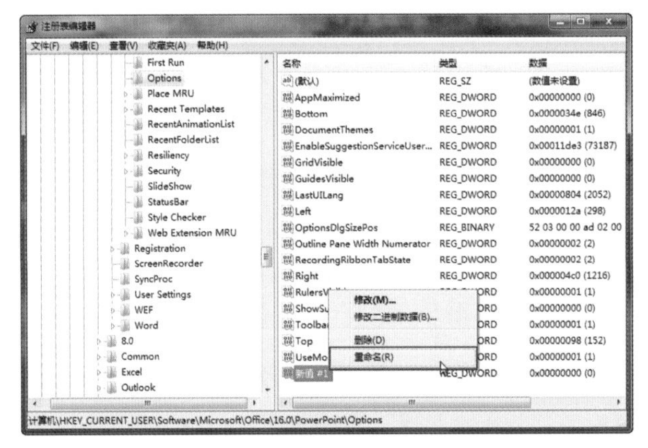

◀图 8-17　步骤 03

步骤 04 双击新建并重命名后的“ExportBitmapResolution”注册表值，在弹出的“编辑 DWORD(32-位) 值”对话框中，选择“十进制”并输入数值数据（该数值即导图分辨率对应的十进制值，本例中输入 1024，PowerPoint 2003 最大可输入 307），如图 8-18 所示。然后，确定并关闭注册表编辑器。

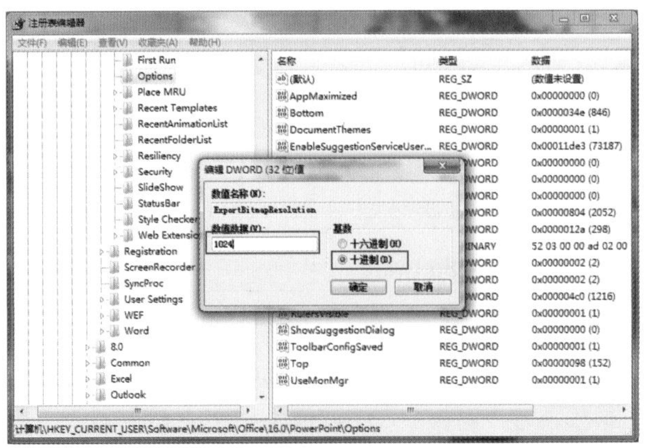

◀图 8-18　步骤 04

此时，我们再将 PPT 文件另存为 JPG 图片就会看到，每张图片的像素都比默认另存的图片大了很多，如图 8-19 所示。

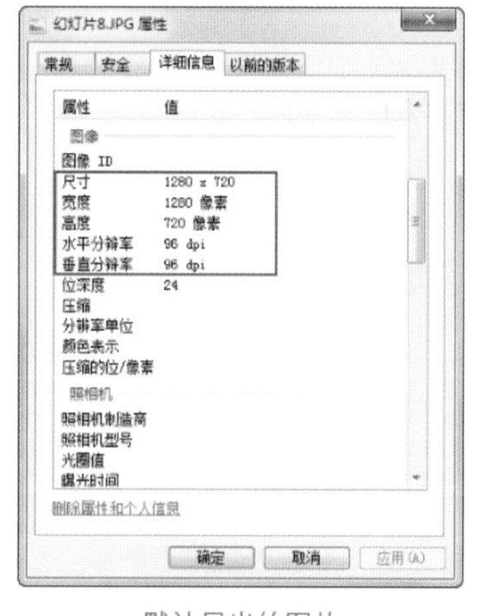
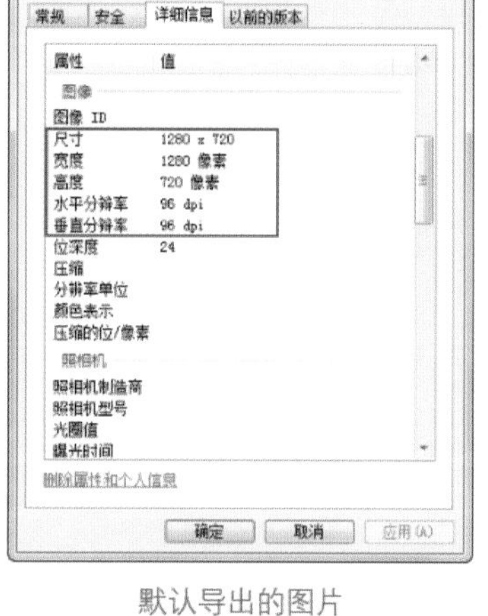

默认导出的图片

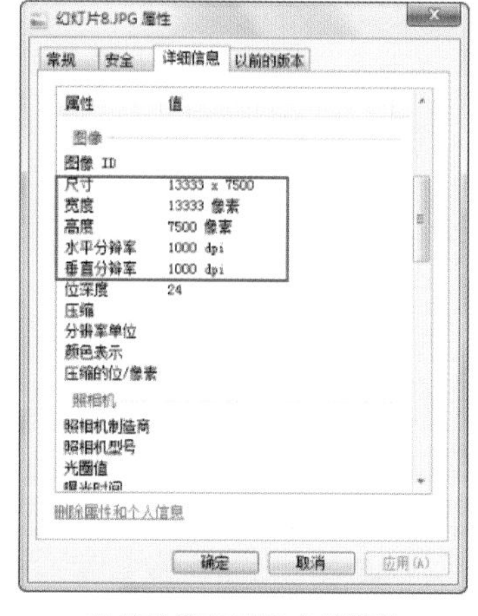

设置注册表后导出的图片

▶图 8-19 图片属性对比

在页面上选择组合、图片、形状等对象，进而“另存为图片”，这样导出的图片像素不受此影响。

8.3 附：资深 PPT 玩家的工具箱

本篇最后再推荐一些能够有效提升 PPT 制作能力、拓展 PPT 玩法的实用工具网站 / 软件。

8.3.1 文字云制作工具：Wordart

所谓的文字云是指将文字堆砌拼合成各种形状（不仅仅是云朵形）的一种特殊文字排列效果。由于视觉效果独特，文字云受到很多人的喜爱，如图 8-20 所示。

在 PPT 中能够直接制作文字云，大致方法是先将图形置于底层，再随意添加各种角度、错落放置的文字，最后再将溢出图形边界的部分删除或剪裁掉即可。

不过，这样做操作起来比较麻烦，效果也不一定很好。不如借助一些制作文字云的专业工具网站，在网站中制作好文字云图片后，再插入 PPT 中使用。

比如 Wordart（网址：Wordart.com）就是一个非常不错的文字云制作工具网站。该网站文字云效果丰富，且支持中文字符，轻松即可做出各种效果的文字云。

例如，我们利用 Wordart 来制作图 8-20 所示的文字云，可按如下步骤操作。

▲ 图 8-20 苹果形文字云

步骤01 打开网站后，单击“CREATE NOW”按钮，开始创建文字云，如图 8-21 所示。

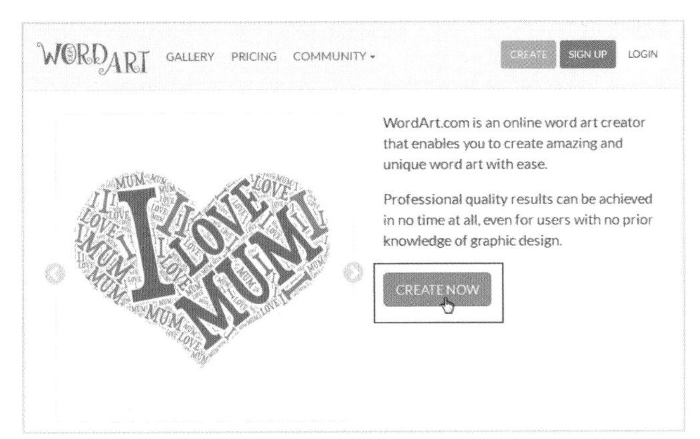

◀图 8-21　步骤 01

步骤02 此时便转到了云文字制作页面，页面左侧为云文字的设置区，右侧为云文字效果预览区。虽然是全英文网页，但是各种操作选项还是非常好理解的，如图 8-22 所示。

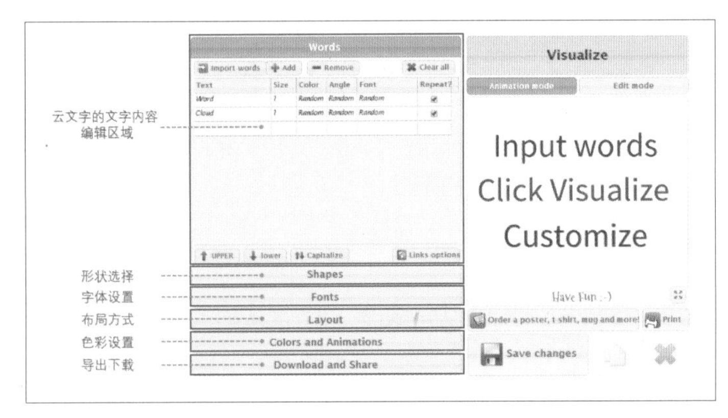

◀图 8-22　步骤 02

步骤03 单击“Import words”按钮，在“Import words”对话框中的文本输入框中输入云文字的文字内容，如图 8-23 所示。

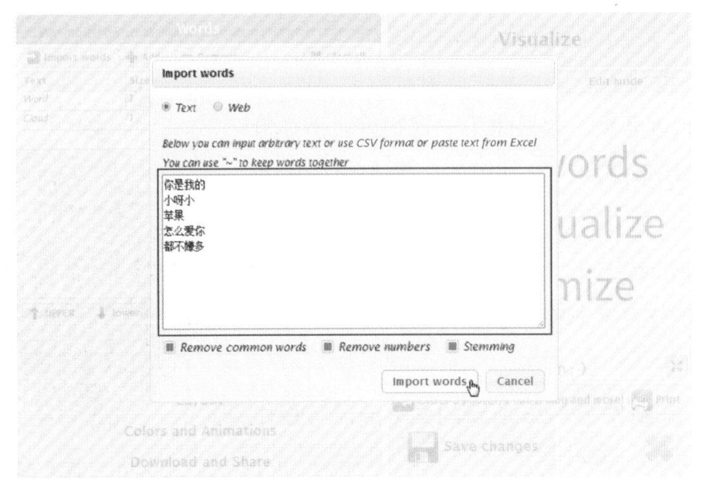

◀图 8-23　步骤 03

步骤04 切换到“Shapes”选项卡，选择一种文字云形状，本例选择苹果形，如图 8-24 所示，若其中没有自己想要的形状，也可单击“ADD IMAGE”按钮，从硬盘中添加一个形状。

步骤05 继续切换到“Fonts”选项卡，选择一种字体，由于本例输入的是用中文文字来制作文字云，列表中没有符合要求的中文字体。此时，可单击“Add font”从硬盘中添加一种中文字体并勾选，如图 8-25 所示。

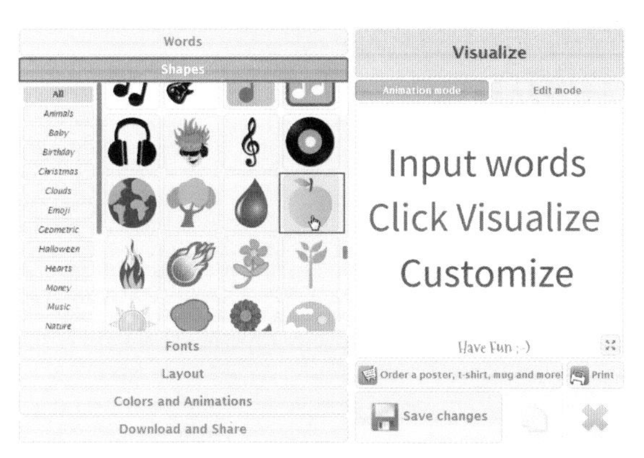

▲图 8-24　步骤 04

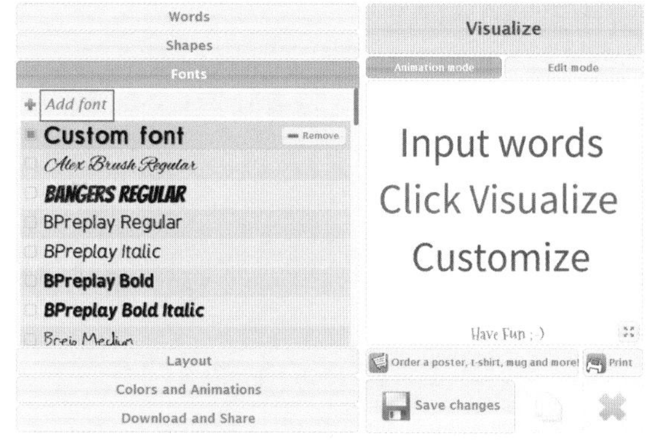

▲图 8-25　步骤 05

步骤06 再切换到“Layout”选项卡，选择一种文字布局方式，如图 8-26 所示。

步骤07 再切换到“Colors and Animations”选项卡，调节文字的颜色搭配，如图 8-27 所示，在该选项卡中，勾选“Use shape colors”即应用之前选择的文字云形状的配色，取消勾选即可自行设定云文字的色彩组合，可单色也可多色。在“Background color”中可以将云文字图片的底色去除，变成无底色的云文字图片。

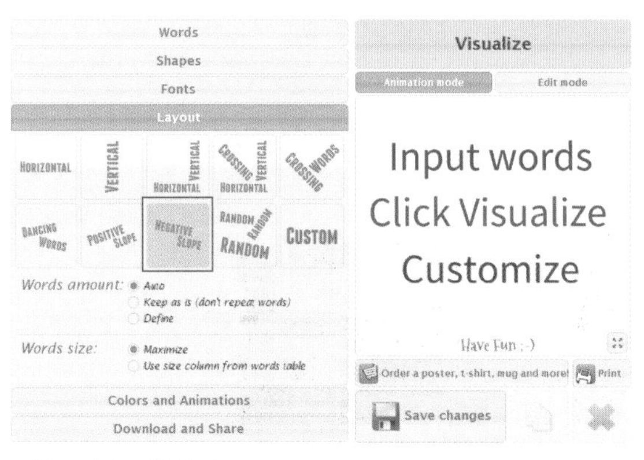

▲图 8-26　步骤 06

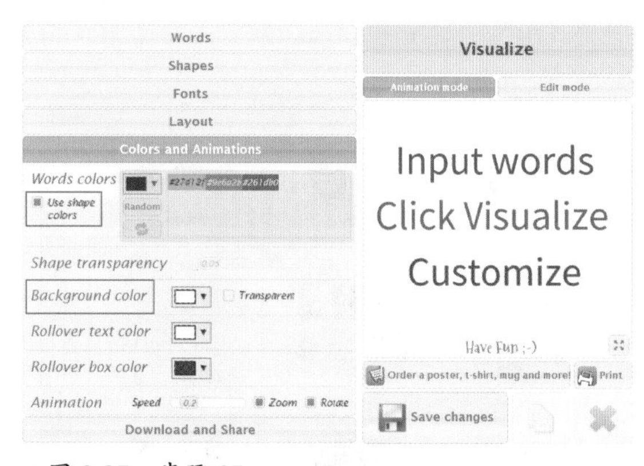

▲图 8-27　步骤 07

步骤08 此时，单击左侧的“Visualize”按钮，即可生成云文字效果预览。继续单击“Download and Share”选项卡，可将制作好的云文字以指定格式（部分导出类型需注册、登录，甚至成为付费会员后方可选择，在 PPT 中选择最普通的 PNG 图片类型也差不多够用了）导出，如图 8-28 所示。

◀图 8-28　步骤 08

8.3.2 拼图工具：CollageIt Pro

对于 PPT 基本功比较扎实的人来说，在 PPT 中将多张图片拼成图片墙难度并不高，只是操作烦琐，比较耗费时间而已。当然，为了提升效率，我们也可以直接使用第三方软件来完成这个过程，CollageIt Pro 便是一个不错的选择，特别是完成大量图片的拼合任务更是方便。下面大概演示一下用 CollageIt Pro 拼图的操作过程。

步骤01 启动软件后，软件将弹出对话框，提示选择一种拼图模板，如图 8-29 所示。

步骤02 选择模板后，将进入软件主界面，将所有图片拖入“照片列表”区，这些照片就将自动按选定的模板完成拼合，如图 8-30 所示。此时，我们还可以在软件中继续对图片墙的尺寸、背景、照片之间的间隙、照片位置、照片裁剪区域等进行调整、设置。

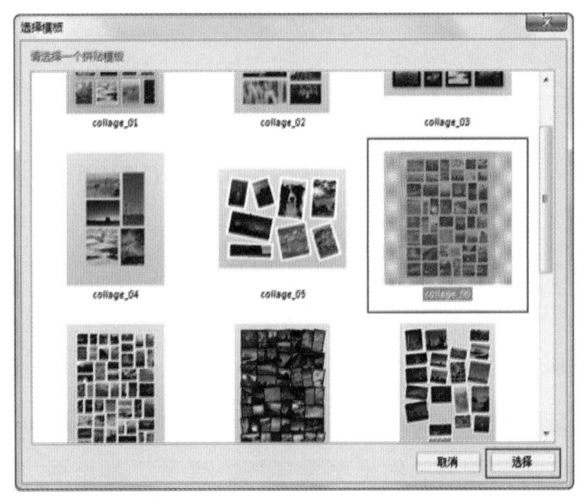

▲图 8-29　步骤 01

▲图 8-30　步骤 02

步骤03 调整完成后，单击“输出”按钮，即可将照片墙以图片形式保存在硬盘中，从而插入幻灯片中使用，如图 8-31 所示。

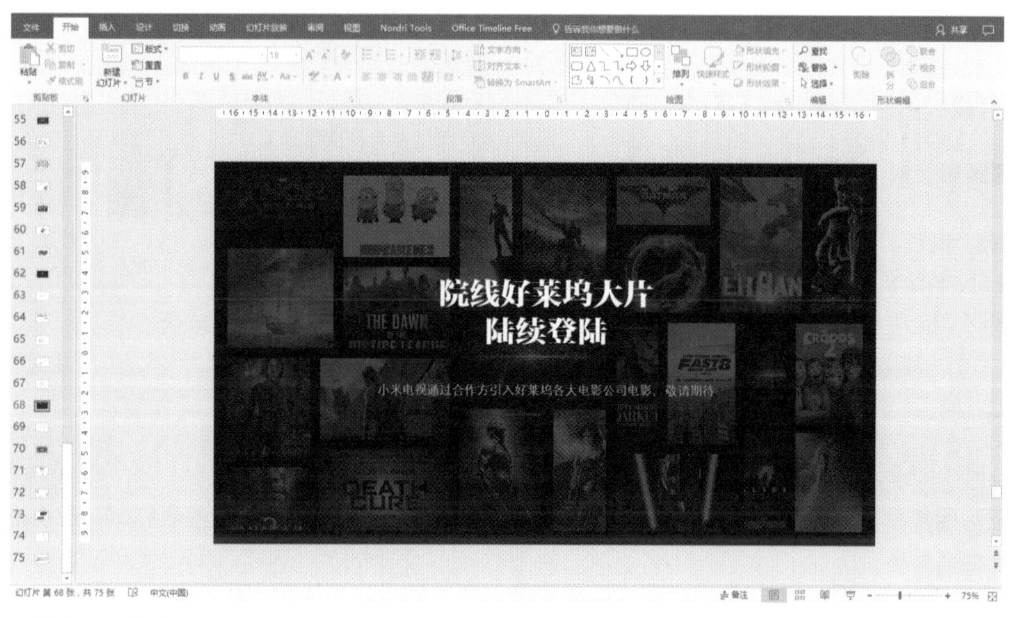

▲图 8-31 步骤 03

8.3.3 配色工具：ColorSchemer

在 PPT 配色的章节中，介绍了很多专业的配色网站。而在无网络的情况下，我们则还可以借助电脑中提前安装好的 ColorSchemer 软件来建立专业的 PPT 配色。

比如，根据某一种主题色，建立配色方案，只需在左侧“基本颜色”窗格中输入主题色的 RGB、HSB 或 HTML 色值，在窗口右侧的“实时方案”选项卡下将自动生成配色方案，如图 8-32 所示。

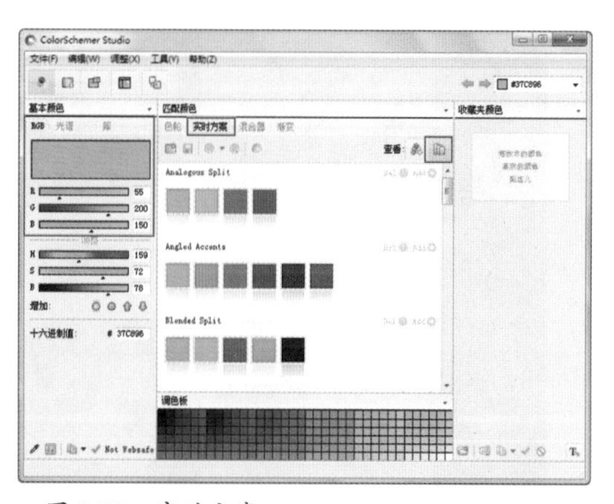

▲图 8-32 实时方案

若无明确主题色，可单击软件窗口左下方的按钮，获得随机的专业配色方案。

单击软件上方的图库浏览器按钮，切换到印象配色模式，在搜索框中输入配色关键词（英文），即可获得相应的一些配色方案，如图 8-33 所示。不过，印象配色要求计算机连接网络。

单击软件上方的图像方案按钮，切换到图片配色模式，打开一张图片，软件将根据该图片自动提供配色方案，如图 8-34 所示。

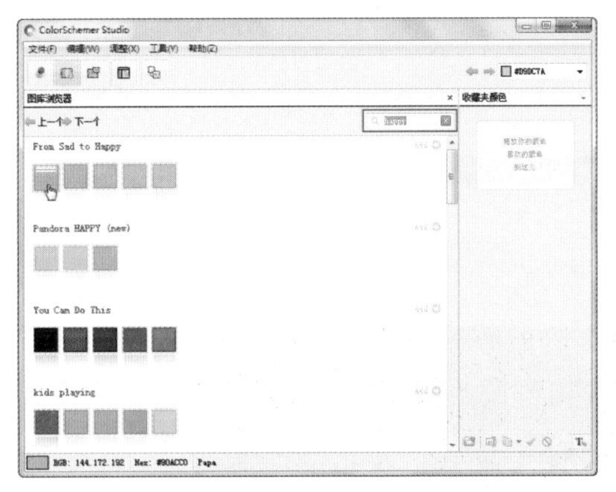

▲图 8-33　配色方案

▲图 8-34　自动配色方案

8.3.4 图表工具：百度·图说

百度·图说（tushuo.baidu.com）是百度旗下的一个在线动态图表制作网站。这个网站提供了各种类型的图表模板，如图 8-35 所示。当然，主要是一些 PPT 软件上没有的图表样式，比如仪表盘图，各种地图等。

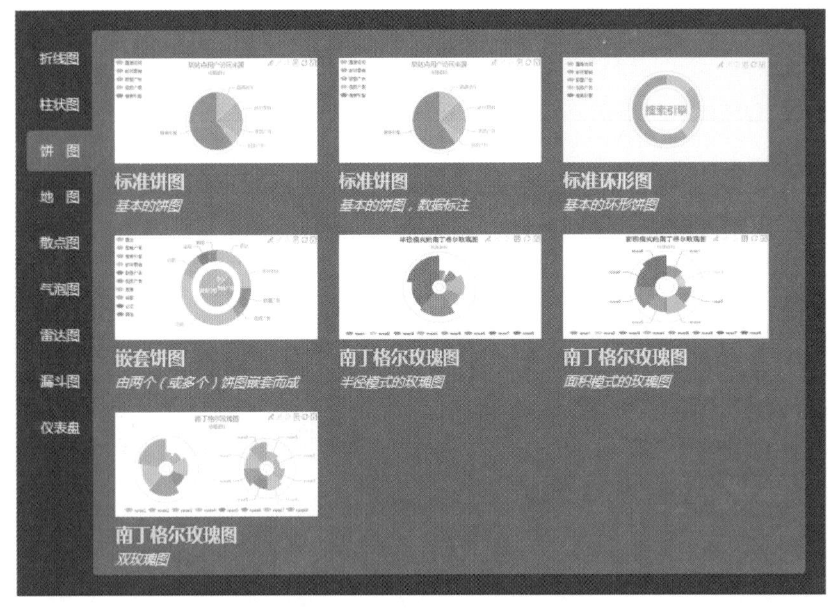

◀图 8-35　图表模板

该网站为全中文界面，稍加研究即可掌握，操作相对简单。在该网站制作好图表后，可将图的高度调至最大，将整体背景颜色设置为透明，然后单击图表右上角的保存按钮，将图表保存为无背景 PNG 图片插入到 PPT 中使用，如图 8-36 所示。

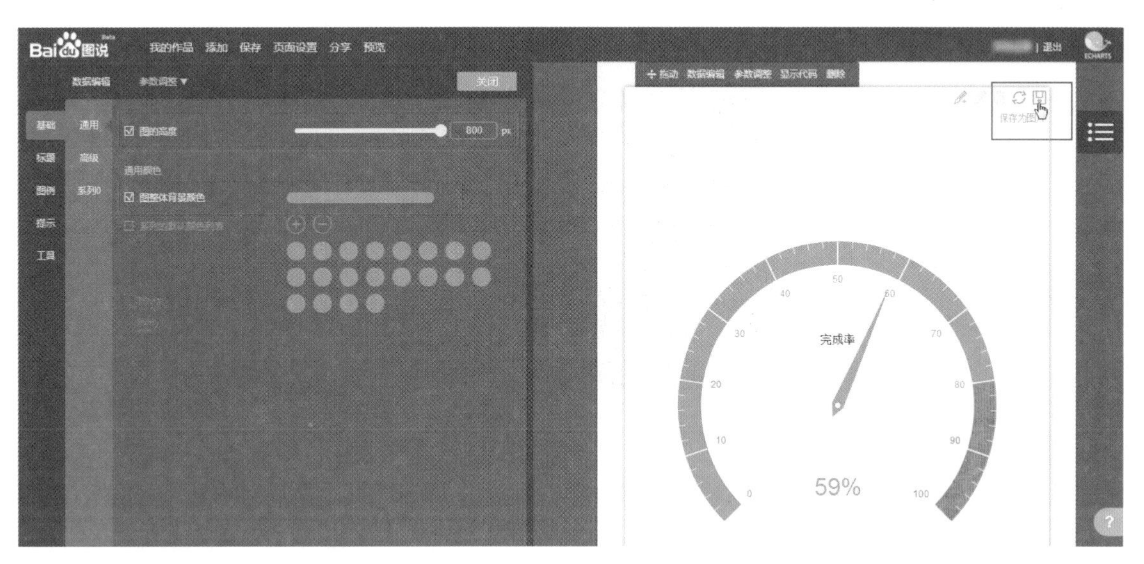

▲图 8-36　图表设置

8.3.5 综合工具：Nordri Tools

作为一款安装后集成在 PPT 软件上使用的插件，Nordri Tools（可在其官方网站 www.nordritools.com 免费下载）的功能实用且强大。比如下面的这些功能的确能为我们设计 PPT、制作 PPT 动画带来很多便利。

环形复制，即将选中的对象复制一定的数量并按圆形排列。这种排列方式直接做起来非常麻烦，使用 Nordri Tools 插件来做则变得简单、轻松，如图 8-37 和图 8-38 所示。

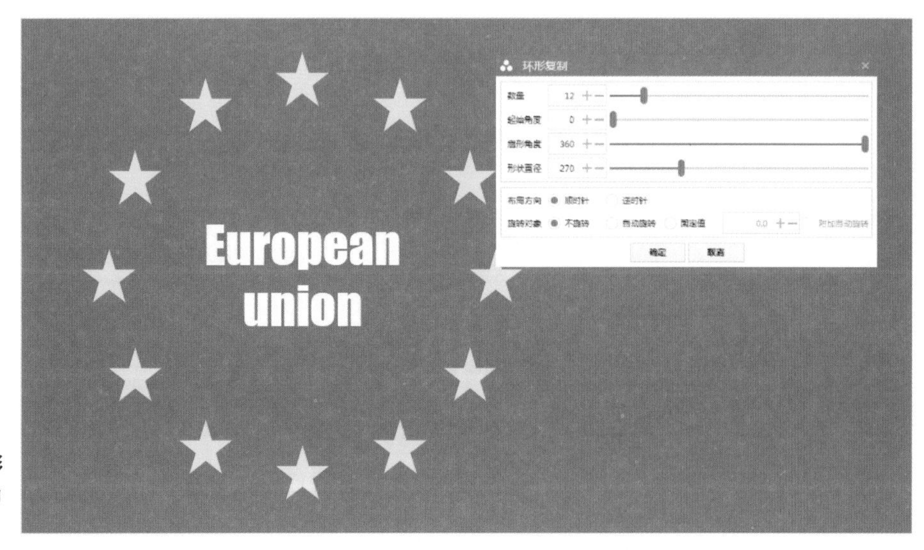

▶图 8-37　环形复制黄色五角星（不旋转）

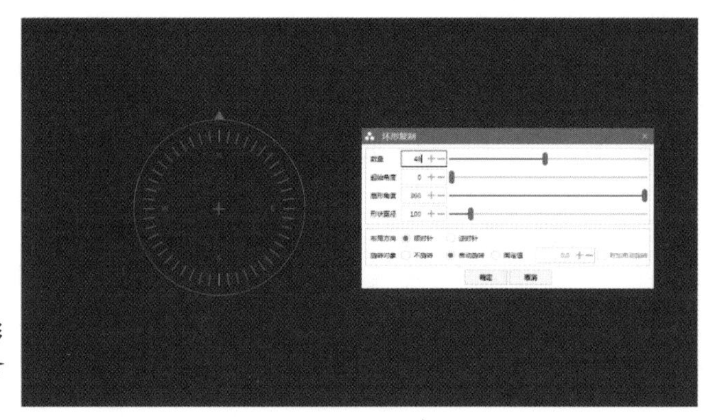

▶图 8-38　环形复制短线条（自动旋转）

配色，通过 Nordri Tools 插件的色彩库，可以快速建立起非常专业的配色方案和管理本地配色方案。另外，利用其中的“取色器”也可采集软件窗口内外颜色，如图 8-39 所示。

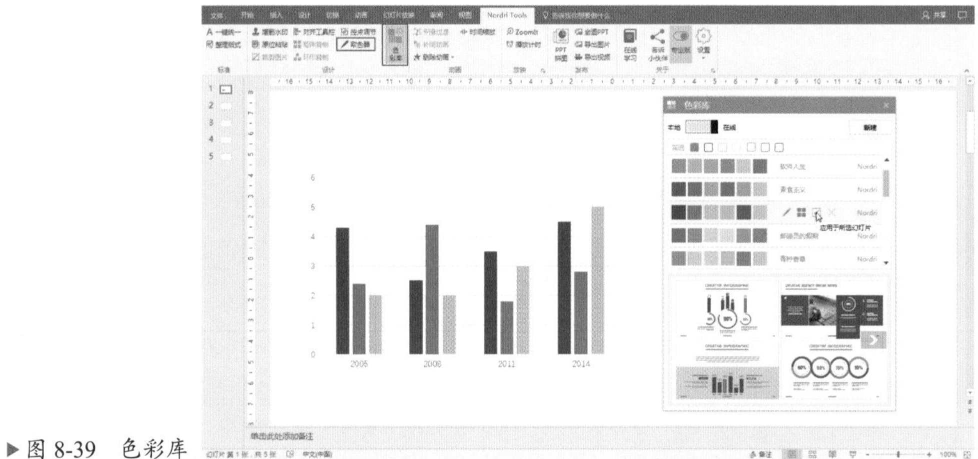

▶图 8-39　色彩库

此外，该软件还有将幻灯片页面拼合成长图的功能，对于制作微博微信长图非常实用。

▶图 8-40　拼合长图

8.3.6 综合工具：创客贴

创客贴（www.chuangkit.com）是一个“傻瓜式”的设计工具网站，见图 8-41。在这个网站上，你可以通过套用模板轻松完成海报、名片、折页、贺卡、简历、公众号文章首图……各种设计作品，也包括 PPT 的设计。

▲图 8-41 创客贴

注册登录网站后，在首页下方找到“工作文档”中的“PPT16:9”，单击即可进入 16:9 的 PPT 设计界面。在设计前先选择一种模板，然后在该模板下套用设计添加页面、修改内容，最后保存、下载即可使用，操作非常简单。对于那些不想在 PPT 设计上花费太多时间的人来说，这个网站堪称“神器”，如图 8-42 所示。

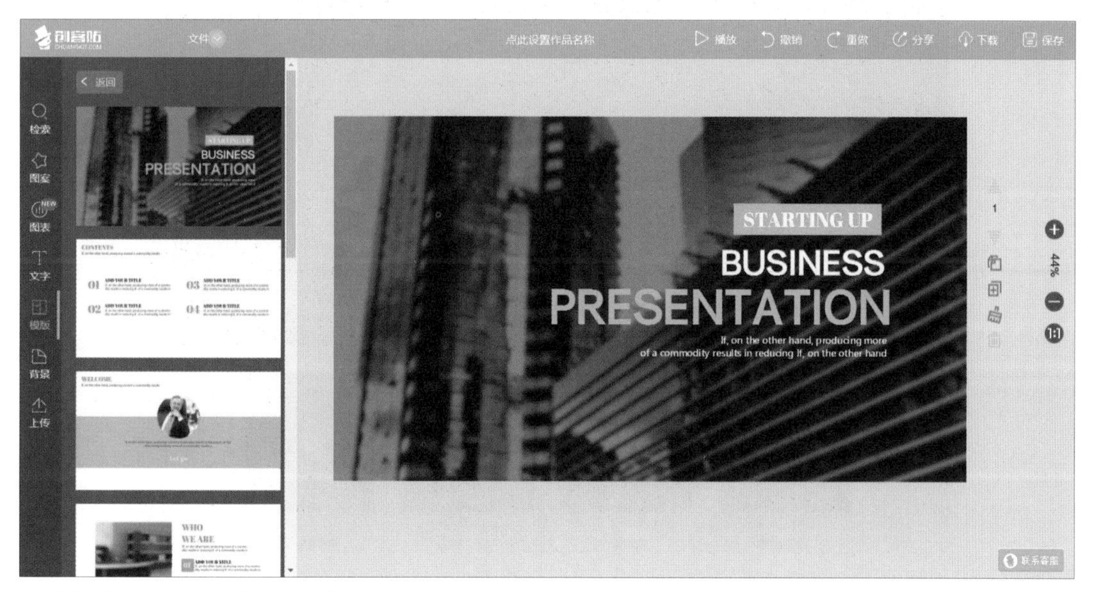

▲图 8-42 创客贴网站 PPT 模板

8.3.7 放映工具：百度袋鼠

在演讲时，为了更方便地控制幻灯片的自定义动画和翻页效果，演讲人可能需要使用投影翻页笔工具（硬件，需要购买），如图 8-43 所示。如果演讲场地有无线网络覆盖的话，也可以通过简单安装软件和 APP 让手机变成你的翻页笔。

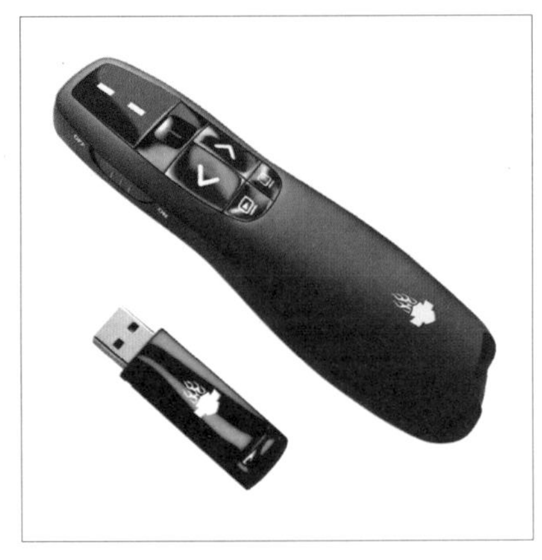

▲图 8-43　PPT 翻页笔

百度袋鼠，是一款手机遥控电脑的工具软件（在其官方网站 daishu.baidu.com 可免费下载使用）。该软件除了控制电脑中的媒体播放、实现电脑语音、手写输入等功能外，还专门设置了 PPT 遥控器功能。使用时，先在电脑中安装电脑端软件；然后，扫描二维码在手机中安装手机端 APP；接着，切换至 PPT 遥控器界面，即可实现对当前电脑放映 PPT 的控制，如图 8-44 所示。

▲图 8-44　百度袋鼠

下篇

实践——用正确的方法做事

Chapter 09 如何让工作总结更出众

一周、一月、一年，在机关单位、在职场、在学校，向领导、向上级单位、向客户……时时处处都可能需要总结

在做工作总结时，用 PPT 图文并茂地呈现

比拿着几张 A4 纸干巴巴地读，显得要专业得多

那么，怎样才能做出更优秀的总结 PPT

从一场总结汇报大会中脱颖而出呢？

9.1 选择合适的工作总结结构

工作总结 PPT 行文一般都十分套路，多采用三段式或分项式的结构。在内部总结会等轻松、随意的场合下，也可采用漫谈式结构让总结变得更有创意。

9.1.1 简明直接的三段式

总体可划分为三段的总结方式。第一段做概括性地交代，第二段叙述过程，第三段是体会、经验或者第一段是总体概述，第二段是工作成绩，第三段是存在的缺陷与不足。这种总结方式常规、易写，直截了当，个人的回顾总结多采用这种方式。如图 9-1 至图 9-6 所示的这份 PPT。

▲图 9-1　封面页

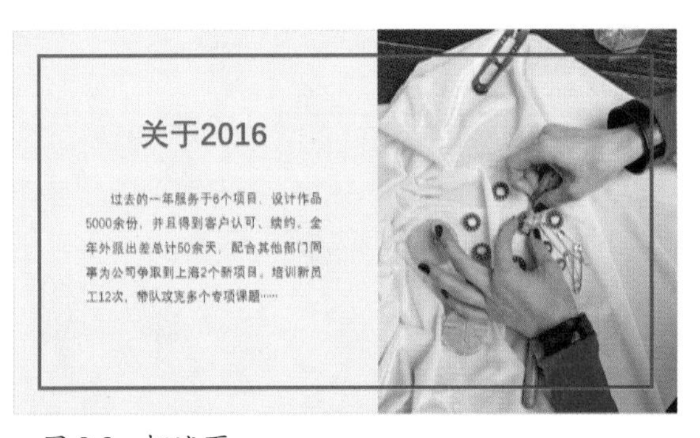

▲图 9-2　概述页

▲图 9-3　总结回顾过渡页

▲图 9-4　回顾内容页

▲图 9-5　总结问题过渡页

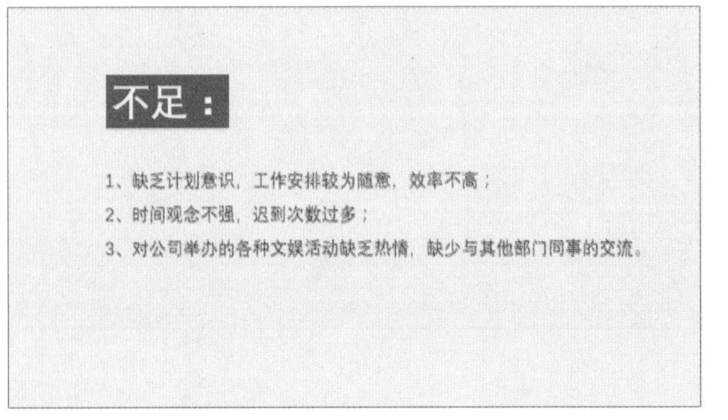

▲图 9-6　问题内容页

9.1.2 专业严谨的分项式

不是按照工作的先后发生、发展顺序编排内容，而是根据工作所包含的不同子项，逐项进行叙述、分析、总结。分项式相对全面、严谨，能够展现出总结的专业性，部门、单位的总结多采用这种形式。如图 9-7 至图 9-12 所示的这份 PPT。

▲图 9-7 目录页

▲图 9-8 第三部分过渡页

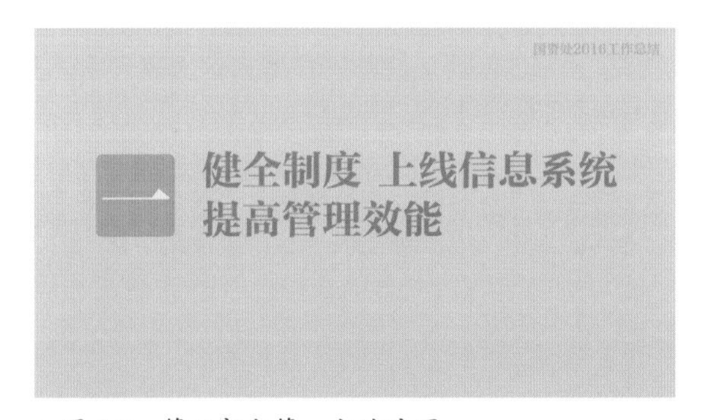

▲图 9-9 第三部分第一点过渡页

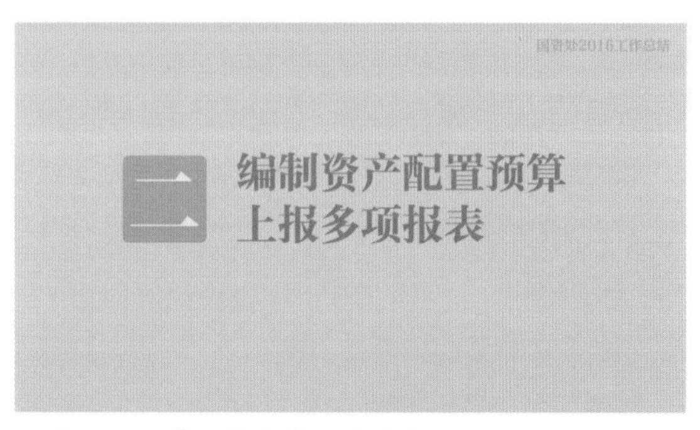

▲图 9-10 第三部分第二点过渡页

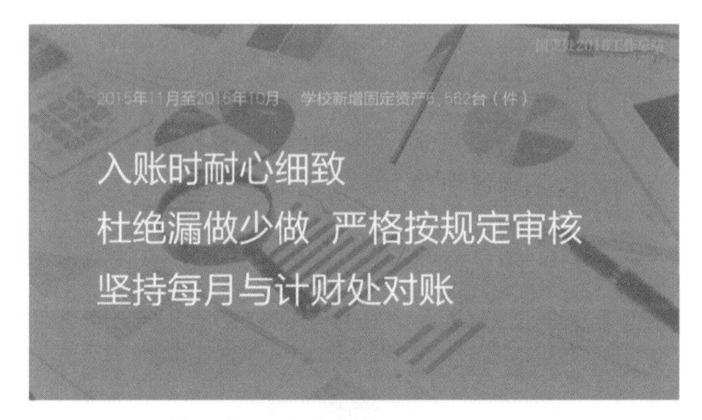

▲图 9-11 第三部分内容页

▲图 9-12 第三部分内容页

9.1.3 创意无限的漫谈式

以相对随意，不那么严肃的方式组织总结内容，分享体验、经验、感悟，即本书第 2 章关于内容组织方式中提到的“形散而神聚”。漫谈式总结有创意，个人可发挥空间较大，适合轻松、随意的场合。

如图 9-13 至图 9-16 所示的幻灯片，把领导同事的“经典语录”作为线索进行总结，即属于漫谈式。

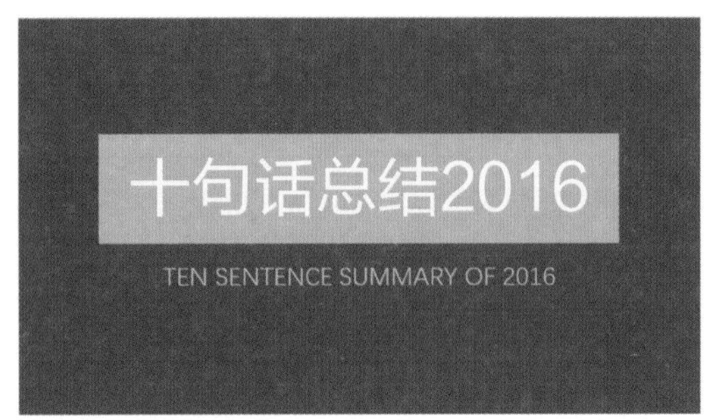

▲图 9-13　封面页

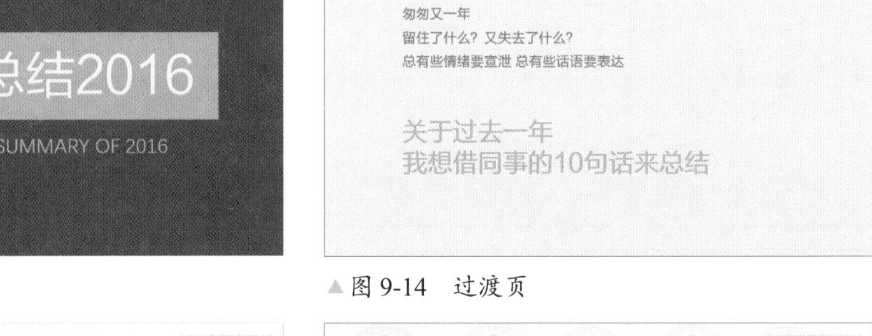

▲图 9-14　过渡页

▲图 9-15　内容页

▲图 9-16　内容页

又如图 9-17 至图 9-20 所示的幻灯片，通过过去工作中的一个个小故事切入，随意却真挚，也是一种不错的漫谈式总结方式。

▲图 9-17　封面页

▲图 9-18　过渡页

▲图 9-19　内容页

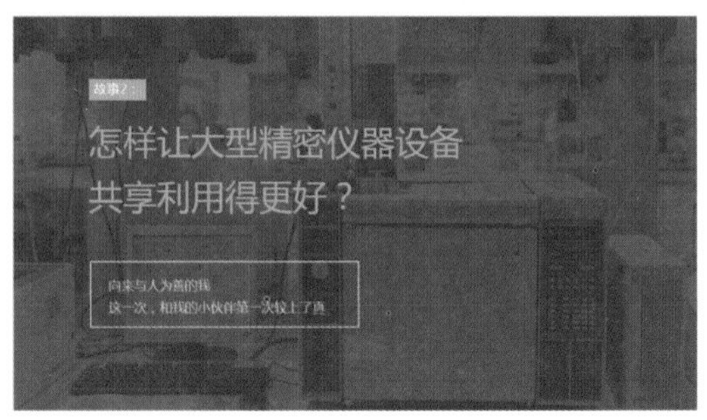

▲图 9-20　内容页

9.2 总结的 5 个“出众”关键点

总结大会上大家的总结往往是相差无几，如何才能让自己的总结从众多同事或单位的总结中脱颖而出呢？为了让总结 PPT“不一般”，在内容安排上，可以把握下面 5 个关键点。

9.2.1 用数据说话

在总结 PPT 中适当使用并突出具体、清晰的数据信息，能够让工作的回顾看起来更为细致、真实、可靠。这样既能突出工作成绩，又能展现工作的难度、辛苦程度等，从而形成更强的感染力与打动力。

如图 9-21 和图 9-22 所示的幻灯片，通过强调多组数据信息，甚至不惜改变阅读语序（图 9-22 幻灯片），让资产管理处的管理、编制、申报、审批、采购等各项工作总结更为具体，很好地突出了工作的难度、烦琐程度等。

▲图 9-21　PPT 示例 1

▲图 9-22　PPT 示例 2

9.2.2 适当煽情

在略显严肃的总结 PPT 中，适当地插入一些相对感性的页面，能够更有效地调动起观众的阅读情绪，使总结变得稍微柔性一些。

煽情页最好用工作时拍摄的实景照片，以全图或图片墙的排版方式制作。

如图 9-23 所示的幻灯片，用全图型排版方式，在总结的开头煽情，渲染这一年工作的艰巨性，让观众能更鲜明地体会总结中成绩的来之不易。

又如图 9-24 所示的幻灯片，在总结的结尾以工作实景照片墙排版煽情，渲染感恩之心，展现谦逊，赢得观众的认可，这是一种常用、有效的做法。

▲图 9-23　PPT 示例 3

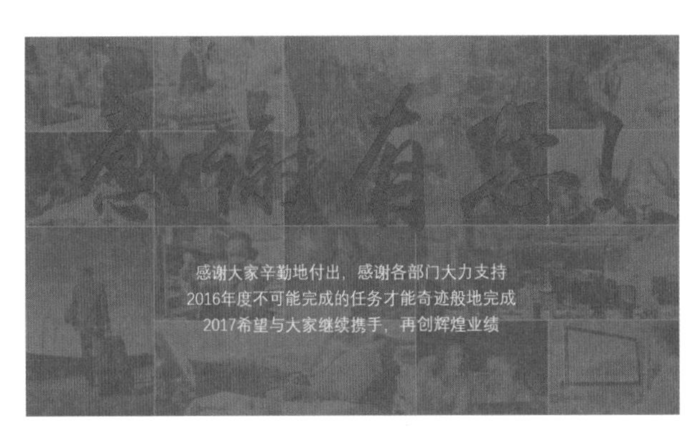

◀图 9-24　PPT 示例 4

9.2.3 自我视角

对于过去和未来，每个人都有自己的看法，只要是自己的看法便是独特的。所谓自我视角，即以自己的角度去看过去、去总结过去，在总结 PPT 中尽量体现独特的自我视角，避免站错位，最后与他人的总结雷同。

如何在总结 PPT 的内容中展现自我视角？这并没有通用的方法，只需在组织和编辑总结 PPT 内容的过程中，有这样的一个意识即可。

如图 9-25 和图 9-26 所示，同样的事件总结，销售部总结侧重销售团队与销售业绩的具体管控，而策划部的总结则侧重分析问题、提出方法，最后得出执行效果的这一过程。

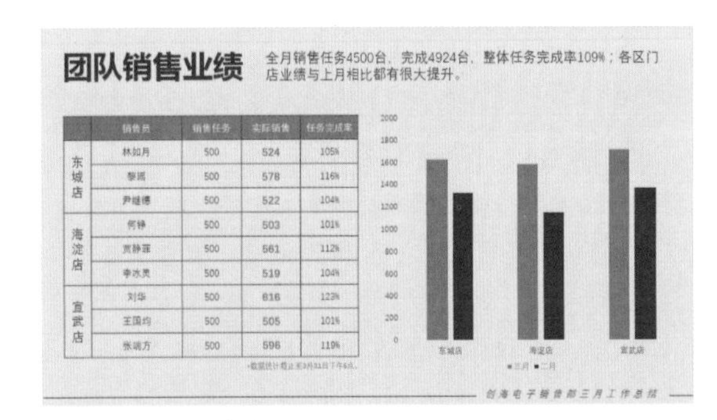

▲图 9-25　销售部 PPT

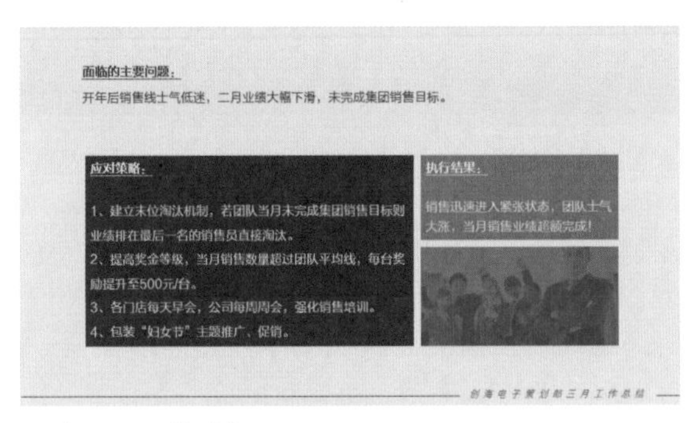

▲图 9-26　策划部 PPT

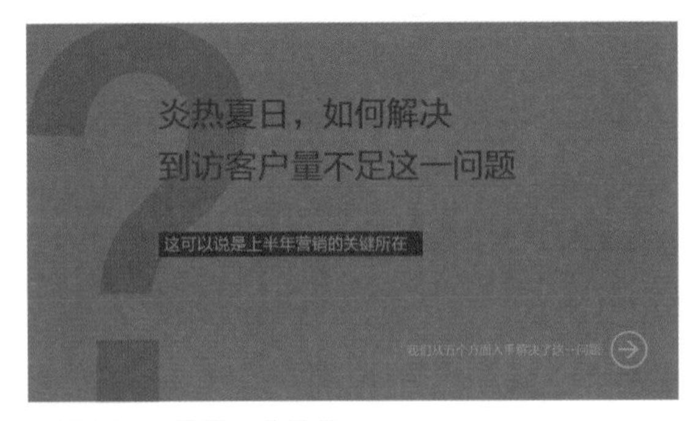

▲图 9-27　营销工作总结

9.2.4 重点、难点突出

在总结 PPT 中刻意将某些较为关键的问题作为重点来阐述，详细说明其重要性及解决这些问题的复杂过程，从而形成亮点，避免总结 PPT 陷入"流水账"，平淡无趣。

如图 9-27 所示的幻灯片是上半年的营销工作总结中的一页，在这份总结中，着重阐述炎热夏日到访客户量不足这一难点问题是如何解决的。

9.2.5 体现高度

若对过去工作的认识能够有一定的高度，总结 PPT 自然会十分出彩。而大多数时候，工作总结其实无法得出比别人有高度的认识，怎么办？此时，可在总结 PPT 中将总结的内容高度提炼、概括成一句话，让总结至少看起来比别人的更有高度。

如图 9-28 所示的幻灯片是某审计处 2016 年度工作总结中结尾部分的一页，将日常工作的烦琐以及自身对于这种烦琐工作的认识概括成为一句“如常　已是非常”，将不惧烦琐，仔细认真干好本职工作的这种工作态度展现得非常有高度。

▶图 9-28　审计处工作总结

当然，总结 PPT 要想做得好，最核心的因素还是工作本身。没有任何工作表现、工作成绩，总结 PPT 也将是无本之木，无源之水，无法“出众”。

9.3 工作总结 PPT 的设计技巧

为让工作总结 PPT 更“出众”，在设计上也可注意使用一些实用小技巧。

9.3.1 时间线索，一目了然——设计时间轴

工作总结中常有对过去工作中各种事件的回顾，因而一般都可以按时间线索展开。在 PPT 中设计合适的时间轴，能让总结中各种事件的时间先后关系更加清晰、一目了然。时间轴的设计方式多种多样。

在前文图 9-4 所示的幻灯片中，竖式时间轴是一种设计起来简单，排版也比较方便，易于掌握的时间轴方式。如果要让时间轴更有设计感一些，可以变化成如图 9-29 所示的这类斜式时间轴。

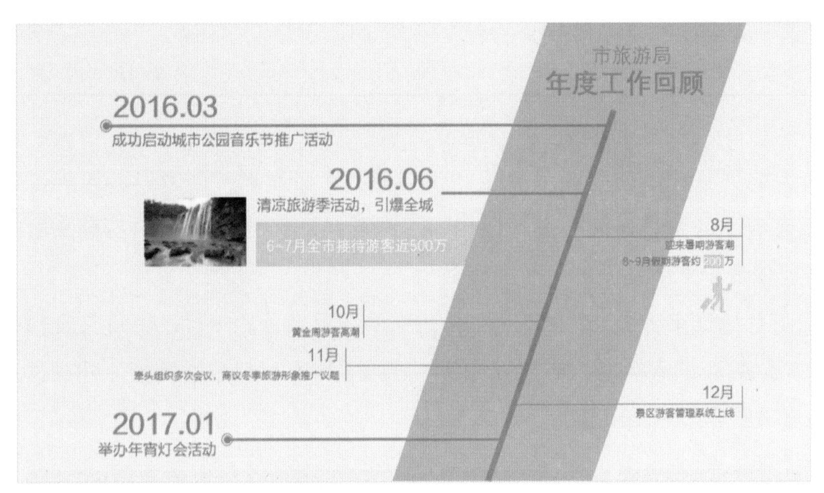

图 9-29 斜式时间轴

图 9-30 幻灯片所示是一种横式的时间轴设计方式。

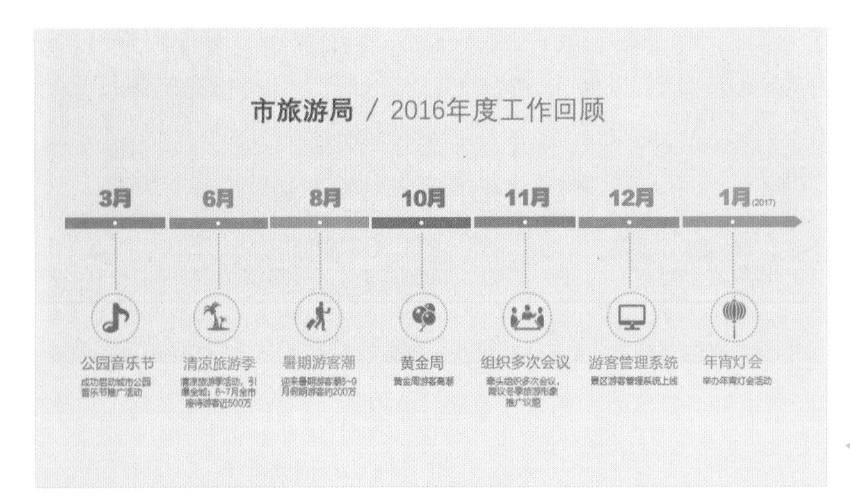

图 9-30 横式时间轴示例 1

出于方便考虑，横式时间轴也可以用表格填色的方式来做，如图 9-31 所示。

市旅游局 / 2016年度工作回顾

三月	四月	五月	六月	七月	八月	九月	十月	十一月	十二月	一月(2017)
公园音乐节			清凉旅游季		暑期游客潮		黄金周	组织多次会议	游客管理系统	年宵灯会
成功启动城市公园音乐节推广活动			清凉旅游季活动，引爆全城，6~7月全市接待游客近500万		迎来暑期游客潮8~9月假期游客约200万		黄金周游客高潮	牵头组织多次会议，商议冬季旅游形象推广议题	景区游客管理系统上线	举办年宵灯会活动

图 9-31 横式时间轴示例 2

此外，利用山峰（攀登之意）、河流（源流之意）这类意境图片设计时间轴也是平面设计中的一种常见做法，如图 9-32 所示。

▶图 9-32　图片式时间轴

9.3.2 没有比较就没有成绩——添加图表

在总结时，适当突出工作中取得的成绩是非常有必要的。将相关成绩的叙述性文字转换为柱状图、条形图、饼图等图表，或刻意新增当前年份、当前项与过去年份、与同类项的对比图表，便是在总结 PPT 中突出成绩的一种有效手段。比如图 9-33 所示幻灯片。

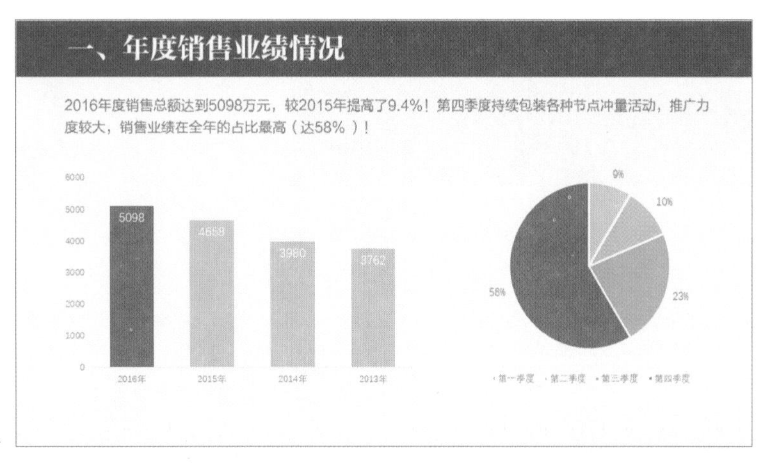

▶图 9-33　添加图表

如果觉得图表中的对比不够明显，可按本书第 5 章中所述，通过改变坐标轴取值范围来强化对比。

9.3.3 让工作回顾更加真实——使用实景照片

在总结 PPT 中，若要使用图片应尽量使用平时工作拍摄的实景照片而少用网上找的意境图，以将工作情况反映地更加真实，如图 9-34 所示。这就要求平时工作中注意拍摄照片进行记录，为总结准备足够的素材。

▶图 9-34　使用实景图片

9.3.4 突出总结的本体——封面的设计细节

很多人的总结 PPT，封面都习惯于将 PPT 的类型放大，如图 9-35 所示的幻灯片中所示，“2016 年工作总结”字样被突出。其实，并不是任何时候都需要把这些字样突出。比如在总结大会上，大家都十分清楚这必然是一份总结，因而在封面中完全没有必要将“工作总结”这类字眼放大，而应该突出总结的本体，即鲜明地告诉大家接下来是谁作总结，如图 9-36 所示。

▲图 9-35　封面示例 1

▲图 9-36　封面示例 2

Chapter 10

如何用 PPT 打造形象宣传片

制作宣传片，是城市、组织、企业或品牌展示其形象的一种常用手段

专业广告公司大多使用3ds Max、PR、AE 等十分专业的软件来制作宣传片

而对于要求不那么高，宣传成本预算也不多的组织或企业来说

使用 PPT 软件来制作宣传片，或许是最佳的选择

10.1 用 PPT 制作宣传片有哪些优势？

早在 PPT 2003 版的时代就已经有专业公司、PPT 爱好者用 PPT 来做形象宣传片。比如成都极致传播机构为“月光琉域”这一地产项目制作的 PPT 动画宣传片，如图 10-1 所示，设计精美，动画、配乐、配音都恰到好处，作为地产项目的 PPT 宣传片来说，非常具有代表性。

▲图 10-1 “月光琉域”

扫描二维码观看

又如 IKER 宜家创意动画广告 PPT 宣传片，清新风格，代表了 PPT 宣传片的另一种创意可能，如图 10-2 所示。

▲图 10-2 宜家创意动画广告 PPT 宣传片

扫描二维码观看

再如图 10-3 第三届锐普 PPT 大赛中 PPT 达人“天好”的公益宣传片作品《惊变》，完全使用形状绘图制作，也是 PPT 界令人惊叹的经典作品。

▲图 10-3　惊变

扫描二维码观看

如今，新版 PPT 功能越来越强大，更是不乏好的 PPT 形象宣传片作品。那么，到底有没有必要学习用 PPT 来制作宣传片？用 PPT 软件来做形象宣传片到底有哪些优势呢？

10.1.1 足够的视觉表现力

PPT 不是专业的动画制作软件，也不是专业的视频编辑软件，但对于要求相对不那么高的宣传片来说，作为办公软件的 PPT 在设计能力、动画表现能力方面却是足以胜任的。而通过精心设计画面，巧妙组合应用多种动画效果，PPT 宣传片作品甚至也能够达到与 Flash 动画和视频宣传片相媲美的水平。

除前面介绍的 3 个作品外，从下面这些由专业的 PPT 设计制作公司锐普 PPT 出品的作品中，也可以感受到 PPT 制作宣传片的强大表现力。

如图 10-4 所示是锐普 PPT 公司自己的炫酷动画宣传片，基于 PPT2016 的切换动画“变体”设计制作。

▲图 10-4　锐普 PPT 公司宣传片

扫描二维码观看

图 10-5 所示是锐普 PPT 公司为亚光家纺制作的宣传片，该宣传片基本囊括了一份企业介绍性宣传 PPT 的完整结构。

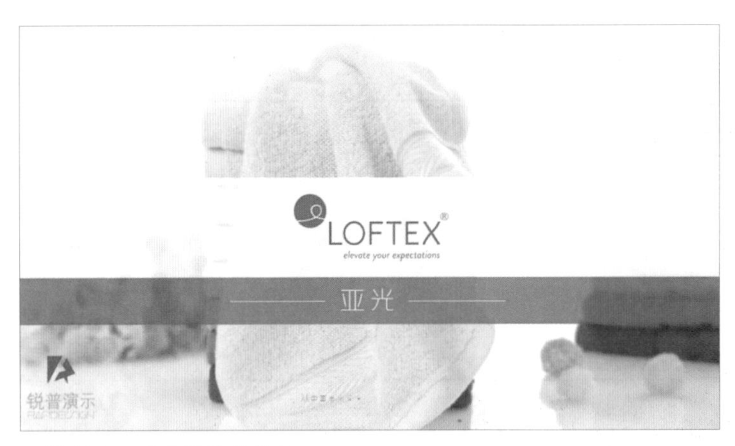

▲图 10-5　亚光家纺宣传片

如图 10-6 所示是锐普 PPT 公司为互生卡制作的宣传片，采用的是当下流行的扁平化风格。

▲图 10-6　互生卡宣传片

扫描二维码观看

如图 10-7 所示则是锐普 PPT 公司为上海黄浦区委员会发布会制作的宣传片，形式活泼又不失相关类资料的严肃性。

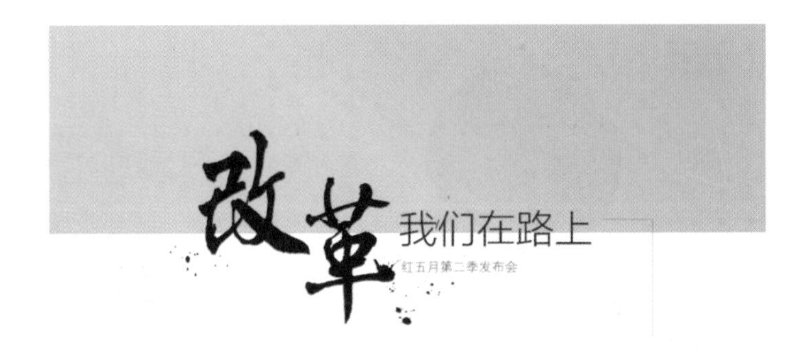

▲图 10-7　上海黄浦区委员会宣传片

10.1.2 相对低廉的成本

即便排版设计再精美，动画做得再复杂，比起传统的宣传片，PPT 宣传片仍属于一种简单的宣传片形式。不建模，不摄影，对电脑硬件要求不高，制作周期较短，成本相对较低，业内专业公司收费自然也要低一些。对于渴望展示自身良好形象，又没有太多预算的一些中小企业、新生品牌来说，无论是自己制作还是聘请专业公司制作，都是不错的选择。

10.1.3 应用方式更灵活

PPT 软件能够输出为各种不同格式的作品，因而其使用方式也就更为灵活。将其输出为视频格式即成为传统意义上的宣传片，可放在电视屏幕、LED 大屏幕、数码屏、网络上使用，如图 10-8 所示。

▶图 10-8 时代广场大屏幕上的中国国家形象宣传片

也可以仍然以 PPT 格式保存，在企业、品牌宣讲会、发布会上，配合宣传演讲播放，如图 10-9 所示。

▶图 10-9 品牌宣讲会

还可以将 PPT 宣传片直接打印出来或输出为 PDF 格式，变成纸质或电子宣传册。

用 PPT 制作宣传片，输出方式多样，一次制作即可满足多种宣传场景的需要。

10.1.4 简单入手，易学易做

比起 3Dmax、PR、AE 等软件，PPT 上手简单，学习和操作难度要低很多。不会写代码，不会玩插件的非专业 PPT 设计公司人员也能做出好的宣传片作品。

10.2 非专业人士如何制作有质感的 PPT 宣传片？

作为非专业 PPT 设计公司工作人士的普通 PPT 爱好者，想要利用 PPT 制作一份宣传片，可以从哪些方面入手，提升宣传片的质感？

10.2.1 提升质感的设计细节

在 PPT 排版设计上注意一些细节的处理，能够直接提升 PPT 宣传片画面的质感。比如下面一些细节的处理。

1．精简文字

作为宣传片的 PPT，一般每一页画面都不可能有太长时间的停顿，在页面上堆砌过多的文字既不便于观看，其实也影响美观。适当精简文字有助于提升 PPT 宣传片质感。若确实有些内容必须要在当前页面传递而无法做删减，可考虑将这些文字转换为朗读配音添加在宣传片中。

如图 10-10 所示的是摘自某地产项目 PPT 宣传片中的一页。本来 PPT 宣传片中用全图型排版方式效果是非常不错的，但在这页 PPT 中，大段文字使整个画面失去了平衡感，图片本身的美感没有得到很好的展现。

图 10-10 某地产项目 PPT 宣传片

将正文内容删去后重新排版，画面变得简洁、干净，文字与画面结合的和谐感也要强得多，如图 10-11 所示，这自然会让画面看起来更有质感。

▶图 10-11　精简文字后的 PPT

2. 错落排列文字

高品质的宣传片中常常会看到同一组文字字号不一，排列错落不均。这种文字排版方式能够打破常规、呆板的文字呈现方式，让文字变得活泼、亲和、有设计感。PPT 宣传片中的文字排版也可以借鉴这种方式来提升画面质感。

图 10-12 是摘自某钟表品牌 PPT 宣传片中的一页幻灯片。既不做效果，也不改颜色，只是将其中的部分文字字号进行一些调整，品质感就大不相同，效果如图 10-13 所示。

▶图 10-12　某钟表品牌宣传片

▲图 10-13　调整字号后的 PPT

3. 添加英文

添加辅助性的英文来增加作品的国际感是设计界常用的一种设计手段。在 PPT 宣传片中，也可以通过添加英文来提升宣传片的档次。

如图 10-14 所示的是摘自某咖啡品牌宣传片中的一页，由于该品牌本身是国外的品牌，纯中文字给人的感觉始终差点品质。添加英文，修改成如图 10-15 所示的排版方式后，异域风味表现得更加强烈，契合了国际品牌的宣传需求，也提升了画面的品质感。

▲图 10-14　某咖啡品牌宣传片

▶图 10-15 添加英文后的 PPT

4. 调整图片色调

对于用照片制作的 PPT 宣传片来说，过于轻淡的图片，难免给人没内涵、不严肃之感，而将图片的色调调得稍微深沉一些，则能给人以厚重、专业的感觉，从而达到提升宣传片质感的目的。

如图 10-16 所示是摘自某商务手机 PPT 宣传片中的一页幻灯片，虽然也没有什么大问题，但由于图片本身色彩轻淡，总感觉其品质感与商务手机的高端品位不符。

▶图 10-16 某商务手机 PPT 宣传片

在 PPT 中适当调整图片色调后，如图 10-17 所示，画面变得沉敛厚重，很好地匹配了大气、高端的品牌宣传需求。当然，将色调调深来提升质感不是绝对的，具体还应根据宣传片的内容来决定。比如食品品牌、服装品牌、青春品牌等的一些宣传片将图片色调调得清淡、明艳一些，与内容主题契合，也不失质感。

图 10-17 调整图片色调后的PPT

5. 灵活设计排版

封面页、目录页、过渡页、正文页、结尾页……作为宣传片的 PPT 不一定非要采用像前文所述的亚光家纺宣传片那样的标准化排版设计。根据具体的内容，按照叙事线索灵活设计排版、发挥创意，也是提升宣传片质感的一个方向。

如图 10-18 至图 10-25 所示的是摘自某个供应香港的蔬菜生产基地的 PPT 宣传片。这个宣传片的内容设计结构是：从基地的地理位置开始讲起，稍加叙述品牌缘起后，品牌 LOGO 华丽浮现；紧跟着是主广告语和品牌价值页；随后，逐一详细介绍各个价值点；价值点介绍完后，是权威机构的相关证明；接着，这些证明快速退出，画面一黑，转换到香港这座城市及这座城市的超市、家庭，购买蔬菜、食用蔬菜等场景，从严肃的品牌介绍变换到生活化的场景渲染，从品牌受众的角度看品牌；最后，图片切换，镜头从香港切回雪山，品牌 LOGO 再次出现，宣传片到此结束。整个宣传片叙述逻辑流畅而不呆板，专业感很强。

图 10-18 缘起页面

▶图 10-19　LOGO 页面

▶图 10-20　广告语及品牌价值页

▶图 10-21　品牌价值详述页

图 10-22 品牌价值详述页

图 10-23 权威机构认证页

图 10-24 香港生活场景页

▶图 10-25　结尾页

此外，在本书文字、图片、形状、配色、排版等相关章节介绍的某些技巧对于 PPT 宣传片同样适用。

10.2.2 提升质感的动画技巧

对于宣传片类型的 PPT 来说，品质感高不高，与动画效果做得好不好有着很大的关系。除了在本书动画章节中介绍的那些动画技巧外，这里再介绍一些非专业人士易于掌握且能够有效提升 PPT 宣传片质感的技巧。

1. 用透明形状强化图片切换效果

这是借助形状来完成图片之间切换的一种动画效果，在前面介绍的上海黄浦区委员会发布会宣传片中便用到了这种动画效果。借助形状来切换图片，为页面中的图片带来了更多、更具创意的进入方式。比如全图型页面，利用半透明形状实现两张图片也即宣传片中两幕场景之间的切换，具体操作步骤如下。

步骤 01 图片插入幻灯片后，将一开始出现的图片（图片 1）置于底层，随后切入的图片（图片 2）置于其上层；再插入一个与图片等大的矩形并设置一定的透明度（可设得稍高一点），置于最顶层，如图 10-26 所示。最后将两图片层叠在页面上，形状在页面外右侧，三个对象顶端对齐。

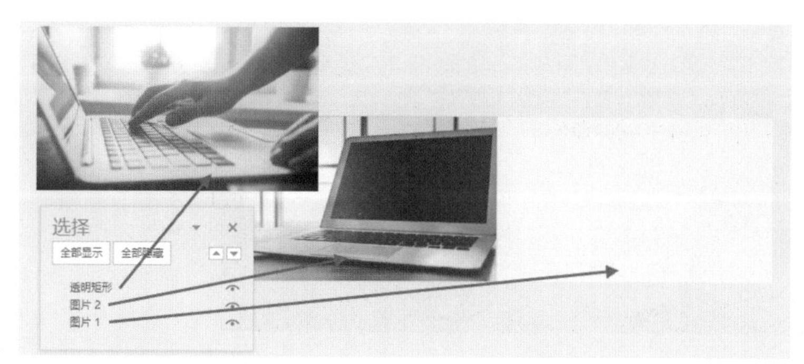

▶图 10-26　步骤 01

步骤02 选择矩形，添加向左移动的路径动画，开始时间设置为“上一动画之后”，结束位置设置在刚好覆盖住图片的位置上，适当将该动画的持续时间设置得长一些，使之移动速度缓慢一点。再选中矩形，添加一个“淡出”的退出动画，开始时间为“上一动画之后”。然后，再选中图片2，添加“淡出”进入动画，开始时间为“与上一动画同时”，如图10-27所示。

图10-27 步骤02

经过上述操作后，图片2将会在图片1慢慢被遮盖后切入画面。

又如图片伴随着形状的闪动而逐步出现的动画效果，可按如下步骤制作。

步骤01 按照本书排版章节所述组合的方法，在页面上插入若干个（本例以6个为例）与图片等高，且刚好等分图片的半透明形状。然后在选择窗格中对层叠顺序进行调整，使先出现的图片（本例中的晴空图片）位于最底层，随后切入的图片（本例中的夜空图片）位于顶层，半透明矩形依次位于中间层，如图10-28所示。

图10-28 步骤01

步骤 02 将矩形覆盖在晴空图片上，将其完全遮盖。然后选择晴空图片，添加进入动画向右“擦除”，为各个矩形依次添加进入动画“展开”，开始时间“与上一动画同时”，退出动画“淡出”，开始时间“与上一动画同时”，并调整延迟时间，使之在“展开”动画后开始，如图 10-29 所示。设置完成后再根据预览情况适当调整各个动画的持续时间，使晴空图片伴随着形状的翻过从左至右逐步出现。

▲图 10-29　步骤 02

步骤 03 同理，将夜空图片叠放在形状上面，添加向左“擦除”动画，开始时间为“上一动画之后”；再将原先的形状复制一份，在动画窗格中，按从右向左的顺序，拖动调节形状动画的开始时间，使夜空图片伴随着形状的翻过从右至左逐步出现，如图 10-30 所示。

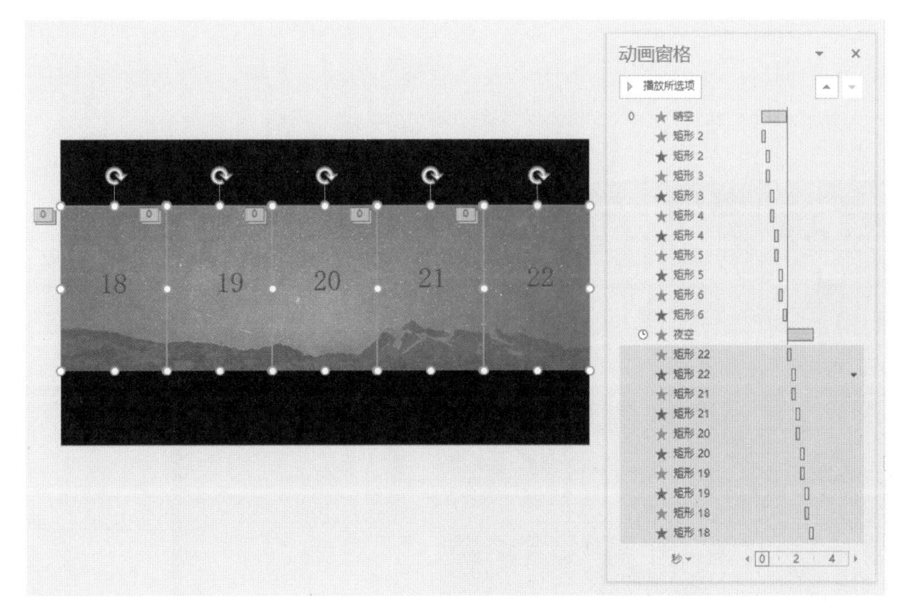

▲图 10-30　步骤 03

2. 描摹边缘让画面“活”起来

即通过线条、发光点、图片等一些装饰性的素材，不断移动描摹某些需要停顿较长时间，方便观众查看的图片边缘，使静态的页面“活”起来，模拟某些flash动画的效果，避免画面枯燥、乏味。实现边缘扫描的方法有很多，这里介绍擦除动画描摹和路径动画描摹两种。第一种，利用“擦除”这一自定义动画实现边缘扫描，具体的制作步骤如下。

步骤01 插入两横两纵四条直线，为让描摹效果更佳，可将线条轮廓色设置一定的透明度，如图10-31所示，直线A、直线B与图片宽度一致，直线C、直线D与图片高度一致，图片置于页面最底层。

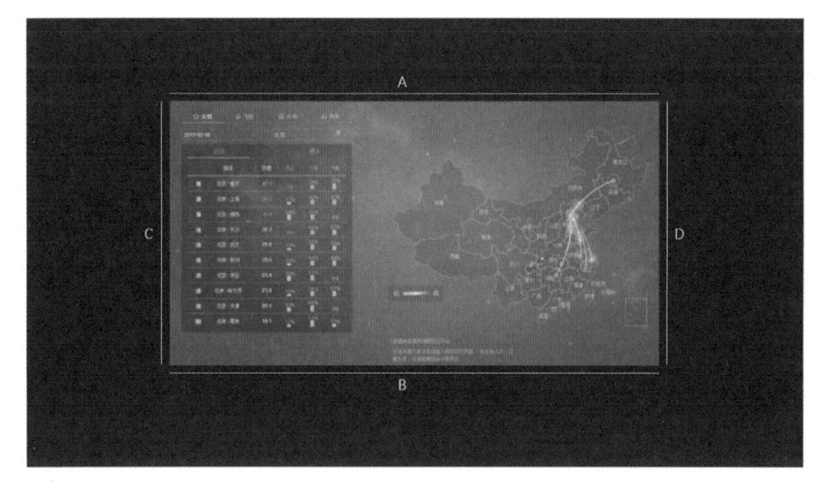

图10-31 步骤01

步骤02 将A、B、C、D四条直线移动至与图片四边重合的状态，接下来为直线A、B和图片添加进入动画。直线A由页面下方“飞入”，直线B由页面上“飞入”，两个自定义动画的开始时间设为同时；图片添加上下向中央“劈裂”的动画效果，开始时间设在两个直线动画之后，如图10-32所示。

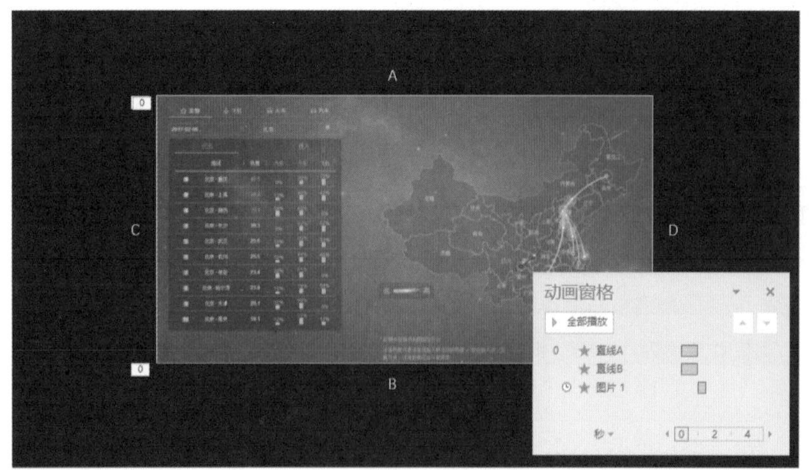

图10-32 步骤02

步骤03 为直线 A、B 分别添加自右侧和自左侧的“擦除”退出动画，两个动画同时开始，并位于图片动画之后；接着，再为直线 C、D 添加自顶部和自底部的“擦除”进入动画，两个动画也是同时开始，并位于直线 A、B 退出动画之后；随后，再次为直线 C、D 添加自顶部和自底部的“擦除”退出动画，两个动画还是同时开始，且位于刚刚设置的进入动画之后，不过退出动画的持续时间可设置得稍短一些。经过上述设置后，实现了对图片边缘描摹一圈的动画效果。为让描摹效果更佳，接下来可继续让直线 A、B 以“擦除”方式进入，同理重复多次上述添加动画的操作，即可实现持续描摹边缘，如图 10-33 所示。

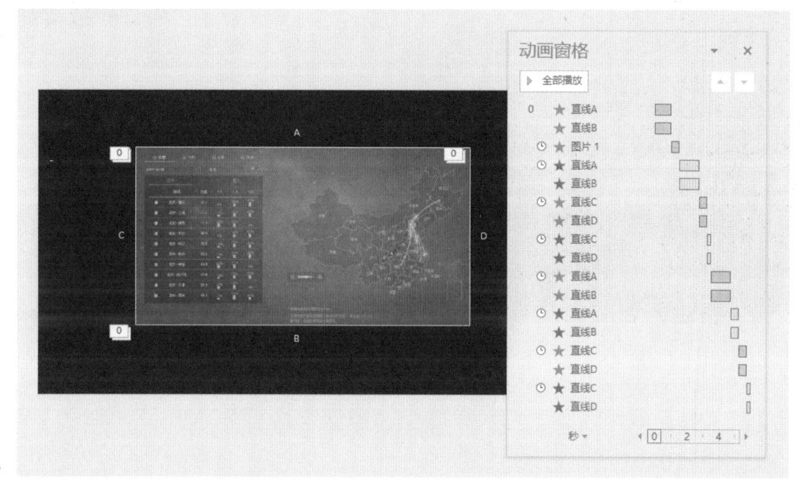

▶图 10-33　步骤 03

这种方法的缺点是无法直接通过“动画属性”对话框设置动画“重复”来实现持续的边缘描摹动画，只能手动地一个个动画依次添加，操作略显烦琐。

第二种是利用正方形路径动画来实现描摹，具体的操作步骤如下。

步骤01 添加描摹边缘的发光点素材，从网上下载光点 PNG 素材图片效果可能会更好，本例直接添加一个带发光效果的白色圆形作为光点，如图 10-34 所示，将光点复制为两个，分别放置在图片的两个对角上，图片置于最底层。

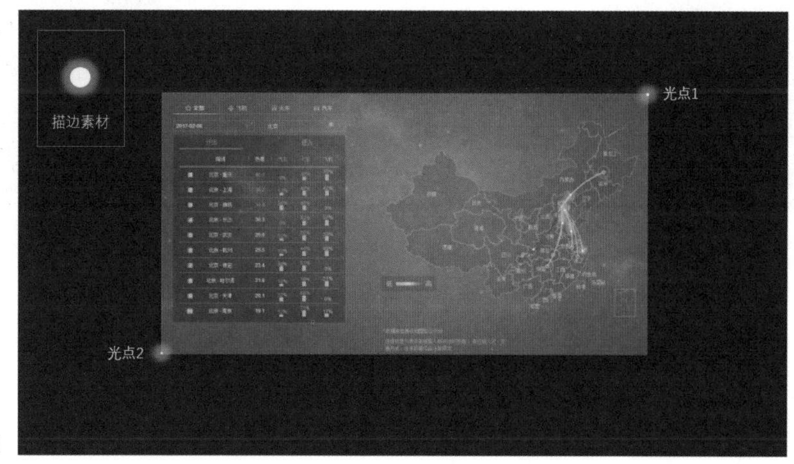

▶图 10-34　步骤 01

步骤02 为图片添加“淡出”进入动画；再为光点1、光点2分别添加自右侧和自左侧的飞入动画，两个飞入动画同时开始，且位于图片进入动画之后，持续时间可设置得稍长一些，让两个光点缓慢飞入，如图10-35所示。

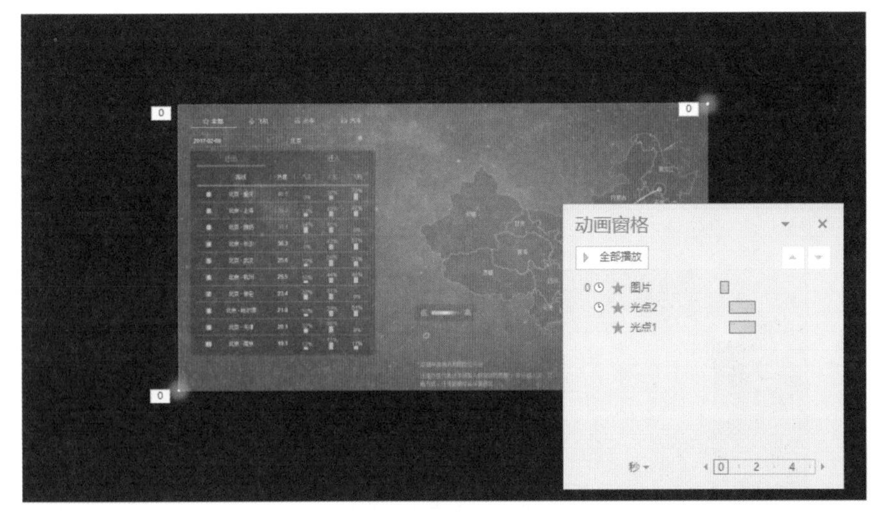

图10-35 步骤02

步骤03 选中光点1，添加“正方形”路径动画，开始时间为“上一动画之后”，持续时间设置得稍长一些；对路径进行顶点编辑，使路径与图片轮廓边缘重叠，即让光点1沿着图片边缘移动，图10-36所示。

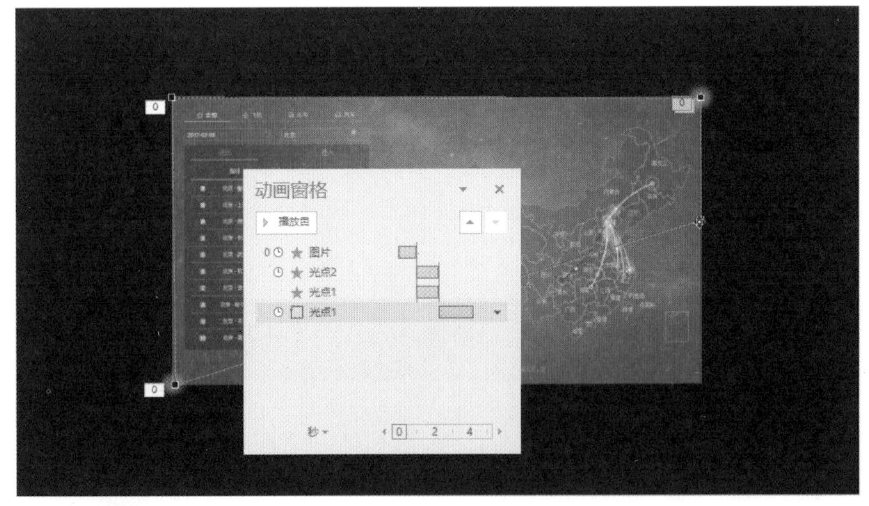

图10-36 步骤03

步骤04 同理，为光点2也添加同样的路径动画，并将两个路径动画设为同时开始并且持续时间一致；再分别打开路径动画的属性对话框，将两个路径动画设置“直到幻灯片末尾”的重复效果，如图10-37所示。

经过上述操作后，两个光点将持续不断地对图片边缘进行描摹，让图片富有动感。这种方法的优点在于可通过设置“重复”，一次实现持续的边缘描摹动作。

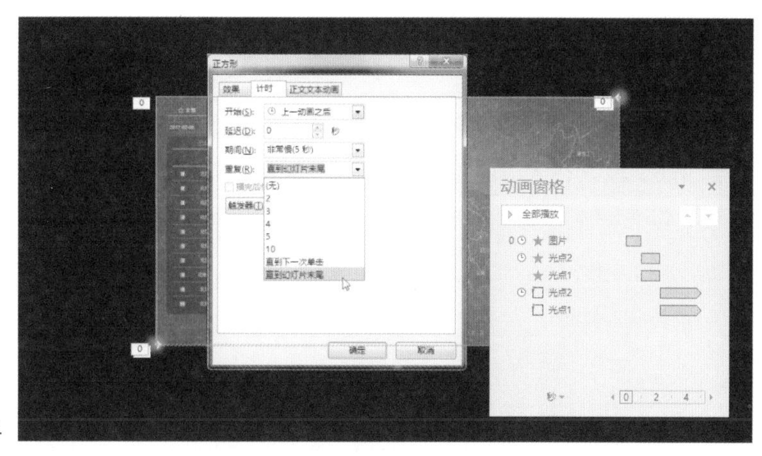

▶图 10-37　步骤 04

边缘扫描的效果并不仅限于图片，其他特殊的形状、更复杂的描摹动画也都可参考以上两种方法的原理来做。比如一支笔在页面上写字的动作、某个建筑或人物从轮廓到现实的变化过程等。

3. 图表的高级动画效果

在 PPT 中，图表、SmartArt 图形添加动画后，可在效果选项中选择整体齐动，或分批动作的不同效果，如图 10-38 所示。

分批动作比整体齐动效果更华丽，若觉得分批动作效果依然不够，我们还可以比照软件生成的图表，重新用形状、线条等绘制后，再制作动画效果。这样，对图表动画的动作可以控制得更细致。下面就以常用的柱形图、环形图为例，介绍具体的制作方法。

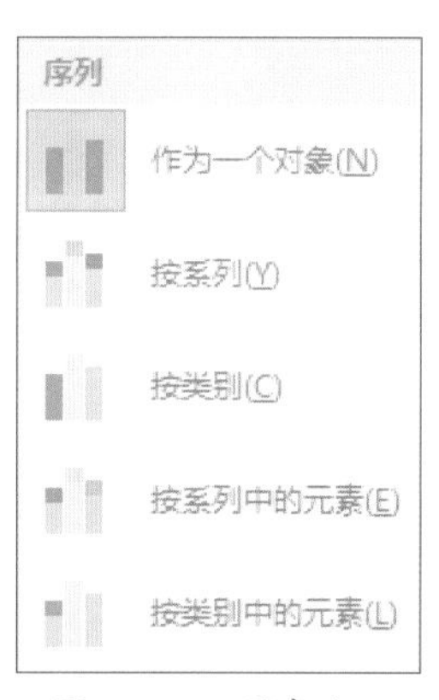

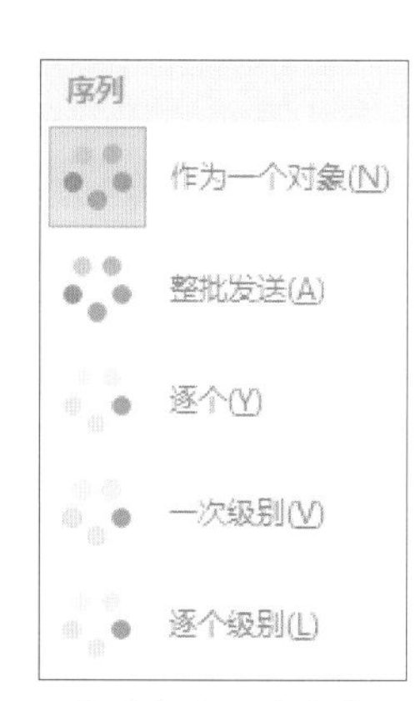

▲图 10-38　图表和 SmartArt 图形的动画效果选项

对于柱形图而言，只需借助“平滑”这一切换动画，即可做出别开生面的动画效果，具体步骤如下。

步骤 01 对照软件生成的图表，用矩形、直线、文本框绘制一个一模一样的图表，如图 10-39 所示。绘制完成后，将软件生成的图表删除，页面上只保留刚刚绘制好的图表。

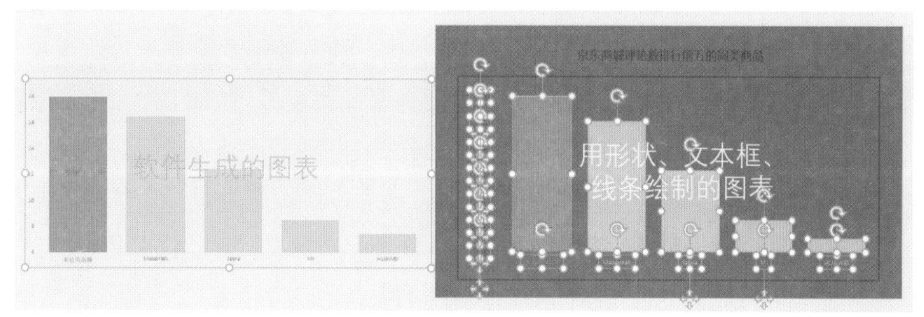

▶图 10-39　步骤 01

步骤02 在软件窗口左侧的页面缩略图区域中，右击当前页面，在菜单中选择“复制幻灯片”命令，在当前页面后面复制一张一模一样的页面；然后，对当前页面上的图表进行修改：将充当柱状的矩形高度全部设置为0，除矩形外的所有对象，全部平移到页面之外（原来在下方的移到上方，原来在上方的移到下方，左边、右边都可以放一些对象，以使最终效果更华丽），图表的矩形框等比例拉大到溢出幻灯片边界，如图10-40所示。

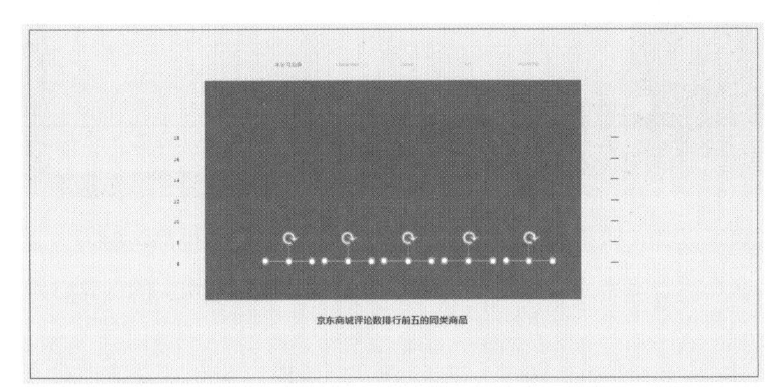

◀图10-40　步骤02

步骤03 切换到复制出来的、未做修改的、位于后面的图表页面，对该页面添加“平滑”切换动画。此时，进入放映状态，从做了修改的图表页面切换至未做修改的图表页面时，我们会发现，各种对象从页面四个方向飞入构成图表，中间的柱状条被从下到上地拉起，如图10-41所示。这种柱状图进入动画是不是更新颖、华丽？

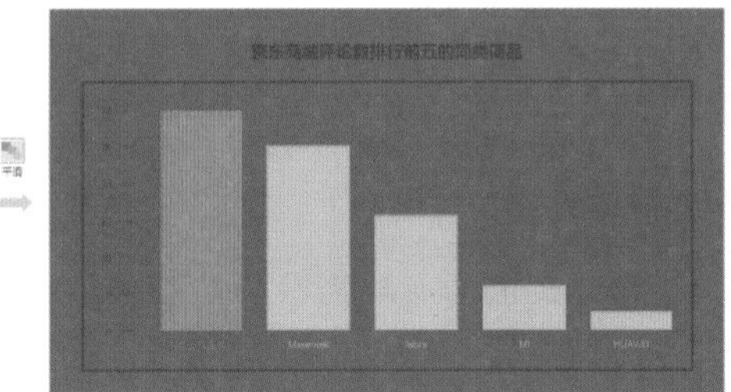

▲图10-41　步骤03

对于环状图则可以通过“陀螺旋”这一强调动画来提升其效果，具体操作方法如下。

步骤01 插入“弧形”，参照软件生成的环状图，调节弧形的粗细程度、大小、轮廓色、弧度等，使该弧形与环状图的圆环一致（至少保证弧度是一致的才能对应相应的百分比），如图10-42所示。弧形绘制完毕后，将原来的环状图表删除或隐藏，用弧形替代环状图排版。

步骤02 选中弧形，添加“轮子”进入动画；随后，再次选中弧形添加“陀螺旋”强调动画，开始时间为“上一动画之后”，如图10-43所示。这样，环状图就将以比例逐步增加的方式进入页面，并在进入后持续转动，吸引关注。

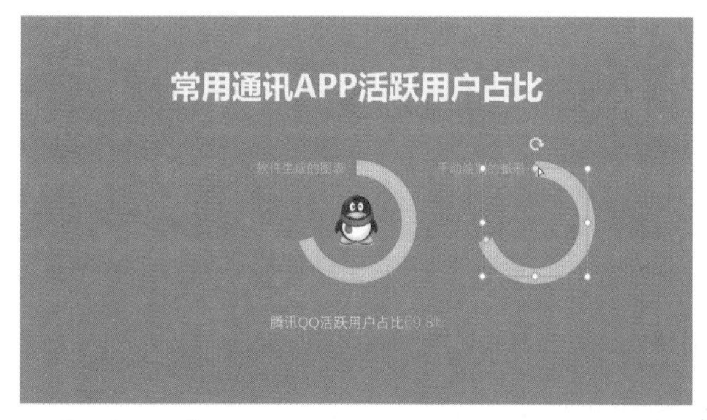

▲图 10-42　步骤 01

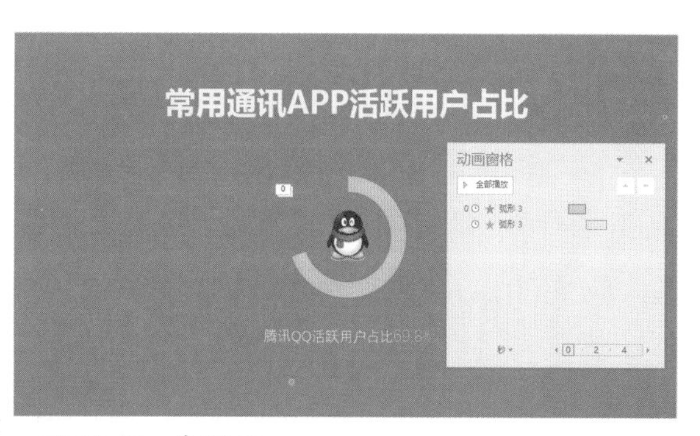

▲图 10-43　步骤 02

步骤03 为让效果更进一步提升，我们可以复制一份弧形，将其轮廓线磅值调小，适当拉大和旋转角度，使之位于原弧形的外围且与原弧形呈中心对称。随后，在动画窗格中，将其“轮子”“陀螺旋”两个动画效果分别调成与原弧形同时开始。最后再让两个“陀螺旋”动画重复“直到幻灯片末尾”即可，如图 10-44 所示（为了增强动感，这里对 QQ 图片也添加了“脉冲”的强调动画并重复）。

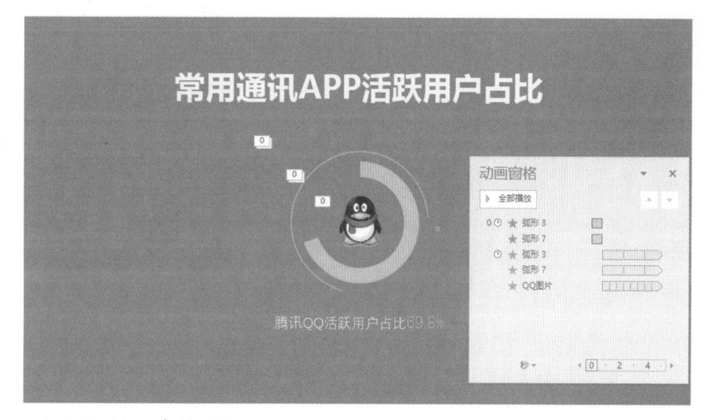

▲图 10-44　步骤 03

4．完整的文字飞动过程

宣传片 PPT 中文字本身较少，为增强文字的表现力，可以对同一组文字添加多个动画效果。比如常见的文字“飞入”动画，我们可以在飞入之后增加平移、消失动画，使文字在页面上呈现的过程更加完整，具体操作如下。

步骤 选中文本框，添加自左侧“飞入”进入动画；接着再次添加“向左”路径动画（若自右侧飞入，则添加“向右”路径动画，总之方向一致效果更好），并将结束位置调至合适位置（与开始位置稍微离开一定距离），持续时间适当增加一些，使之缓慢移动（若宣传片有配乐，应根据配乐来确定移动快慢节

▲图 10-45　文字飞动

奏）；接着，再对文本框添加“淡出”退出动画，开始时间设置为“与上一动画同时”，调节延迟时间，使该退出动画的结束时间与路径动画的结束时间相同，如图 10-45 所示。经过上述操作后，文字的动画便具有了完整的飞动过程：文字快速飞入页面后，再缓慢向同一方向移动一定距离后才消失。

5. 标志的华丽呈现方式

或在开头，或在中间，或在结尾，传统的视频宣传片大多都有企业或品牌标志呈现的画面。在 PPT 宣传片中同样需要制作一些特殊的动画效果使标志的出现看起来更加华丽，从而吸引观众的注意，建立良好的品牌印记。比如图 10-46 这页幻灯片，便按照本书动画章节中介绍的图层叠放小技巧实现了标志光影变化、逐渐放大的华丽动画效果。

▲图 10-46　小技巧实现华丽动画效果

具体的制作方法如下：

步骤 01 准备 5 张图片素材作为本动画效果的 5 帧画面。第一帧画面为原图，即将标志直接放置在幻灯片页面（为达到更好的效果，页面背景建议选择黑色）中央；第二帧画面在第一帧画面的基础上修改，在 PS 中用橡皮擦工具柔和地抹去标志右侧部分，仅保留标志左侧部分；同理，利用第一帧画面做出第三帧画面和第四帧画面，分别保留标志的中间、右侧部分；最后，复制第一帧画面作为最后一帧画面。准备完成后，将这五张图片素材插入一页幻灯片中，按第一帧在最底层、第二帧、第三帧、第四帧在中间，最后一帧在顶层的顺序层叠在页面上，如图 10-47 所示。

第一帧画面（原图），置于最底层

第二帧画面（由原图在PS中修改），置于倒数第二层

第三帧画面（由原图在PS中修改），置于倒数第三层

第四帧画面（原图），置于倒数第四层

第五帧画面（原图），置于最顶层

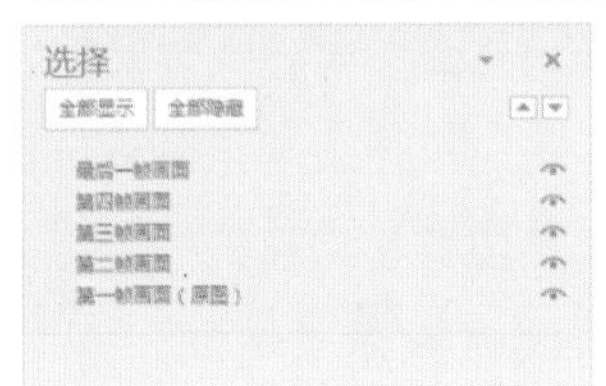

▲图 10-47　步骤 01

步骤 02 按照第二帧、第三帧、第四帧、最后一帧的顺序依次为这 4 张图片添加“淡出”进入动画（由于所有图片都层叠在一起，制作时可借助选择窗格来选中各张图片，逐一添加动画，第一帧画面不添加动画），开始时间均设置为“上一动画之后”，其中最后一帧画面的持续时间适当增加一些；再次选择最后一帧图片，添加“放大 / 缩小”强调动画，在动画属性对话框中，将放大参数设为 105%，开始时间为“与上一动画同时”，如图 10-48 所示。

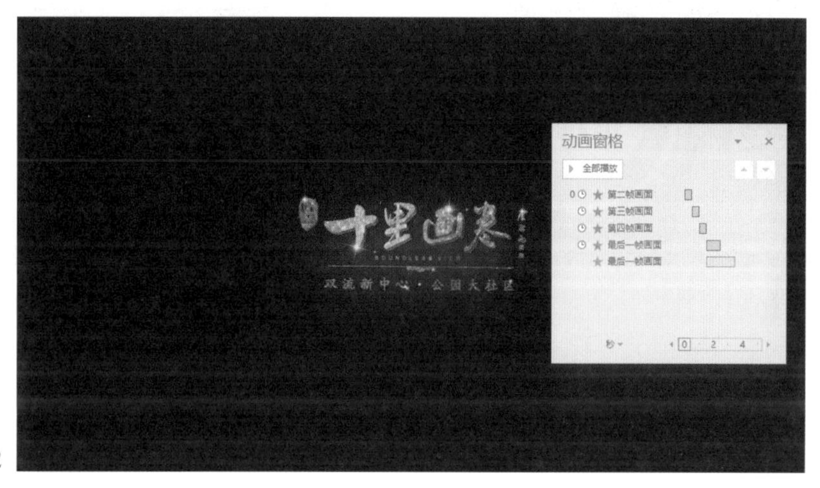

▶图 10-48　步骤 02

上述这种标志动画效果主要是通过修改图片状态来实现的，有点类似连环动画片的原理。

还有一种常见的光线掠过标志的动画效果，用来强调标志效果也不错。下面以宝马车标志为例，介绍这种动画的具体制作方法：

步骤 01 也是先准备动画素材。第一个是幻灯片的背景图，放置在页面的最底层；第二个是遮罩图，由背景图与标志图以形状合并工具“剪除”后得到，镂空位置须刚好在中央，放置在页面最顶层；第三个是标志图，位于页面倒数第二层；接着是光线图，可以从网上下载，也可以用线条添加发光效果制作，置于标志图上面一层；如图 10-49 所示。

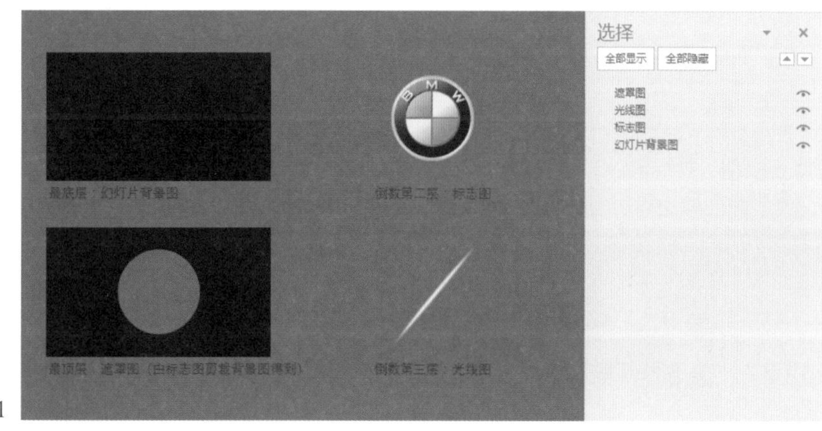

▶图 10-49　步骤 01

步骤 02 将四个素材图片层叠在页面上，在选择窗格中暂时隐藏最顶层的遮罩图，将标志图放置在页面正中央，光线图放置在标志图的左上角；选中光线图，添加“对角线向右下”路径动画，调整结束位置使之位于与开始位置对称的标志右下角，设置动画开始时间为“上一动画之后”，重复2次；如图10-50所示。

步骤03 在选择窗格中重新开启显示遮罩层，如图10-51所示。

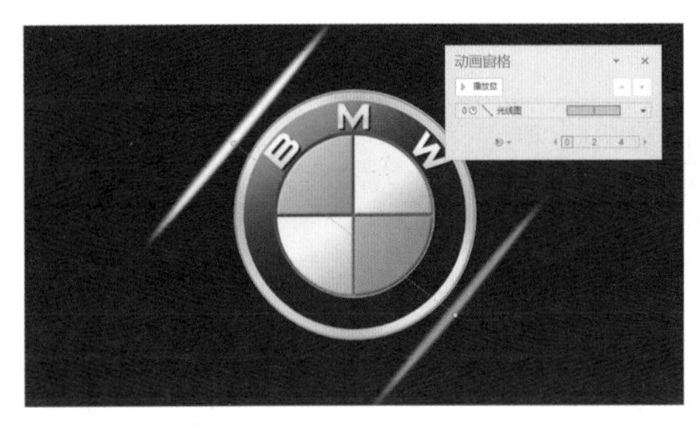

▲图 10-50　步骤 02

▲图 10-51　步骤 03

经过上述操作后，标志就具有了光线掠过的动画效果。这种效果的关键在于巧妙利用图片做遮罩层，让某些素材的动画透过镂空位置显示出来，形成独特的效果。在制作镂空遮罩图片时，需要考虑LOGO的具体情况，大多数标志都可以转换成PNG图片与底图进行剪除操作得到镂空遮罩图片。某些比较复杂的标志可考虑将其分解成多个部分分别与底图进行剪除操作或在更专业的PS软件中预先制作镂空遮罩图片。

以上便是非专业人士易于掌握且较为实用的两种标志动画。当然，让标志惊艳、华丽呈现的方式还有很多，如果你追求完美、肯花时间，最好是能根据标志的特点来发挥创意，设计出专属定制感觉的动画效果。如图10-52所示，锐普公司出品的湛江合力宣传片片头的标志呈现动画就非常不错。设计3个色块汇聚屏幕中间最后构成标志的动画效果，传递出合力企业“合众所长、力求卓越”的发展理念。

▲图 10-52　湛江合力宣传片

10.2.3 加入多媒体提升质感

适当插入媒体内容，特别是音频，能够有效丰富 PPT 宣传片的表现力，对于提升 PPT 宣传片的质感是十分有效的。

1．通过第三方软件来配乐配音

为 PPT 宣传片添加配乐和配音，甚至根据配乐来控制幻灯片内容的播放节奏，可以打破画面的枯燥、单调。因而，如果你没有办法为宣传片添加解说词录音（普通话够标准，录音设备较好，朗读解说词录音效果才会好，否则适得其反），最起码找一个合适的纯音乐旋律作为配乐，宣传片的质感也会好很多。

PPT 毕竟不是专业的视频剪辑软件，在混音时会有一些不方便。比如，一份宣传片中需要用到三段不同的音乐，在 PPT 中很难让音乐在画面指定的某个位置切换或重叠播放。又如，宣传片的解说词录音是朗读者对着朗读稿从头至尾朗读下来的，在 PPT 中很难让朗读词刚好匹配宣传片的画面。因此，如果要添加配音、配乐，建议先讲 PPT 宣传片导出成为 MP4 视频后，再到视频剪辑软件中进行混音。

对于非专业人士来说，推荐使用 Corel VideoStudio（会声会影）这一操作相对简单的视频剪辑软件。图 10-53 所示的是 Corel VideoStudio Pro X8 的界面。

▲图 10-53　会声会影

混音时，将 PPT 导出的视频拖入软件视频轨，将背景音乐文件拖入音乐轨，将录音文件拖入录音轨，然后单击软件上方的“共享”按钮，从软件中导出视频，即可完成视频、录音、音乐的合成。

选中轨道中的录音文件，可对其进行裁剪，使之与视频中的画面相匹配。

单击混音器按钮，可在混音控制区调节录音和背景音乐的音量大小，使宣传片中的各种声音结合得更融洽。

2．短视频穿插，动静结合

在 PPT 宣传片中添加一些短视频，比如领导致辞、公司环境实景等，使视频与图片动、静结合，形成更为立体的表现力，也能让 PPT 宣传片看起来更专业、有质感。

Chapter 11

如何把教学课件做得更漂亮

会用 PPT 软件制作课件
已成为当下教师职业的一项必备技能

对于很多教师来说，真正感到困扰的
不是制作课件，而是把课件做漂亮，让学生更容易接受

做好一份课件，主要精力的确应该放在内容的编写上
但视觉设计也并非不管不顾
因为，设计拙劣的课件很可能会影响到内容的传递

11.1 从哪些方面可以有效改善课件的美观性？

无论小学、初中、高中、大学，还是各种培训学校，很多教师的课件 PPT 都是如图 11-1 和图 11-2 所示这样的水平。

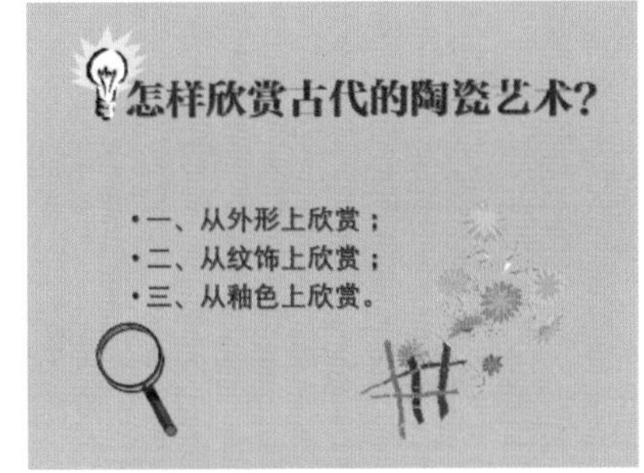

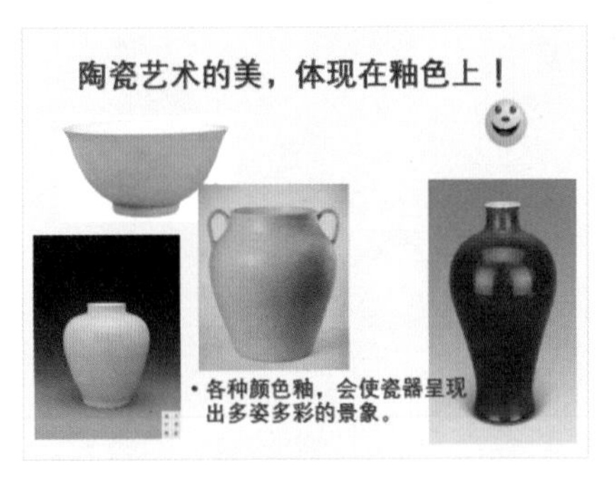

图 11-1 摘自某陶瓷课件

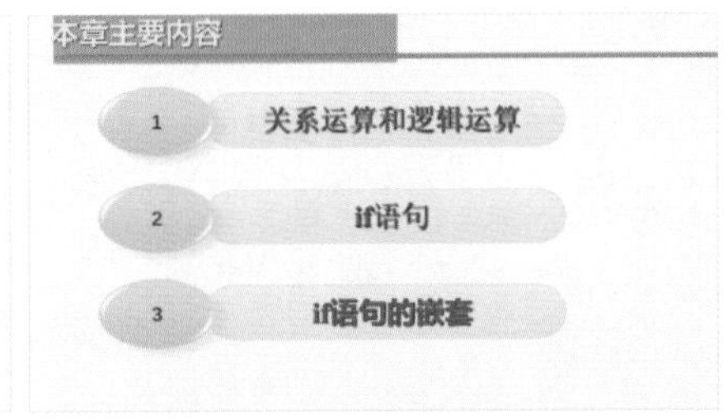

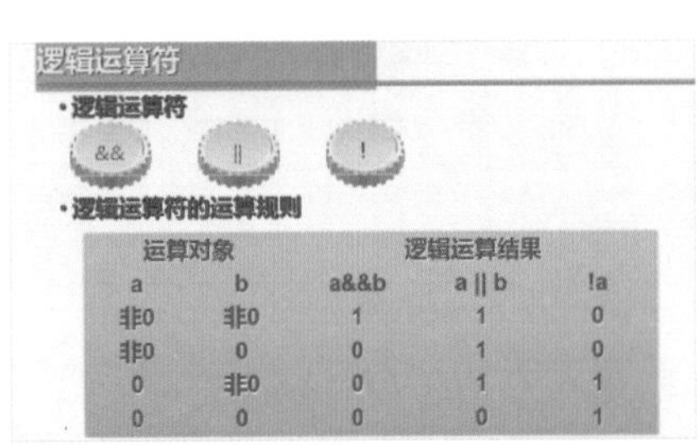

运算对象		逻辑运算结果		
a	b	a&&b	a || b	!a
非0	非0	1	1	0
非0	0	0	1	0
0	非0	0	1	1
0	0	0	0	1

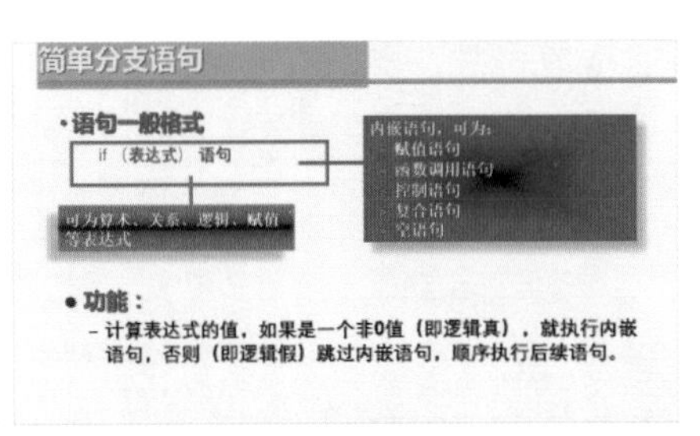

图 11-2 摘自某计算机课件

这类课件要么是原封不动地套用模板、预设效果等；要么是把 PPT 当 Word 文档用，堆砌内容；要么是随意地用色、排版、配图……几乎谈不上任何设计。因而，让人感觉很不美观。

想要提升课件的美感，其实只需从字体、图片、配色、排版等方面重新审视课件，按照本书技术篇各章节提供的方法进行精细的设计即可。不过，由于很多教师并不想花太多心思进行课件设计，所以这里再提供一些能够快速改善课件美观性的针对性建议。

11.1.1 简化内容

很多不美观的课件都是由于页面内容堆砌过多造成的，这反映出一些教师把 PPT 当 Word 用的心理。比如图 11-3 这页幻灯片，页面上密密麻麻排满文字，几乎没有任何留白，看起来和 Word 文档一样，视觉效果当然不好，还会给学生造成很大的阅读压力，使其根本无暇再去听教师口中讲的内容。

根据文意整理、简化内容，才有重新排版的空间，可以适当地做留白，调整各组文字的亲密关系，从而达到美化的效果。图 11-3 简化修改后如图 11-4 所示。

古汉语词汇以单音词为主

- 在古代汉语中，单音词占绝对优势，与现代汉语以双音词为主的情况很不相同。只要翻阅任何一篇文言作品，我们就能发现这一特点。例如：
- 《庄子•秋水》："秋水时至，百川灌河，泾流之大，涘渚崖之间，不辨牛马。于是焉河伯欣然自喜，以天下之美为尽在己。顺流而东行，至于北海；东面而视，不见水端。于是焉河伯始旋其面目，望洋向若而叹曰：'野语有之曰："闻道百，以为莫己若"者，我之谓也。且夫我尝闻少仲尼之闻而轻伯夷之义者，始吾弗信，今我睹子之难穷也，吾非至于子之门，则殆矣。吾长见笑于大方之家。'"
- 这篇短文共140个字，其中双音词仅12个，即：河伯(出现2次)、欣然、天下、北海、面目、望洋、以为、且夫、仲尼、伯夷、大方。其余都是单音词，共116个。如果译成现代汉语，这些单音词中有许多词就必须用双音词来表示。

▲图 11-3　某大学语文课件

古汉语词汇以单音词为主

比如《庄子-秋水》，共140字，单音词116个，双音词仅12个

"秋水时至，百川灌河，泾流之大，涘渚崖之间，不辨牛马。于是焉河伯欣然自喜，以天下之美为尽在己。顺流而东行，至于北海；东面而视，不见水端。于是焉河伯始旋其面目，望洋向若而叹曰：'野语有之曰："闻道百，以为莫己若"者，我之谓也。且夫我尝闻少仲尼之闻而轻伯夷之义者，始吾弗信，今我睹子之难穷也，吾非至于子之门，则殆矣。吾长见笑于大方之家。'"

▲图 11-4　简化后的幻灯片

又如图 11-5 的物理课件幻灯片，也存在同样的问题。删减、合并内容，保留课件中的关键信息，将部分内容转换为 SmartArt 图形……经过简化后如图 11-6 所示。

关于生物能

生物能是太阳能以化学能形式贮存在生物中的一种能量形式，它直接或间接地来源于植物的光合作用，在各种可再生能源中，生物质是独特的，它是贮存的太阳能，更是一种唯一可再生的碳源，可转化成常规的固态、液态和气态燃料。

薪柴、农作物残渣、牲畜粪便、制糖作物、水生植物、光合成微生物（如硫细菌、非硫细菌等等）、城市垃圾、城市污水等。

近期优先发展生物质气化供气、生物质气化发电、大型沼气工程、生物质直接燃烧供热；中长期化发展生物质高度气化发电项目（BIG/CC）、生物质制氢等优质燃气、生物质热解液化制油

▲图 11-5　某物理课件 PPT

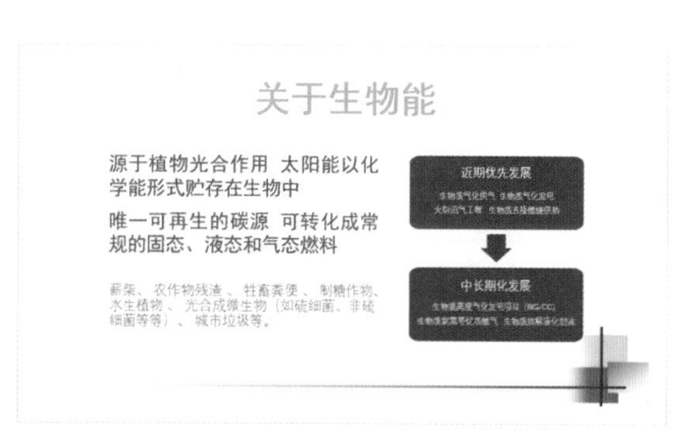

▲图 11-6　简化后的幻灯片

简化内容时，能用图片表达的内容不用文字，能用图表、SmartArt 图形就不用表格、文字……可以根据文意进行合并、取舍，也可以拆分成多页，还可以将部分内容放在备注中，通过口头进行表达。这在本书前面的章节中已经详细讲到，这里不再赘述。别舍不得删内容，想想以前板书教学

时代，黑板上书写的也只是重点、关键词，很少有教师会抄写大段文字，这样的经验在课件中同样适用。

11.1.2 统一对齐方式和行距

不想删减文字或不得不用段落文字时，至少应对文字的对齐方式和段落间距进行调整。设置统一的对齐方式和行距，让页面变得整齐一些。如图 11-7 所示的幻灯片，红色段落跟随标题居中对齐，白色段落左对齐，行距小，文字密，看起来凌乱、拥堵。

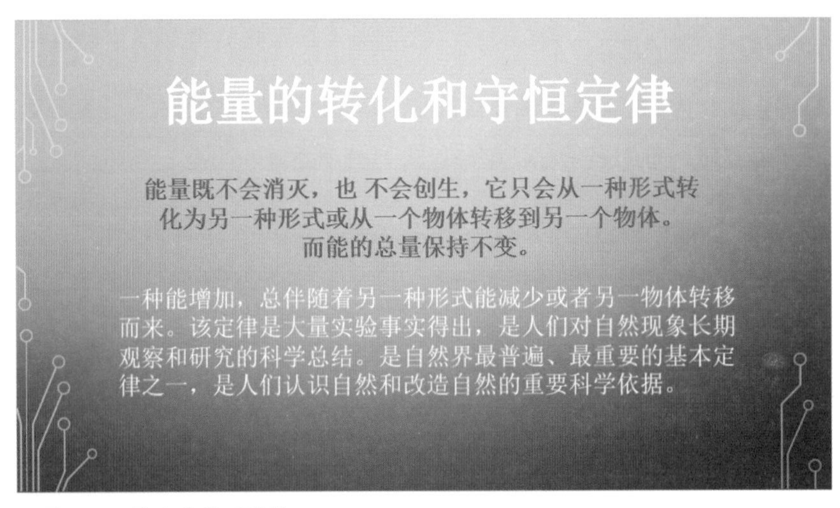

▲图 11-7　摘自某物理课件

将对齐方式统一为左对齐，行距设置为 1.4 之后，可以明显感觉修改前后美感的差别，如图 11-8 所示。

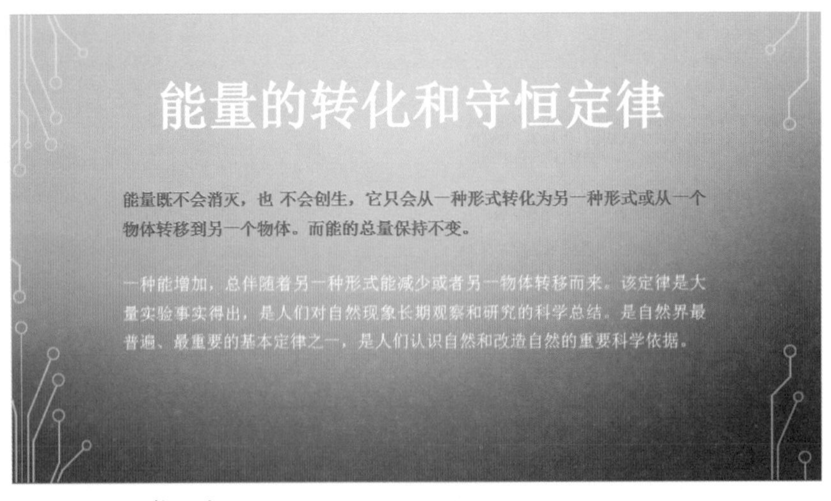

▲图 11-8　调整后的 PPT

11.1.3 不要“艺术字”，不要“效果”，不要剪贴画

有些教师在课件中喜欢直接套用软件预设的“艺术字”“效果”，使用剪贴画。如图 11-9 中的“课外作业”艺术字，“同学们……”加阴影，问号、小猪图片。其实，这样不但没有增强页面的设计感，反而拉低了设计档次，让人感觉很劣质。

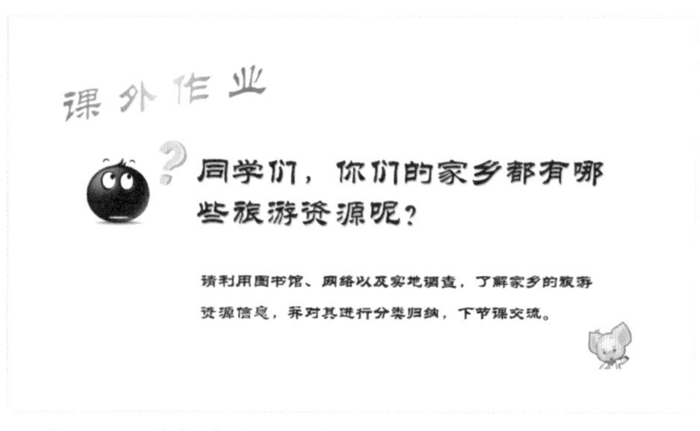

▲图 11-9 摘自某地理课件

对页面上的部分内容进行强调也好，增强页面的设计感也好，其实方法有很多，并不一定要用过于俗套、风格劣质的艺术字、效果、剪贴画。比如将图 11-9 幻灯片中的艺术字、效果、剪贴画删除，简单利用字号、字体对比，形状衬托，增加背景图片重新排版，如图 11-10 所示，既达到了突出的目的，解决了页面空洞的问题，也让页面变得更美观。

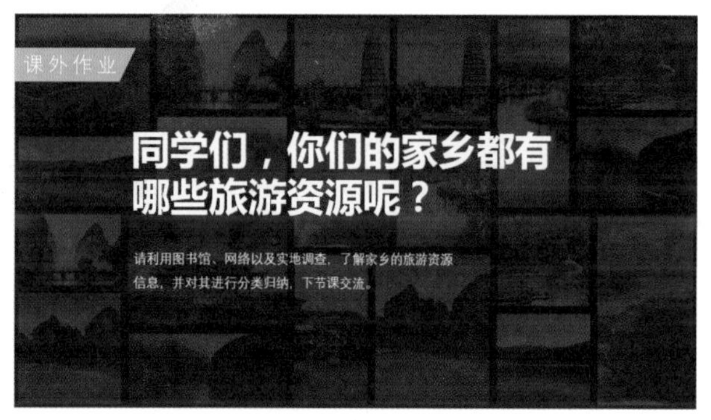

▲图 11-10 修改后的 PPT

11.1.4 选择合适的背景图片

初学者使用 PPT 制作课件总爱用图片做背景。要么是一些复杂、花哨的图片，以为这类图片能让 PPT 更漂亮，如图 11-11 所示；要么是一些本身设置有版式的图片，想用一张图片解决所有页面的排版，如图 11-12 所示。

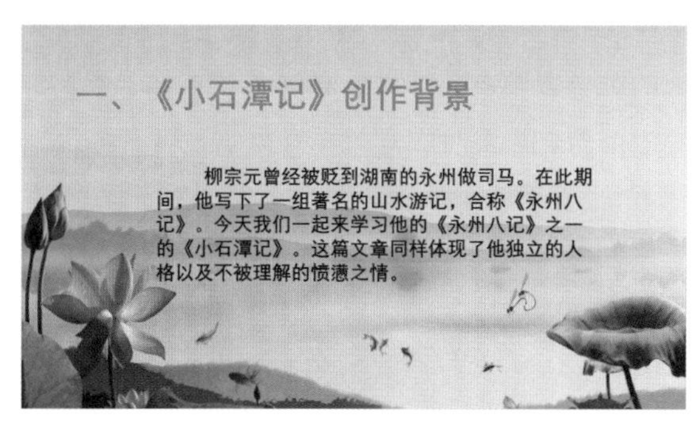

▲图 11-11 摘自某语文课件

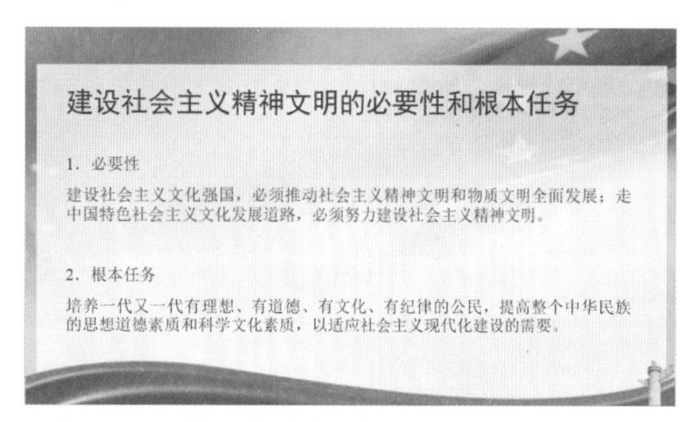

▲图 11-12 摘自某政治课件

实际上，按照现在的大众审美，这类背景图片并不美观，用在课件中，既不利于内容排版，还会让课件变得劣质。想让课件变得美观一点，背景图片应该选择那些单纯、精致的图片，如图 11-13 和图 11-14 所示。

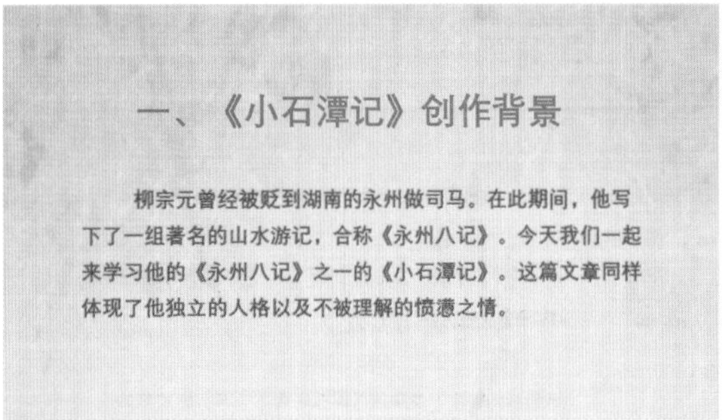

一、《小石潭记》创作背景
柳宗元曾经被贬到湖南的永州做司马。在此期间，他写下了一组著名的山水游记，合称《永州八记》。今天我们一起来学习他的《永州八记》之一的《小石潭记》。这篇文章同样体现了他独立的人格以及不被理解的愤懑之情。

▲图 11-13　图片背景示例 1

建设社会主义精神文明的必要性和根本任务
1. 必要性
建设社会主义文化强国，必须推动社会主义精神文明和物质文明全面发展；走中国特色社会主义文化发展道路，必须努力建设社会主义精神文明。
2. 根本任务
培养一代又一代有理想、有道德、有文化、有纪律的公民，提高整个中华民族的思想道德素质和科学文化素质，以适应社会主义现代化建设的需要。

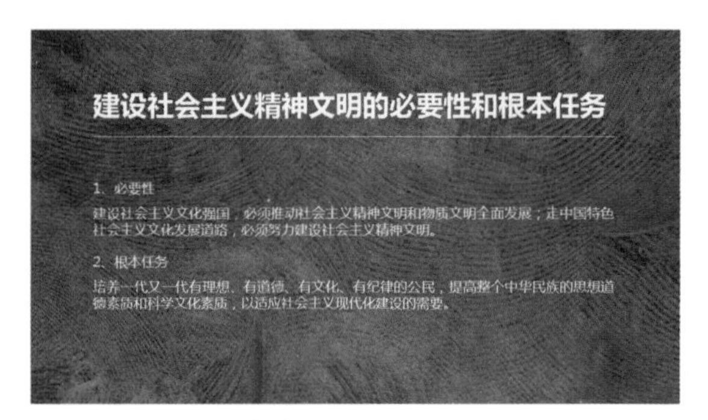

▲图 11-14　图片背景示例 2

如果想在背景中把课件的主题体现得更加强烈，渲染氛围，直接找一些漂亮的实景图片，用全图型排版方式岂不更好？如图 11-15 和图 11-16 所示。

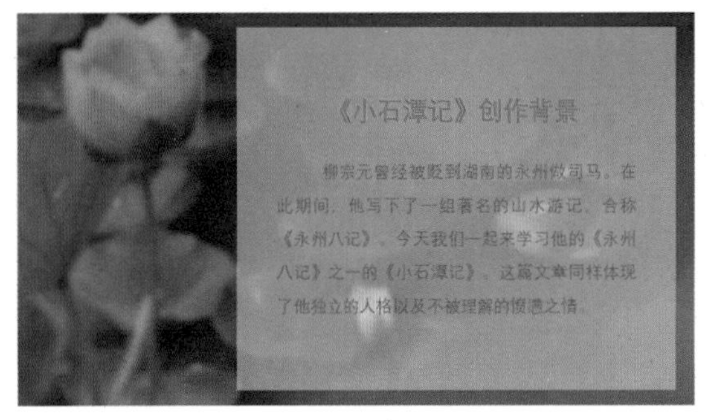

《小石潭记》创作背景
柳宗元曾经被贬到湖南的永州做司马。在此期间，他写下了一组著名的山水游记，合称《永州八记》。今天我们一起来学习他的《永州八记》之一的《小石潭记》。这篇文章同样体现了他独立的人格以及不被理解的愤懑之情。

▲图 11-15　摘自某语文课件

建设社会主义精神文明
的必要性和根本任务
1. 必要性
建设社会主义文化强国，必须推动社会主义精神文明和物质文明全面发展；走中国特色社会主义文化发展道路，必须努力建设社会主义精神文明。
2. 根本任务
培养一代又一代有理想、有道德、有文化、有纪律的公民，提高整个中华民族的思想道德素质和科学文化素质，以适应社会主义现代化建设的需要。

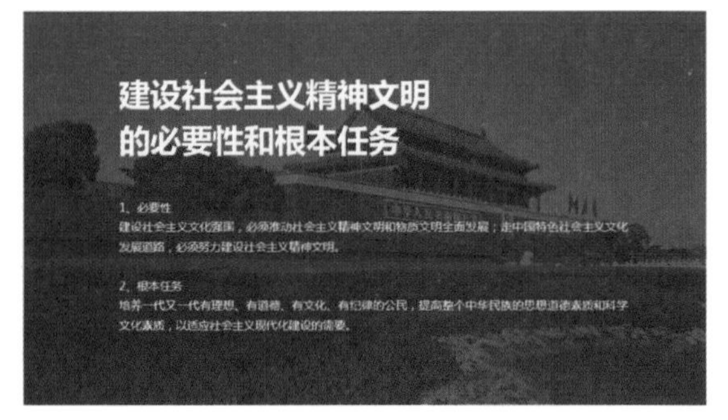

▲图 11-16　摘自某语文课件

而对于那些真不想花太多时间进行课件设计的教师来说，与其浪费大量时间找背景图片，不如直接选择一个纯色图片做背景，或许会更好一些。

11.1.5 通过“变体”统一配色和字体

七彩齐具，字体页页不同……随意滥用颜色和字体是很多不美观课件的通病。如图 11-17 所示，在这页幻灯片中用了 4 种不同的蓝色，两种不同的红色以及灰色一共 7 种颜色；宋体、黑体、华文隶书、微软雅黑 4 种字体。过多的字体和颜色造成页面看起来脏、乱，美观度当然就会差。

血液的组成
总量：约为体重的7%-8% 3.5—4L。所以人体一次献血200~400ml，并不会响健康。
血液中含有不同的组成物，它们的质量不一样；加入抗凝剂(柠檬酸钠)后，把血液静止一段时间后，会出现分层现象吗？分成了几层？
上层：淡黄色半透明液体　占血总量约55%
下层：深红色占血总量约45%
血浆
血细胞

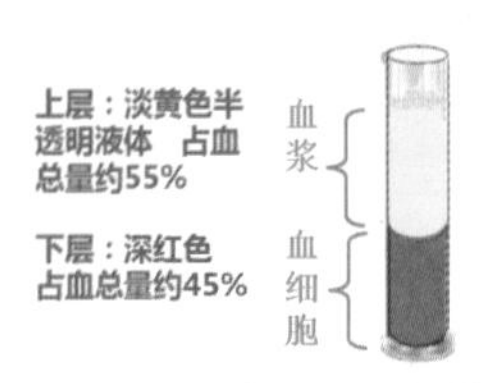

◀图 11-17　摘自某生物课件

从设计的角度考虑，一份课件中颜色不应超过6种（文字色、背景色、主题色、1~3种辅助色），字体不超过3种。对于想省事的教师来说，更是选择3种颜色，两种字体就足够了。比如图11-17幻灯片，减少字体和颜色，改成如图11-18所示，视觉效果会更好一些。

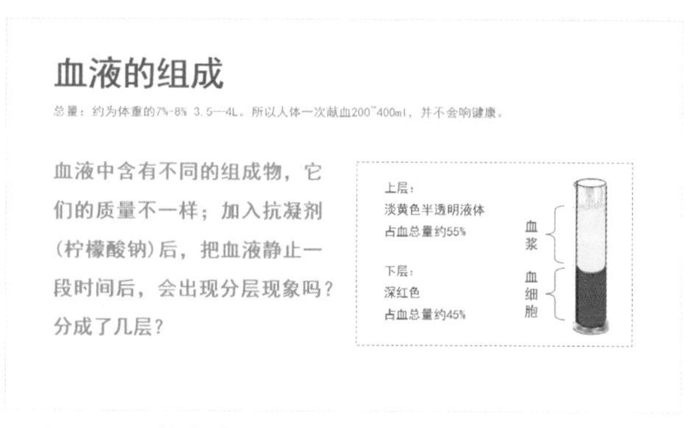

▲图 11-18 摘自某生物课件

在设置课件的颜色和字体时，最好是通过“设计”选项卡下的“变体”工具组来设置。设置的具体方法在色彩和字体章节已经介绍，这里就不再多说，如图11-19所示。

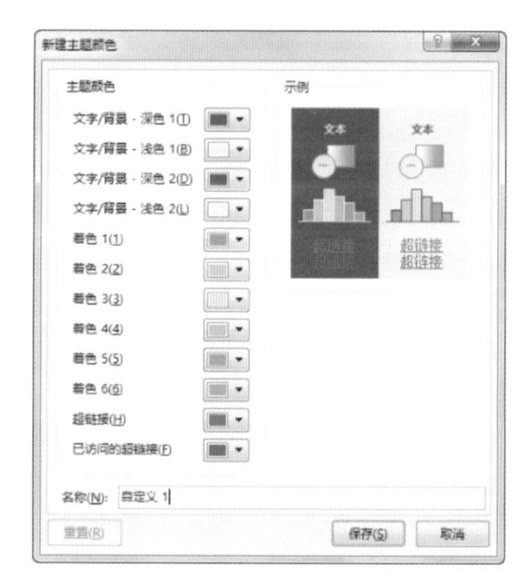

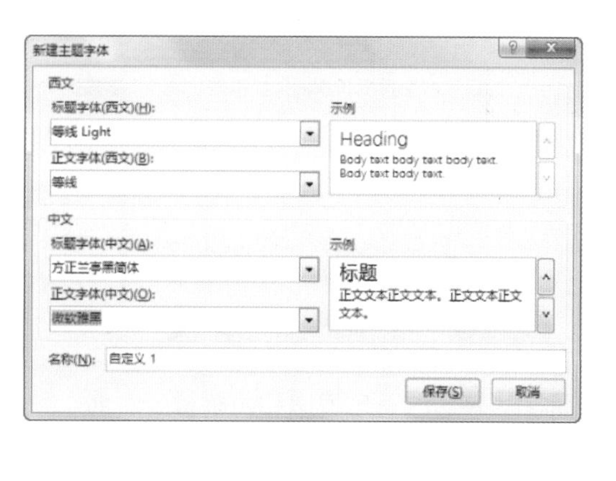

▲图 11-19 “变体”中的色彩、字体自定义对话框

在“变体”中设置配色方案、字体方案，可实现配色和字体的快速统一。编辑课件时，每次插入文本框，其中文字都将自动应用设定好的字体及颜色，插入形状、图表等也都将自动应用设定好的颜色。而且，设置好的配色方案、字体方案也都将被保存下来，制作新的课件时单击即可直接套用这些方案，对于想省事的教师来说几乎可以说是一劳永逸，如图11-20所示。

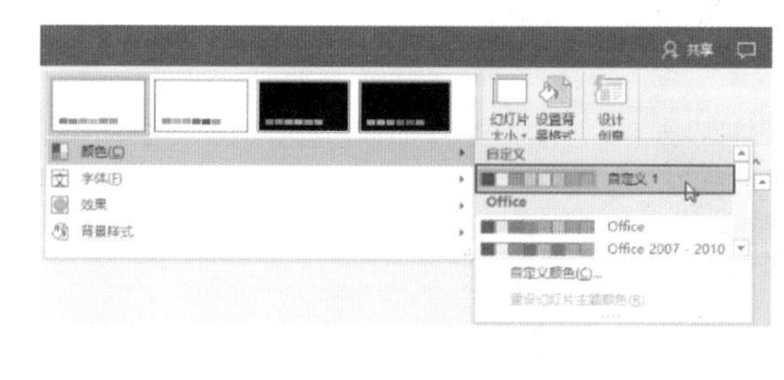

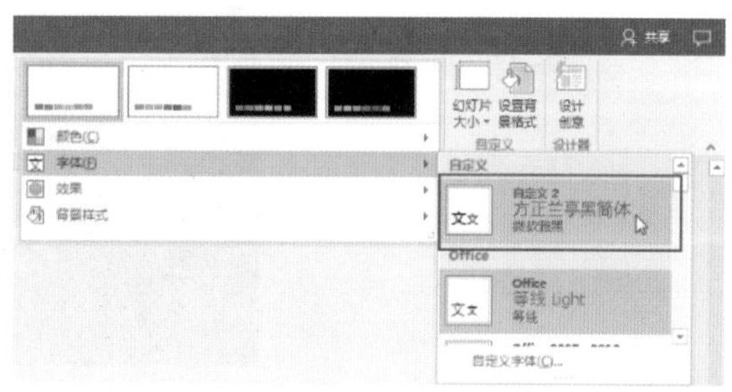

▲图 11-20 在“变体”中选择自定义的颜色、字体

11.1.6 利用母版统一版式

排版过于随意也是很多做得不好的课件普遍存在的问题。一份 PPT 中采用的版式过多，甚至一页幻灯片自成一种风格，会让整个课件显得非常散乱，不成体系。

如图 11-21 所示的几页幻灯片，封面与内容页版式雷同，内容页版式不一，层级结构不明显，学生难以清晰地把握内容的逻辑脉络。整个课件的视觉效果混乱、缺乏设计感。

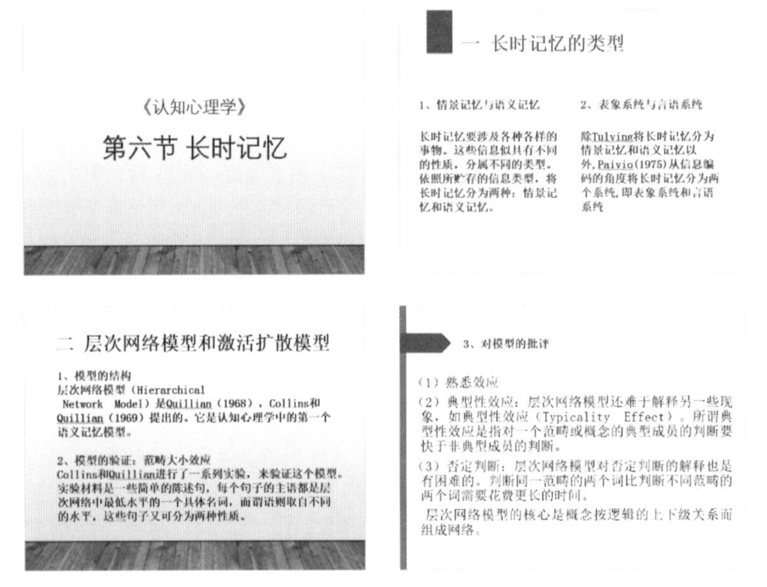

图 11-21 摘自某心理学课件

因而，从内容的有效传递和美感提升上看，统一版式都是非常有必要的。

在统一课件版式时，建议通过母版来完成。只须在母版中设计好若干个不同类型的版式（至少设计封面、内容页两种不同版式），各页面即可轻松套用，方便、快速。对于想省事的教师来说非常有帮助，如图 11-22 所示。

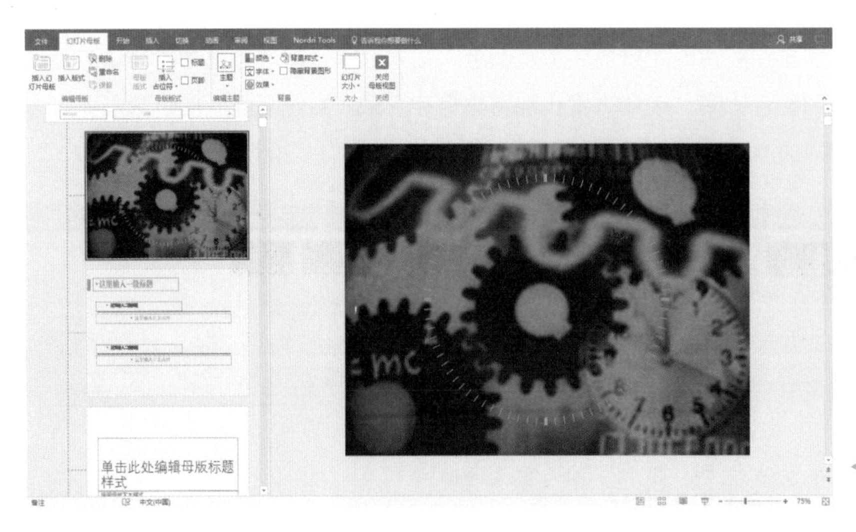

图 11-22 幻灯片母版编辑状态

利用母版统一图 11-21 所示的幻灯片排版后，效果如图 11-23 所示。

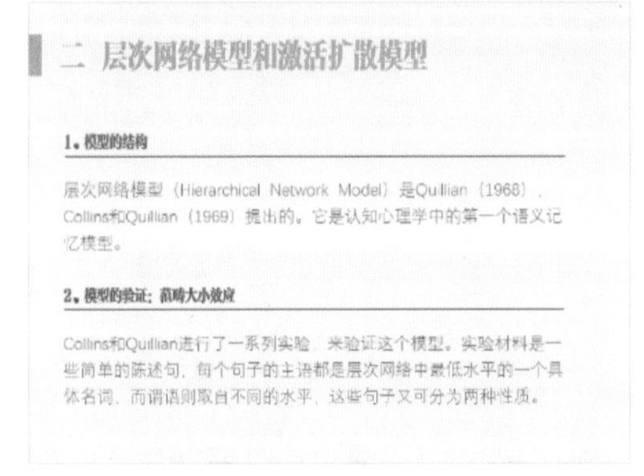

▲图 11-23 最终效果图

11.2 美化课件的 5 个风格方向

美化课件，最终应让课件形成某种特定的风格。适当掌握一些经典课件风格的制作方法，才能在不同教学场合下应对自如。

11.2.1 简洁风格

简洁风格即没有多余的装饰，没有浮夸的效果，以质朴的方式专注于内容表达的一种设计风格。如图 11-24 和图 11-25 所示的课件便属于简洁风格。

▲图 11-24　摘自某计算机课件（即图 11-1 重新设计版）

▲图 11-25　摘自某地理课件

制作简洁风格的课件主有以下几个要点。

页面背景：用单纯有质感的底纹图片，如图 11-26 所示的布纹图片，图 11-27 所示的多边形底纹图片（可在昵图网、花瓣网上找）。

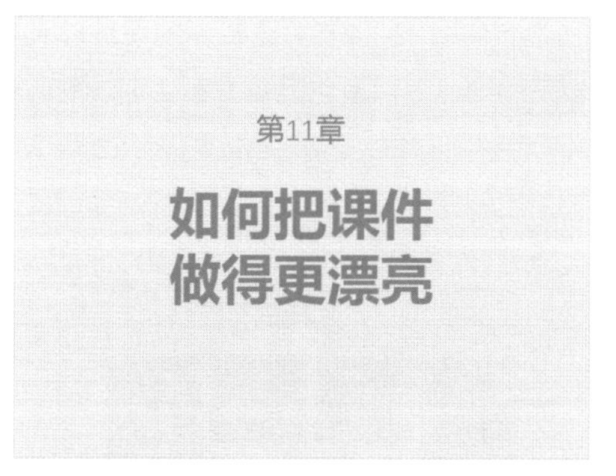

▲图 11-26　布纹图片背景

第11章
如何把课件
做得更漂亮

▲图 11-27　多边形底纹图片背景

或者用纯色（推荐使用灰色）或渐变色，如图 11-28 和图 11-29 所示。

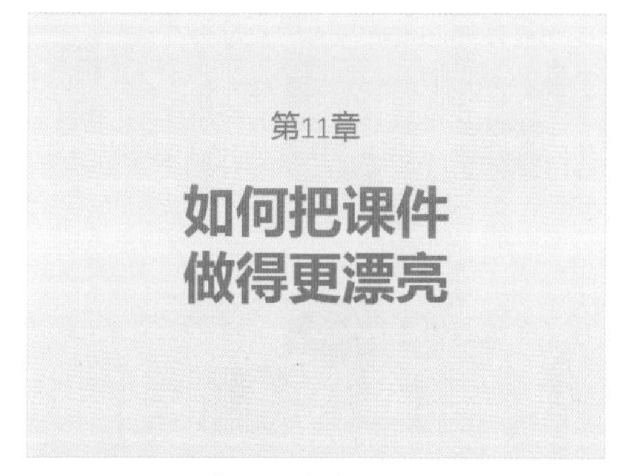

▲图 11-28　纯色图片背景

第11章
如何把课件
做得更漂亮

▲图 11-29　渐变图片背景

总而言之，页面背景不要过于复杂。

字体：不超过两种字体，且最好选用微软雅黑、方正兰亭黑体、迷你简特细等线字体等一些无衬线，简约风格的字体。如图 11-30 中的课件用了方正汉真广标简体和微软雅黑两种字体，图 11-31 中的课件仅用了微软雅黑一种字体。

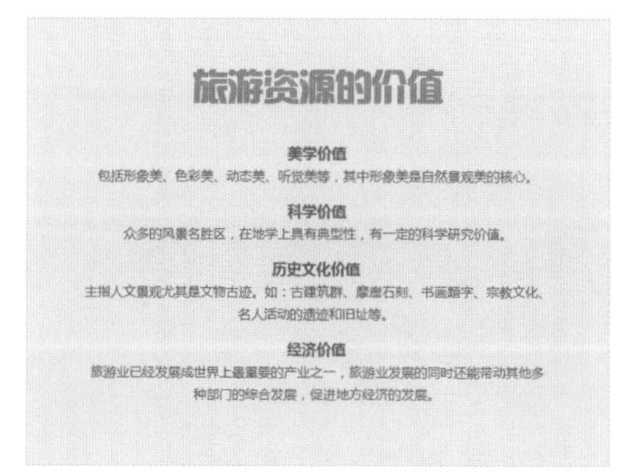

▲图 11-30　摘自某地理课件

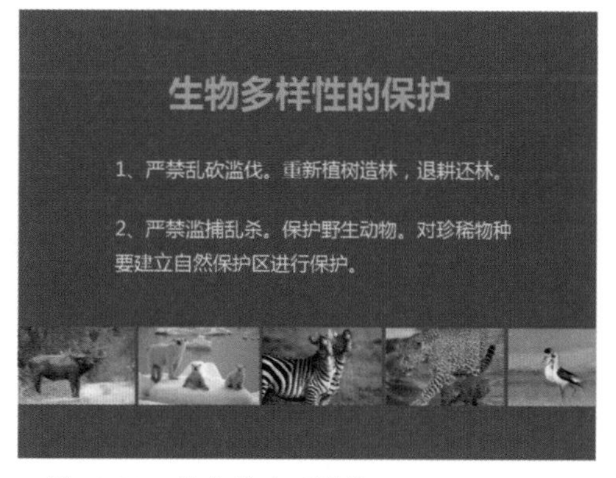

▲图 11-31　摘自某地理课件

色彩：选择单色色彩搭配方案最为简洁。如前面提到的图 11-24 课件，采用的便是以天空蓝为主题色的单色配色方案。当然，在色彩驾驭能力比较好的情况下，多色配色方案也可以做出简洁的风格，如图 11-32 所示。

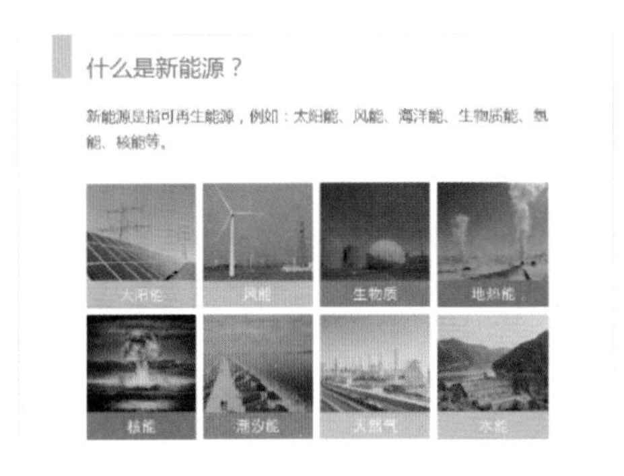

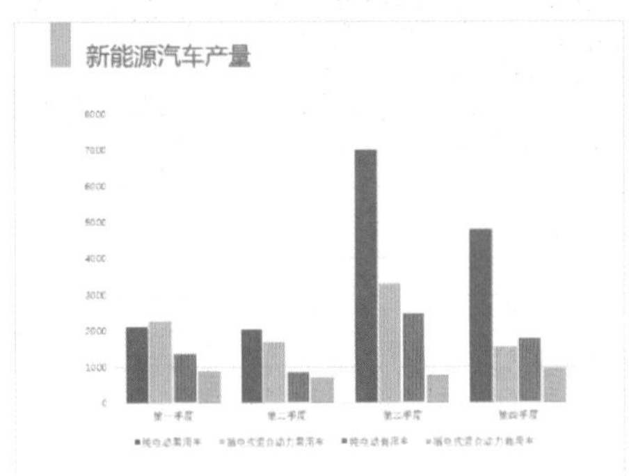

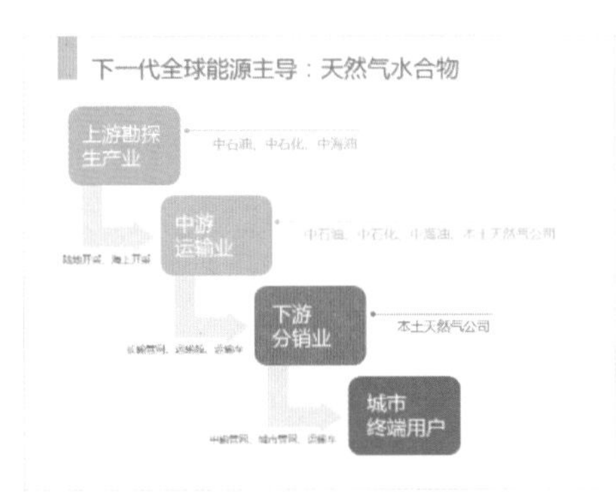

▲图 11-32　摘自某地理课件（即图 11-1 重新设计版）

排版：对齐方式统一，力求整齐；文字行距稍大一些，适当留白，避免过于紧凑，如图 11-33 所示。

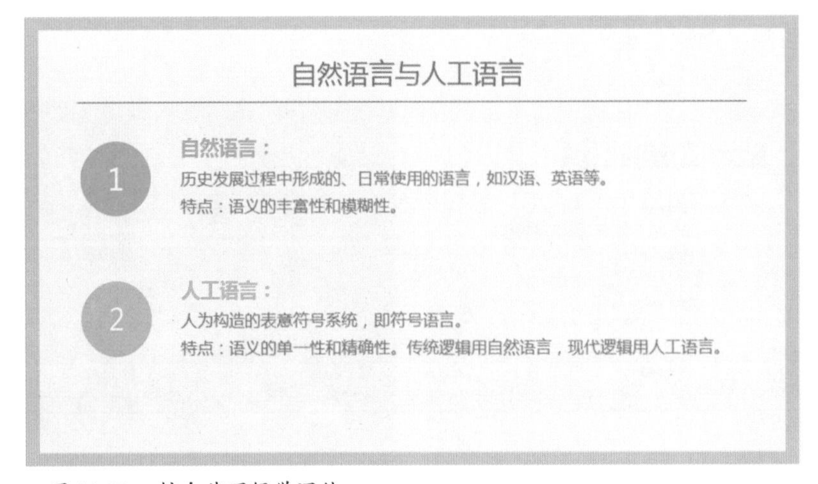

▲图 11-33　摘自某逻辑学课件

简洁风格设计难度相对较低，适用于各类课程课件，如果不想在课件设计上花太多时间，这种风格是最好的选择。

11.2.2 黑板手写风格

黑板手写风格即模拟板书教学感觉的一种设计风格，黑板、粉笔的感觉能够让学生对课件内容产生一种亲切感。如图 11-34 和图 11-35 所示。

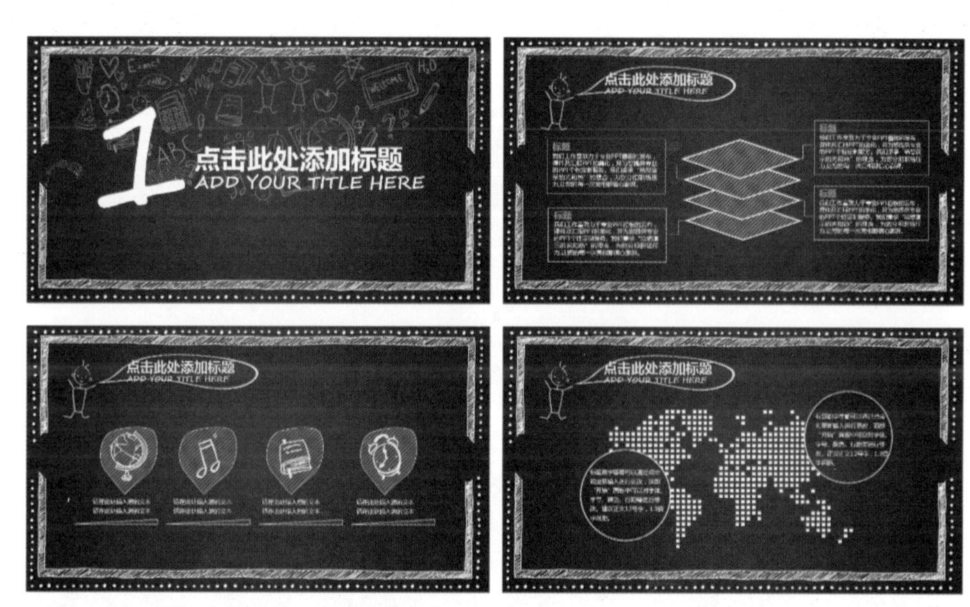

▲图 11-34　黑板手写风格示例 1　摘自优品 PPT 网

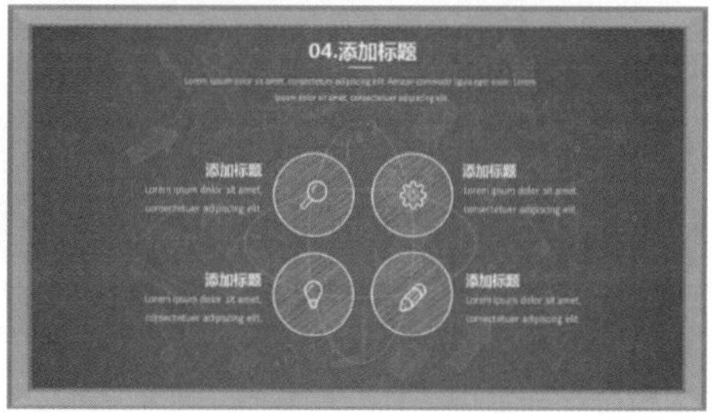

▲图 11-35　黑板手写风格示例 2　摘自稻壳网“熊猫达人”作品

黑板手写风格几乎适用于所有课程课件，制作关键在于素材。整个课件中字体、图标、图表等素材最好都是相同风格的手写、手绘类型。否则，设计出来要么风格不明显，要么不伦不类。

页面背景：最好直接找黑板（或绿色黑板）素材图，质感比直接在 PPT 中调渐变色更加逼真。前文图 11-2 中的课件黑板背景为黑、灰渐变色调制，图 11-36 中的课件背景则是一张黑板质感的素材图片。

▲图 11-36　黑板手写风格 PPT 示例 3　摘自百度文库“青苓 123”上传作品

字体：尽量选择粉笔手写类型的中英文字体，如新蒂字体的新蒂黑板报、新蒂黑板报底、新蒂小丸子 3 款中文字体，Segoe Script、SketchRockwell Bold 等英文字体。此外，还可以按照字体章节中所述方法，自己在 PPT 中制作黑板报字。

色彩：按照粉笔的颜色选择配色，以白色为主。如有需要，还可适当应用天蓝、粉红、淡黄等彩色粉笔类色彩。

排版：可以根据图片、图标、图表素材的造型采用更为自由的排版方式。

11.2.3 卡通风格

在幼儿园、小学阶段的教学以及其他针对儿童的培训中，非常适合使用卡通风格的课件，如图 11-37 所示。

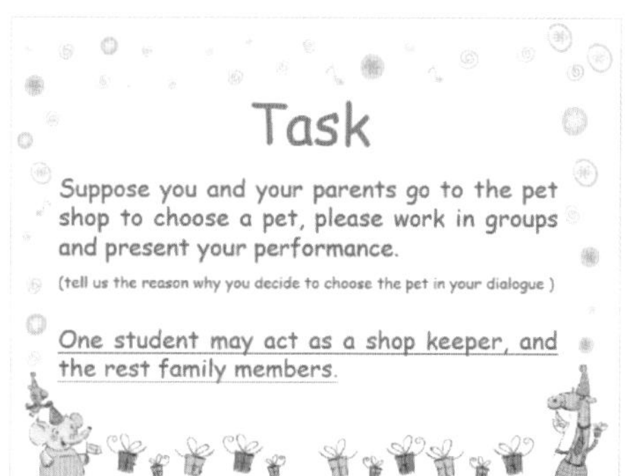

▲图 11-37　卡通风格 PPT 示例 1　摘自某英语课件

制作卡通风格的课件主有以下几个要点。

页面背景：直接从网上下载卡通图片作为背景，可以淡雅（如图 11-37 所示），也可以鲜艳、丰富（如图 11-38 所示），但最好都有一定的质感，图书的卡通元素看起来都比较精致。这里推荐一个素材网站千库网（588ku.com），在网站的背景搜索框中输入关键词“卡通背景”进行搜索，可以找到很多品质不错的卡通背景图片，如图 11-39 所示。

▲图 11-38　卡通风格 PPT 示例 2　摘自变色龙网“风格女子”作品

▲图 11-39　千库网

字体：方正少儿简体、造字工房丁丁体、方正胖娃简体、汉仪歪歪体简等中文字体，Childs Play、YoungFolks、vargas、Comic Sans MS 等英文字体，卡通、动漫、可爱、手写类相关字体均可。

色彩：色彩缤纷一些，表现出轻松、活泼、欢乐的感觉。

排版：一页上内容稍微少一点，排版可以随意一些，如借助云朵、气球、五角星等卡通元素的特点布局内容，如图 11-40 所示。

▲图 11-40　卡通风格 PPT 示例 3　摘自演界网“小政 PPT”作品

11.2.4 中国风

展现传统中国的意境，渲染有浓厚文化气息的中国风，非常适合语文、历史等国学类课程的课件。中国风主要有清淡素雅的水墨山水类（如图 11-41 所示），流行一时、精致风韵的青花瓷类（如图 11-42 所示），热情喜庆、灯笼剪纸的中国红类（如图 11-43 所示）三类。

▲图 11-41　水墨山水类 PPT　摘自优品 PPT

▲图 11-42　青花瓷类 PPT　摘自 PPTstore 徐少寒作品

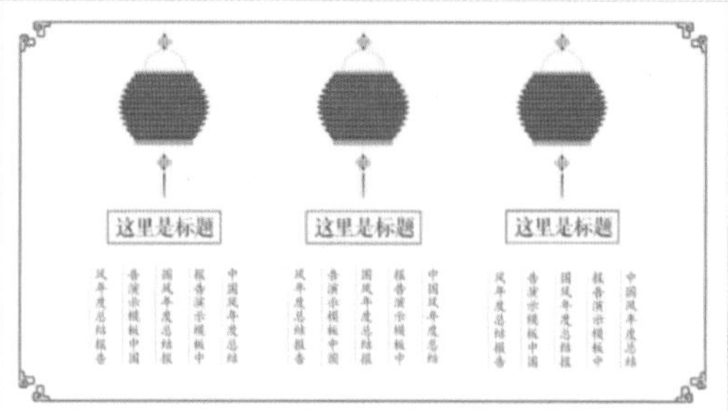

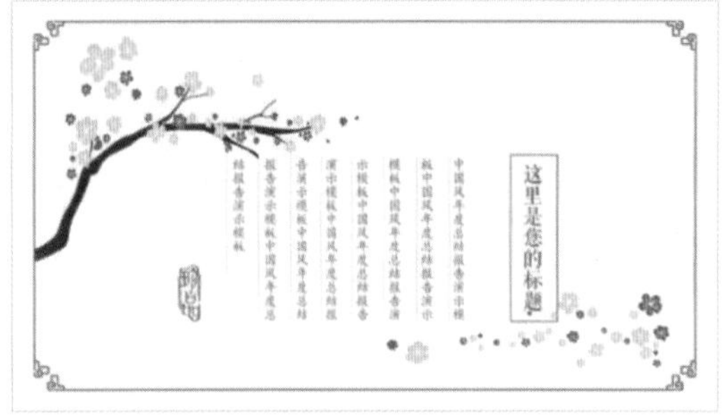

▲图 11-43　中国结类 PPT

制作中国风课件主有以下几个要点。

页面背景：淡雅一些的页面背景与各种中国风素材元素更为融洽。也可用中国书法字当底纹，作为页面背景，也能展现浓厚的中国风气息，如图 11-44 所示。

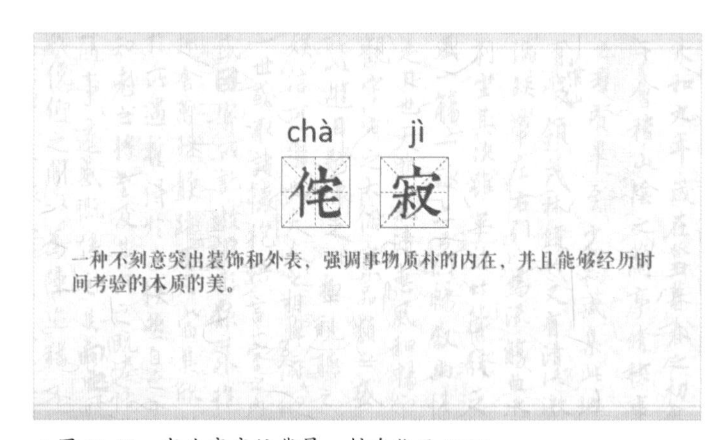

▲图 11-44　书法字底纹背景　摘自优品 PPT

字体：搭配最好的当然是书法字体，比如禹卫书法行书简体、文鼎习字体、书体坊颜体、康熙字典体等作为标题效果不错，方正清刻本悦宋简体、汉仪颜楷繁、方正隶变简体等可作为小标题、正文字体。

图片素材：中国古典文化中的意向皆可运用，如水墨、书法墨迹、梅、兰、竹、菊、青花瓷盘、灯笼、剪纸等。普通图片最好也处理成灰白色调，匹配整体的风格。

色彩：前文所述 3 种不同类型的中国风，分别以黑、蓝、红为主题色。

排版：中国古代典籍中文字都采用竖排的方式，且满足从右到左的阅读顺序。因此，中国风的课件中文字参照这种方式排版更有古朴的中国韵味。古人书画作品崇尚萧疏淡雅，注重留白，忌过满。排版时应注意多留白才更有韵味。

▲图 11-45　PPT 排版示例

11.2.5 校园文艺风格

文艺风是校园中非常流行、受到学生们喜爱的一种设计风格，有人说是小清新，有人说是文艺范儿，可以很唯美，可以很忧伤……总而言之，文艺风的作品总是透露着一种淡淡的情绪，如图 11-46 所示。

▲图 11-46　校园文艺风格 PPT 示例

制作校园文艺风课件主有以下几个要点。

页面背景：采用明度稍低的颜色，清新淡雅或朦胧感的图片，信纸、网格、布纹、暖光等底纹。

字体：标题字体推荐浙江民间书刻体、方正综艺体、文悦新青年体；正文字体推荐方正新书宋体、方正正纤黑体，有些时候正文用如方正静蕾简体这样的手写体效果也不错。

图片素材：细节、微距图片，焦点清晰，周边模糊的感觉，如图 11-47 所示图片。

▲图 11-47　校园风格 PPT 图片素材

简单为图片添加类似相片效果的白色或其他颜色的粗边框也能够提升其文艺感，如图 11-48 所示。

▲图 11-48　校园文艺风格 PPT 示例 2　摘自变色龙网“星空的坡道”作品

在全图型排版的页面中，可以通过截取图片局部、增加白色边框的方式来提升版式的设计感和文艺范。如图 11-49 所示，可以把作为图片焦点的电车部分截取出来重新设计排版，具体操作方法如下。

▲图 11-49 文艺风格 PPT 示例

步骤01 将图片复制一份，并将两张图片叠放在页面上；裁剪位于上层的图片，仅保留电车部分区域；为裁剪后的图片添加白色轮廓色，轮廓磅值设置稍大一些，连接类型设置为“斜接”，如图 11-50 所示。

▲图 11-50 步骤 01

步骤02 适当旋转电车图片，让照片的排版更有设计感一些，添加外部阴影，偏移：中；选中未作裁剪的底图，选择添加一种艺术效果（“虚化”“画图笔画”“粉笔素描”“画图刷”等，根据课件的整体风格需求选择，本例添加“粉笔素描”），如图 11-51 所示。

▲图 11-51　步骤 02

经过上述操作后，整个画面如同某个心思细腻的摄影师在一幕实景中抓拍了某处细节一般，文艺感跃然其上。

另外，如果觉得某些图片不够文艺感，还可尝试增加图片的饱和度、色温，添加“模糊”艺术效果，有时也能达到提升其文艺气息的作用。

色彩：色彩可以丰富，但明度不宜太高。配色时，采用印象配色的方式，以青春、活力、文艺等关键词搜索配色，建立配色方案。

排版：多用大图甚至全图型排版，尽量让图片本身的文艺气息展露出来。通过字号、文字的摆放方式，让文字错落分布，不要拘泥于整齐的排版，使版式中规中矩。

如何把方案做得更专业

方案
可以是对某事的看法、想法
也可以是解决某个问题的建议

以方案探讨问题
给人严肃、正式的感觉

PPT 是做方案时最常用的软件之一
掌握一定的实操方法与技巧，把方案做得更专业
对于职场人士，特别是职场新手非常有帮助

12.1 为什么要用 PPT 做方案？

在职场中，有人喜欢用 Word 做方案，有人喜欢用 PPT 做方案，软件本无优劣，喜欢与不喜欢只是一个习惯问题。作为一本 PPT 书籍，这里主要讲解用 PPT 做方案有哪些优势。

12.1.1 排版自由

方案往往涉及内容非常多，一个页面常常包含文字、图片、图表等不同类型的大量内容。在 Word 中混排这些内容，操作起来略有些麻烦。在 PPT 中，页面上的各种内容自动分层，操作相对简便，排版设计自由度更高，如图 12-1 和图 12-2 所示。

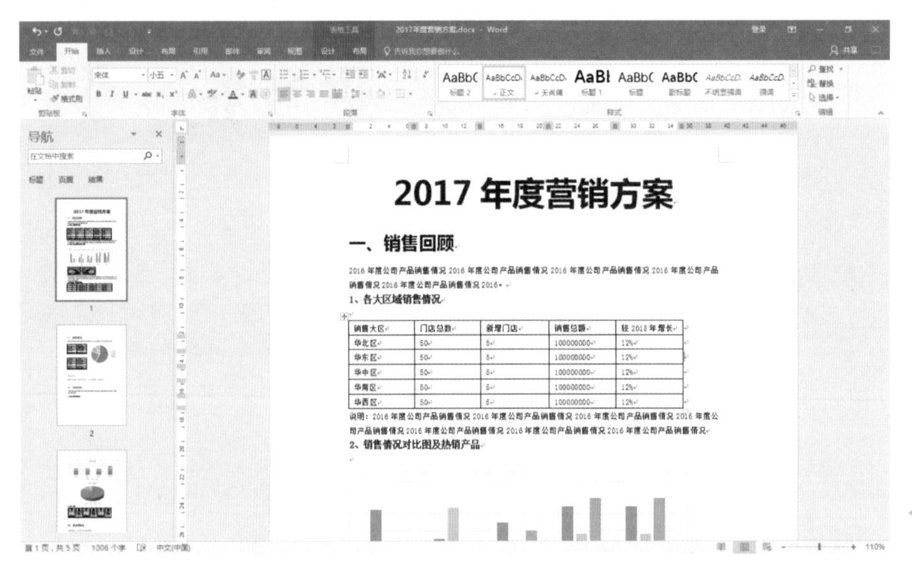

◀ 图 12-1　Word 文档制作的方案

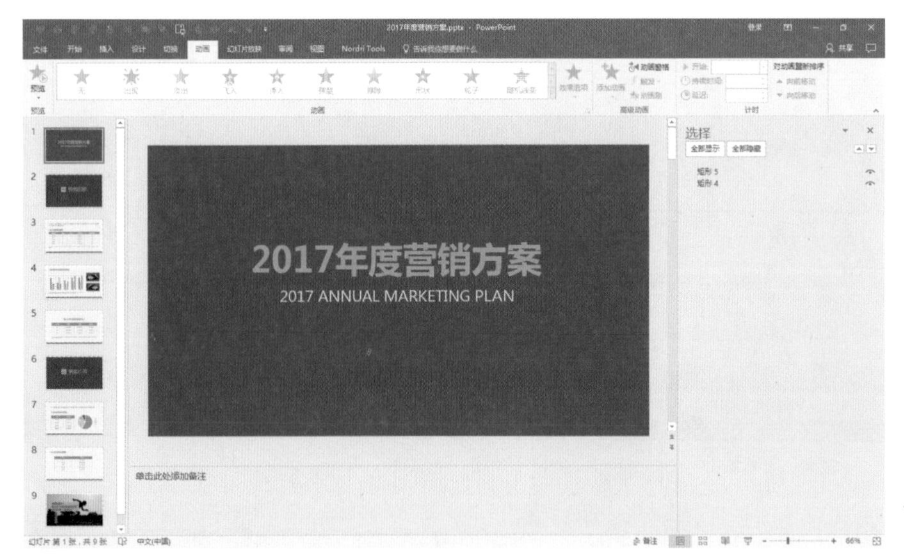

◀ 图 12-2　PPT 制作的方案

12.1.2 阅读压力小

PPT 制作的方案，一个页面上的内容相对较少，还可通过设置自定义动画，让页面上的各种内容逐次出现。因而，不会像 Word 方案一样，一开始就将大量内容呈现在观众眼前，造成很大的阅读压力，让人望而生畏，如图 12-3 和图 12-4 所示。

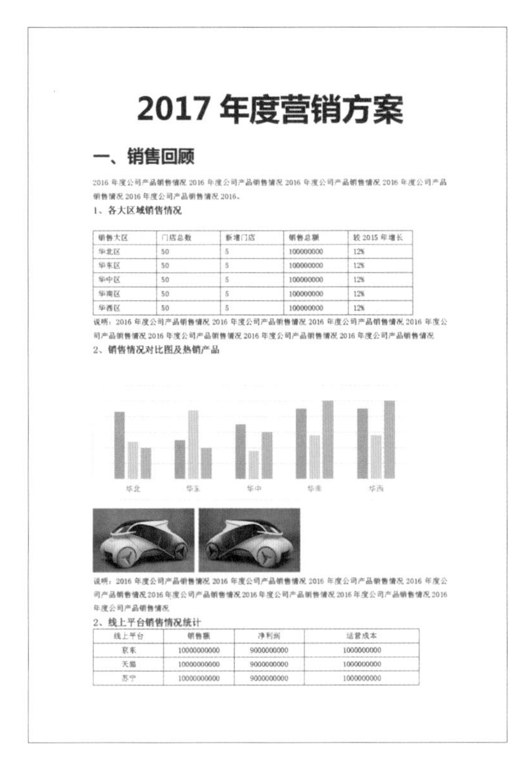

2017 年度营销方案

一、销售回顾

2016 年度公司产品销售情况 2016 年度公司产品销售情况 2016 年度公司产品销售情况 2016 年度公司产品销售情况 2016 年度公司产品销售情况 2016。

1、各大区域销售情况

销售大区	门店总数	新增门店	销售总额	较 2015 年增长
华北区	50	5	100000000	12%
华东区	50	5	100000000	12%
华中区	50	5	100000000	12%
华南区	50	5	100000000	12%
华西区	50	5	100000000	12%

说明：2016 年度公司产品销售情况 2016 年度公司产品销售情况 2016 年度公司产品销售情况 2016 年度公司产品销售情况 2016 年度公司产品销售情况 2016 年度公司产品销售情况 2016 年度公司产品销售情况

2、销售情况对比图及热销产品

华北 华东 华中 华南 华西

说明：2016 年度公司产品销售情况 2016 年度公司产品销售情况 2016 年度公司产品销售情况 2016 年度公司产品销售情况 2016 年度公司产品销售情况 2016 年度公司产品销售情况 2016 年度公司产品销售情况 2016 年度公司产品销售情况

2、线上平台销售情况统计

线上平台	销售额	净利润	运营成本
京东	10000000000	9000000000	1000000000
天猫	10000000000	9000000000	1000000000
苏宁	10000000000	9000000000	1000000000

▲图 12-3　一个 Word 页面

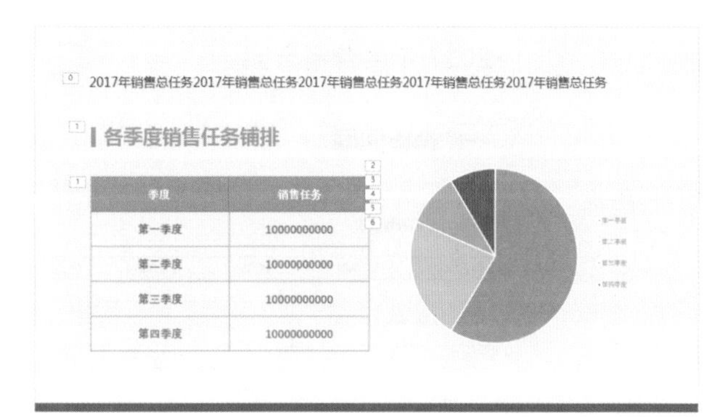

▲图 12-4　一个带动画的 PPT 页面

12.1.3 适用性广

方案往往需要大家坐下来讨论，Word 文档主要适用于个人阅读，PPT 方案文档既可打印阅读，也可以投影播放，有助于大家一起观看、讨论。

基于以上 3 个主要优势，建议篇幅较少的方案用 Word 文档撰写、编辑，篇幅较长，涉及内容较多的方案最好用 PPT 来制作。

▲图 12-5

12.1.4 将 Word 方案快速转换为 PPT 方案

将一份 Word 方案转换为 PPT 方案，一般采取逐一复制内容，然后粘贴到幻灯片页面的方式。一边复制，一边编辑，更能确保从 Word 到 PPT 页面内容拆分是合适的。如果觉得这种方式速度太慢，还可以利用大纲视图来实现较为快速的转换，具体操作方法如下。

步骤 01 在 Word 方案文档中将各个标题、小标题、正文等级别设置好，比如整个方案的标题设置为

“标题 1”，方案各部分的标题设置为“标题 2”，各部分内的各项标题设置为“标题 3”，其他内容设置为“正文”。设置时，可切换到“大纲视图”设置，也可直接通过“开始”选项卡下的“样式”选择框进行选择，如图 12-6 所示。

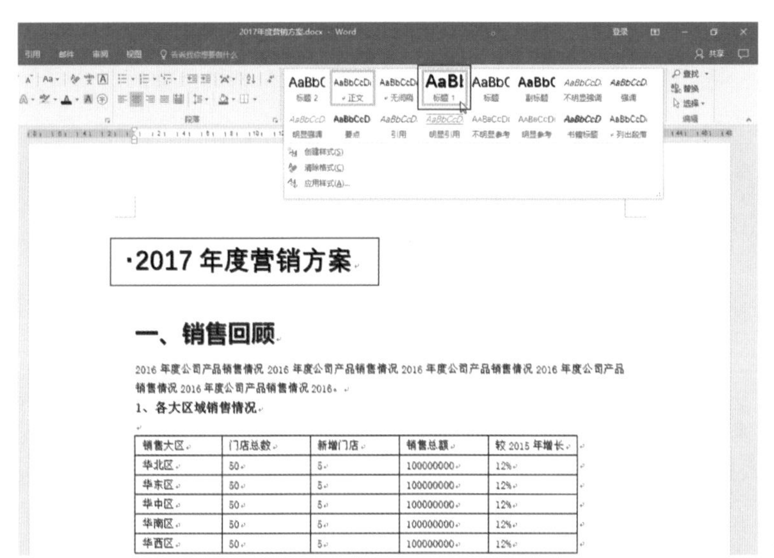

◀图 12-6　设置级别

通过演示选择框选择后，单击“视图”选项卡，再单击“大纲视图”按钮，切换到“大纲视图”。光标定位到某个内容，在大纲视图功能区中，便可非常直观地看到这个内容的级别，比如“标题 2”为“2 级”，如图 12-7 所示。完成 Word 方案文档中的级别设置后，保存并关闭文档。

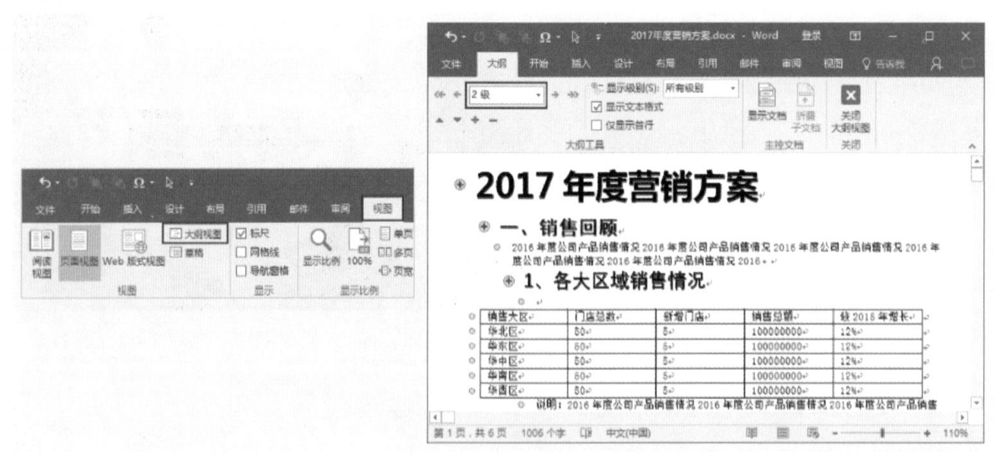

▲图 12-7　大纲视图

步骤 02 新建一个 PPT 文档并打开，单击“开始”选项卡下的“新建幻灯片”按钮，再单击下方的“幻灯片（从大纲）...”命令；在随后弹出的“插入大纲”对话框中，选择刚刚保存好的 Word 方案文件后，单击“插入”按钮，如图 12-8 所示。

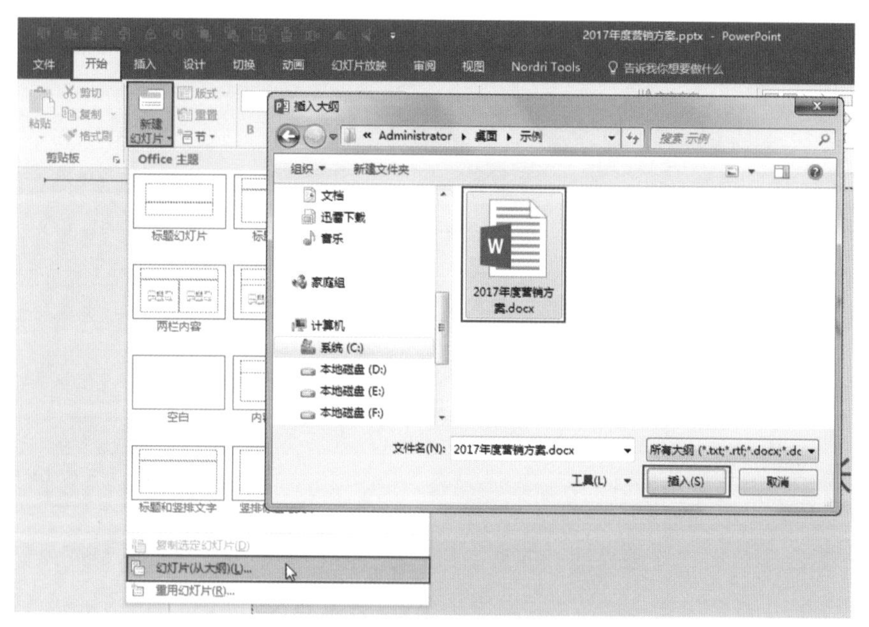

▲图 12-8　插入大纲

步骤03 此时，可以看到 Word 方案中所有非“正文”级别的内容，都按照级别大小，插入到了 PPT 中，如图 12-9 所示。若要让这些内容从一个幻灯片页面分配到多个页面，可继续单击“视图”选项卡下的“大纲视图”按钮，切换到 PPT 的大纲视图下。

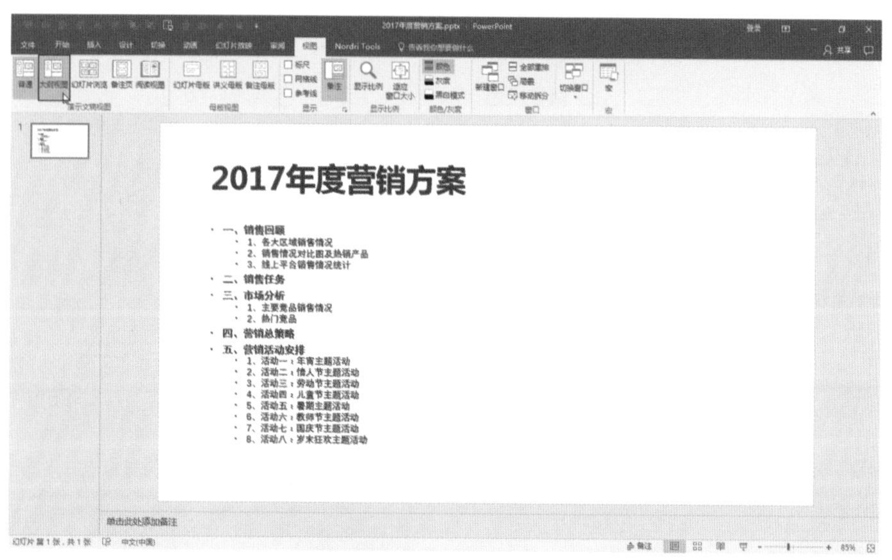

▲图 12-9　插入 Word 方案后的 PPT

步骤04 在大纲视图中，左侧为大纲，右侧为当前定位的大纲项所在页面。如果要让某一项内容从上一页面中分开，只需在大纲中将光标定位到该项，单击鼠标右键，在弹出的菜单中选择“升级”命令，如图 12-10 所示。

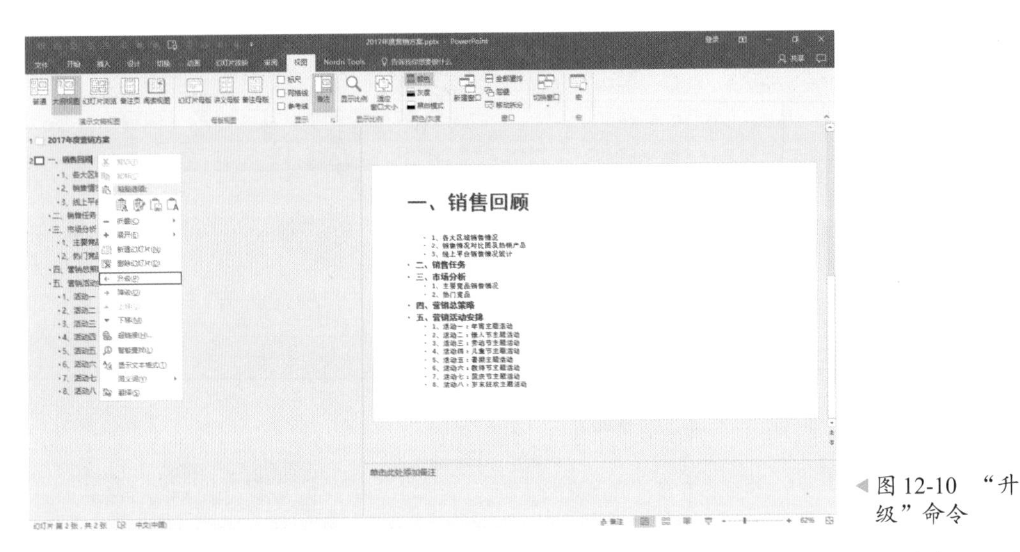

◀图 12-10 “升级”命令

分页完毕后，再单击“普通视图”按钮，回到普通视图下，我们可以看到刚刚在一页上的大纲内容，已经分在了多个页面上，基本上达到将 Word 方案转化为 PPT 方案的目标，如图 12-11 所示。当然，正文内容还是需要单独复制、粘贴添加进去。不过，PPT 毕竟不是 Word，正文内容能精简尽量精简，以免页面上堆砌内容过多，转换为 PPT 也就失去原本的意义了。

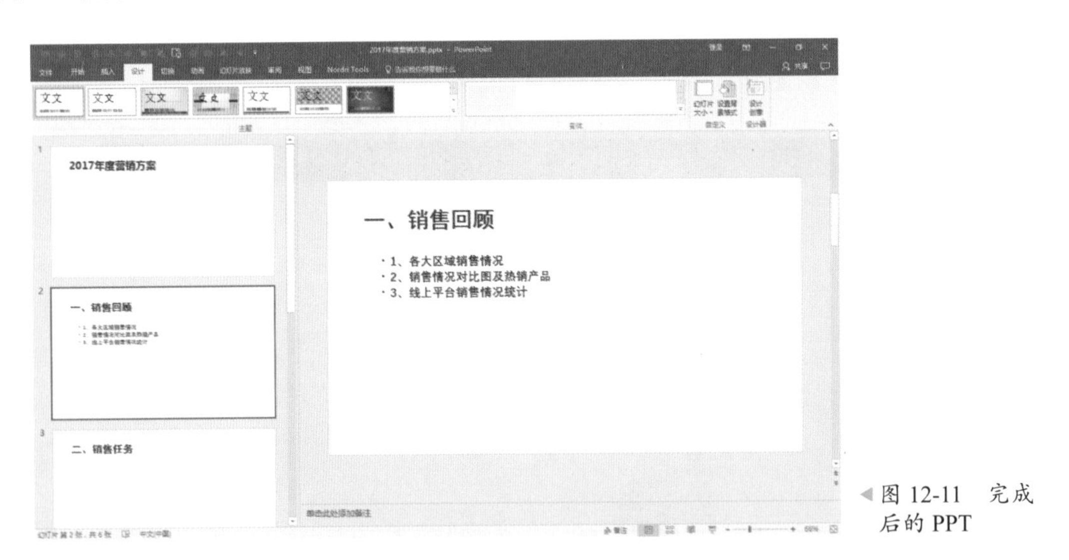

◀图 12-11 完成后的 PPT

12.2 一个专业的方案大致包含哪些内容？

职场新手在做方案时，对方案可能并没有什么概念。一个方案中到底包含哪些内容？做方案应该从哪些方面着手？不同行业、不同类型的方案具体内容不同，但按照一般商业方案来说，足够专业的方案大致都应该包含以下一些内容。

12.2.1 本体研究

即对自身优势、劣势的探究，找核心问题、其他问题，抓主要矛盾、次要矛盾。本体研究重在真实，比如做一份营销方案，对于销售任务、销售任务的难易程度、过去一个阶段中的销售情况、销售员工的状态、合作团队的工作配合度等营销各端口情况都应该尽量做到真实了解，才能真正把本体研究透彻，从一堆数据报表背后找到问题关键，如图 12-12 所示。

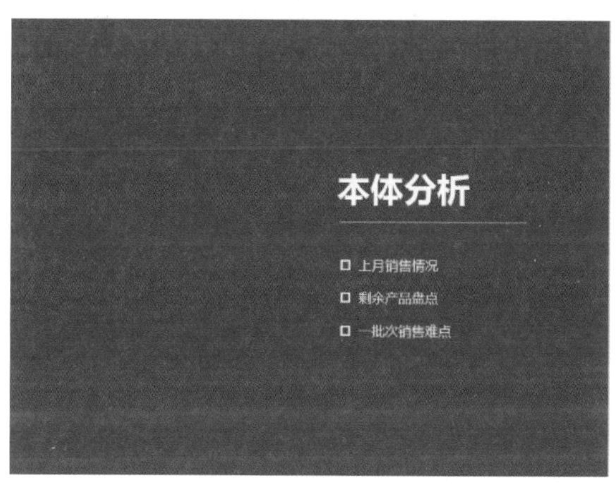

Part01 上月销售情况

10月主要去化A型、B型产品；均价7181元/㎡

套型	面积	已售	销售金额（万元）	已售均价	成交占比
三房两卫（跃层）	145	2	303	10736	3%
三房两卫	108-134	60	5172	7021	95%
套四双卫	123	1	90	7171	2%
合计	-	63	5565	7181	-

▲图 12-12　摘自某房地产项目营销方案中的两页

12.2.2 客体研究

一方面是对市场情况的研判，了解竞争对手，通过与对手的优劣对比分析，进一步看清自身的优势和劣势。比如手机品牌营销方案，必须充分了解其他同类品牌的销售情况、产品性能特点等；另一方面是对人群的分析，比如产品开发定位方案，从年龄、性别、地区、选择动因等多个维度分析目标用户的情况。客体的研究，同样讲究真实，一般需要采用实地暗访、调研、科学的问卷调查来获取最真实的情况，如图 12-13 和图 12-14 所示。

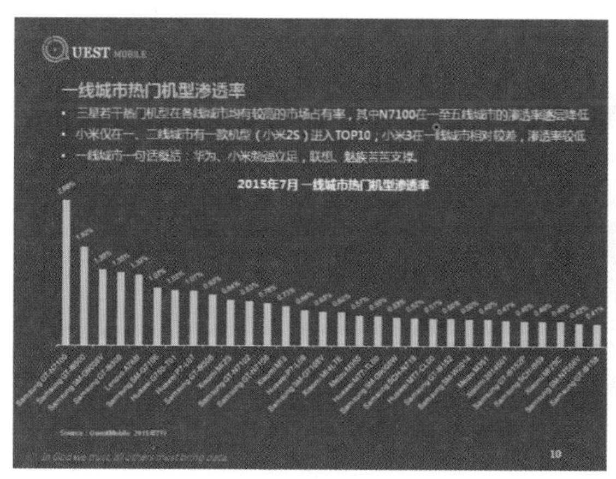

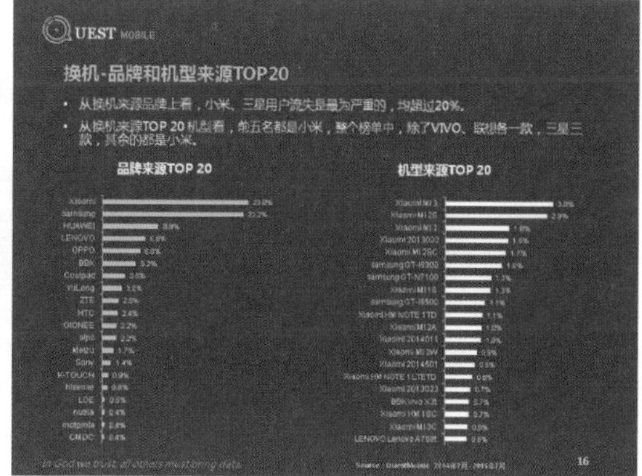

▲图 12-13　摘自 QuestMobile 各机型市场占有率分析方案

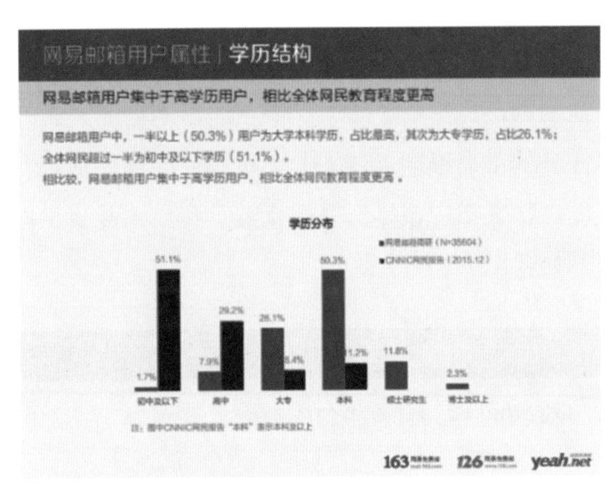

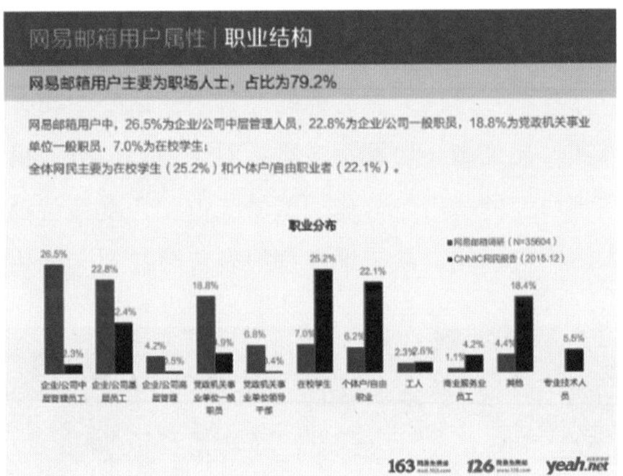

▲图 12-14　摘自网易邮箱用户分析方案

12.2.3 战略思路

即经过对问题的仔细研究之后得出的解决问题的核心想法、总体思路，这是方案的关键。战略思路必须针对问题，解决问题，体现独特见解却非大而无当，且最好还能用一句简单的话概括。

如图 12-15 所示的幻灯片，“打造产、融、投一体化商业模式”是综合性控股集团发展金融和和投资业务的战略思路，随后的页面可以是该战略下一些具体做法的介绍。

又如图 12-16 所示，基于对市场环境的分析，在该页幻灯片中“i 阅”提出，品牌转型付费阅读的总体思路是“群雄逐鹿，精耕致胜”这八字方针。

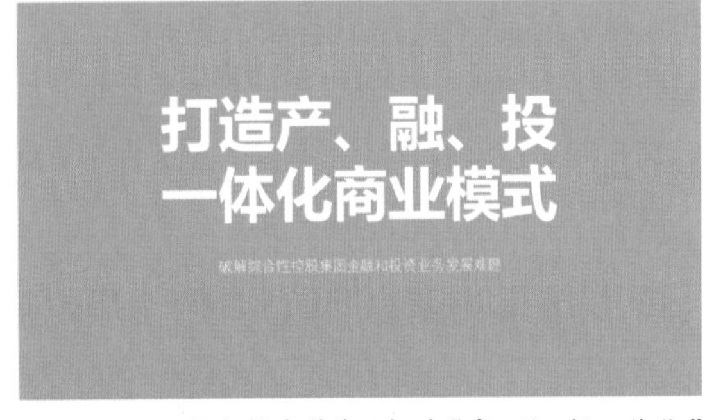

▲图 12-15　内容摘自德勤：打造“产、融、投一体化”商业模式方案

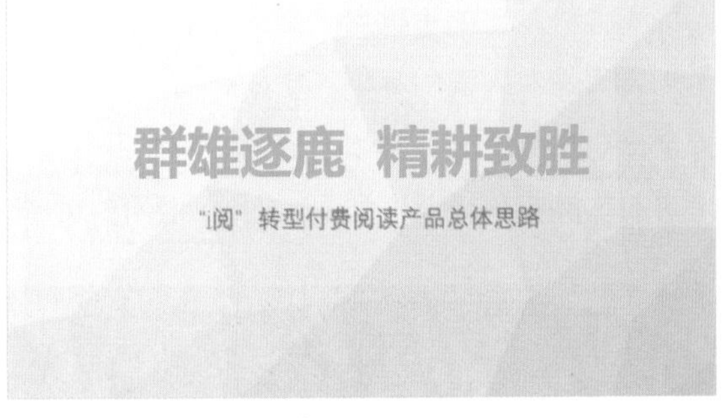

▲图 12-16　“i 阅”战略思路

12.2.4 具体措施

即在战略思路指导下的一些具体的操作方法。提出来的具体措施不在于多，而在于每一项都以实际成效为目的，且有可执行性。在一份复杂的方案中，具体措施往往不是散列的项，而是组合性的措施。有的方案需要按照时间节点组织，如图 12-17 所示；有的方案是按类型组织，如图 12-18 所示，按照活动策略、推广策略、渠道策略、价格策略 4 个层面提出具体实施措施。

第一阶段：树立形象
推广时间：3~4月

推广目标：实现品牌的高调亮相，在更广的范围建立品牌印象和品牌知名度，同步推出首批产品，赢得第一批忠诚的粉丝。

推广活动：品牌战略发布会，首家门店开业庆典

广告主题：春机 绽放

第二阶段：引爆市场
推广时间：5~8月

推广目标：推出天蓝色款典藏版，通过密集的一系列的推广活动和媒体投放，让品牌引爆市场，带动销售业绩。

推广活动：劳动节促销活动、母亲节促销活动、儿童节活动、父亲节活动、七夕节活动

广告主题：夏天的颜色

第三阶段：国庆派对
推广时间：9~10月

推广目标：通过特色活动，截流国庆消费小高潮。粉丝线上、线下互动活动，维系忠诚度。

推广活动：国庆促销、粉丝节大趴

广告主题：一个真挚的朋友

第四阶段：年终大促
推广时间：11~12月

推广目标：借势双11、双12包装一场盛大的年终活动，强势促销，冲量全年销售目标。

推广活动：年终大促

广告主题：立减500 价保30天

▲图 12-17　按时间节点组织方案

活动策略

1. 项目产品面世新闻发布会

活动时间：11月2日
活动地点：外部场地（酒店、商业广场等）
邀约对象：业内知名人士，本地商界名人、市领导、合作商家等
活动内容：1、红毯走秀，引动圈层连锁反应
2、项目产品发布，由项目设计团队讲解项目产品设计理念，城市价值。
3、宣布体验店开放并正式认筹。

推广策略

感恩花都 点亮2018

推广时间：12月
推广主题：感恩花都 点亮2018
推广媒体：主流媒体报广，户外，网络、手机短信、DM派发
执行要点：充分利用整合资源，形成线上号召能力。
项目销售信息释放

渠道策略

全面出击 全民营销

1、进行广泛覆盖的行销派单、扫楼，
在人群较为集中的区域设置展展等

2、组建专门电销团队，
利用各项资源，全民传播项目信息

3、利用一切可利用的人群，实行全民激励政策，
带客成交均有相应返现奖励。

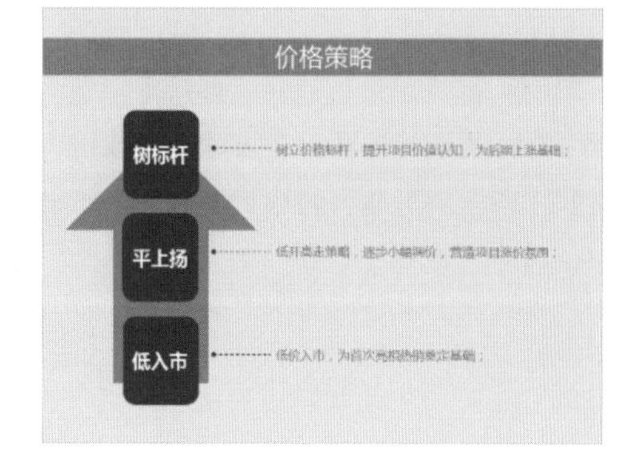

▲图 12-18　按类型组织活动方案

12.2.5 方案支持

在方案的最后，提出执行方案需要得到的支持，比如方案的费用预算、方案所需的人员、合作单位支持、方案涉及的媒体资源等情况。

6月推广类费用预算

分类	事项	费用合计（元）	占比	
活动	冰淇淋DIY	3600	78530	20%
	粽子、盐蛋DIY	4800		
	体检活动	8000		
	新品发布会	27690		
	健康仪器拍卖+老带新颁奖	19440		
	乒乓球比赛	—		
	羽毛球比赛	—		
	粉丝生日宴	15000		
	家装生活月	—		
渠道	竞品截客	170000	317300	80%
	社区灯箱	15000		
	电梯轿厢	30000		
	社区路演	60000		
	社区楼展	5000		
	移动桁架	21300		
	企业拓展	16000		
总计		395830		

▲图 12-19　方案的费用预算

除了以上 5 个主要内容，有些方案可能还有对方案执行效果的预判和为方案执行没有达到预期效果而准备的预备案等。

12.3 提升方案专业度的设计技巧

在 PPT 设计上，专业策划人常用下面一些技巧让方案看起来更专业。

12.3.1 完整的一套版式规范

方案内容的逻辑性非常强，在设计上形成规范才更易让人理解。因此，做方案 PPT 一定要设计封面、目录、过渡页、内容页、结尾页这样一整套版式。

如图 12-20 所示的方案，在设计上形成了良好的版式规范，内容看起来条分缕析、结构清晰，而如图 12-21 所示的方案，每个页面的设计十分雷同，整个方案在设计版式上缺乏规范，导致逻辑不清，让人摸不着头绪。

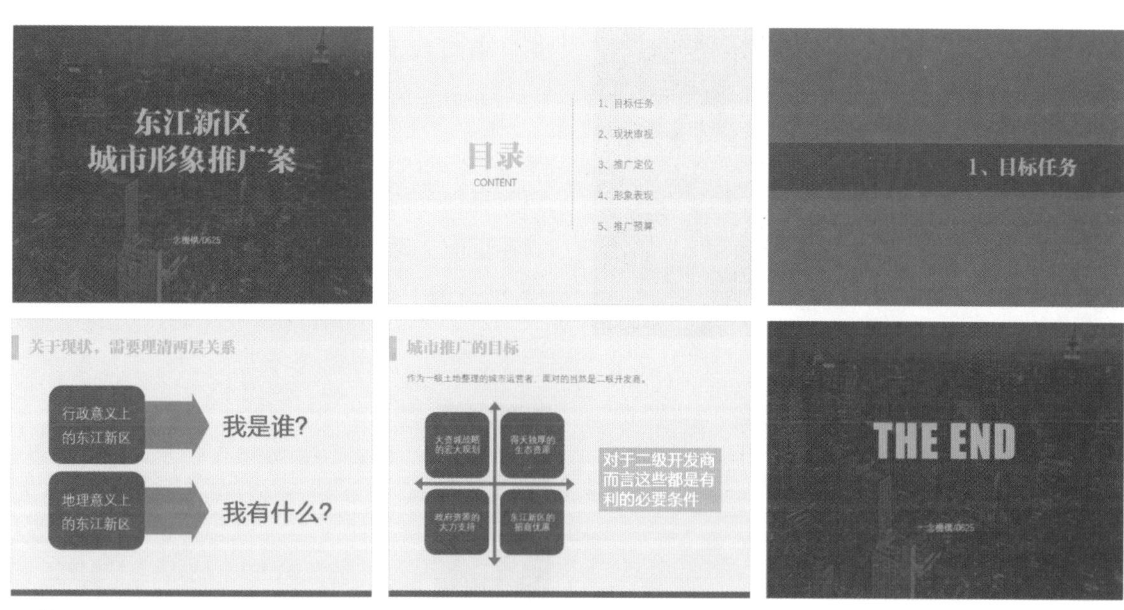

▲图 12-20 PPT 示例 1

▲图 12-21 PPT 示例 2

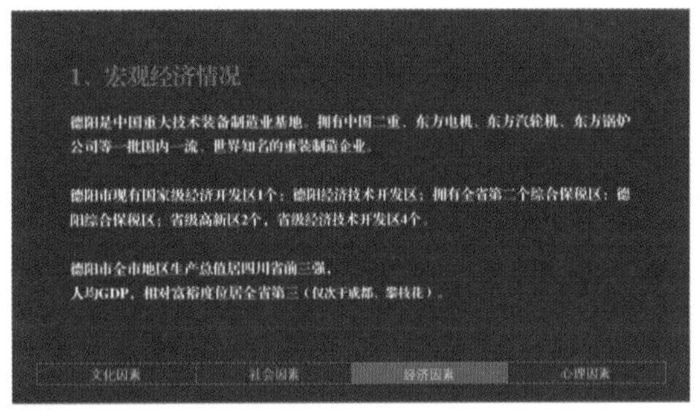

▲图 12-22　底部导航

12.3.2 设计导航栏

方案结构层次复杂，为了让读者或观众在看方案时更好地把握逻辑脉络（主要是二级标题下再细分的三级甚至四级标题等），有时还需在页面上添加类似网页导航栏的设计，如图12-22至图12-24所示，是3种不同的导航栏设计方式。

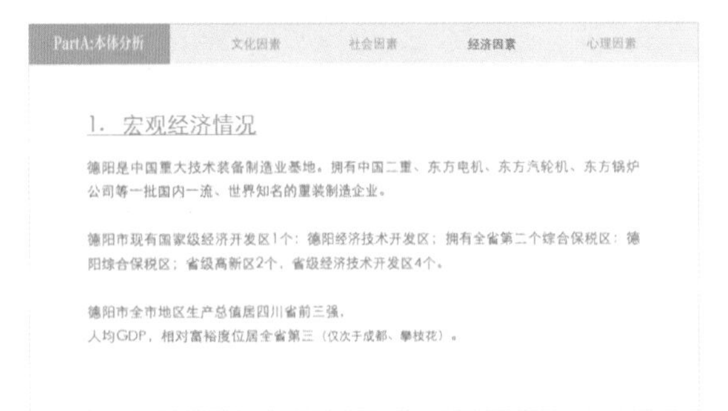

▲图 12-23　顶部导航

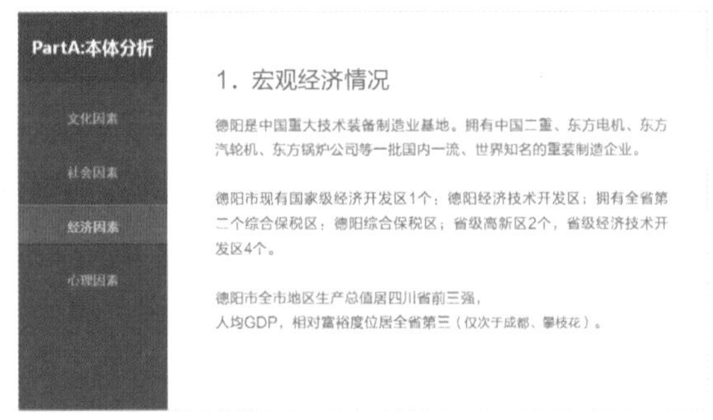

▲图 12-24　侧边导航

▲图 12-25　概览页面

12.3.3 添加概览页

在方案中，逐一介绍具体措施前最好设计一页总括性的概览页，让观众先建立起一个宏观的概念，继而方能更好去理解具体的项，如图12-25所示的页面便是一个概览页面。

设计时为节省时间，可直接从SmartArt流程类图中选择一个合适的图进行编辑、改造，如图12-26所示。

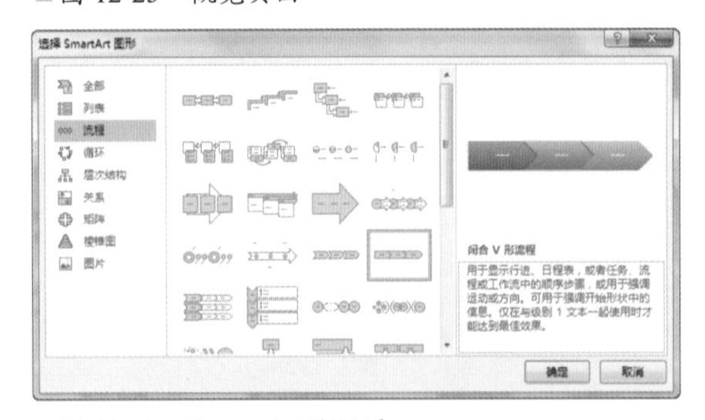

▲图 12-26　Smart Art 流程图

12.3.4 插入附件

此外还有许多与方案有关的其他文档，如Excel表、Word文档等。为了方便调阅，建议直接将这些文档插入相关页面上。这样，这些文档就作为方案的附件和PPT文档保存在了一起（不以链接形式插入），放映过程中单击即可查看，查看完毕后，关闭即可返回原页面，不必在系统中不断切换，拷贝PPT文档即可连同这些附件文档一次拷贝（不以链接形式插入）。

例如，将一份活动预算费用的详细统计 Excel 文档插入活动方案中，具体方法如下。

步骤01 切换到需要插入 Excel 文档的页面，单击“插入”选项卡下的“对象”按钮，打开“插入对象”对话框。在“插入对象”对话框中，依次单击“由文件创建”选项，“浏览”按钮，在硬盘中找到要插入的 Excel 文档，如图 12-27 所示。

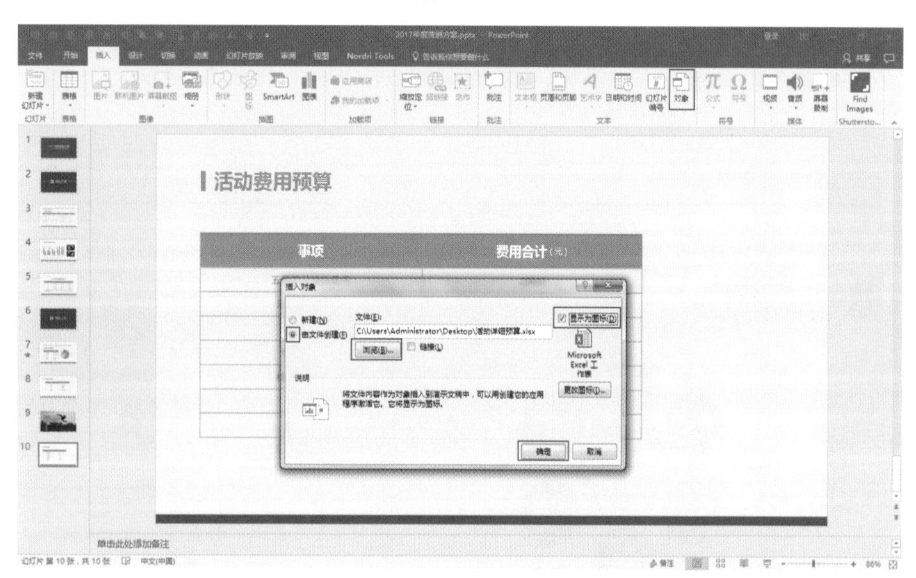

▶图 12-27　步骤 01

在“插入对象”对话框中，若勾选“链接”选项，则文档将以链接的形式插入到页面，若硬盘中 Excel 文档被删除或移动到别的位置存储，则方案中的文档也将失效，无法打开；不勾选“显示为图标”选项，插入到文档中的 Excel 表格将直接把表中内容插入到页面上，而不是以一个文件图标出现（Word、PPT 文档也一样），一般附件只有在需要查看的时候才打开看，所以最好勾选“显示为图标”选项。

步骤02 经过上述操作，单击“确定”按钮，即可将 Excel 文档附件插入幻灯片页面中，如图 12-28 所示。

▲图 12-28　步骤 02

12.3.5 勿滥用强调色

在方案 PPT 的色彩搭配中，很多人都会准备一个用于强调方案中某些重点内容的强调色。但是在实际制作方案的过程中，会感觉很多内容似乎都是重点，于是不经意间就会滥用这个色。这样，原来的色彩方案被打破，影响了美感。当所有内容都成为重点，也就没有了重点，如图 12-29

所示，过多地使用红色进行强调。因此，在设计方案 PPT 时，应该慎重使用强调色。

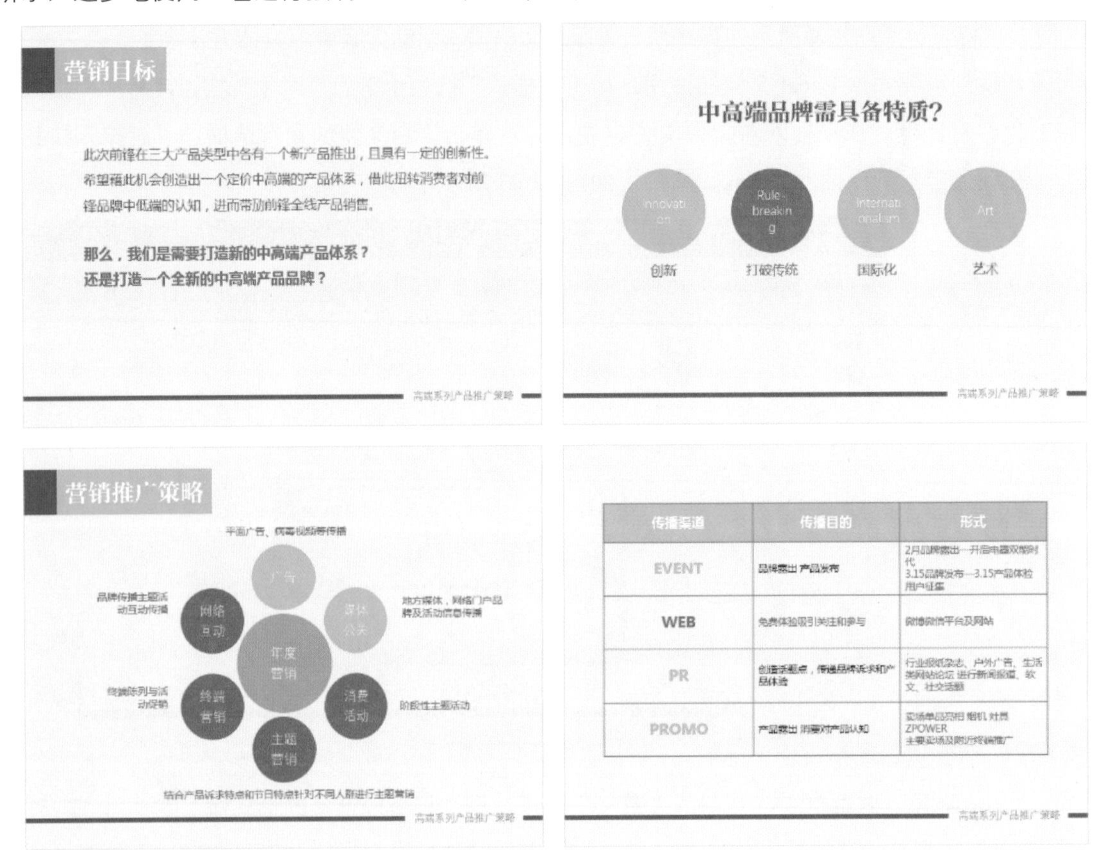

▲图 12-29　滥用强调色

12.3.6 添加意境图

在方案中的某些特定的页面，添加意境图并以全图型排版，既能达到烘托气氛，调动情绪的作用，又可避免排版空洞。如图 12-30 所示的页面，添加意境图比纯粹的文字更能“渲染一起携手努力、冲刺目标”的氛围；又如图 12-31 所示的页面，在方案提出总体思路的部分，用意境图作为背景，比纯粹的文字更能够增强方案中这一核心观点的冲击力、打动力。

▲图 12-30　添加意境图方案示例 1

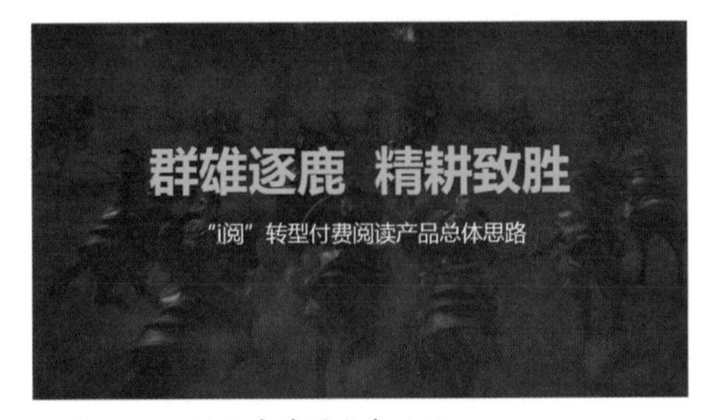

▲图 12-31　添加意境图方案示例 2

Chapter 13

如何做一份 HR 喜欢的简历

用 PPT 做简历，有必要吗？

必要或不必要，主要看应聘什么公司，什么岗位

广告设计、影视动画等注重对设计能力考察的公司可能对 PPT 简历更感兴趣

允许在网上投递简历的公司，且支持添加稍大一些的附件时

也可提交一份内容相对更为丰富的 PPT 简历

一般情况下，简单一页 Word 就好，PPT 简历反而显得浮夸

到底 Word 还是 PPT 简历好？

HR 喜欢就好

13.1 选择HR喜欢的PPT简历类型

制作简历，PPT和Word其实并没有太大的区别。选择PPT来做简历，可能主要有两个优势：首先，从操作便捷性和排版设计能力上来说，PPT似乎比Word更好用一些，因而更容易设计出图文并茂、可视化、漂亮的简历，匹配当前大众的审美需求；其次，PPT能够添加动画，作为电子简历，其表现力比Word更强，更能创造出创意非凡的作品，让HR眼前一亮。

从动画的角度，我们可以简单地把PPT简历分为不添加动画的平面型简历和添加动画的动画型简历两种类型。在开始做PPT简历前应该考虑清楚，自己面试的这份工作，HR会喜欢哪种类型的简历。

13.1.1 展现排版设计能力的平面型简历

如果用习惯了PPT软件，即便是只做一页A4尺寸的简历也可以用PPT来设计，如图13-1所示，便是用PPT设计的一页简历。

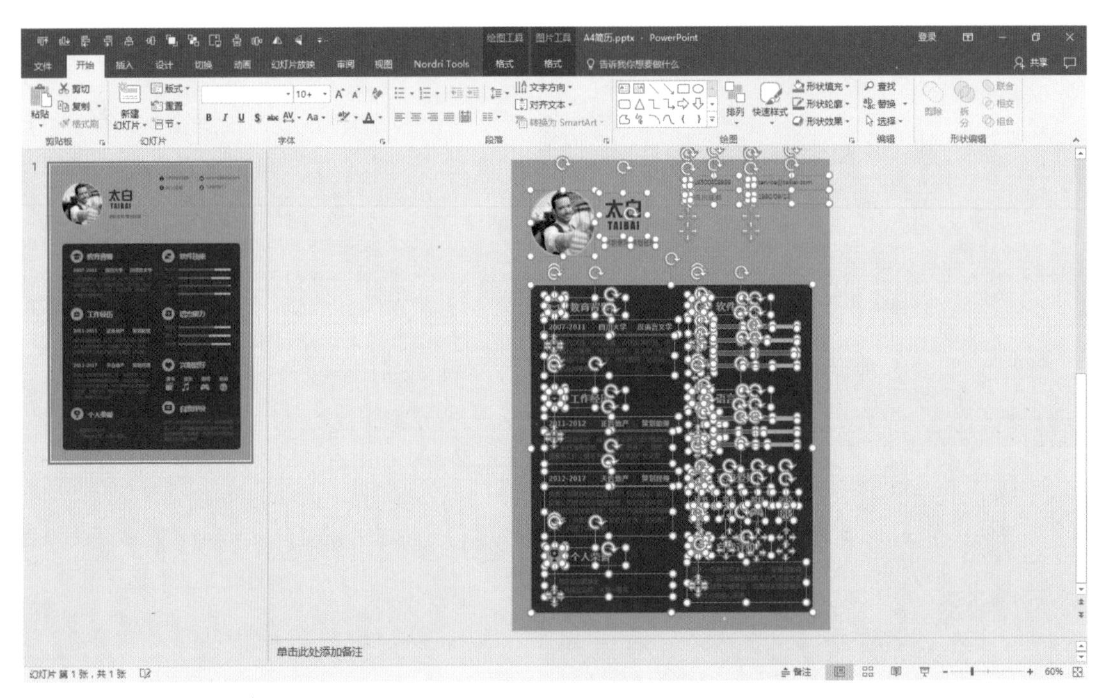

▲图13-1　一页PPT简历

然而，如果只是做一页A4纸的简历，在HR看来可能并不会有太大的区别。因此，平面型PPT简历一般是把Word简历中的内容拆分为多个幻灯片页面，重新排版设计成一份多页的文档。一个页面上简洁的内容，带来更大的可视化设计发挥空间，让你可以设计出比一页A4纸简历更丰富、美观的简历，如图13-2和图13-3所示。

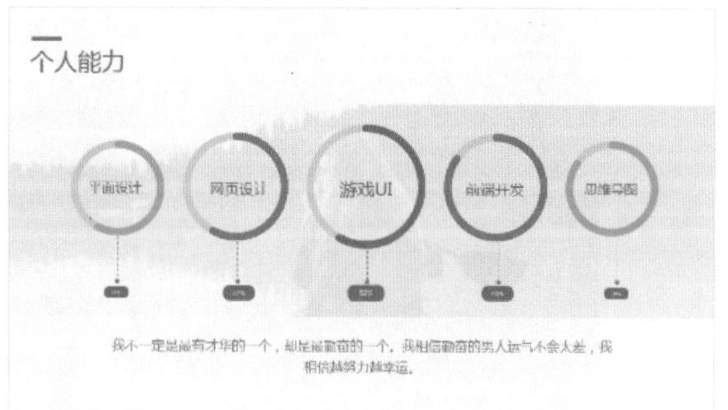

▲图 13-2　多页 PPT 简历 1

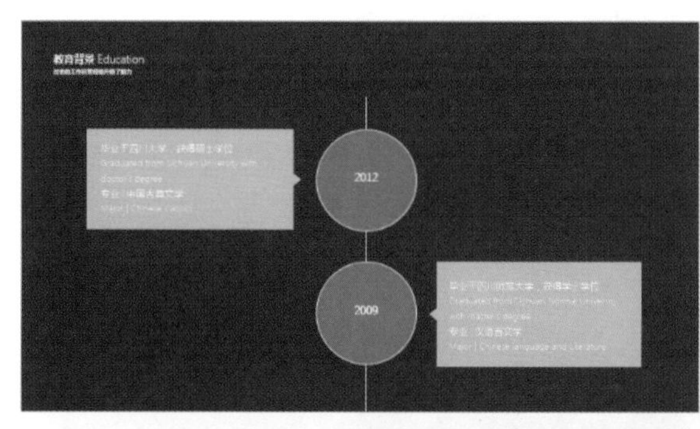

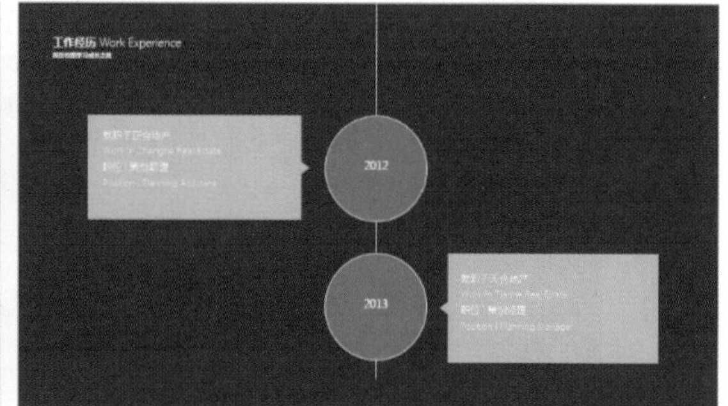

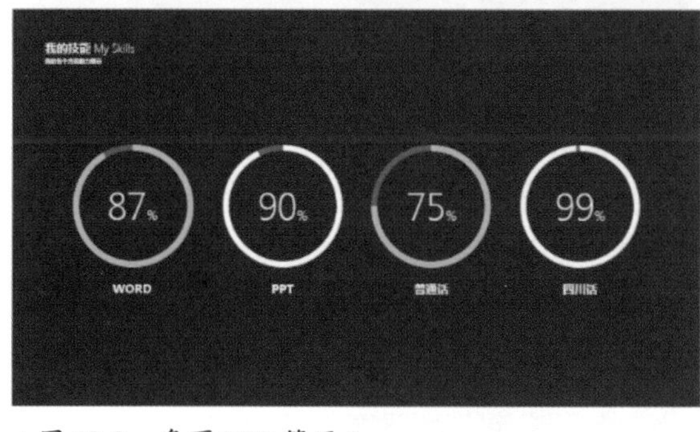

▲图 13-3　多页 PPT 简历 2

当然，如果是作为网申电子简历而非打印的简历，也可以先设计多个页面，最后再拼合成一页长图，把简历做成现在非常流行的瀑布流风格，如图 13-4 所示。

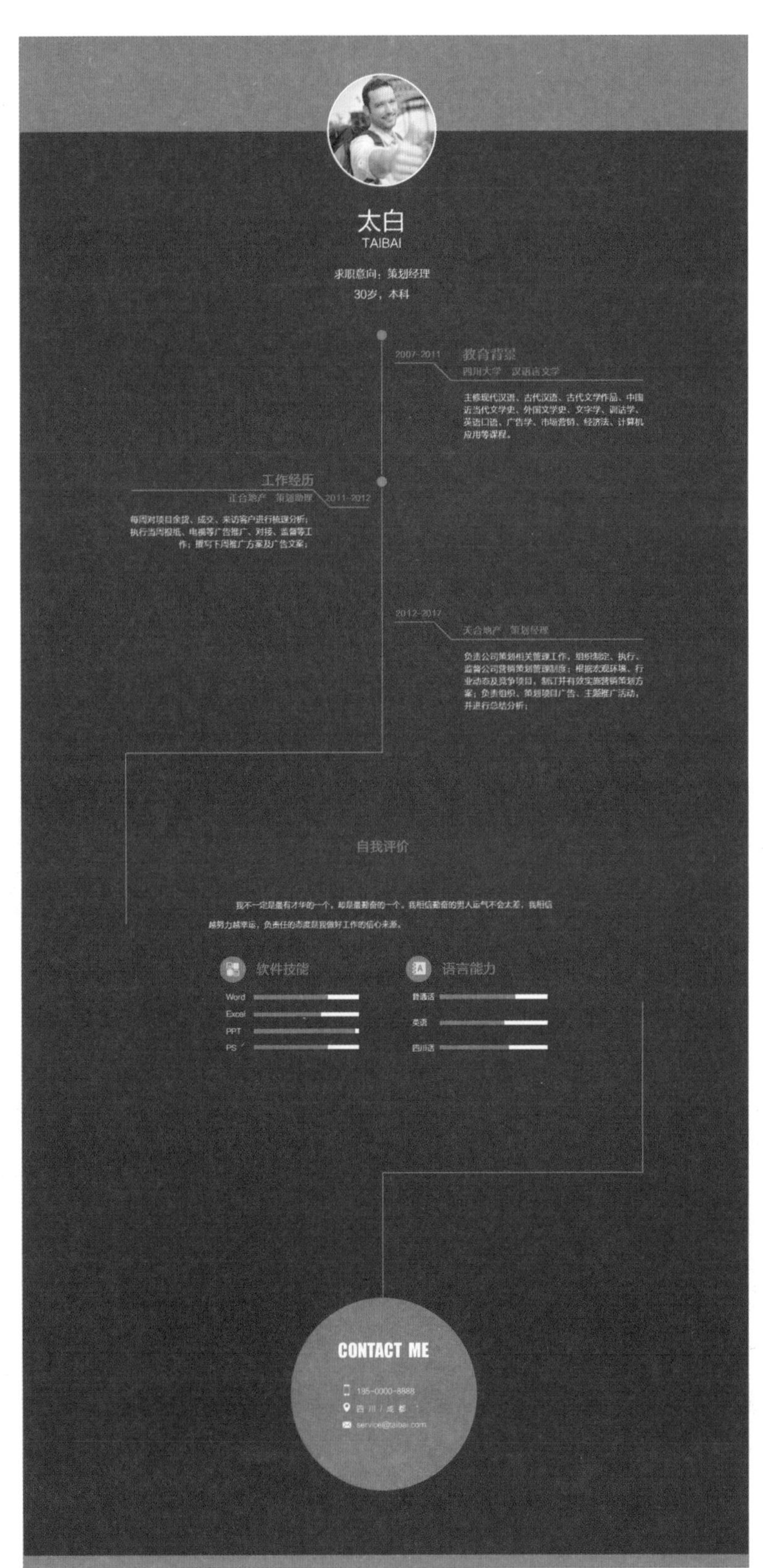

图 13-4 瀑布流风格简历

制作这种瀑布流风格的简历，一般都用线条来进行页面串联，线条可以在页面正中，也可以在两侧。以图 13-2 为例，大致的制作步骤如下。

步骤 01 新建一个简历 PPT 文档，并根据简历内容的多少，添加若干空白页面，页面越多最终生成的页面越长，本例只需插入 4 个页面即可；添加页面后，为这些页面设置相同的背景色，如图 13-5 所示。

一般设置单色背景更简洁、易操作一些；每页设置不同的颜色，设计排版难度可能会稍大一些；若是渐变色背景，则各页面拼合后可能不会那么融洽；图片背景，则最好也用长图，并将该图片有序切割裁剪后放置在各个页面上，否则拼合后也不会那么融洽。

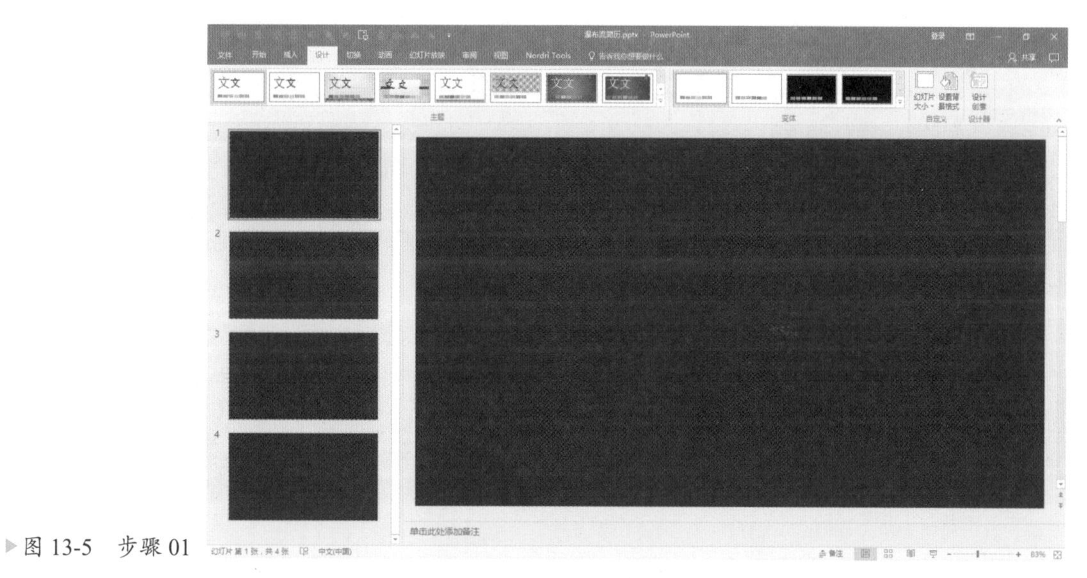

▶图 13-5　步骤 01

步骤 02 绘制和添加瀑布流的主干内容，即在页面中央的主要内容，如图 13-6 所示。

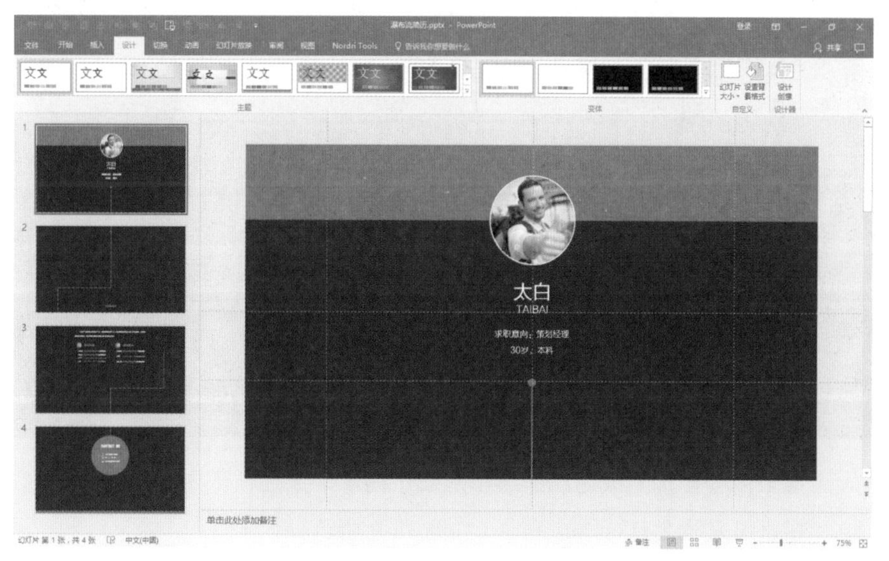

▶图 13-6　步骤 02

在绘制和添加内容时，特别是一些特殊位置，必须借助参考线，甚至添加一些参考形状来辅助设计，才能把瀑布流内容设计得更为规范，如面图 13-7 和图 13-8 这两个页面的衔接，就用到了一些参考线和形状来辅助。其中，左、右两条 12.1 的辅助线是为了保证两个页面上的两根线段在拼合之后能够沿中轴对称；添加的两个同样大小的辅助形状 A 和辅助形状 B（设计完成后删除），是为了方便分割在两个页面上的标题和正文内容的排版，确保拼合后这些内容能够在线条划定的区域内实现大概地纵向居中（不一定非要居与正中，稍微偏上一些可能更好）；线段 C 的高度则必须设置为线段 A 高度和线段 B 高度的和，使拼合后的左右两段线段高度一致。

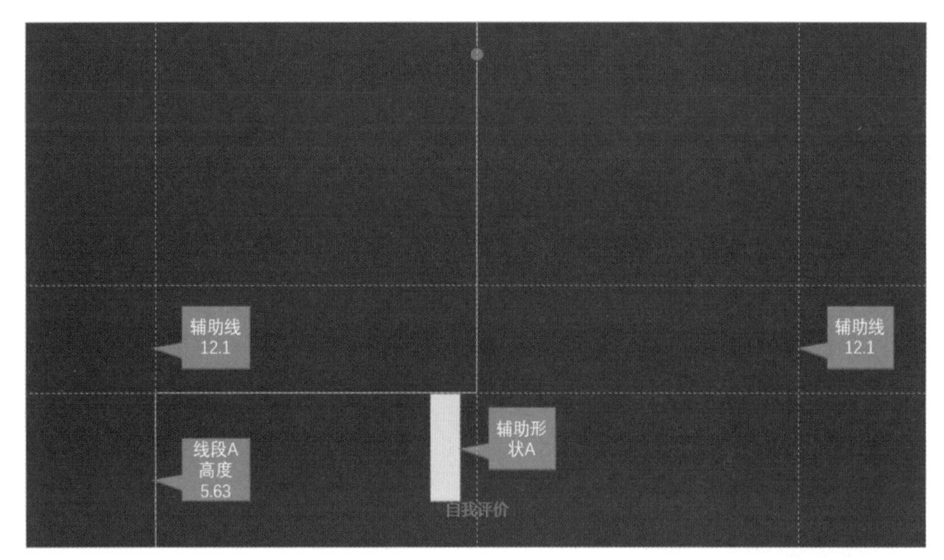

图 13-7　页面 1

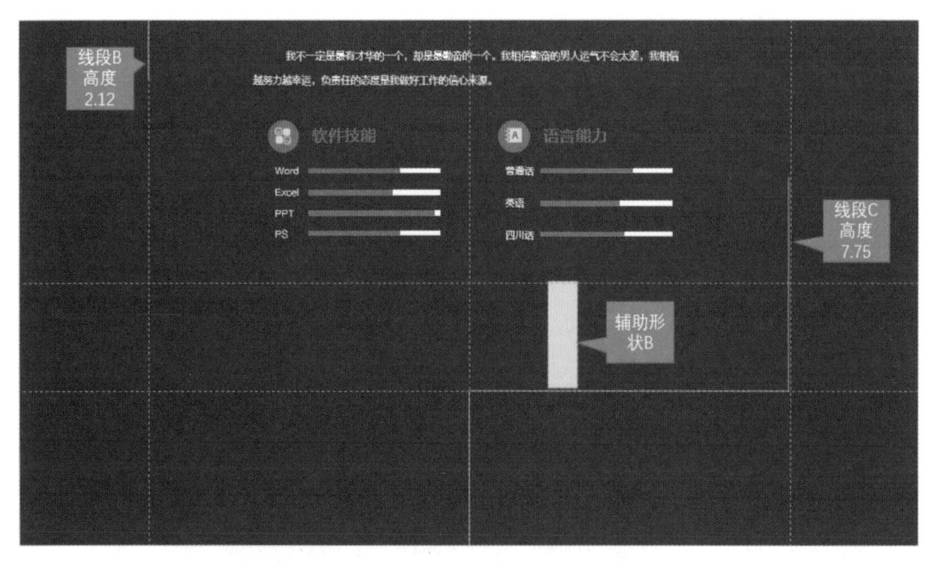

图 13-8　页面 2

步骤03 主干内容添加完成后，继续添加枝干内容，添加枝干内容时，也要注意沿中轴对称，最后拼合出来才会有对称的美感，如图 13-9 所示。

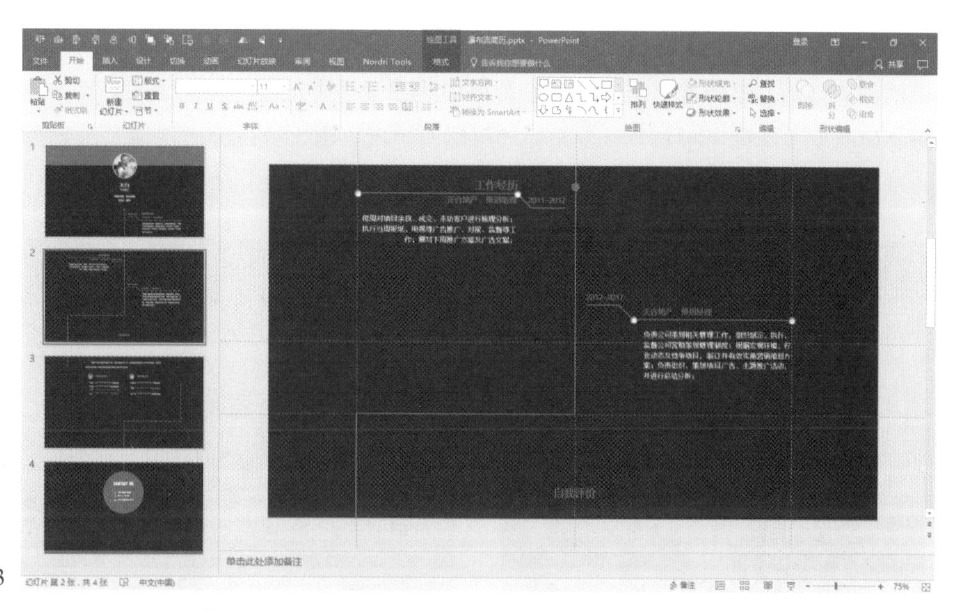

▶图 13-9　步骤 03

步骤04 所有内容绘制、添加完成后，需要用到本书前文介绍过的 Nordritools 插件来完成拼图。单击“Nordri Tools”选项卡下方的“PPT 拼图”按钮，在弹出的“PPT 拼图”对话框中，主要设置横向数量为 1（即一行一个页面地拼合），内侧间距设为 0（即让页面无缝拼合在一起），外围边距是拼合后整张图片的边距，可设置为 1；设置完成后，单击“下一步”按钮，在预览窗格中预览无误后，单击“另存为”按钮，将拼合的瀑布流长图简历保存至硬盘即可，如图 13-10 所示。

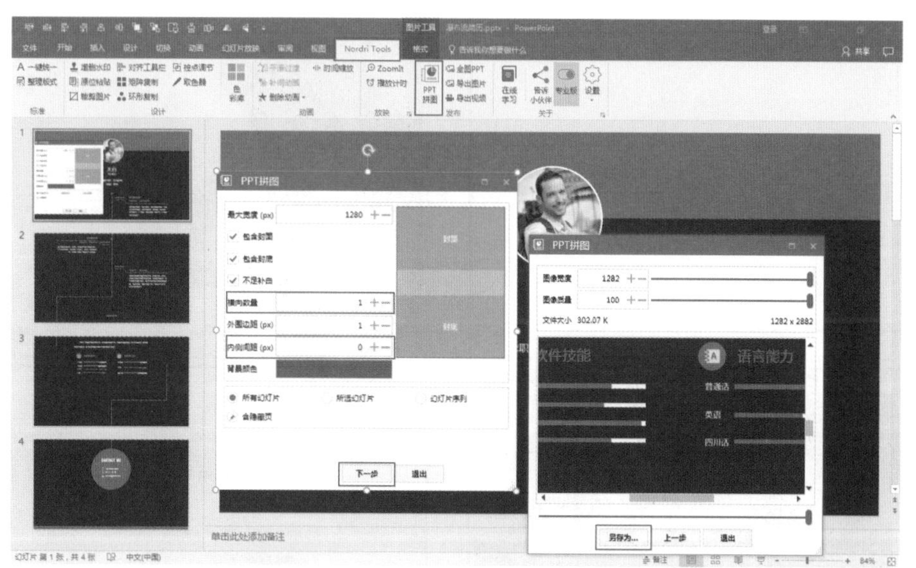

▶图 13-10　步骤 04

平面型 PPT 简历要做出水平，需要在平面设计上下足功夫。一份设计拙劣的 PPT 简历，不但不会给你加分，还会暴露更多的缺陷。

另外，好的想法和创意也能让你的简历更出彩。如图 13-11 所示，是 PPT 达人 Simon 阿文设计的创意简历，这份简历从内容到设计都仿照三国杀游戏的感觉，让人耳目一新。图 13-12 所示简历“平胸女文案的不平事”，则是从“平胸”“不平事”这一矛盾点切入，以对话、讲故事式的口吻来叙述履历，打破一般简历的严肃感，在内容编排上独具一格。

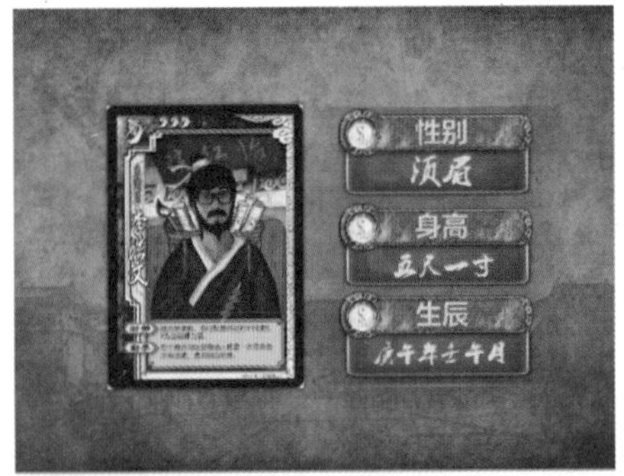

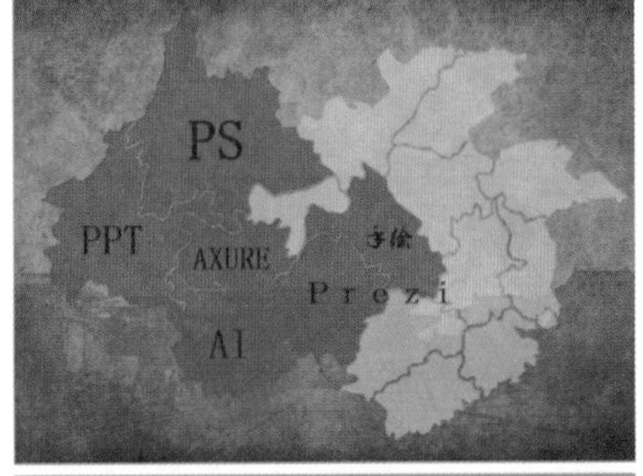

图 13-11　三国杀风格创意简历

平胸女文案的 不平事

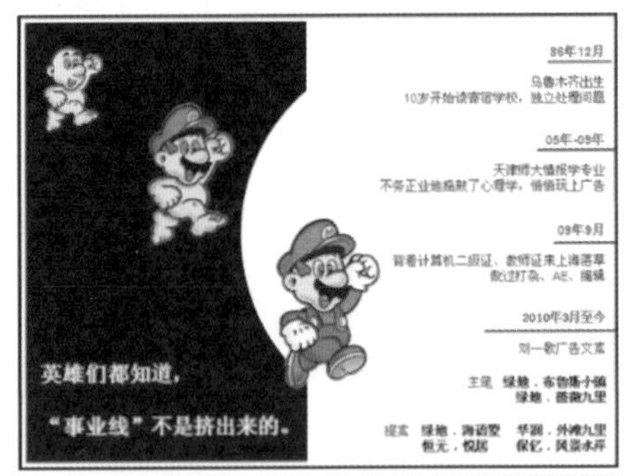

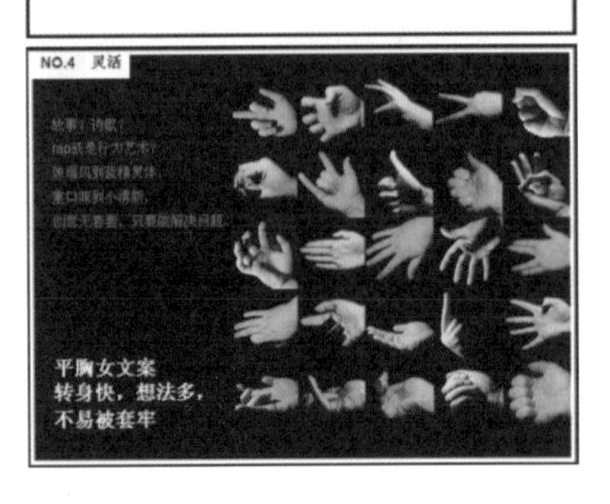

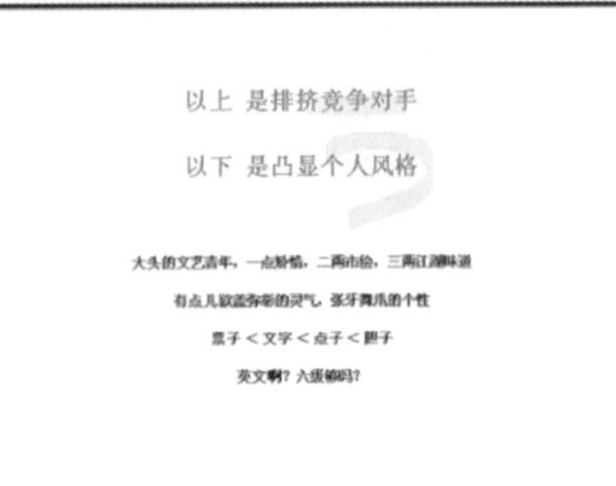

图 13-12　独具一格编排的简历

13.1.2 秀出新意的动画型简历

动画型简历可能更适合网申提交。一份带动画的简历确实会显得有些独特，然而，制作这种简历需要优秀的动画驾驭能力，也需要有独特的创意，才能在阅“历”丰富的 HR 面前脱颖而出。如果对自己的动画技能没信心，又找不到比较合适的创意，最好不要轻易尝试做这种类型的简历。如图 13-13 和图 13-14 是网上流传的两份动画与创意俱佳的动画型简历。

▲图 13-13 “超牛 PPT 动画简历”

扫描二维码观看

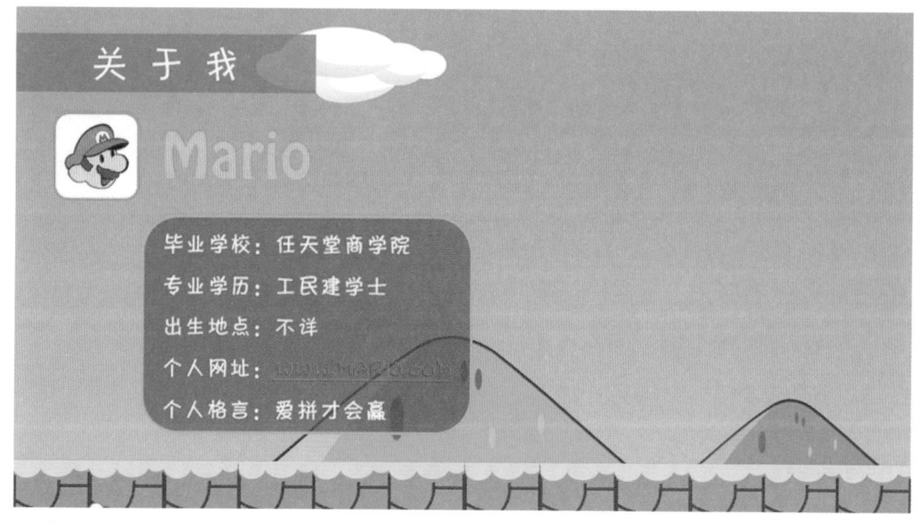

▲图 13-14 “超级玛丽版求职简历 PPT 动画”

扫描二维码观看

13.2 PPT 简历征服 HR 的 5 点经验

想要征服 HR，关键在于让简历中的你看起来和目标岗位十分匹配。而仅仅从设计上来说的话，根据很多公司招聘、筛选简历的经验，PPT 简历（主要是平面型简历）至少有以下 5 个方面值得注意。

13.2.1 简洁明了

对于求职这件事，还是郑重、严肃一点比较好，毕竟即将开始工作的你，已经不是小孩子了，不能在任何事情上都玩心大起。设计太浮夸，反而给人一种过于随意之感。PPT 简历给了我们更多的页面、更大的发挥空间，但是不一定要用更多的内容去填充。简历简洁明了，不堆砌内容，不画蛇添足，文字简洁，排版简洁，把该传递的信息传递到位即可。

如图 13-15 节选的这份简历，叙述啰嗦，页面文字内容过多；本来没多少页的简历却非要添加目录页；还有莫名其妙的 3D 小人元素……最终使得简历不简，容易让人丧失阅读的欲望。

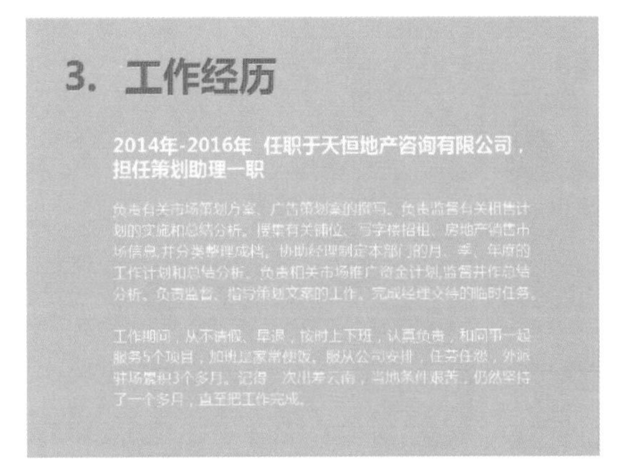

▲图 13-15　啰嗦冗杂的 PPT 简历

如图 13-16 是一份相对比较简洁的 PPT 简历，对比之下，感受是不是要好得多？你认为 HR 会选择哪一份简历呢？

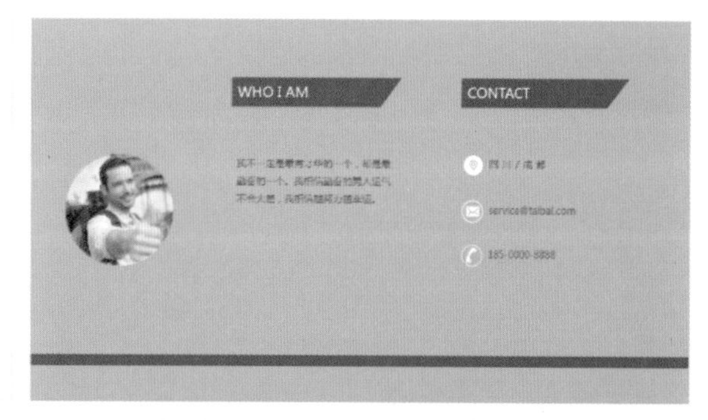

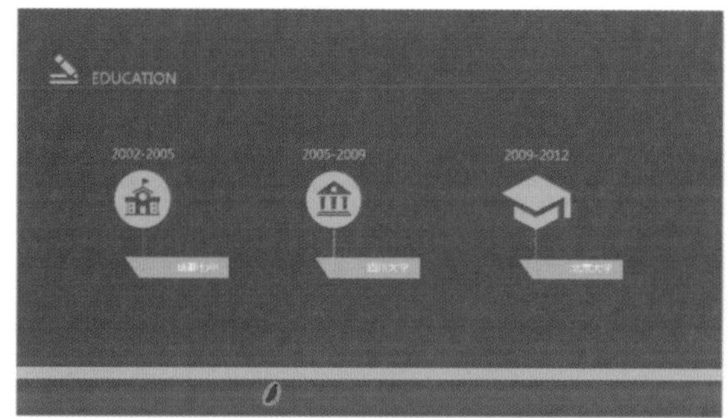

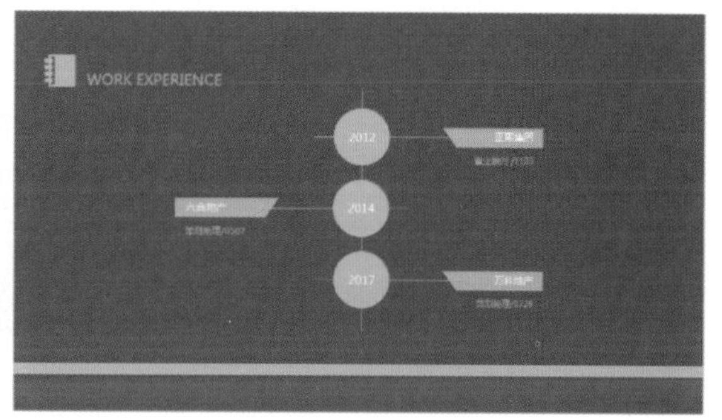

▲图 13-16　相对简洁的 PPT 简历　摘自优品 PPT

13.2.2 可视化表达

现在的大众阅读已经进入到一个读图的时代，大家都爱看图形化的内容。因此，将简历的文字信息尽量转化为图形来表达，HR 会对你的简历更有好感一些。

例如，图 13-17 将简历中专业技能的展示转换为非常形象的图表。

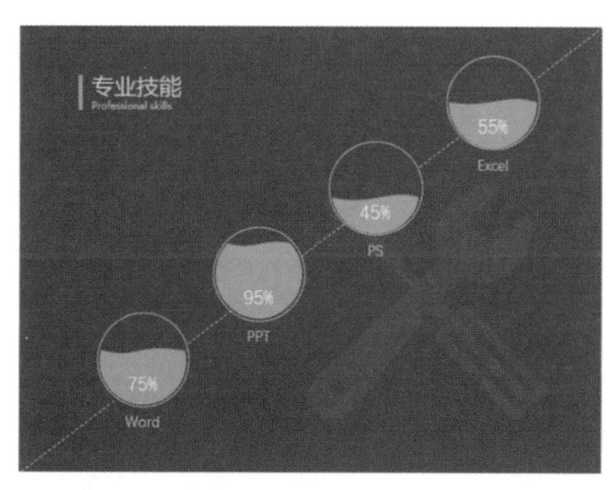

▲图 13-17　用图表展示专业技能

又如，图 13-18 将简历中的工作经历部分转换为时间轴图形，各种信息先后顺序一目了然。

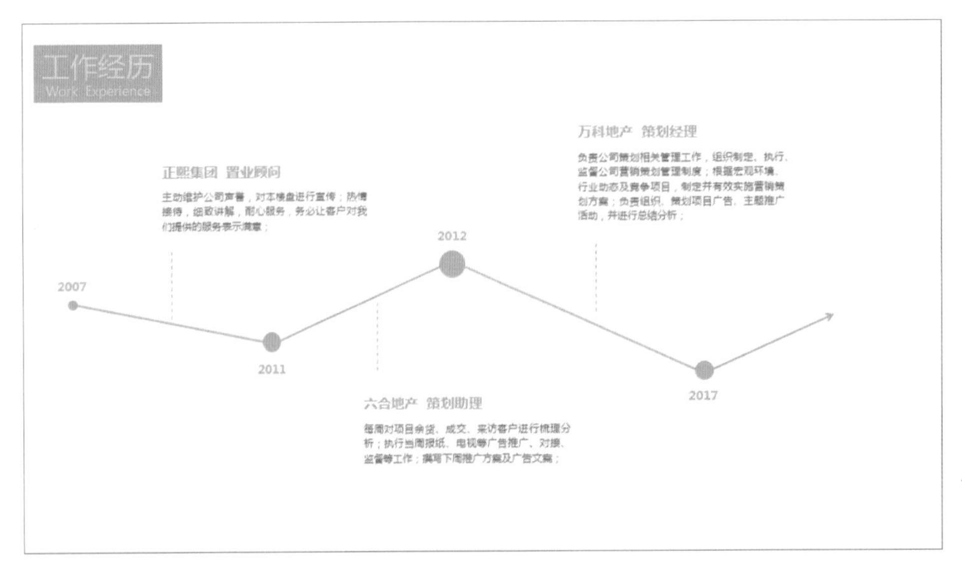

◀图 13-18 用时间轴图形展示工作经历

▲图 13-19 巧用小图标串联关键词

再如，图 13-19 改变一般自我评价为长段文字的做法，仅取评价中的几个核心关键词，并转换为图标，让页面变得非常简洁易读。

13.2.3 巧用首页

通常来说，简历的第一页是 HR 首先看到的一页，关乎 HR 对你的第一印象，必须妥善利用。很多人的简历首页大致都是如图 13-20 所示，喜欢把“简历”或“RESUME”这些字样放大。事实上，一般 HR 在一堆简历文档中查看、筛选，必然知道每一个文档都是简历，所以根本没有必要把“简历”或“RESUME”放大。

在这一页中，最好突出自己的姓名、求职岗位，如图 13-21 所示，便于 HR 在第一时间把你放到你应聘的那个岗位上审读简历接下来的具体内容。否则，当同一时间需要筛选的简历非常多时，碰上一些没耐心的 HR，可能不会再到你的简历里找名字和应聘岗位，就直接 PASS 掉了。

▲图 13-20 放大“个人简历”或“RESUME”字样

▲图 13-21 突出姓名、求职岗位

如果你存在值得突出的技能或能力，也可以放在首页中，以增加这个信息被读到的概率。可以为自己写一句广告语，或者标签式的文字，在这句话或这个标签中表达自己的这项突出技能或能力。

如图 13-22 所示，一个应聘文案的求职者在简历首页中用“一个玩 PPT 的文案”这个标签来突出自己擅长 PPT，求职者的姓名在 HR 心中先入为主地被赋予了一个定位。这样的首页比直接写上名字、应聘岗位信息量又丰富了许多 。

▶图 13-22　广告语式 PPT 简历

13.2.4 选择合适的照片

PPT 简历一般用于网申，相对不是那么严肃。因此，简历中的照片不一定用半身证件照，可以选择生活化一些的、更有真实感、阳光一点的照片，让你在 HR 面前变得更亲切一些。

如图 13-23 中的两页简历即体现了用证件照片和用生活照片的差别，左边简历给人的感觉是冰冷、严肃的，而右边的简历给人的感觉则是温和、亲近的。

▲图 13-23　用证件照与生活照制作简历的对比

13.2.5 作品展示

PPT 简历有足够的页面任你发挥，因此，在附上作品的同时，还可对各个作品进行一些简单的描述，点出作品的亮点以及在完成该作品过程中的一些独到的想法，如图 13-24 所示。

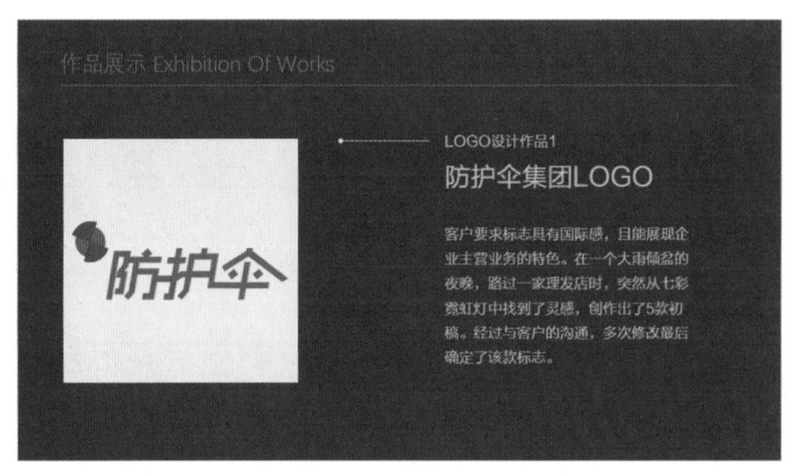

▲图 13-24　PPT 示例展示

不过，添加展示的作品时，从所有的作品中精选几个与应聘岗位相关的、优秀的作品即可，以免造成简历 PPT 文件过大。因为，你的邮箱或许支持超大附件上传，但有些公司的内部招聘管理系统却可能会不支持上传过大的文件附件。

Chapter 14

PPT的若干另类玩法

PPT不挑人，大多数人都可轻松上手操作

PPT不挑机器，配置要求低，不卡电脑

PPT如同光影魔术手，可以简单P图

PPT又如同CorelDRAW，可以排版设计

PPT无法替代专业的设计、动画、视频软件

却实现了对这些领域近乎完美的补充

别小看了PPT，它其实是个多面手

14.1 如何用 PPT 设计印刷品？

凭借图片编辑、合并形状、形状顶点编辑、参考线等功能，PPT 完全可以用来做一些简单的印刷品设计（如果你愿意，复杂的设计也不是不可以做），如设计名片、海报等。

14.1.1 用 PPT 设计名片

常见的名片主要有横式、竖式两种，有时也会看到一些异形名片，如图 14-1 所示。

名片的常规设计尺寸如表格 14-1 所示。

表格 14-1　常见名片的设计尺寸

名片样式	横式	竖式
样式 1	90mm×55mm	55mm×90 mm
样式 2	85mm×54 mm	54mm×85 mm

横式名片

竖式名片

异形名片

▲图 14-1　名片种类

名片上的信息主要是姓名、职位、联系方式、企业标志，有的公司名片上会放上二维码，具体的内容根据实际需求决定。不过，建议内容尽量简洁一些，毕竟只是一张小卡片。

用 PPT 设计简单的名片，基本没有太大的难度，和用其他软件设计一样，主要是注意排版的美感。下面举例介绍具体操作方法。

步骤 01 新建一个名片 PPT 文档，插入一个空白版式的幻灯片页面，并将该页面的背景设置为灰色，作为我们设计名片的设计板，接下来的设计工作就在该页面上完成。背景设为灰色，一方面是为了方便管理页面上的元素，因为如果是默认的白色背景，有些白色的元素找起来就比较困难；另一方面，灰色比较能衬托设计作品，更加利于排版设计，如图 14-2 所示。

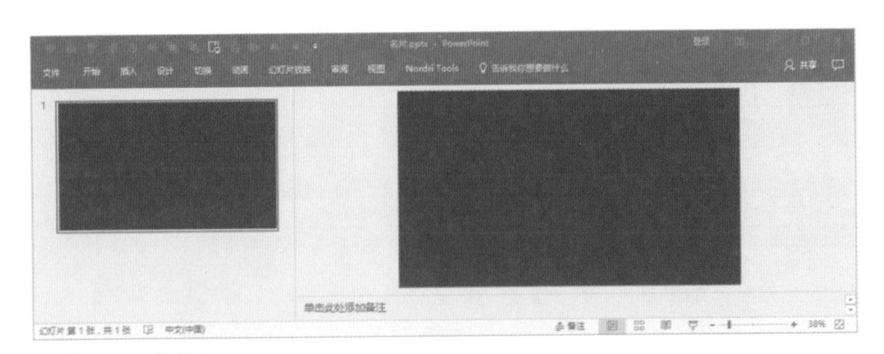

▲图 14-2　步骤 01

步骤02 按照名片的尺寸（本例选取的是 90mm×55mm 横式名片），在页面上插入矩形（插入矩形后，在“格式”选项卡中的“大小”工具组中设置），并复制一份，作为名片的正面、背面，如图 14-3 所示。在继续设计名片内容前，最好先把名片的规格等相关注释标注清楚，这是专业设计师的规范动作。

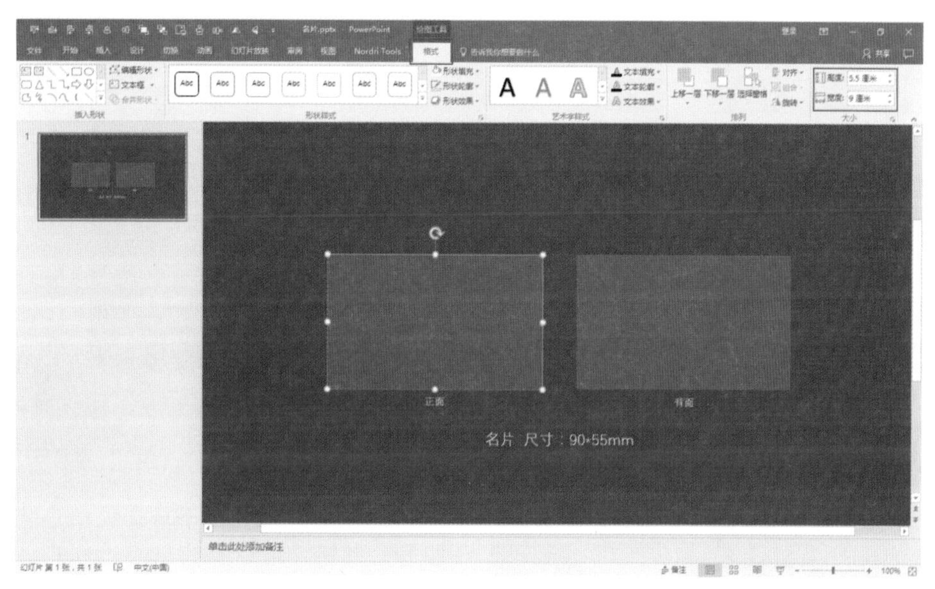

▲图 14-3　步骤 02

步骤03 插入姓名、电话、邮箱、地址、标志（最好是以 EMF、WMF 格式插入，普通图片格式制作出来后可能出现模糊、马赛克问题）等内容，在两个矩形上分别进行名片正面、背面的排版、设计，如图 14-4 所示。

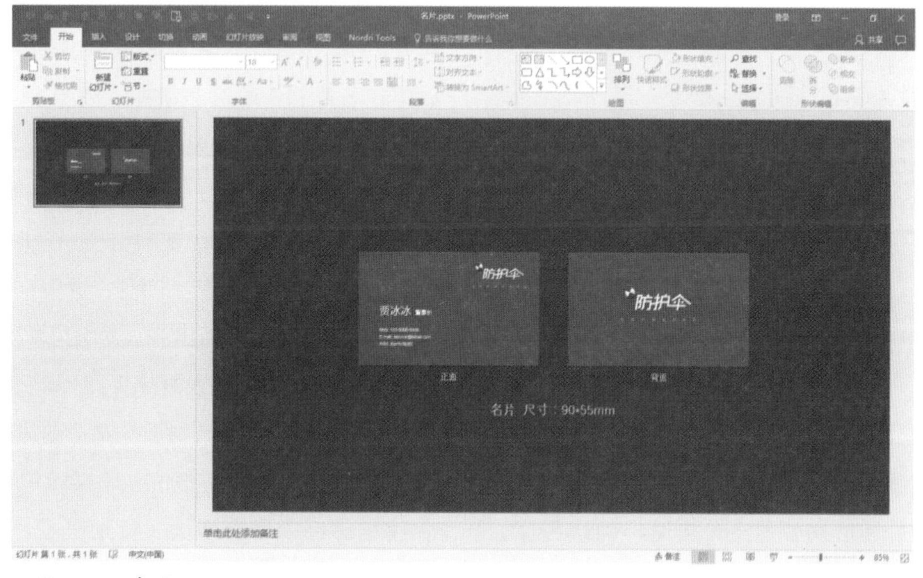

▲图 14-4　步骤 03

横式名片正面的内容多采用左右结构和对角结构排版，竖式名片则多采用居中排版，如图 14-5 所示。背面一般只是标志、广告语等少量内容，居中排版即可。

对角线结构

左右结构

防护伞
贾冰冰
董事长
Mob: 185-0000-8888
E-mail: service@taibai.com
Add: 北京市/海淀区

居中结构

◀图 14-5　名片排版

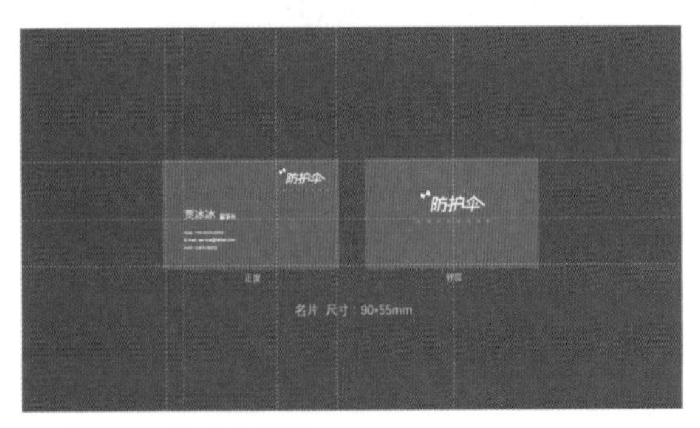

▲图 14-6　善用参考线

排版时主要注意“亲密”原则和对视觉焦点的引导。例如，把姓名与职位靠近一些，手机号、邮箱、地址等信息靠近一些，版面的层次感会更强一些。又如，把姓名的字号设置得比名片上的其他信息稍微大一些或把姓名放在更靠左的位置，可以引导视觉焦点，让别人在看名片的时候能够首先看到姓名等关键信息。

另外，善用参考线，一方面确保某些信息对齐，另一方面不让名片内信息过于贴近边界，以免在名片制作时被裁切掉，如图 14-6 所示。

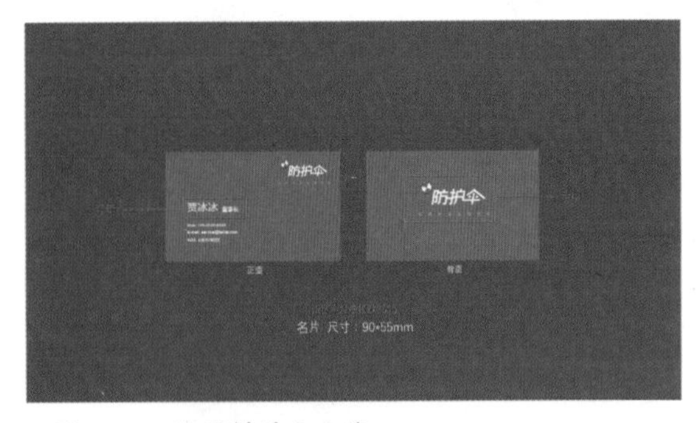

▲图 14-7　注明材质和工艺

如果对名片品质要求比较高（简单的名片以普通铜版纸印刷即可），在设计过程中还可以使用一些特殊材质（如用塑料材质、金属材质、特种纸张等）、特殊工艺（凹凸、烫金、烫银等），这需要在文件中注释出来，如图 14-7 所示。特殊材质名片只需排出大概效果即可，不必真找一个塑料、木制、金属等材质的高清图片做背景。

步骤04 排版设计完成后，将 PPT 文件导出为 PDF 格式文档交给印刷公司报价、印刷即可。印刷前，最好和印刷公司充分沟通，确认名片上所有文字信息都能印刷清晰（特别是名片上字号较小的文字），相关材料、工艺能够按照预期要求制作。

如果印刷公司不支持 PDF 文件制作怎么办？可将页面导出两份高清 JPG 格式图片（分辨率最好不低于 200dpi，PPT 另存图片精度调节的方法本书第 8 章已作介绍），一份删除相关工艺注释，导出后裁剪正面、背面区域为两张图片，一份保留相关注释，便于制作公司查看。然后将 3 张图片打包发给印刷公司制作，如图 14-8 所示。

▲图 14-8　准备 3 张图片

14.1.2 用 PPT 设计海报

海报一般指单面印刷，背面为不干胶，用于张贴的宣传品。海报的尺寸规格如表格 14-2 所示，其中最为常见的是 420mm×570mm 的竖式海报。

表格 14-2　海报的尺寸规格

样式 1	13cm × 18cm	样式 2	19cm × 25cm
样式 3	42cm × 57cm	样式 4	50cm × 70cm
样式 5	60cm × 90cm	样式 6	70cm × 100cm

海报设计形式不拘一格，可以是纯文字，也可以是单图或多图，如图 14-9 所示。

纯文字构图海报

场景（单图背景）构图海报

多图构图海报

抽象形状构图海报

物体构图海报

人物构图海报

▶图 14-9　海报示例

到底做什么样的海报，主要取决于需求、素材和创意。海报的排版同样讲究设计四原则、视觉构图等。和 CorelDRAW、AI 等专业软件一样，PPT 只是设计工具，海报设计得好不好主要看个人的创意和设计能力。下面以场景构图型海报为例，介绍用 PPT 设计海报的具体流程。

步骤 01 新建一个 PPT 文档，打开并插入一个空白页面。依次单击“设计”选项卡、“幻灯片大小”按钮、“自定义幻灯片大小”命令。在弹出的“幻灯片大小”对话框中，以手动输入的方式设置页面尺寸，如图 14-10 所示。和名片设计一样，页面只作为设计底板，因此，页面尺寸须设置得比海报尺寸稍大一些。比如，做 420mm×570mm 的竖式海报，页面尺寸可设置为 650mm×650mm。

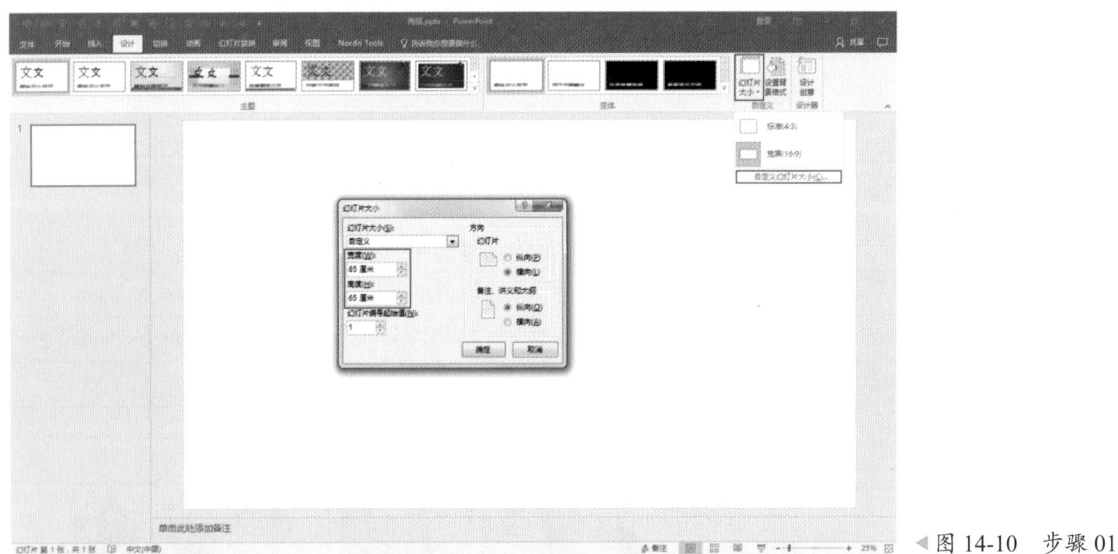

图 14-10 步骤 01

步骤 02 将幻灯片背景设置为灰色，插入一个高 57 厘米，宽 42 厘米的形状，放在页面居中靠上的位置，这个矩形就是海报内容的设计范围，同样，在矩形下方注释相关信息，做好设计的规范程序，如图 14-11 所示。

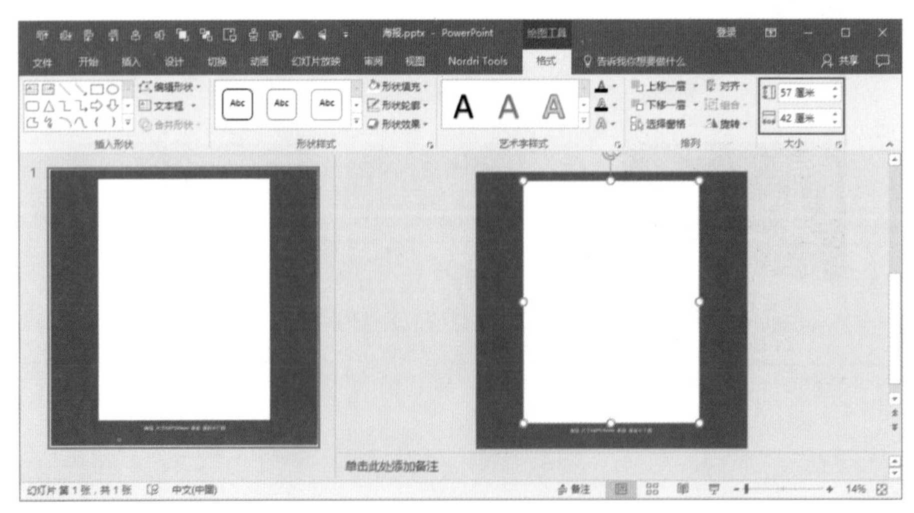

图 14-11 步骤 02

步骤03 将海报背景图插入幻灯片（为保证印刷时不出现马赛克，最好用不低于 5MB 的高清分辨率大图片）并比照矩形的大小裁剪、调整图片，使图片最终与矩形大小相同（即裁剪为海报尺寸）且确保图片保留区域比较容易排版，如图 14-12 所示。

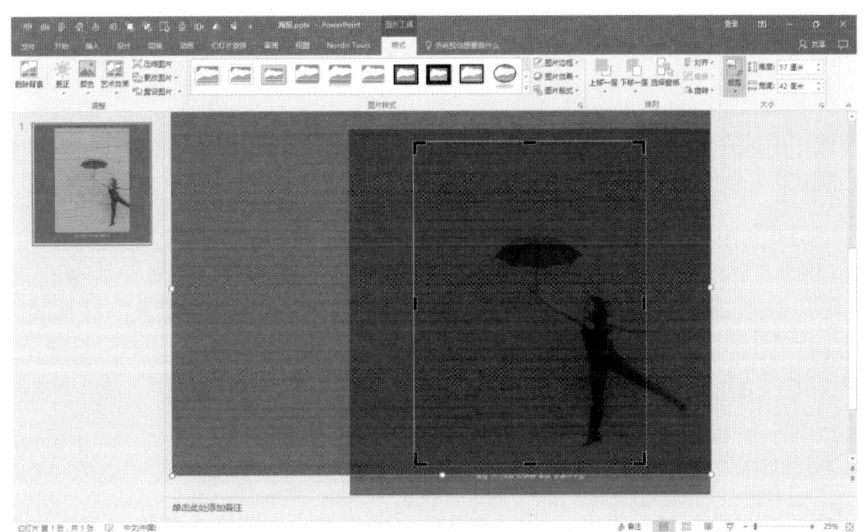

▶图 14-12　步骤 03

步骤04 将图片叠放在矩形上，并删除矩形。根据图片本身情况，对图片的亮度、对比度、饱和度等进行调整，甚至添加“艺术效果”。本例中原图色彩过轻，视觉冲击力不够，于是将饱和度提升到了 400%，如图 14-13 所示。

▶图 14-13　步骤 04

步骤05 接下来，在图片上进行排版。在本例中，图片本身属于对角线式的构图，图中人物视线指向左上方，可以在偏左上方添加一个无填充色、轮廓色为白色的开放路径矩形，使版面视觉焦点聚合在左上部分，如图 14-14 所示。在这种排版方式下，观众能够被引导着首先查看在这个区域内排版的文字。矩形将原来的图片版面划分为内、外两块，人物穿插在两个区域中，形成互动，增强了海报的设计感。

图 14-14 步骤 05

添加开放路径的矩形时，只须先添加一个正常的无填充色矩形，然后进入顶点编辑状态，在矩形与人物接触的位置添加两个顶点，然后在其中一个顶点上右击鼠标，选择“开放路径”命令，删除右下角的顶点，借助参考线，对两个接触位置的顶点稍加调整，使之与矩形上边、右边线段平行即可，如图 14-15 所示。

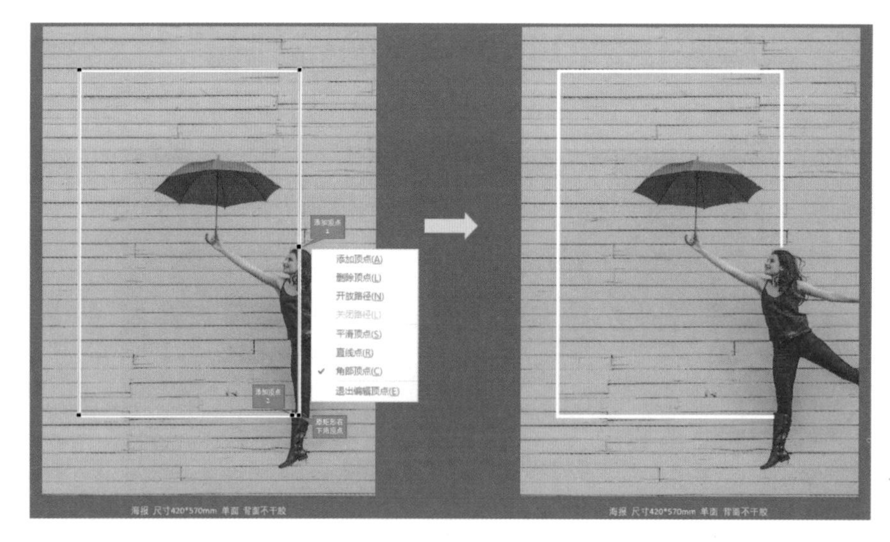

图 14-15 添加开放路径的矩形

步骤 06 在矩形框内输入主广告语、广告细文等信息并进行排版。排版时注意设计四原则，以左对齐方式将内容整齐排列在矩形内，文字亲密成组，通过字体、字号、颜色、效果等突出主广告语、产品名称，如图 14-16 所示。在海报设计中，标题的设计非常关键，设计时可适当多花一些时间，把标题做得更有设计感。

▶图 14-16 步骤 06

步骤07 商业广告中常常要出现产品的图片。根据本例背景图的情况，我们选择以点缀的方式加入产品图，排在版面右下的位置，仍然维持对角线的构图方式。在产品上有时还需要点出产品亮点，这可以添加爆炸形、32 角星形等特殊形状作为设计小元素来排版，如图 14-17 所示。

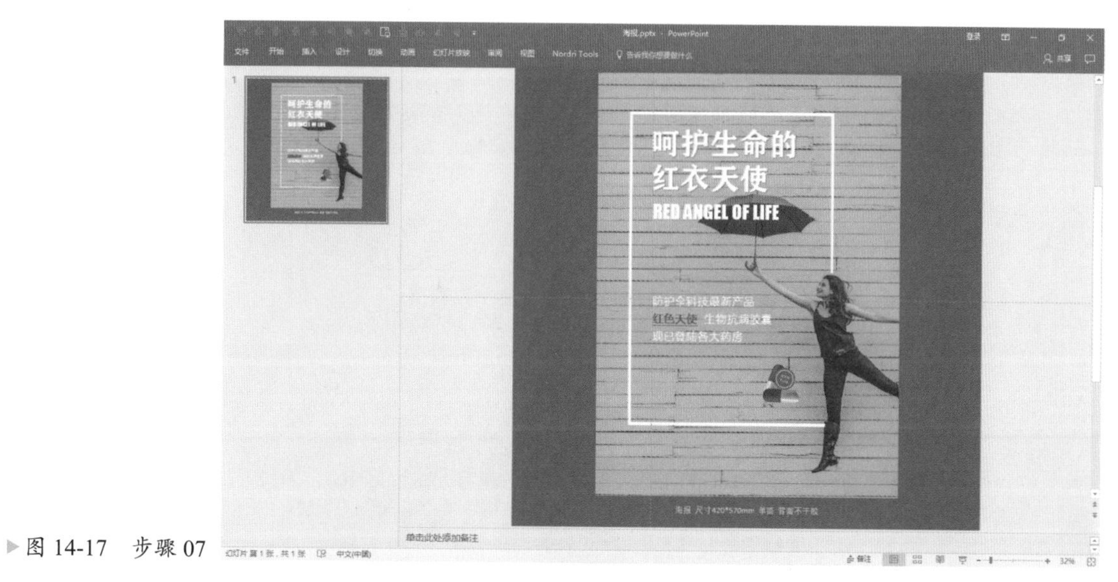

▶图 14-17 步骤 07

步骤08 商业海报广告标志是必不可少的，一般标志都会放在海报的上方（有时也可以放在内容中、页面下方等）。此外，很多时候海报上还需要附上相关信息，如电话号码、企业名称、许可证号、免责声明等，这些信息可以统一整理在海报版面下方，用色块来收纳这些信息是设计师通常的做法，如图 14-18 所示。

图 14-18　步骤 08

经过上述操作后，一款海报也就基本设计完成了。和名片一样，仍然是将其导出为 PDF 格式或图片格式文件，交给印刷公司印刷即可。

由于设计时采用的是 RGB 色彩模式，而印刷时采用的是 CMYK 模式，因此印刷成品可能会与我们在屏幕上所看到的作品色彩有所偏差。如果想在屏幕上预览印刷成品的色彩情况，需要借助 Photoshop 或 CorelDRAW 等专业软件。比如借助 Photoshop 软件，首先从 PPT 中导出海报图片，在 Photoshop 中打开，然后单击 Photoshop“视图”菜单，指向“较样设置”，在下一级菜单中单击“工作中的 CMYK”，此时即可在 Photoshop 窗口中查看到印刷成品的色彩效果，如图 14-19 所示。

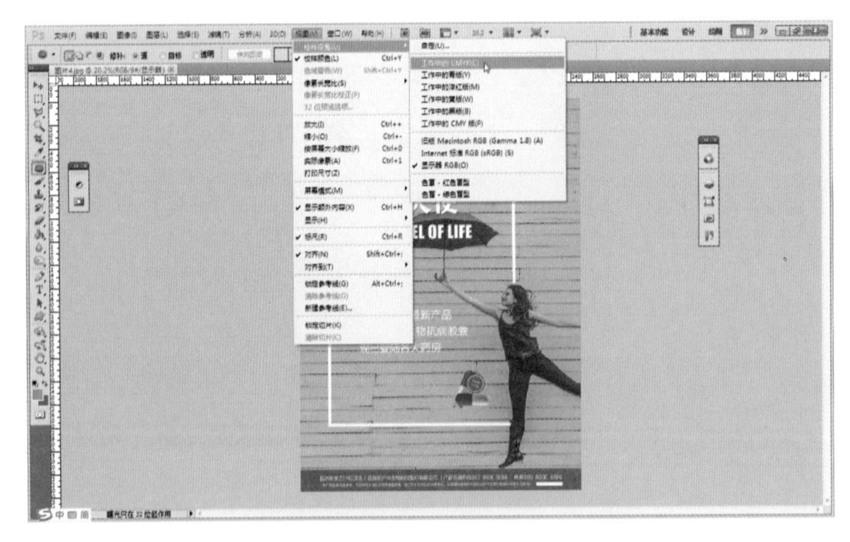

图 14-19　在 photoshop 中查看 PPT 效果

此外，海报设计还需要注意“出血”问题。“出血”即在海报四边预留一定的“缓冲区”，避免在制作裁切时裁切到海报上的内容。制作上一般要求各边“出血”2cm，在 PPT 中设计时，可在设置矩形尺寸时，把高、宽尺寸分别比原尺寸增加 4cm，然后通过参考线来划定“出血”区域，进行排版。如果不想做这一步，也可以在设计备注上添加类似“未出血，请制作公司出血”这样的字样，让印刷公司出血后制作。

海报设计方式千千万，创意无止境，同样的方法不一定适用于所有海报的设计。对于用 PPT 做设计的非专业设计师来说，设计海报、名片甚至是画册，最好的方式是根据内容先在网上找一个合适的参照作品（符合自己、领导、客户的要求），参照该作品设计修改。等自己有足够的经验和设计能力时，再尝试做原创设计。

14.2 如何用 PPT 做电子版宣传品？

简单的印刷品都可以设计，通过网络分享，在电脑上观看的电子宣传品，用 PPT 制作更是不在话下。比如电子相册、电子请柬、电子杂志等，同样可以用 PPT 来制作。

14.2.1 用 PPT 制作电子相册

制作电子相册已经不是什么很有难度的事情了，近乎傻瓜式操作的软件、在线制作网站多如牛毛，比如爱美刻网（meikevideo.com），如图 14-20 所示。

▶图 14-20　爱美刻网

用 PPT 来制作电子相册，可能主要还是在下面的一些情况下：①电脑没有安装专门的电子相册软件且没有网络；②想要完全自主制作，不愿受模板拘束；③要求简单、想要省力，不想花太多时间琢磨新的软件、网站。

用 PPT 快速制作电子相册的流程大致如下。

步骤 01 在任意一个 PPT 文档中，依次单击“插入”选项卡下的“相册”按钮，“新建相册”命令，打开“相册”对话框；在“相册”对话框中，单击“文件 / 磁盘”按钮，在弹出的选择照片对话框中，从硬盘中选定要插入电子相册的照片后，返回“相册”对话框，设置相册中图片的版式，即一页幻灯片放几张照片，本例以一页幻灯片放一张照片为例，如图 14-21 所示。设置完成后，单击“创建”按钮，就快速创建了一个电子相册 PPT 文档。

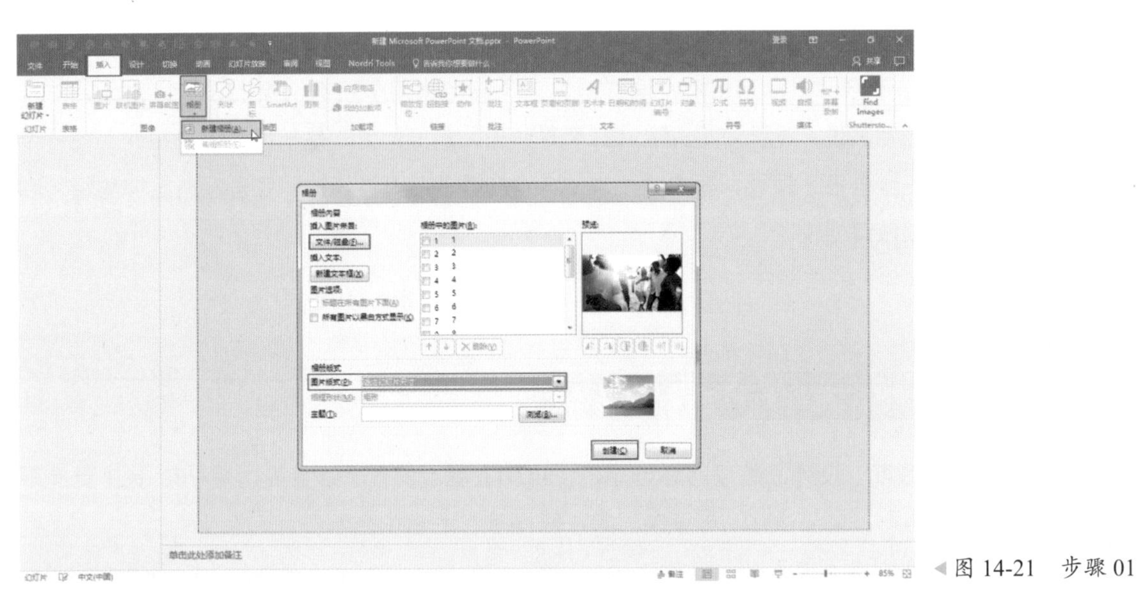

图 14-21　步骤 01

步骤02 接下来，依然是运用个人的排版设计能力，对封面、照片页进行设计。可多花时间设计得精美一些，也可简单一些，稍微添加文字即可。动画效果也同样如此，如果不想花太多时间，选择一种切换效果后，单击“全部应用”即可，愿意多花时间的话，还可以对照片、文字、形状等添加自定义动画，让相册的动画效果更为丰富。无论是否愿意多花时间，都应该在相册首页添加一个合适的音频，作为相册的背景音乐跨页播放，以避免相册单调，如图 14-22 所示。

图 14-22　步骤 02

步骤03 相册内容设计完成后可保存为“PowerPoint 放映”文件格式，发送给他人观看。不过，每次分享给他人都需要发送一个文件，毕竟有些麻烦。因此，我们还可以将相册导出为视频，上传至视频站点，如优酷网（需注册），以视频链接的形式分享给他人观看，如图 14-23 所示。

YOUKU 首页 频道 搜库 上传 通知
上传视频
同学聚会照片集
会员绿色专用通道，尊享上传加速特权 开通会员
15.47%
上传速度：132.84KB/s 已上传：21.05MB/135.99MB 剩余时间：14分47秒
视频信息 使用上次上传的视频信息
标题：同学聚会照片集
简介：我们班上次聚会的照片，做了个电子相册，大家看看~
分类：其他
话题：输入文字进行话题搜索，每个视频最多只能加入一个话题~
标签：同学聚会 电子相册 毕业纪念
我的标签
微博：立即绑定微博
播单：添加到播单
版权：您还未通过原创认证，不可声明原创
隐私：设置密码
dhzxG15
全景：不是360°全景视频
订阅：视频发布后不推送订阅更新
保存

▶图 14-23 步骤 03

14.2.2 用 PPT 制作电子请柬

电子请柬比纸质请柬环保、新颖，如今已被越来越多的人接受、使用。利用 PPT 软件 DIY 电子请柬难度不高，效果也不差，对于非专业设计师来说非常不错。下面以婚礼请柬为例，介绍具体的制作方法。

步骤 01 新建一个请柬 PPT 文档，并新建 3 个幻灯片页面，分别作为请柬的封面、内页、封底所在页面；选中 3 个页面（在左侧页面缩略图区选中第一个页面，然后按住【Shift】键选择最后一个页面，即将这两个页面及之间的页面全部选中），单击“设计”选项卡下的“设置背景”按钮，打开“设置背景格式”对话框，在这里把 3 个页面背景颜色设置为纯黑色，如图 14-24 所示。设置纯黑色是为了突出页面内的请柬，播放时无幻灯片边界，效果更佳。

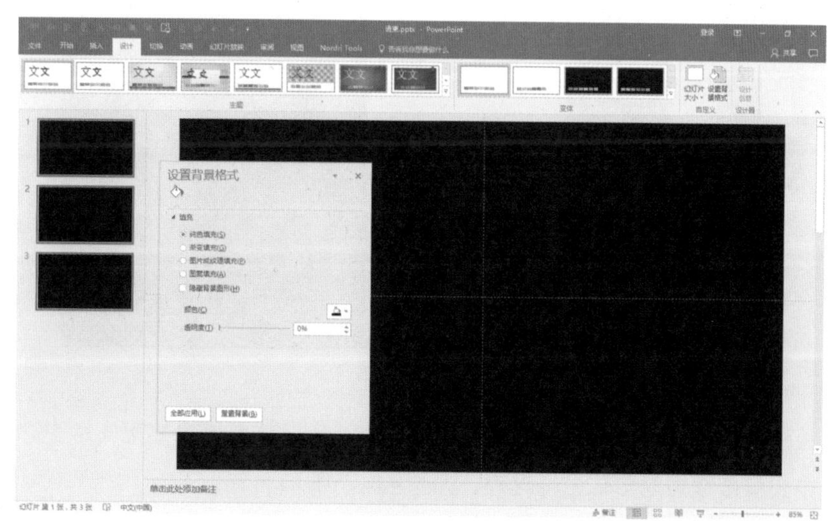

▶图 14-24 步骤 01

步骤02 在第二个页面上插入一个无轮廓色，填充色为白色（最后根据请柬整体设计风格调整）的圆角矩形 1（也可以是矩形，大小随意，不超过幻灯片页面一半的大小即可），再复制一个圆角矩形 2，将两个圆角矩形沿着纵向的中央参考线叠放在该参考线的左侧，圆角矩形 2 位于上层。再按住【Ctrl】键拖动中央参考线至圆角矩形左边，新增一条与圆角矩形左边界重叠的参考线，并记住该参考线的值，比如设置为 11.2。同理，再在页面右侧添加一条同样值的参考线。如图 14-25 所示。

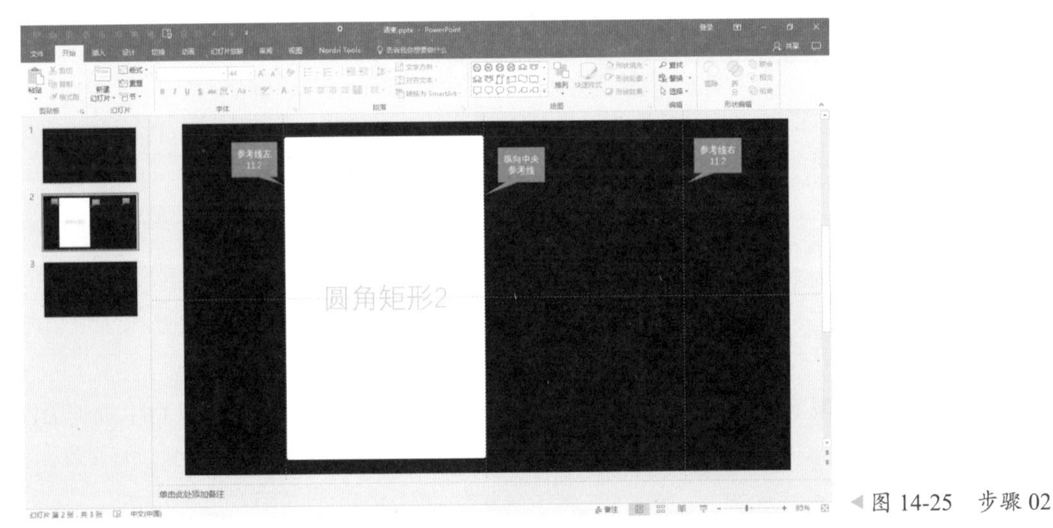

图 14-25 步骤 02

步骤03 选中圆角矩形 2，将鼠标放置在矩形左边界中间的控制点上，按住鼠标左键将其拖动至右边参考线上，如图 14-26 所示。

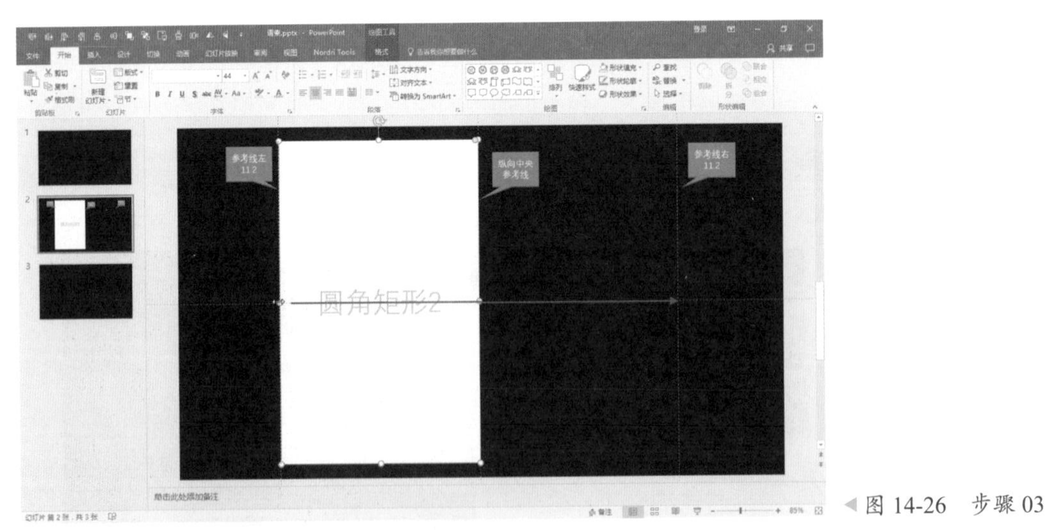

图 14-26 步骤 03

经过上述操作后，可以保证圆角矩形 1 右边刚好连接圆角矩形 2 的左边，且两圆角矩形以页面纵向中央参考线为对称轴呈轴对称，如图 14-27 所示。

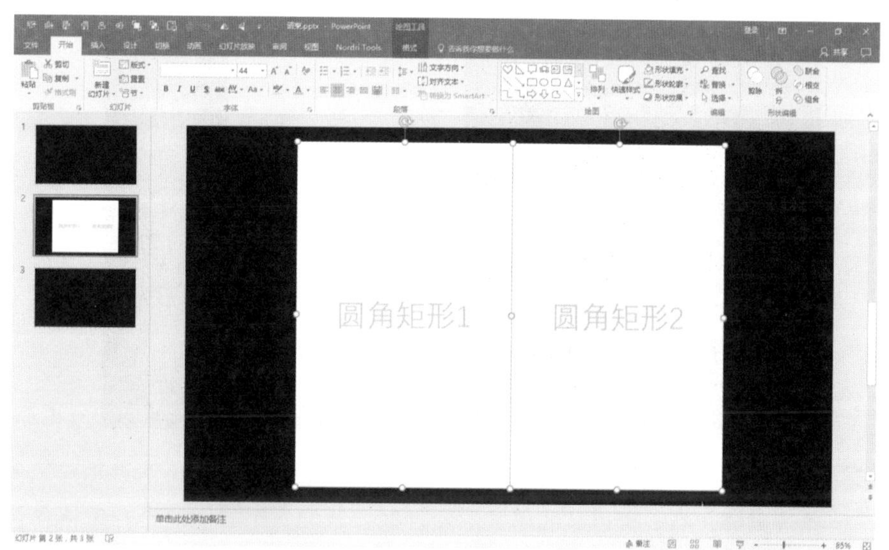

▶图 14-27 两矩形对称

步骤04 将圆角矩形 2 复制粘贴到第一个页面上，将圆角矩形 1 复制粘贴到第三个页面上，如图 14-28 所示。这样，请柬的封面页（第一页的圆角矩形 2）、展开后的内页（第二页的圆角矩形 1、圆角矩形 2）、封底页（第三页的圆角矩形 1）的轮廓就做好了。

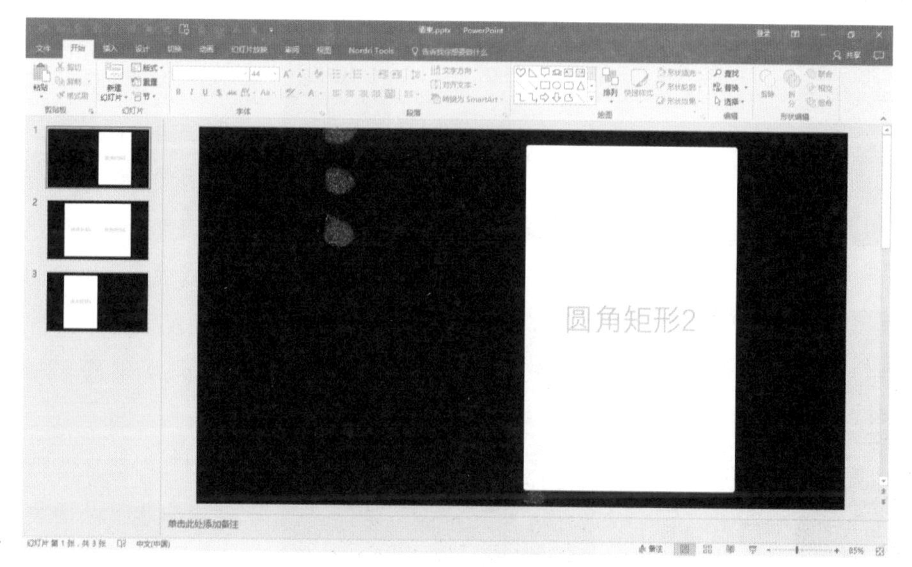

▶图 14-28 步骤 04

步骤05 在第一个页面的圆角矩形上设计封面页。封面页信息最重要的是新郎、新娘姓名，让别人一打开就知道是谁的请柬，其他基本都是装饰性的设计元素。

请柬的设计风格主要有传统喜庆中式风、欧式浪漫风、卡通欢乐风，整个请柬的设计风格在封面页设计中便需要确定好，接下来的内页、封底页统一沿用该风格即可。这里我们采用欧式浪漫风进行设计，采用粉色、淡蓝色、白色的色彩搭配方案，相对简洁的居中排版方式，适当添加花、叶元素装饰（可在懒人图库等素材网站下载），在封面上插入新郎新娘婚纱照图片，如图 14-29 所示。

◀图 14-29　步骤 05

步骤06 在第二个页面的两个圆角矩形上设计请柬内页。请柬内页信息相对较多。时间、地点、被邀请人等，有一套规范的格式。设计时，我们沿用封面的设计风格和色彩搭配，首先插入一个轮廓色为粉色、无填充色的缺角矩形，作为整个内页的边框，将两个圆角矩形连接在一起，形成一个内部排版区间。然后，将内部排版区间的左边部分设计为装饰性的图案，右边部分排列文字信息；左边装饰性的图案部分，依然按照居中对齐的方式，用一些心形、丝带之类温馨、喜庆的设计元素，写一些感性的话语；右边文字信息部分，按照从右到左的传统请柬阅读顺序，规范插入竖排文本框，被邀请人、婚礼时间等一些信息可选用手写类字体（如方正静蕾体），营造纸质版请柬般的真实感，如图 14-30 所示。

▲图 14-30　步骤 06

步骤07 在第三个页面的圆角矩形上设计请柬封底页。请柬封底页可插入婚宴地址的地图，写下诚挚邀请的话语。整个页面的设计风格依然沿用封面的设计风格，主要是装饰性的设计，作为封底可设计得稍微简洁一些，如图 14-31 所示。

▲图 14-31　步骤 07

步骤08 将第一个页面切换动画设置为“摩天轮”（根据个人喜好也可选择其他效果，为保证效果建议尽量选择华丽一些的动画），第二、第三个页面切换动画设置为“页面卷曲”，如图 14-32 所示。这样，这份 PPT 电子请柬便具有了纸质请柬般的翻页感。

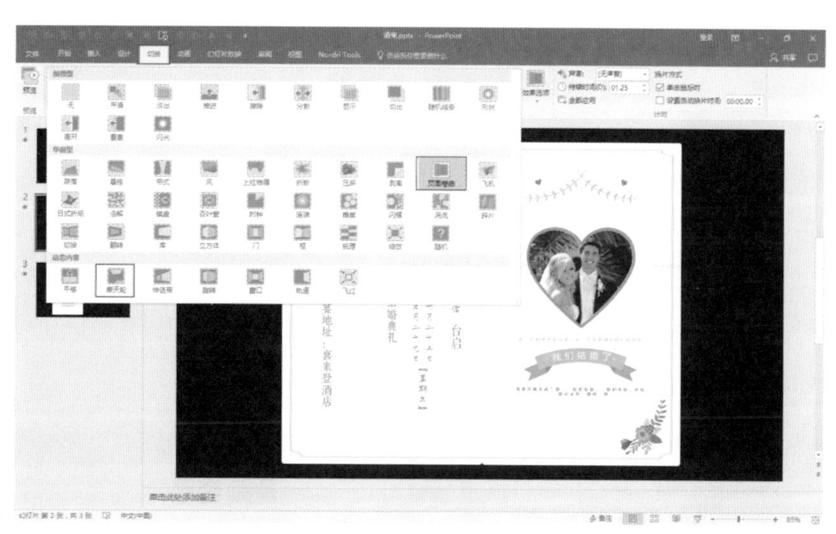

▶图 14-32　步骤 08

步骤09 和电子相册一样，为避免观看时过于单调乏味，可在请柬中插入背景音乐，如图 14-33 所示。

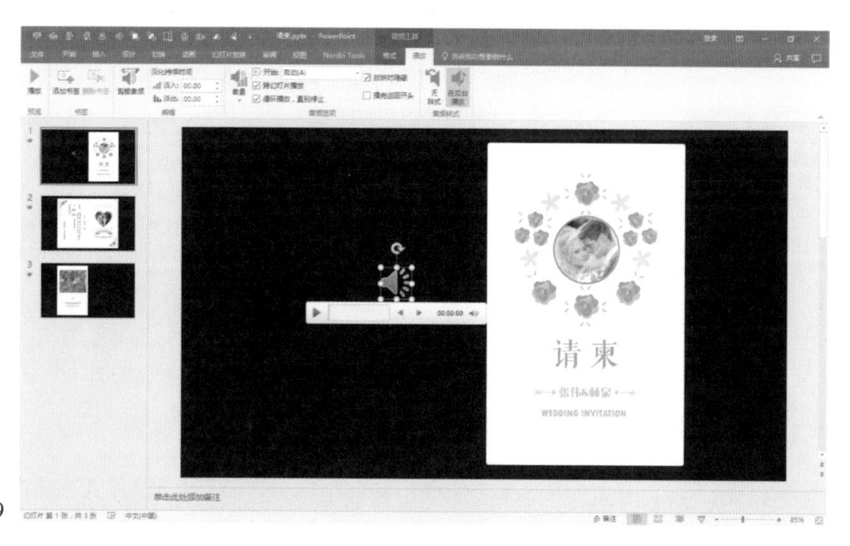

▶图 14-33　步骤 09

经过上述操作，一份 PPT 请柬就制作完成了。接下来只需保存为“PowerPoint 放映”格式文件发送给他人即可。

本例中请柬的设计风格相对较常规，只是抛砖引玉的参考。作为电子请柬，不费纸张、不考虑工艺、不用花钱，只要你愿意，完全可以打破常规格式限制，添加更多页面、更多照片等，探索更有创意的排版方式来设计，此处不再赘述。

14.2.3 用 PPT 制作电子杂志

和制作电子相册相似，现在制作杂志、画册、宣传册、书籍等电子版刊物的方法同样非常多，在网上基本都能搜索到专门的设计排版软件。

但对于非专业设计师来说，或许没有必要去学习、掌握各种各样的专业软件。幻灯片页面排版和很多刊物的页面排版，设计原理相通，如果精于幻灯片设计排版，那么制作各类电子版的刊物，用 PPT 几乎都能应对自如。

下面以电子杂志为例，介绍具体的制作方法。

步骤 01 新建电子杂志 PPT 文档，并将幻灯片尺寸设置为 A4，纵向，如图 14-34 所示。纸质杂志的开本规格很多，A4 大小的杂志属于较为常见的一种杂志，这里就以 A4 规格为例。

当然，因为电子杂志无须印刷，所以可不受尺寸限制，如果有必要，可从具体内容排版美感的角度出发，自定义一个特殊尺寸。

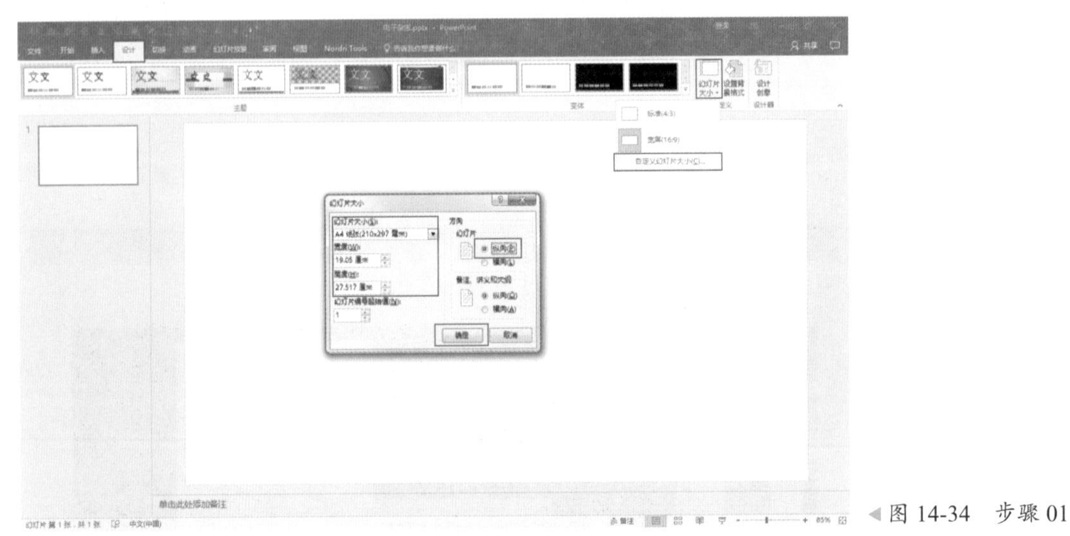

◀图 14-34　步骤 01

步骤 02 接下来，只需要像幻灯片页面排版一样，插入页面、文本框、图片、形状等，逐一设计杂志封面、内页、封底页面，如图 14-35 所示。

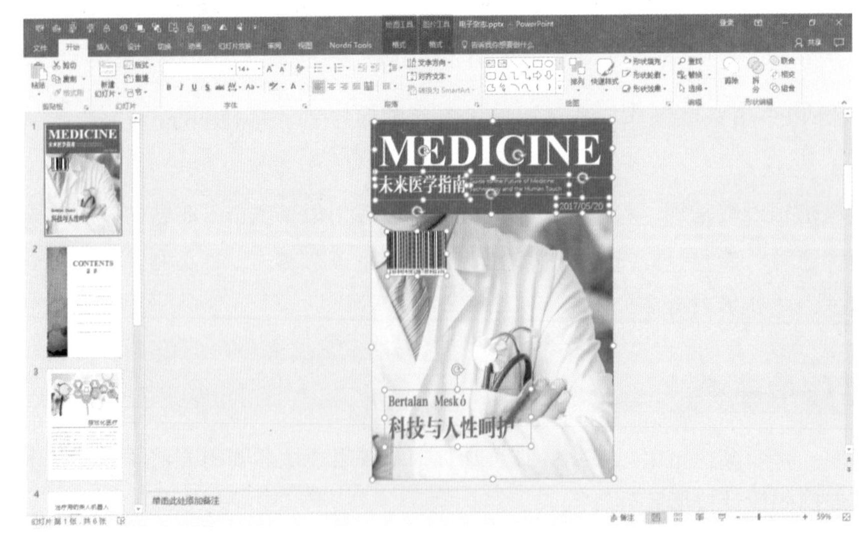

◀图 14-35　步骤 02

新手在设计排版时，若不知该如何入手，可先在网上找一些杂志案例作为参考，参照着进行排版。杂志排版的方式与幻灯片页面排版大体相似，只是杂志中常常会有跨页排版（即将杂志展开后相邻的两页作为一个整体来考虑排版，如一张图片或标题被分在两个页面上），如图 14-36 所示。

▲图 14-36　杂志中的一个跨页

在一页幻灯片对应杂志中的一页内容的情况下，设计这种跨页排版会比较麻烦。如果要设计跨页排版的杂志，最好在一开始就把幻灯片页面尺寸中的宽度设置为一页杂志宽度的两倍，比如排 A4 的杂志，幻灯片宽度设置为 19.05cm×2=38.1cm，一页幻灯片对应杂志中的两页，如图 14-37 所示。

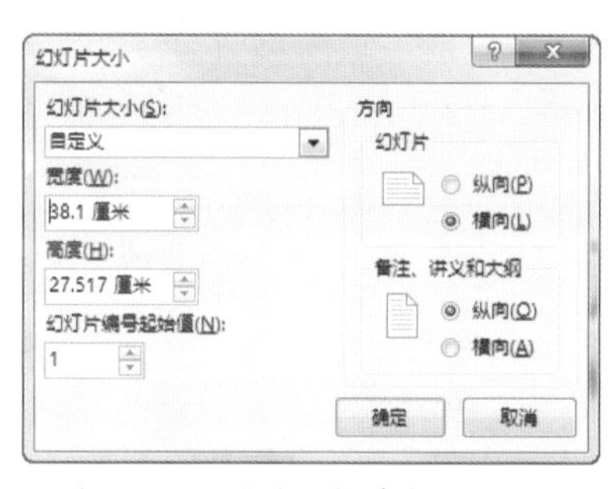

▲图 14-37　设置幻灯片大小

步骤 03 页面排版设计完成后，将 PPT 文档导出为 PDF 格式文件即可发送、分享给他人。同样，如果觉得每次发送文档太麻烦，也可以上传至电子杂志类网络分享平台，最后以链接或二维码形式发送、分享给他人观看。比如利用云展网（www.yunzhan365.com）分享给他人，在浏览器中打开该网站并完成注册后，单击“上传我的文档”链接，如图 14-38 所示。

▲图 14-38　云展网

步骤 04 选择任意一种阅读模式并确定，这里以 Flash 模式为例；接下来再单击“选择上传的 PDF”按钮，选择并上传保存在硬盘中的杂志 PDF 文档，如图 14-39 所示。

步骤 05 文档上传完毕后，还需要通过网站后台审核。通过审核后，即可将该文档以链接、二维码的形式分享给他人观看。上传至云展网的 PDF 文档，将自动配上真实感非常强的书刊效果，如图 14-40 所示。

▲图 14-39　步骤 04

◀图 14-40　步骤 05

14.3 如何借助 PPT 玩转微信？

从前文介绍的这些玩法中，或许你已经领略到了 PPT 的强大。没有做不到，只有想不到。无论工作和生活，遇到难题时，都可以想一下是否可以用 PPT 解决，如玩微信时遇到的一些常见问题，也能用 PPT 来解决。

14.3.1 用 PPT 制作微信九宫格图

在第 1 章中提到过的微信九宫格图，到底是怎么做到的呢？其实，这不过是将原本完整的图片裁剪为 9 张后，按从上到下、从左到右的顺序依次上传得到的效果。那么，怎么将一张图片裁剪为尺寸均相同的 9 张图呢？方法很多，Photoshop、美图秀秀等图片处理软件可以做到，用 PPT 也可做到。用 PPT 裁图的具体方法如下。

步骤 01 将需要裁剪的图片插入 PPT，再插入一个与图片大小相同、3 行 3 列、行距列距相同的表格，表格设为无底纹、无外部框线，且内部框线粗细一致，如图 14-41 所示。

▲图 14-41 步骤 01

步骤 02 剪切图片；然后，选中表格（必须选中所有单元格），右击鼠标，在弹出菜单中选择“设置形状格式”命令；在弹出的“设置形状格式”对话框中，设置表格的填充方式为“图片或纹理填充”，并单击下方的“剪贴板”，即将剪贴板的内容填充上去，再单击勾选“将图片平铺为纹理”选项，如图 14-42 所示。这样，刚刚剪切的图片就成为了表格的背景。

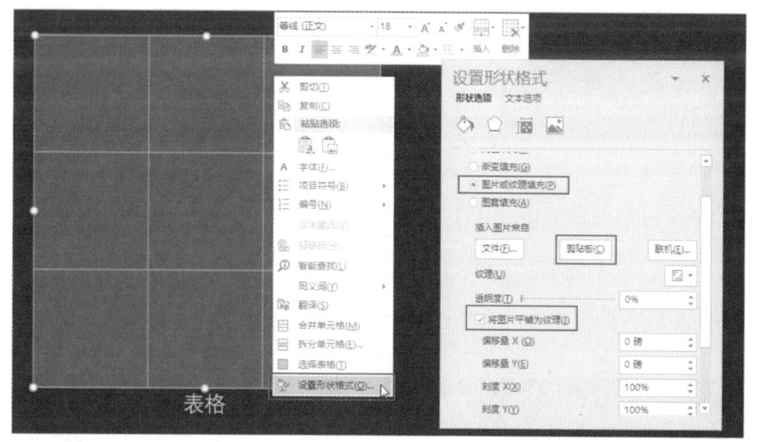

▶图 14-42 步骤 02

步骤 03 剪切表格，按快捷键【Ctrl+Alt+V】，打开“选择性粘贴”对话框。在该对话框中，将粘贴类型选为“图片（增强型图元文件）”，单击“确定”按钮，如图 14-43 所示。

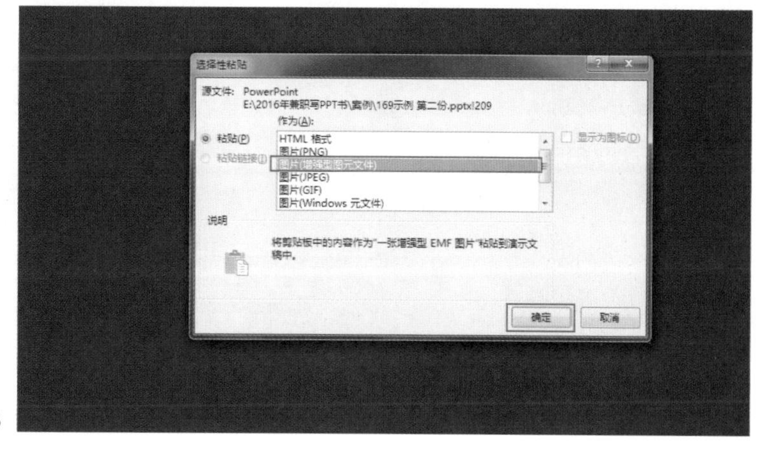

▶图 14-43 步骤 03

步骤04 选中已转换为增强型图元文件的表格，按快捷键【Ctrl+Shift+G】取消组合，在弹出的提示对话框中，选择“是”；再次按快捷键【Ctrl+Shift+G】，将所有组合全部取消，如图14-44所示。

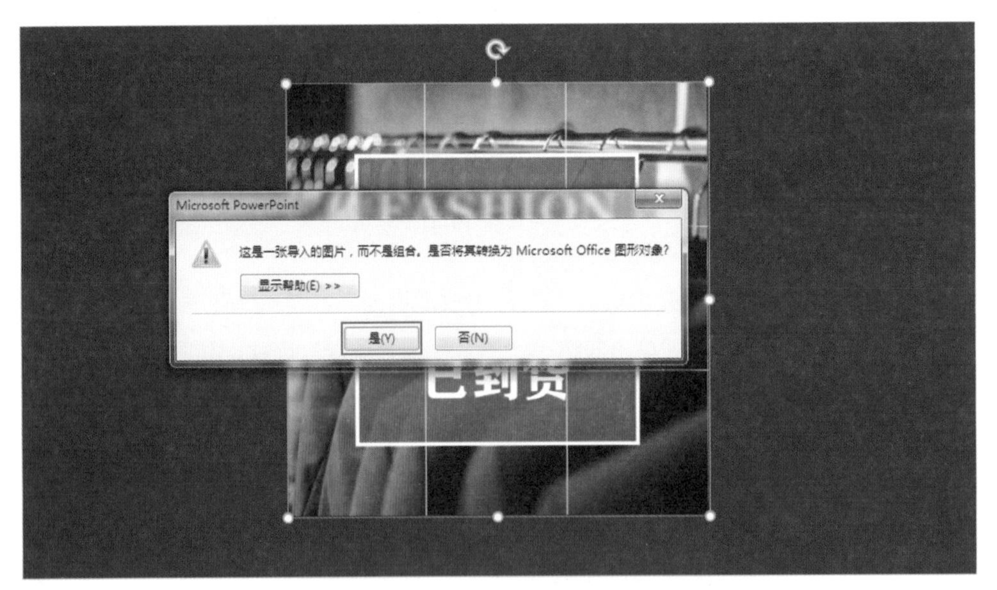

▲图 14-44　步骤 04

步骤05 经过上述操作，原来的图片就被拆解成了大小相等的9块图片。此时，将页面上的表格边框、透明轮廓等不需要的对象删除，将9块图片按从左到右、从上到下的顺序另存到硬盘中即可，如图14-45所示。

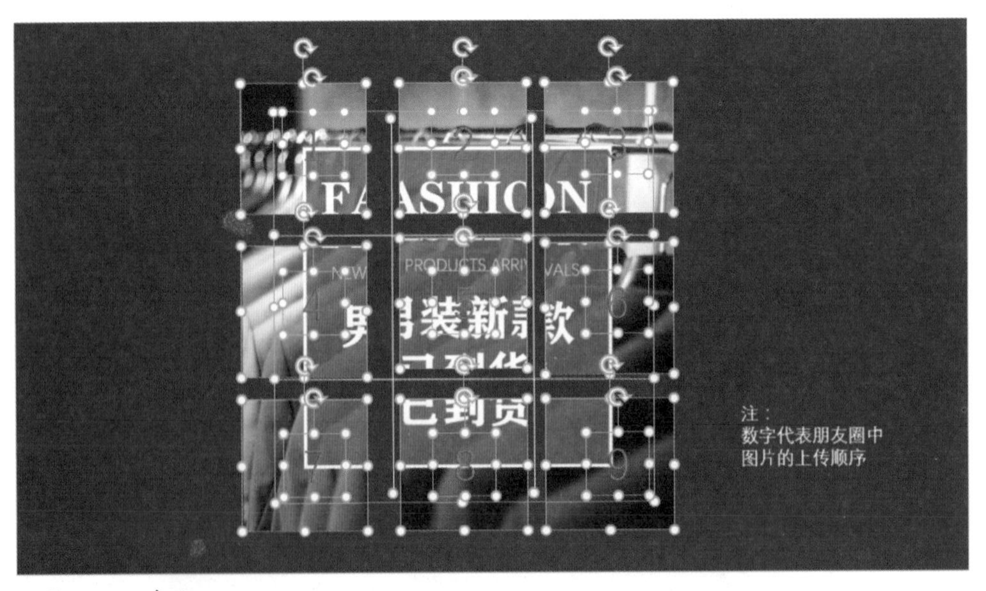

▲图 14-45　步骤 05

14.3.2 用 PPT 设计 H5 页面

H5，即 HTML5，它不是一项技术，而是浏览器行业的最新标准。比起过去的页面，H5 页面具有更好的浏览体验，因而受到大众欢迎。各行各业的企业以及个人都在用 H5 页面展示信息，如图 14-46 是关于朗逸汽车介绍的 H5 页面。

制作 H5 页面的工具网站多如牛毛，如 MAKA（maka.im）、兔展网（www.rabbitpre.com）等。在这些网站，可选择模板修改套用，也可用空白页面进行独立设计。如果想更自由地设计排版，又不想花时间去研究这些工具网站的操作方法，你可以先在 PPT 中设计好图片，再上传到这些网站生成滑动效果页面分享给他人。

例如，我们将前面的电子请柬设计成 H5 页面上传至 MAKA 分享，具体操作步骤如下。

步骤 01 新建一个请柬 H5 页面 PPT 文档，首先设置页面尺寸。大多数 H5 页面制作工具网站的尺寸建议是 640 像素 ×1008 像素，MAKA 也是如此。由于 PPT 的页面尺寸设置采用的单位是厘米，因此，需要计算转换一下。我们一般说的像素是指 dpi，即每英寸的像素数，PPT 对应的是 96 像素，而 1 英寸为 2.54 厘米。所以换算过来，页面宽度应设为 640÷96×2.54= 16.93（cm），页面高度应设为 1008÷96× 2.54=26.67（cm），如图 14-47 所示。

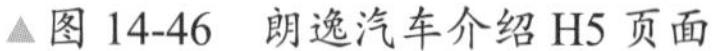
▲图 14-46　朗逸汽车介绍 H5 页面

扫描二维码观看

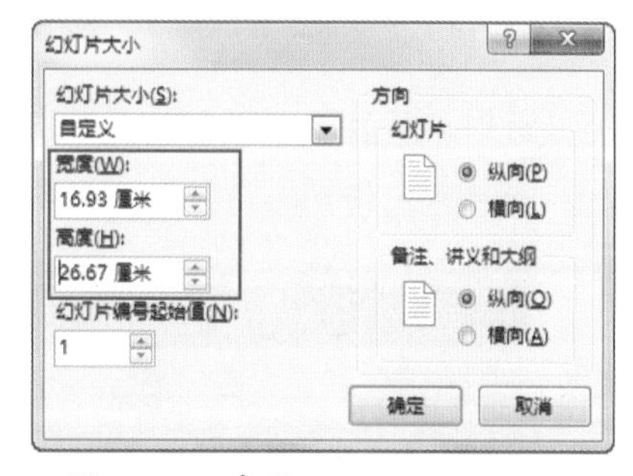

▲图 14-47　步骤 01

步骤 02 接下来，逐一设计各个页面。由于最终整个页面将以滑动形式展示，所以设计过程中无须考虑动画效果，只需将页面设计美观或满足需要即可，如图 14-48 所示。

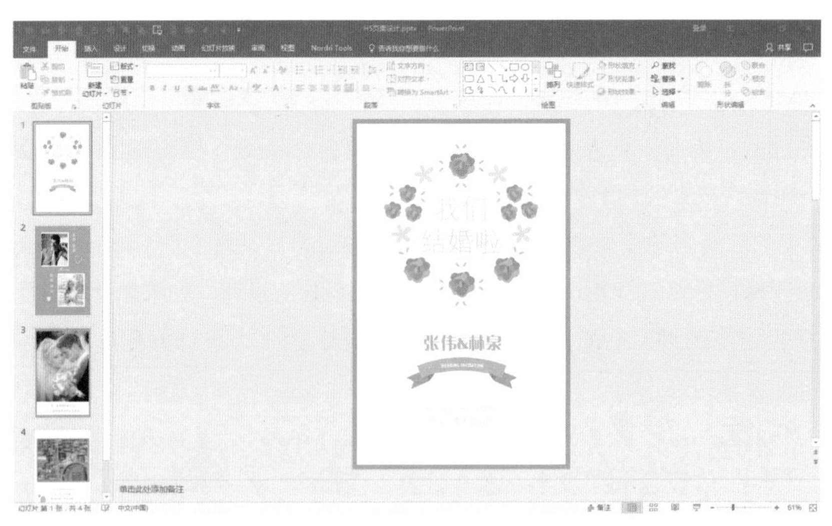

▲图 14-48　步骤 02

步骤03 各页面设计完成后，将 PPT 另存为图片保存在硬盘中；打开 MAKA 网站（注册后方可制作），单击网站上方导航中的“模板商城”按钮，在模板商城界面中，单击“新建空白”模板，如图 14-49 所示。

◀图 14-49　步骤 03

步骤04 此时，页面跳转到 H5 页面设计界面，在该页面中，单击右侧的“素材”按钮，再单击“上传图片”按钮，将 PPT 设计好的几个 H5 页面上传至网站，如图 14-50 所示。

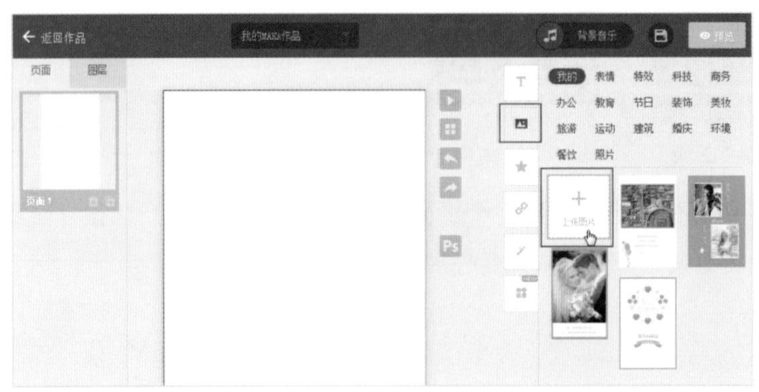

◀图 14-50　步骤 04

步骤05 在左侧单击选中一个页面，然后在右侧单击一张图片，即可将该图片插入当前页面（插入后需对页面上的图片点击一次，点击后可在右侧选中该图片的进入动画效果，如“弹性放大”），单击下方的加号，可添加页面。所有页面添加完成后，单击右上方的“保存”按钮，将作品保存下来，然后单击“预览”按钮，即可获得分享该作品的二维码和链接，如图 14-51 所示。

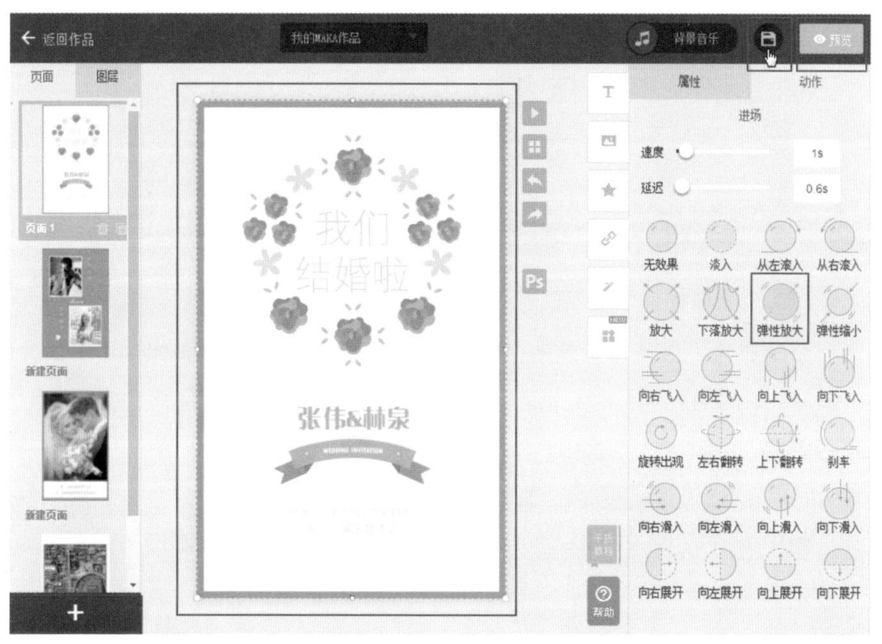

▲图 14-51　步骤 05

14.3.3 用 PPT 编辑微信图文消息

在微信公众号中编辑图文消息，大多采用秀米、i 排版等网络编辑器，这些网络编辑器大多是套用模板来设计。如果想要更加自由的版式，也可以借助 PPT 来设计版式。具体操作流程如下。

步骤01 新建一个微信图文消息 PPT 文档，并插入一页空白页面；再插入一个超过页面尺寸的矩形，矩形填充色从幻灯片页面外围取色（即软件窗口本身的灰色），无轮廓色，用于遮挡幻灯片页面，如图 14-52 所示。这一步主要是先把设计工作区准备好，插入矩形只是为了避免工作区颜色太多，不便于查看图文消息设计版面。如果觉得保留白色页面不受影响，也可不插入矩形。

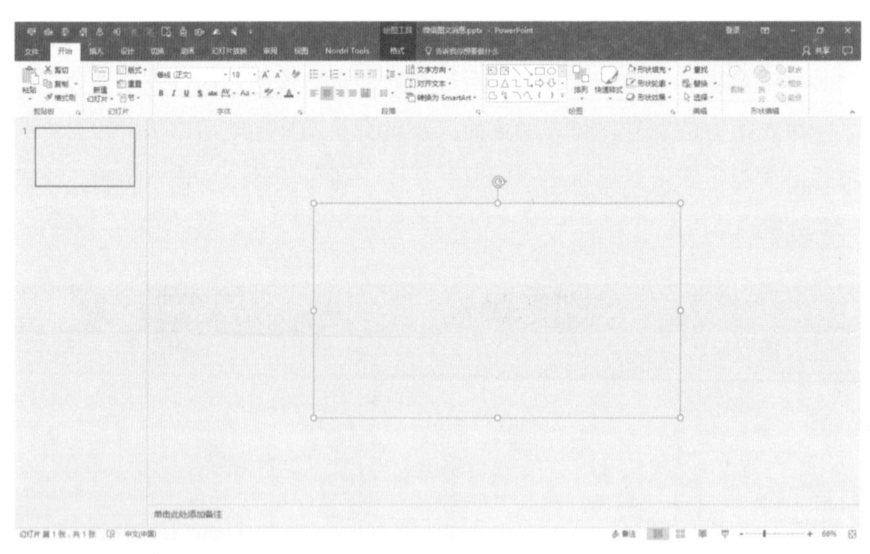

▲图 14-52　步骤 01

步骤02 再插入一个填充色为白色，无轮廓色的矩形 1，该矩形作为图文消息中的一屏，尺寸设置为宽度 9 厘米，高度 14.2 厘米（微信官方对图文内容中一屏图片的尺寸未做建议，只需方便手机屏幕查看，不过大、不太小，不超过 5MB 即可。根据目前主流的大屏幕手机屏幕尺寸，在 PPT 中一屏画面设计高度 14.2 厘米，宽度 9 厘米，效果还不错）。这里以做三屏画面的图文消息为例，再添加一个同样的矩形 2，宽度与矩形 1 一致，高度为矩形 1 的 3 倍；将两个矩形均设置为页面垂直居中，如图 14-53 所示。

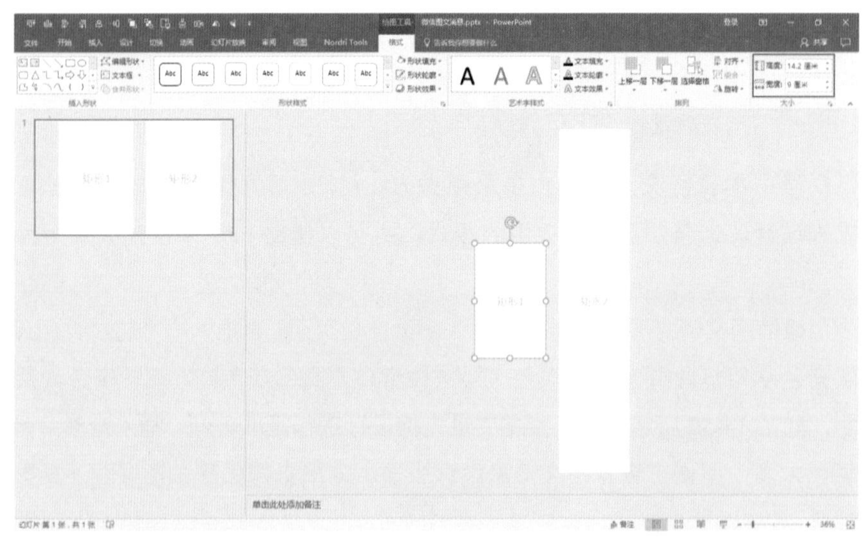

▲图 14-53　步骤 02

步骤03 复制一个矩形 1 作为矩形 3，与矩形 2 顶端对齐；再复制一矩形 1 作为矩形 4，与矩形 2 底端对齐；再将矩形 1、3、4 水平居中对齐；选中矩形 1、3、4，按住【Ctrl】键、【Shift】

键和鼠标左键，将 3 个矩形水平拖离原位置，复制为矩形 5、6、7，并将其填充为不同的颜色，如图 14-54 所示。

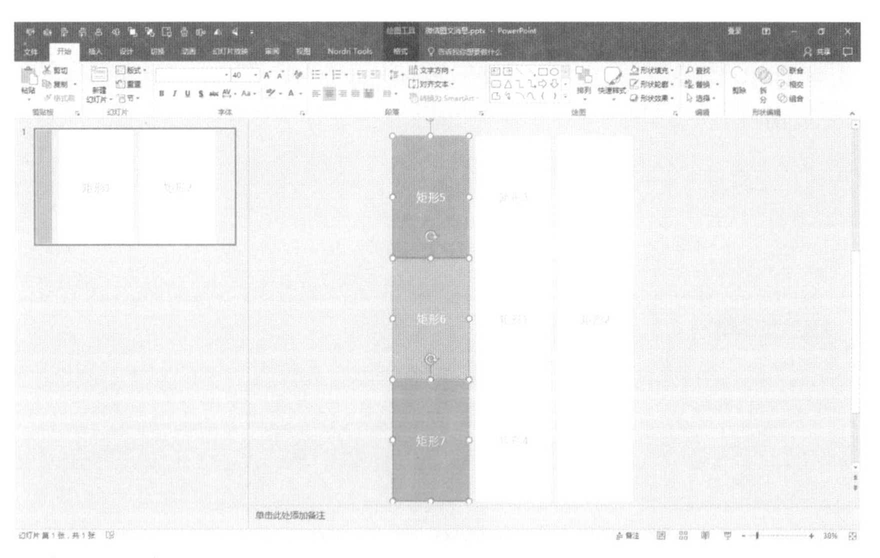

▲图 14-54　步骤 03

经过上述操作后，三屏画面的轮廓便绘制好了，即矩形 1、3、4，图文消息的设计就在这 3 个矩形上进行。在这里，矩形 2 主要是充当让矩形 1、3、4 贴边邻放的工具，步骤 03 之后即可删除。填充颜色的矩形 5、6、7 主要是起到设计参考的作用，便于在设计时查看各屏的边界，以便妥善放置某些重要信息，因此，这 3 个矩形宽度可缩小，如都设为 2 厘米宽。

步骤04 接下来，在矩形 1、3、4 上设计图文消息版面，如图 14-55 所示。

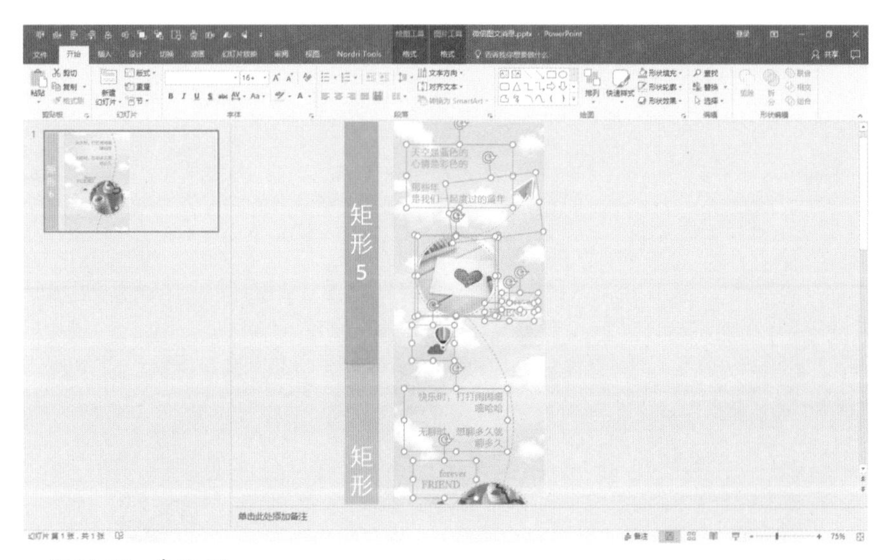

▲图 14-55　步骤 04

由于已规划好了三屏画面，因此我们可以将这三屏画面的设计排版整体来考虑（和排跨页杂志原理一样）。比如，插入一个整体的背景图，绘制一条从第一屏画面延伸至第三屏画面的线条，第一屏的形状与第二屏的形状连接起来等，这些在排版工具网站中或许会有难度，用 PPT 这样来做，就比较简单了。

步骤05 设计完成后，选中设计好的长图，另存到硬盘中，再上传微信公众号图文信息编辑框即可，如图 14-56 所示。

▲图 14-56　步骤 05

步骤06 如果另存出来长图超过 5MB，可先将设计好的版式组合在一起，复制并选择性粘贴为一张图片，然后复制 3 份分别与矩形 1、3、4 执行合并形状“相交”操作，将长图拆成 3 份再另存硬盘，上传至公众号，如图 14-57 所示。当然，分成 3 张图上传后，图与图之间难免会有缝隙，连贯性自然没有整图好。

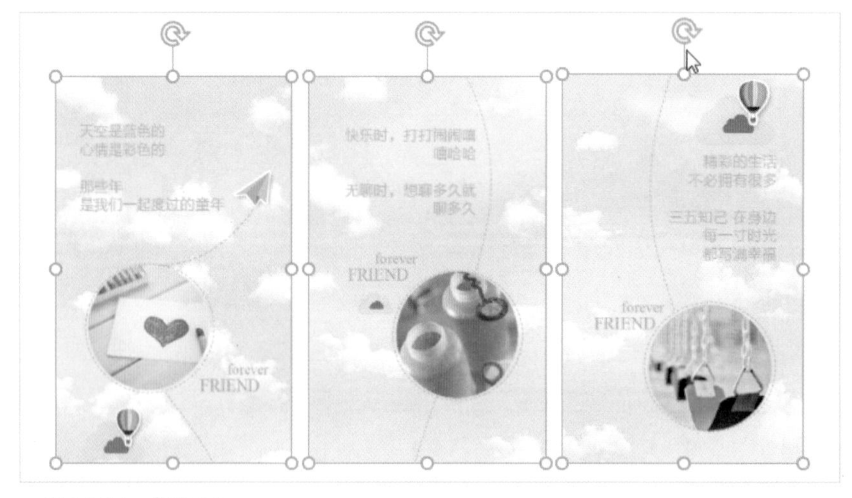

▲图 14-57　步骤 06